AF396836

OEUVRES

DU COMTE

DE LACÉPÈDE.

—

TOME III.

DE L'IMPRIMERIE DE FIRMIN DIDOT,

IMPRIMEUR DU ROI   RUE JACOB, N° 24.

OEUVRES

DU COMTE

DE LACÉPÈDE,

MEMBRE DE L'ACADÉMIE ROYALE DES SCIENCES,

L'UN DES PROFESSEURS DU MUSÉUM D'HISTOIRE NATURELLE,
MEMBRE DE PLUSIEURS SOCIÉTÉS SAVANTES, FRANÇAISES ET ÉTRANGÈRES,
PAIR DE FRANCE,
ET ANCIEN GRAND-CHANCELIER DE LA LÉGION-D'HONNEUR.

NOUVELLE ÉDITION,

DIRIGÉE

PAR M. A. G. DESMAREST,

Correspondant de l'Académie des Sciences, membre titulaire de l'Académie de
Médecine ; professeur de Zoologie à l'École royale vétérinaire d'Alfort; etc.

HISTOIRE NATURELLE DES QUADRUPÈDES OVIPARES.

A PARIS,

CHEZ LADRANGE ET VERDIÈRE,

LIBRAIRES, QUAI DES AUGUSTINS.

1827.

AVERTISSEMENT

DE L'AUTEUR.

1788.

M. LE COMTE DE BUFFON travaillant dans ce moment à l'histoire des Cétacées, ainsi qu'à compléter celle des Quadrupèdes vivipares et des Oiseaux, désirant de voir terminer l'Histoire naturelle générale et particulière, et sa santé ne lui permettant pas de s'occuper de tous les détails de cet ouvrage immense dont son génie a conçu le vaste ensemble d'une manière si sublime, et exécuté les principales parties avec tant de gloire, il a bien voulu me charger de travailler à l'histoire naturelle des Quadrupèdes ovipares et des Serpents, que je publie aujourd'hui.

EXTRAIT DES REGISTRES

DE L'ACADÉMIE ROYALE DES SCIENCES,

DU 25 JUILLET 1787.

Nous avons été nommés commissaires, M. Fougeroux, M. Broussonnet, et moi, par l'Académie, pour lui faire le rapport d'un ouvrage qui a pour titre : *Histoire naturelle des Quadrupèdes ovipares*, par M. le comte de Lacépède.

L'auteur présente, à la tête de son ouvrage, une table méthodique de tous les quadrupèdes ovipares dont il traite : il a choisi pour la composer des caractères saillants, que les changements de température, ou divers accidents, ne peuvent faire varier, qui se trouvent dans le mâle comme dans la femelle, dans les jeunes animaux comme dans les adultes, et qu'il a reconnus en examinant et en comparant attentivement un grand nombre d'individus de différentes espèces de quadrupèdes ovipares, et les descriptions d'un grand nombre d'auteurs.

M. le comte de Lacépède a divisé l'ordre entier des quadrupèdes ovipares en deux grandes *classes*; il a placé dans la première tous les quadrupèdes ovipares qui ont une queue, et dans la seconde ceux qui n'en ont point.

Il a établi deux genres dans la première classe, celui des Tortues, et celui des Lézards, qui diffèrent l'un de l'autre, en ce que les premiers ont le corps couvert d'une carapace osseuse et solide, que l'on ne trouve sur aucun des seconds.

Le genre des Tortues renfermant des espèces dont la conformation et les habitudes présentent des différences très-sensibles, et M. le comte de Lacépède donnant la description de plusieurs espèces nouvelles de ces animaux, il a cru devoir partager ce genre en deux divisions, pour lesquelles il a assigné des caractères constants, aisés à saisir, et d'après lesquels on pourra distinguer les espèces d'une division d'avec celles d'une autre, même en ne voyant que la carapace et le plastron.

Dans la première division, qui comprend les tortues marines, sont placées six espèces, dont deux n'avaient encore été que légèrement indiquées par les voyageurs; M. de Lacépède a cru devoir les appeler l'*Écaille-verte*, et la *Nasicorne*. Dans la seconde division, sont les tortues d'eau douce et de terre, au nombre de dix-huit espèces, dont quatre étaient encore inconnues, et ont été nommées par l'auteur, la *Jaune*, la *Chagrinée*, la *Roussâtre*, et la *Noirâtre*.

Le genre des Lézards étant beaucoup plus nombreux que celui des Tortues, et leur conformation, ainsi que leurs habitudes, présentant plus de différences, l'auteur a cru devoir former huit divisions dans ce genre. La première comprend le crocodile proprement dit, le crocodile noir, le gavial ou crocodile du Gange, qui était à peine connu, et dont M. de Lacépède montre les rapports de grandeur et de conformation avec les autres crocodiles, ainsi que huit autres espèces de lézards. La seconde division renferme l'iguane, le basilic, et trois autres espèces. Dans la troisième division, sont rangés le *Lézard gris*, le *Lézard vert*, et six autres espèces de lézards. Dans la quatrième, l'on trouve le caméléon et vingt autres espèces dont deux n'étaient point connues des naturalistes. M. de Lacépède leur a conservé les noms de Mabouya et de Roquet, qu'on leur a donnés en Amérique. L'auteur a placé dans la cinquième division trois espèces de lézards, dont une était encore inconnue, et a été appelée, par M. de Lacépède, *Lézard à tête plate*. La sixième division comprend le seps et le chalcide. L'auteur a cru devoir donner ce dernier nom à un lézard remarquable par sa conformation, et qui n'avait été décrit, ni même indiqué par aucun naturaliste. Dans la septième division est placé le dragon; et enfin les salamandres, au nombre de six, forment la huitième division. M. de Lacépède fait connaître deux espèces de ces salamandres, dont personne n'avait encore parlé.

M. de Lacépède passe ensuite à la seconde classe des Quadrupèdes ovipares, c'est-à-dire à ceux qui n'ont point de queue. Il les divise en trois genres, pour lesquels il assigne des caractères extérieurs, faciles à reconnaître, constants, et qu'il a trouvés en comparant attentivement la conformation de ces animaux avec ce qu'il a pu connaître de la différence de leurs habitudes.

Le premier genre, uniquement composé de grenouilles, en contient douze espèces : le second genre, qui comprend la raine-verte d'Europe, et toutes les autres raines, présente sept espèces; et dans le troisième genre, qui termine l'histoire des quadrupèdes ovipares, sont placées quatorze espèces de crapauds.

L'auteur ne s'est pas contenté d'avoir observé plusieurs Quadrupèdes ovipares vivants, et d'avoir examiné avec soin plusieurs individus de la plupart des espèces dont il traite; il a recueilli les principales observations des divers auteurs qui ont parlé des quadrupèdes ovipares; il a d'ailleurs fait usage d'un grand nombre de notes manuscrites, qui lui ont été communiquées par plusieurs naturalistes de divers pays, et dont la plupart avaient voyagé dans les contrées où les quadrupèdes ovipares sont le plus communs.

M. le comte de Lacépède fait connaître près de vingt espèces, dont aucun auteur n'avait fait mention, ou qui n'avaient été ni classées, ni comparées avec soin. Il présente en tout la description de cent treize espèces de quadrupèdes ovipares.

Mais il paraît s'être attaché principalement à simplifier la science, et à diminuer le nombre des espèces arbitraires que l'on avait admises; il a cherché avec soin l'influence du climat, de l'âge, du sexe et de la saison sur les diverses espèces, pour ne regarder que comme des variétés les individus dont les différences ne sont pas assez grandes, ou assez permanentes, pour constituer une espèce; et il est tel article où l'auteur a rapporté à la même espèce cinq ou six individus, considérés par certains naturalistes comme autant d'espèces distinctes.

Chaque article comprend la liste, non seulement des noms vulgaires attribués à l'animal dans les divers pays, et par les différents voyageurs, mais encore des noms méthodiques qui lui ont été donnés par les naturalistes.

On trouve, dans l'ouvrage de M. de Lacépède, la mesure et les proportions des diverses parties du corps, pour un grand nombre de quadrupèdes ovipares. Il a tâché de plus de joindre à la description de chaque espèce l'histoire de ses habitudes; il traite de l'endroit où on la trouve, du temps de l'accouplement, de celui de la ponte, du nombre et de la forme des œufs, de la durée de l'accroissement, de la longueur de la vie, de la manière de se nourrir, de se défendre, etc.; et, pour faire mieux connaître les quadrupèdes ovipares, il montre les rapports de forme et d'habitudes que les diverses espèces ont les unes avec les autres, et même avec des animaux d'ordres plus ou moins différents. Mais, pour éviter les répétitions, il ne traite d'une manière étendue que des principales espèces de chaque division, et il ne parle que des différences que les autres présentent.

Ce qui concerne chaque genre est précédé de l'exposition des traits généraux qui le caractérisent, et l'ouvrage commence par un discours, où la conformation extérieure, les principaux points de la conformation intérieure, et les habitudes communes à tous les quadrupèdes ovipares, sont présentés et comparés avec ceux des autres animaux : c'est le résultat général des observations faites ou recueillies par M. de Lacépède, et le tableau de leurs rapports.

A la suite de l'histoire des Quadrupèdes ovipares, M. de Lacépède donne la description de deux animaux, qu'il nomme Reptiles bipèdes, qui n'ont en effet que deux jambes, au lieu de quatre, et que l'auteur croit devoir placer entre les Quadrupèdes ovipares et les Serpents, dont il se propose de présenter incessamment l'histoire à l'Académie. Le premier de ces deux animaux n'a encore été indiqué par aucun auteur; on l'a envoyé du Mexique; le second a été décrit par M. Pallas. M. de Lacépède fait voir qu'on ne peut pas regarder ces animaux comme des monstres, puisqu'ils sont en très-grand nombre dans les pays où on les trouve. D'ailleurs l'auteur, en comparant la conformation du reptile bipède, qu'il a reçu du Mexique, avec celle des lézards et des serpents, montre qu'il diffère par la forme de sa queue ainsi que par l'arrangement et la figure de ses écailles, de tous les lézards, et particulièrement du *Seps* et du *Chalcide*, avec lesquels il a le plus de rapports; et par conséquent il ne croit pas devoir le regarder comme un monstre par défaut, ou comme un lézard qui aurait perdu deux de ses jambes. Il ne croit pas non plus devoir le considérer comme un monstre par excès, ou comme un serpent qui, par une sorte de monstruosité, serait né avec deux jambes, parce que les jambes du bipède du Mexique, ses pieds, ses doigts, les écailles qui les recouvrent, ses ongles, etc., présentent la symétrie la plus régulière, et parce que ce bipède diffère de tous les serpents connus par l'arrangement de ses écailles. M. Pallas a aussi prouvé que le bipède, dont il a donné la description dans les Mémoires de Pétersbourg, ne pouvait être regardé ni comme un lézard, ni comme un serpent monstrueux.

M. le comte de Lacépède fait voir, dans l'article où il traite des bipèdes, qu'excepté celui que M. Pallas a décrit, et celui qu'il a reçu du Mexique, tous les reptiles bipèdes, mentionnés jusqu'à présent par les naturalistes, ne sont que des larves de salamandres, ou des lézards, tels que le *Seps* et le *Chalcide*, nés monstrueux, ou privés de deux pattes par quelque accident.

L'auteur a joint à son ouvrage le dessin des principales espèces de chaque division, et surtout de celles qui ne sont pas encore connues, ou qui ne le sont qu'imparfaitement.

Quant à l'existence des reptiles bipèdes, nous ne porterons aucun jugement à ce sujet. Nous croyons que, pour admettre ces animaux comme des espèces constantes, il faudrait avoir des observations et des preuves plus multipliées.

L'ouvrage de M. le comte de Lacépède nous a paru fait avec autant de soin que d'intelligence. Il y a de la clarté et de la précision dans les descriptions ; les caractères des classes, des genres et des espèces, sont bien contrastés ; la partie historique est faite avec discernement. L'auteur n'a pas négligé de rendre son style agréable, pour donner quelque attrait à des détails fastidieux, et souvent dégoûtants, par la nature de leur objet.

Nous pensons que cette Histoire naturelle des Quadrupèdes ovipares mérite d'être approuvée par l'Académie, et imprimée sous son privilége.

Fait au Louvre, le 25 juillet 1787, DAUBENTON, FOUGEROUX DE BONDAROY, BROUSSONNET.

Je certifie le présent extrait conforme à l'original, et au jugement de l'Académie. A Paris, le 29 juillet 1787.

Signé : Le marquis DE CONDORCET.

HISTOIRE

NATURELLE

DES QUADRUPÈDES

OVIPARES.

1788.

•••

DISCOURS

SUR LA NATURE DES QUADRUPÈDES OVIPARES.

———

Lorsqu'on jette les yeux sur le nombre immense des êtres organisés et vivants qui peuplent et animent le globe, les premiers objets qui attirent les regards, sont les diverses espèces des quadrupèdes vivipares, et des oiseaux dont les formes, les qualités et les mœurs ont été représentées par le Génie dans un ouvrage immortel; parmi les seconds objets qui arrêtent l'attention, se trouvent les quadrupèdes ovipares, qui approchent de très-près des plus nobles et des premiers des animaux par leur organisation, le nombre de leurs sens, la chaleur qui les pénètre et les habitudes auxquelles ils sont soumis. Leur nom seul en indiquant que leurs petits viennent d'un œuf, désigne la propriété remarquable qui les distingue des vivipares : ils diffèrent d'ailleurs de ces derniers en ce qu'ils n'ont pas de mamelles; en ce qu'au lieu d'être couverts de poils, ils sont revêtus d'une croûte osseuse, de plaques dures, d'écailles aiguës, de tubercules plus ou moins saillants, ou d'une peau nue et enduite d'une liqueur visqueuse. Au lieu d'étendre leurs pattes comme les vivipares, ils les plient et les écartent de manière à être très-peu élevés au-dessus de la terre, sur laquelle ils paraissent devoir plutôt *ramper* que *marcher*. C'est ce qui les a fait comprendre sous la dénomination générale de *Reptiles*, que nous ne leur donnerons cependant pas, et qui ne doit appartenir qu'aux serpents et aux animaux qui, presque entièrement dépourvus de pieds, ne changent de place qu'en appliquant leur corps même à la terre (1).

Leurs espèces ne sont pas à beaucoup près en aussi grand nombre que celles des autres quadrupèdes. Nous en connaissons à la vérité cent treize;

----

(1) Voyez à ce sujet l'excellent Ouvrage sur les Quadrupèdes ovipares et sur les Serpents, composé par M. Daubenton, et dont ce grand naturaliste a enrichi l'Encyclopédie méthodique. Nous saisissons, avec empressement, cette première occasion de lui témoigner publiquement notre reconnaissance, pour les secours que nous avons trouvés dans ses lumières et dans son amitié.

mais MM. le comte de Buffon et Daubenton ont donné l'histoire et la description de plus de trois cents quadrupèdes vivipares. Il est cependant difficile de les compter toutes, et plus difficile encore de ne compter que celles qui existent réellement. Il n'est peut-être en effet aucune classe d'animaux à laquelle les voyageurs aient fait moins d'attention qu'à celles des quadrupèdes ovipares : c'est ordinairement d'après des rapports vagues, ou un coup-d'œil rapide, qu'ils se sont permis de leur imposer des noms mal conçus : n'ayant presque jamais eu recours à des informations sûres, ils ont le plus souvent donné le même nom à divers objets, et divers noms aux mêmes animaux : et combien de fables absurdes n'ont pas été accréditées touchant ces quadrupèdes, parce qu'on les a vus presque toujours de loin, parce qu'on ne les a communément recherchés que pour des propriétés chimériques ou exagérées, parce qu'ils présentent des qualités peu ordinaires, et parce que tous les objets rares ou éloignés passent aisément sous l'empire de l'imagination qui les embellit ou les dénature (1)! Les voyageurs ont-ils toujours reconnu d'ailleurs, les caractères particuliers et les traits principaux de chaque espèce, et n'ont-ils pas, le plus souvent, négligé de réunir à une description exacte

---

(1) On trouvera particulièrement dans Conrad Gesner, de Quadrup. ovip., l'énumération de toutes les propriétés vraies ou absurdes attribuées à ces animaux.

de la forme, l'énumération des qualités et l'histoire des habitudes ?

Lors donc que nous avons voulu répandre quelque jour sur l'histoire naturelle des Quadrupèdes ovipares, il ne nous a pas suffi d'examiner avec attention et de décrire avec soin un grand nombre d'espèces de ces quadrupèdes, qui font partie de la collection du Cabinet du Roi, ou que l'on a bien voulu nous procurer, et dont plusieurs sont encore inconnues aux naturalistes; ce n'a pas été assez de recueillir ensuite presque toutes les observations qui ont été publiées sur ces animaux jusqu'à nos jours, et d'y joindre les observations particulières que l'on nous a communiquées, ou que nous avons été à portée de faire nous-mêmes sur des individus vivants; nous avons dû encore examiner les rapports de ces observations, avec la conformation de ces divers quadrupèdes, avec leurs propriétés bien reconnues, avec l'influence du climat, et surtout avec les grandes lois physiques que la nature ne révoque jamais : ce n'est que d'après cette comparaison que nous avons pu décider de la vérité de plusieurs de ces faits, et déterminer s'il fallait les regarder comme des résultats constants de l'organisation d'une espèce entière, ou comme des produits passagers d'un instinct individuel, perfectionné ou affaibli par des causes accidentelles.

Mais, avant de nous occuper en détail des faits particuliers aux diverses espèces, considérons sous les mêmes points de vue tous les quadrupèdes ovipares; représentons-nous ces climats favorisés du soleil, où les plus grands de ces animaux sont animés par toute la chaleur de l'atmosphère, qui leur est nécessaire. Jetons les yeux sur l'antique Égypte, périodiquement arrosée par les eaux d'un fleuve immense, dont les rivages couverts au loin d'un limon humide, présentent un séjour si analogue aux habitudes et à la nature de ces quadrupèdes: ses arbres, ses forêts, ses monuments, tout, jusqu'à ses orgueilleuses pyramides, nous en montreront quelques espèces. Parcourons les côtes brûlantes de l'Afrique, les bords ardents du Sénégal, de la Gambie; les rivages noyés du Nouveau-Monde, ces solitudes profondes, où les quadrupèdes ovipares jouissent de la chaleur, de l'humidité et de la paix; voyons ces belles contrées de l'Orient, que la nature paraît avoir enrichies de toutes ses productions; n'oublions aucune des îles baignées par les eaux chaudes des mers voisines de la zone torride; appelons, par la pensée, tous les quadrupèdes ovipares qui en peuplent les diverses plages, et réunissons-les autour de nous pour les mieux connaître en les comparant.

Observons d'abord les diverses espèces de tortues, comme plus semblables aux vivipares par leur organisation interne; considérons celles qui habitent les bords des mers, celles qui préfèrent les eaux douces, et celles qui demeurent au milieu

des bois sur les terres élevées; voyons ensuite les
énormes crocodiles qui peuplent les eaux des
grands fleuves, et qui paraissent comme des
géants démesurés à la tête des diverses légions
de lézards; jetons les yeux sur les différentes espèces de ces animaux, qui réunissent tant de
nuances dans leurs couleurs, à tant de diversités
dans leurs organes, et qui présentent tous les degrés de la grandeur depuis une longueur de
quelques pouces, jusqu'à celle de vingt-cinq ou
trente pieds; portons enfin nos regards sur des
espèces plus petites; considérons les quadrupèdes
ovipares, que la nature paraît avoir confinés dans
la fange des marais, afin d'imprimer partout
l'image du mouvement et de la vie : malgré la diversité de leur conformation, tous ces quadrupèdes se ressemblent entre eux, et diffèrent de
tous les autres animaux par des caractères et des
qualités remarquables : examinons ces caractères
distinctifs, et voyons d'abord quel degré de vie
et d'activité a été départi à ces quadrupèdes.

Les animaux diffèrent des végétaux, et surtout
de la matière brute, en proportion du nombre
et de l'activité des sens dont ils ont été pourvus,
et qui, en les rendant plus ou moins sensibles
aux impressions des objets extérieurs, les font
communiquer avec ces mêmes objets d'une manière plus ou moins intime. Pour déterminer la
place qu'occupent les quadrupèdes ovipares dans
la chaîne immense des êtres, connaissons donc le

nombre et la force de leurs sens. Ils ont tous reçu celui de la vue. Le plus grand nombre de ces animaux ont même des yeux assez saillants et assez gros relativement au volume de leur corps. Habitant, la plupart, les rivages des mers et les bords des fleuves de la zone torride, où le soleil n'est presque jamais voilé par les nuages, et où les rayons lumineux sont réfléchis par les lames d'eau et le sable des rives, il faut que leurs yeux soient assez forts pour n'être pas altérés et bientôt détruits par les flots de lumière qui les inondent. L'organe de la vue doit donc être assez actif dans les quadrupèdes ovipares : on observe en effet qu'ils aperçoivent les objets de très-loin; d'ailleurs nous remarquerons, dans les yeux de plusieurs de ces animaux, une conformation particulière, qui annonce un organe délicat et sensible : ils ont, presque tous, les yeux garnis d'une membrane clignotante, comme ceux des oiseaux; et la plupart de ces animaux, tels que les crocodiles, et les autres lézards, jouissent, ainsi que les chats, de la faculté de contracter et de dilater leur prunelle de manière à recevoir la quantité de lumière qui leur est nécessaire, ou à empêcher celle qui leur serait nuisible d'entrer dans leurs yeux (1). Par-là, ils distinguent les objets au milieu de l'obscurité des nuits, et lorsque le soleil le plus bril-

---

(1) Voyez l'Histoire naturelle et la description du chat, par MM. le comte de Buffon et Daubenton.

lant répand ses rayons : leur organe est très-exercé, et d'autant plus délicat qu'il n'est jamais ébloui par une clarté trop vive.

Si nous trouvions dans chacun des sens des quadrupèdes ovipares, la même force que dans celui de la vue, nous pourrions attribuer à ces animaux une grande sensibilité; mais celui de l'ouïe doit être plus faible dans ces quadrupèdes que dans les vivipares et dans les oiseaux. En effet, leur oreille intérieure n'est pas composée de toutes les parties qui servent à la perception des sons dans les animaux les mieux organisés (1); et l'on ne peut pas dire que la simplicité de cet organe est compensée par sa sensibilité, puisqu'il est en général peu étendu et peu développé. D'ailleurs cette délicatesse pourrait-elle suppléer au défaut des conques extérieures qui ramassent les rayons sonores, comme les miroirs ardents réunissent les rayons lumineux, et qui augmentent par-là le nombre de ceux qui parviennent jusqu'au véritable siége de l'ouïe (2)? Les quadrupèdes ovipares n'ont reçu à la place de ces conques que de petites ouvertures, qui ne peuvent donner entrée qu'à un très-petit nombre de rayons sonores. On peut donc imaginer que l'organe de l'ouïe est moins actif dans ces quadrupèdes que dans les vivipares : d'ailleurs la plupart de ces

(1) Voyez dans les Mémoires de l'Académie, de 1778, celui de M. Vicq-d'Azyr sur l'organe de l'ouïe des animaux.

(2) Voyez Muschenbroëck. Essais de physique.

animaux sont presque toujours muets, ou ne font entendre que des sons rauques, désagréables et confus; il est donc à présumer qu'ils ne reçoivent pas d'impressions bien nettes des divers corps sonores; car l'habitude d'entendre distinctement donne bientôt celle de s'exprimer de même (1).

On ne doit pas non plus regarder leur odorat comme très-fin. Les animaux dans lesquels il est le plus fort, ont en général le plus de peine à supporter les odeurs très-vives; et lorsqu'ils demeurent trop long-temps exposés aux impressions de ces odeurs exaltées, leur organe s'endurcit, pour ainsi dire, et perd de sa sensibilité. Or le plus grand nombre de quadrupèdes ovipares vivent au milieu de l'odeur infecte des rivages vaseux, et des marais remplis de corps organisés en putréfaction; quelques-uns de ces quadrupèdes répandent même une odeur, qui devient très-forte lorsqu'ils sont rassemblés en troupes. Le siége de l'odorat est aussi très-peu apparent dans ces animaux, excepté dans le crocodile; leurs narines

---

(1) On objectera peut-être que dans le plus grand nombre de ces animaux, l'organe de la voix n'est point composé des parties qui paraissent les plus nécessaires pour former des sons, et qu'il se refuse entièrement à des tons distincts et à une sorte de langage nettement prononcé; mais c'est une preuve de plus de la faiblesse de leur ouïe; quelque sensible qu'elle pût être par elle-même, elle se ressentirait de l'imperfection de l'organe de leur voix. Voyez à ce sujet un Mémoire de M. Vicq-d'Azyr sur la voix des animaux, inséré dans ceux de l'Académie de 1779.

sont très-peu ouvertes; cependant, comme elles sont les parties extérieures les plus sensibles de ces animaux, et comme les nerfs qui y aboutissent sont d'une grandeur extraordinaire dans plusieurs de ces quadrupèdes (1), nous regardons l'odorat comme le second de leurs sens. Celui du goût doit en effet être bien plus faible dans ces animaux : il est en raison de la sensibilité de l'organe qui en est le siége; et nous verrons dans les détails relatifs aux divers quadrupèdes ovipares, qu'en général leur langue est petite ou enduite d'une humeur visqueuse, et conformée de manière à ne transmettre que difficilement les impressions des corps savoureux.

A l'égard du toucher, on doit le regarder comme bien obtus dans ces animaux. Presque tous recouverts d'écailles dures, enveloppés dans une couverture osseuse, ou cachés sous des boucliers solides, ils doivent recevoir bien peu d'impressions distinctes par le toucher. Plusieurs ont les doigts réunis de manière à ne pouvoir être appliqués qu'avec peine à la surface des corps, et si quelques lézards ont des doigts très-longs et très-séparés les uns des autres, le dessous même de ces doigts est le plus souvent garni d'écailles assez épaisses pour ôter presque toute sensibilité à cette partie.

---

(1) Mémoires pour servir à l'Histoire naturelle des animaux, art. de la Tortue de terre de Coromandel.

Les quadrupèdes ovipares présentent donc, à la vérité, un aussi grand nombre de sens que les animaux les mieux conformés. Mais, à l'exception de celui de la vue, tous leurs sens sont si faibles, en comparaison de ceux des vivipares, qu'ils doivent recevoir un bien plus petit nombre de sensations, communiquer moins souvent et moins parfaitement avec les objets extérieurs, être intérieurement émus avec moins de force et de fréquence; et c'est ce qui produit cette froideur d'affections, cette espèce d'apathie, cet instinct confus, ces intentions peu décidées, que l'on remarque souvent dans plusieurs de ces animaux.

La faiblesse de leurs sens suffit peut-être pour modifier leur organisation intérieure, pour y modérer la rapidité des mouvements, pour y ralentir le cours des humeurs, pour y diminuer la force des frottements, et par conséquent pour faire décroître cette chaleur interne, qui, née du mouvement et de la vie, les entretient à son tour; peut-être au contraire cette faiblesse de leurs sens est-elle un effet du peu de chaleur qui anime ces animaux : quoi qu'il en soit, leur sang est moins chaud que celui des vivipares : on n'a pas encore fait, à la vérité, d'observations exactes sur la chaleur naturelle des crocodiles, des grandes tortues, et des autres quadrupèdes ovipares des pays éloignés; le degré de cette chaleur doit d'ailleurs varier suivant les espèces, puisqu'elles subsistent à différentes latitudes; mais on est bien assuré qu'elle est dans tous les quadrupèdes ovipares inférieure de beaucoup à celle des autres quadrupèdes, et surtout à celle des oiseaux ; sans cela ils ne tomberaient point dans un état de torpeur à un degré de froid qui n'engourdit ni les oiseaux, ni les vivipares. Leur sang est d'ailleurs bien moins abondant (1). Il peut circuler long-temps sans passer par les poumons, puisqu'on a vu une tortue vivre pendant quatre jours, quoique ses poumons fussent ouverts et coupés en plusieurs endroits, et qu'on eût lié l'artère qui va du cœur à cet organe. Ces poumons paraissent d'ailleurs ne recevoir jamais d'autre sang que celui qui est nécessaire à leur nourriture (2). Aussi celui des quadrupèdes ovipares étant moins souvent animé, renouvelé, revivifié, pour ainsi dire, par l'air atmosphérique qui pénètre dans les poumons, il est plus épais ; il ne reçoit et ne communique que des mouvements plus lents, et souvent presque insensibles ; et il y a long-temps

---

(1) Hasselquist, qui a disséqué un crocodile au Caire en 1751, rapporte que le sang *fleuri* et appauvri, ne coula pas en grande quantité de la grande artère, lorsqu'elle fut coupée. D'ailleurs, continue ce voyageur naturaliste, « les vaisseaux des poumons, ceux des muscles, et les autres « vaisseaux étaient presque vides de sang. La quantité de ce fluide n'est « donc pas en proportion aussi grande dans le crocodile que dans les « quadrupèdes : il en est de même dans tous les amphibies. » (Hasselquist comprend tous les quadrupèdes ovipares sons cette dénomination.) Voyage en Palestine de Frédéric Hasselquist de l'Académie des Sciences de Stockholm, page 346.

(2) Mémoires pour servir à l'Histoire naturelle des animaux, art. de la Tortue de Coromandel.

qu'on a reconnu que le sang ne coule pas aussi vite dans certains quadrupèdes ovipares, et par exemple dans les grenouilles, que dans les autres quadrupèdes et dans les oiseaux. Les causes internes se réunissent donc aux causes externes pour diminuer l'activité intérieure des quadrupèdes ovipares.

Si l'on considère d'ailleurs leur charpente osseuse, on verra qu'elle est plus simple que celle des vivipares; plusieurs familles de ces animaux, tels que la plupart des salamandres, les grenouilles, les crapauds et les raines, sont dépourvues de côtes; les tortues ont, à la vérité, huit vertèbres du cou; mais, excepté les crocodiles qui en ont sept, presque tous les lézards n'en ont jamais au-dessus de quatre, et tous les quadrupèdes ovipares sans queue en sont privés, tandis que parmi les oiseaux on en compte toujours au moins onze, et que l'on en trouve sept dans toutes les espèces des quadrupèdes vivipares (1). Leur conduit intestinal est bien moins long, bien plus uniforme dans sa grosseur, bien moins replié sur lui-même; leurs excréments, tant liquides que solides, aboutissent à une espèce de cloaque commun (2); et il est assez remarquable de trou-

---

(1) Les observations que j'ai faites à ce sujet sur les squelettes de quadrupèdes ovipares, du Cabinet du Roi, s'accordent avec celles que M. Camper a bien voulu me communiquer par une lettre que ce célèbre anatomiste m'a écrite le 29 août 1786.

(2) Les lézards, les grenouilles, les crapauds, ni les raines, n'ont point de vessie proprement dite.

ver dans ces quadrupèdes ce nouveau rapport, non seulement avec les castors, qui passent une très-grande partie de leur vie dans l'eau, mais encore avec les oiseaux qui s'élancent dans les airs et s'élèvent jusqu'au-dessus des nuées.

Le cœur est petit dans tous les quadrupèdes ovipares, et n'a qu'un seul ventricule, tandis que dans l'homme, dans les quadrupèdes vivipares, dans les cétacées et dans les oiseaux, il est formé de deux. Leur cerveau est très-peu étendu, en comparaison de celui des vivipares : leurs mouvements d'inspiration et d'expiration, bien loin d'être fréquents et réguliers, sont souvent suspendus pendant très-long-temps, et par des intervalles très-inégaux (1). Si l'on observe donc les divers principes de leur mouvement vital, on trouvera une plus grande simplicité, tant dans ces premiers moteurs, que dans les effets qu'ils font naître : on verra les différents ressorts moins multipliés (2); on remarquera même, à certains égards, moins de dépendance entre les différentes parties : aussi l'action des unes sur les autres est-

---

(1) **Mémoires pour servir à l'Histoire naturelle des animaux**, art. de la Tortue de terre de Coromandel.

(2) « Dans plusieurs quadrupèdes ovipares, il paraît qu'il manque «quelques parties dans les organes destinés aux sécrétions, et que ces « dernières doivent y être opérées d'une manière plus simple. » Observations anatomiques de Gérard Blasius, page 65. Voyez d'ailleurs les Mémoires pour servir à l'Histoire naturelle des animaux, articles de la Tortue de terre, du Crocodile, du Caméléon, du Tokai (Gecko), et de la Salamandre.

elle moindre; les communications sont-elles moins parfaites; les mouvements, plus lents; les frottements, moins forts. Et voilà un bien grand nombre de causes pour rendre ces machines plus uniformes et moins sujettes à se déranger, c'est-à-dire pour qu'il soit plus difficile d'arrêter dans ces animaux le mouvement vital, dont le principe répandu, en quelque sorte, dans un espace plus étendu, ne peut être détruit que lorsqu'il est attaqué dans plusieurs points à-la-fois.

Cette organisation particulière des quadrupèdes ovipares, doit encore être comptée parmi les causes de leur peu de sensibilité; et cette espèce de froideur de tempérament n'est-elle pas augmentée par le rapport de leur substance avec l'eau? Non seulement, en effet, ils recherchent la lumière active du soleil, par défaut de chaleur intérieure, mais encore ils se plaisent au milieu des terrains fangeux et d'une humidité chaude par analogie de nature. Bien loin de leur être contraire, cette humidité, aidée de la chaleur, sert à leur développement; elle ajoute à leur volume, en s'introduisant dans leur organisation, et en devenant portion de leur substance; et ce qui prouve que cette humeur aqueuse, dont ils sont pénétrés, n'est pas une vaine bouffissure, un gonflement nuisible, et une cause de dépérissement plutôt que d'un accroissement véritable; c'est que bien loin de perdre quelqu'une de leurs propriétés, lorsque leur substance est, pour ainsi dire, imbibée de l'humidité abondante dans laquelle ils sont plongés, la faculté de se reproduire paraît s'accroître dans ces animaux à mesure qu'ils sont remplis de cette humidité chaude, si analogue à la nature de leur corps.

Cette convenance de leur nature avec l'humidité, montre combien leur mouvement vital tient, pour ainsi dire, à plusieurs ressorts assez indépendants les uns des autres : en effet, cette surabondance d'eau est avantageuse aux êtres dans lesquels les mouvements intérieurs peuvent être ralentis sans être arrêtés, dans lesquels la mollesse des substances peut diminuer sans inconvénient la communication des forces, et dont les divers membres ont plus besoin de parties grossières et de molécules qui occupent une place, que de principes actifs et de portions délicatement organisées. Elle cause, au contraire, le dépérissement des êtres pleinement doués de vie, qui existent par une grande rapidité des mouvements intérieurs, par une grande élasticité des diverses parties, par une communication prompte de toutes les impressions, et qui ont moins besoin, en quelque sorte, d'être nourris que mis en mouvement, d'être remplis que d'être animés. Voilà pourquoi les espèces des animaux les plus nobles dégénèrent bientôt sur ces rivages nouveaux, où d'immenses forêts arrêtent et condensent les vapeurs de l'air, où des amas énormes de plantes basses et rampantes retiennent sur une vase bourbeuse une humidité que les vents ne peuvent dissiper, et où le soleil n'élève par sa chaleur une partie de ces vapeurs humides, que pour en imprégner davantage l'atmosphère, la répandre au loin, et en multiplier les pernicieux effets. Les insectes, au contraire, craignent si peu l'humidité, que c'est précisément sur les bords fangeux, à peine abandonnés par la mer et toujours plongés dans des flots de vapeurs et de brouillards épais, qu'ils acquièrent le plus grand volume, et sont parés des couleurs les plus vives.

Mais, quoique les quadrupèdes ovipares paraissent être peu favorisés à certains égards, ils sont cependant bien supérieurs à de grands ordres d'animaux; et nous devons les considérer avec d'autant plus d'attention, que leur nature, pour ainsi dire, mi-partie entre celle des plus hautes et des plus basses classes des êtres vivants et organisés, montre les relations d'un grand nombre de faits importants qui ne paraissaient pas analogues et dont on pourra entrevoir la cause, par cela seul qu'on rapprochera ces faits, et qu'on découvrira les rapports qui les lient.

Le séjour de tous ces quadrupèdes n'est pas fixé au milieu des eaux. Plusieurs de ces animaux préfèrent les terrains secs et élevés; d'autres habitent dans des creux de rochers; ceux-ci vivent au milieu des bois et grimpent avec vitesse jusqu'à l'extrémité des branches les plus hautes : mais presque tous nagent et plongent avec facilité, et c'est en partie ce qui les a fait comprendre par plusieurs naturalistes sous la dénomination générale d'*Amphibies*. Il n'est cependant aucun de ces quadrupèdes qui n'ait besoin de venir de temps en temps à la surface de l'eau, dans laquelle il aime à se tenir plongé. Tous les animaux qui ont du sang doivent respirer l'air de l'atmosphère, et si les poissons peuvent demeurer très-long-temps au fond des mers et des rivières, c'est qu'ils ont un organe particulier qui sépare de l'eau tout l'air qu'elle peut contenir, et le fait parvenir jusques à leurs vaisseaux sanguins. Les quadrupèdes ovipares sont donc forcés de respirer de temps en temps ; l'air pénètre ainsi jusque dans leurs poumons ; il parvient jusqu'à leur sang ; il le revivifie, quoique moins fréquemment que celui des quadrupèdes vivipares, ainsi que nous l'avons dit ; il diminue la trop grande épaisseur de ce fluide et entretient sa circulation. Les quadrupèdes ovipares périssent donc faute d'air, lorsqu'ils demeurent trop de temps sous l'eau ; ce n'est que dans leur état de torpeur qu'ils paraissent pouvoir se passer pendant très-long-temps de respirer, une grande fluidité n'étant pas nécessaire pour le faible mouvement que leur sang doit conserver pendant leur engourdissement.

Les quadrupèdes ovipares, moins sensibles que les autres, moins animés par des passions vives, moins agités au-dedans, moins agissants à l'extérieur, sont en général beaucoup plus à l'abri des dangers; ils s'y exposent moins, parce qu'ils ont moins d'appétits violents; et d'ailleurs les accidents sont pour eux moins à craindre. Ils peuvent être privés de parties assez considérables, telles que leur queue et leurs pattes, sans cependant perdre la vie (1); quelques-uns d'eux les recouvrent (2), surtout lorsque la chaleur de l'atmosphère en favorise la reproduction; et ce qui paraîtra plus surprenant à ceux qui ne jugent que d'après ce qu'ils ont communément sous les yeux, il est des quadrupèdes ovipares qui peuvent se mouvoir long-temps après qu'on leur a enlevé la partie de leur corps qui paraît la plus nécessaire à la vie; les tortues vivent plusieurs jours après qu'on leur a coupé la tête (3); les grenouilles ne meurent pas tout de suite, quoiqu'on leur ait arraché le cœur; et, dès le temps d'Aristote, on savait que quelques moments après qu'on avait disséqué un

---

(1) Pline, livre II, chap. 3. — Voyez aussi l'article des Salamandres à queue plate.

L'on conserve au Cabinet du Roi un grand lézard, de l'espèce appelée *Dragonne*, auquel il manque une patte; il paraît qu'il l'avait perdue par quelque accident, lorsqu'il était déja assez gros; car la cicatrice qui s'est formée est considérable. C'est M. de la Borde, médecin du roi à Cayenne, et correspondant du Cabinet du Roi, qui l'a envoyé. Il a rencontré, dans l'Amérique méridionale, un lézard d'une autre espèce, et n'ayant également que trois pattes. Il en fait mention dans un recueil d'observations nouvelles et très-intéressantes, qu'il se propose de publier sur l'Histoire naturelle de l'Amérique méridionale.

(2) Voyez deux Mémoires de M. Bonnet, publiés dans le Journal de Physique, l'un en novembre 1777, et l'autre en janvier 1779.

(3) Voyez l'article de la Tortue, appelée la Grecque.

caméléon, son cœur palpitait encore (1). Ce grand
phénomène ne suffirait-il pas pour démontrer combien les différentes parties des quadrupèdes ovipares dépendent peu les unes des autres? Il prouve
non seulement que leur système nerveux n'est
pas aussi lié que celui des autres quadrupèdes,
puisqu'on peut séparer les nerfs de la tête de ceux
qui prennent racine dans la moelle épinière, sans
que l'animal meure tout de suite, ni même paraisse beaucoup souffrir dans les premiers moments ; mais ne démontre-t-il pas encore que leurs
vaisseaux sanguins ne communiquent pas entre
eux autant que ceux des autres quadrupèdes,
puisque sans cela tout le sang s'échapperait par
les endroits où les artères auraient été coupées ;
et l'animal resterait sans mouvement et sans vie ?
Ceci s'accorde très-bien avec la lenteur et la froideur du sang des quadrupèdes ovipares ; et il ne
faut pas être étonné que non seulement ils ne
perdent pas la vie au moment que leur tête est
séparée de leur corps, mais encore qu'ils vivent
plusieurs jours sans l'organe qui leur est nécessaire
pour prendre leurs aliments. Ils peuvent se passer
de manger pendant un temps très-long ; on a vu
même des tortues et des crocodiles demeurer plus
d'un an privés de toute nourriture (2). La plupart

---

(1) Conrad Gesner, Hist. des animaux, liv. II des Quadrup. ovip.,
p. 5, édit. de r554.

(2) Voyez les articles particuliers de leur histoire.

de ces animaux sont revêtus d'écailles ou d'enveloppes osseuses, qui ne laissent passer la transpiration que dans un petit nombre de points :
ayant d'ailleurs le sang plus froid, ils perdent
moins de leur substance, et par conséquent ils
doivent moins la réparer. Animés par une moindre chaleur, ils n'éprouvent pas cette grande dessiccation, qui devient une soif ardente dans certains
animaux ; ils n'ont pas besoin de rafraîchir, par
une boisson très-abondante, des vaisseaux intérieurs, qui ne sont jamais trop échauffés. Pline,
et les anciens, avaient reconnu que les animaux
qui ne suent point, et qui ne possèdent pas une
grande chaleur intérieure, mangent très-peu. En
effet, la perte des forces n'est-elle pas toujours
proportionnée aux résistances ? les résistances ne
le sont-elles pas aux frottements ; les frottements
à la rapidité des mouvements ; et cette rapidité ne
l'est-elle pas toujours à la chaleur intérieure ?

Mais si les quadrupèdes ovipares résistent avec
facilité à des coups qui ne portent que sur certains points de leur corps, à des chocs locaux, à
des lésions particulières, ils succombent bientôt
aux efforts des causes extérieures, énergiques et
constantes qui les attaquent dans tout leur ensemble ; ils ne peuvent point leur opposer des
forces intérieures assez actives : et comme la cause
la plus contraire à une faible chaleur interne, est
un froid extérieur plus ou moins rigoureux, il
n'est pas surprenant que les quadrupèdes ovipares

ne puissent résister aux effets d'une atmosphère plutôt froide que tempérée. Voilà pourquoi on ne rencontre la plupart des tortues de mer, les crocodiles, et les autres grandes espèces de quadrupèdes ovipares, que près des zones torrides, ou du moins à des latitudes peu élevées, tant dans l'ancien que dans le nouveau continent; et non seulement ces grandes espèces sont confinées aux environs de la zone torride, mais encore à mesure que les individus et les variétés d'une même espèce habitent un pays plus éloigné de l'équateur, plus élevé ou plus humide, et par conséquent plus froid, leurs dimensions sont beaucoup plus petites (1). Les crocodiles des contrées les plus chaudes l'emportent sur les autres par leur grandeur et par leur nombre; et si ceux qui vivent très-près de la ligne, sont quelquefois moins grands que ceux que l'on trouve à des latitudes plus élevées, comme on le remarque en Amérique, c'est qu'ils sont dans des pays plus peuplés, où on leur fait une guerre plus cruelle, et où ils ne trouvent ni la paix ni la nourriture, sans lesquelles ils ne peuvent parvenir à leur entier accroissement.

La chaleur de l'atmosphère est même si nécessaire aux quadrupèdes ovipares, que lorsque le

---

(1) Les plus gros crocodiles, et le plus grand nombre de ces animaux, habitent la zone torride. Catesby, Histoire naturelle de la Caroline, volume II, page 63.

retour des saisons réduit les pays voisins des zones torrides, à la froide température des contrées beaucoup plus élevées en latitude, les quadrupèdes ovipares perdent leur activité; leurs sens s'émoussent; la chaleur de leur sang diminue; leurs forces s'affaiblissent; ils s'empressent de gagner des retraites obscures, des antres dans les rochers, des trous dans la vase, ou des abris dans les joncs et les autres végétaux qui bordent les grands fleuves. Ils cherchent à y jouir d'une température moins froide, et à y conserver, pendant quelques moments, un reste de chaleur prêt à leur échapper. Mais le froid croissant toujours, et gagnant de proche en proche, se fait bientôt sentir dans leurs retraites, qu'ils paraissent choisir au milieu de bois écartés, ou sur des bords inaccessibles, pour se dérober aux recherches et à la voracité de leurs ennemis pendant le temps de leur sopeur, où ils ne leur offriraient qu'une masse sans défense et un appât sans danger. Ils s'endorment d'un sommeil profond; ils tombent dans un état de mort apparente; et cette torpeur est si grande, qu'ils ne peuvent être réveillés par aucun bruit, par aucune secousse, ni même par des blessures : ils passent inertement la saison de l'hiver dans cette espèce d'insensibilité absolue où ils ne conservent de l'animal que la forme, et seulement assez de mouvement intérieur pour éviter la décomposition à laquelle sont soumises toutes les substances organisées réduites à un repos absolu. Ils ne donnent que quelques faibles marques du mouvement qui reste encore à leur sang, mais qui est d'autant plus lent, que souvent il n'est animé par aucune expiration ni inspiration. Ce qui le prouve, c'est qu'on trouve presque toujours les quadrupèdes ovipares engourdis dans la vase, et cachés dans des creux le long des rivages où les eaux les gagnent et les surmontent souvent, où ils sont par conséquent beaucoup de temps sans pouvoir respirer, et où ils reviennent cependant à la vie dès que la chaleur du printemps se fait de nouveau ressentir.

Les quadrupèdes ovipares ne sont pas les seuls animaux qui s'engourdissent pendant l'hiver aux latitudes un peu élevées : les serpents, les crustacées, sont également sujets à s'engourdir ; des animaux bien plus parfaits tombent aussi dans une torpeur annuelle, tels que les marmottes, les loirs, les chauves-souris, les hérissons, etc. Mais ces derniers animaux ne doivent pas éprouver une sopeur aussi profonde. Plus sensibles que les quadrupèdes ovipares, que les serpents et les crustacées, ils doivent conserver plus de vie intérieure ; quelque engourdis qu'ils soient, ils ne cessent de respirer, et cette action, quoique affaiblie, n'augmente-t-elle pas toujours leurs mouvements intérieurs ?

Si, pendant l'hiver, il survient un peu de chaleur, les quadrupèdes ovipares sont plus ou moins tirés de leur état de sopeur (1); et voilà pourquoi des voyageurs, qui pendant des journées douces de l'hiver ont rencontré dans certains pays des crocodiles, et d'autres quadrupèdes ovipares, doués de presque toute leur activité ordinaire, ont assuré, quoique à tort, qu'ils ne s'y engourdissaient point. Ils peuvent aussi être préservés quelquefois de cet engourdissement annuel par la nature de leurs aliments. Une nourriture plus échauffante et plus substantielle augmente la force de leurs solides, la quantité de leur sang, l'activité de leurs humeurs, et leur donne ainsi assez de chaleur interne pour compenser le défaut de chaleur extérieure. Il arrive souvent que les quadrupèdes ovipares sont dans cet état de mort apparente pendant près de six mois, et même davantage : ce long temps n'empêche pas que leurs facultés suspendues ne reprennent leur activité. Nous verrons dans l'histoire des salamandres aquatiques qu'on a quelquefois trouvé de ces animaux engourdis dans des morceaux de glace tirés des glacières pendant l'été, et dans lesquels ils étaient enfermés depuis plusieurs mois; lorsque la glace était fondue, et que les salamandres étaient pénétrées d'une douce chaleur, elles revenaient à la vie.

Mais, comme tout a un terme dans la nature,

---

(1) Observations sur le crocodile de la Louisiane, par M. de la Coudrenière. Journal de Physique, 1782.

si le froid devenait trop rigoureux ou durait trop long-temps, les quadrupèdes ovipares engourdis périraient : la machine animale ne peut en effet conserver qu'un certain temps les mouvements intérieurs qui lui ont été communiqués. Non seulement une nouvelle nourriture doit réparer la perte de la substance qui se dissipe ; mais ne faut-il pas encore que le mouvement intérieur soit renouvelé, pour ainsi dire, par des secousses extérieures, et que des sensations nouvelles remontent tous les ressorts ?

La masse totale du corps des quadrupèdes ovipares ne perd aucune partie très-sensible de substance pendant leur longue torpeur (1) : mais

______

(1) « Le 7 octobre 1651, M. le chevalier Georges Eut pesa exactement « une tortue terrestre, avant qu'elle ne se cachât sous terre. Son poids « était de quatre livres trois onces et trois drachmes. Le 8 octobre 1652, « ayant tiré la tortue de la terre où elle s'était enfouie la veille, il trouva « qu'elle pesait quatre livres six onces et une drachme. Le 16 mars 1653, « la tortue sortit d'elle-même de sa retraite : elle pesait alors quatre livres « quatre onces. Le 4 octobre 1653, la tortue, qui avait été quelques jours « sans manger, fut retirée du trou où elle s'était enterrée ; son poids était « de quatre livres cinq onces. Les yeux, qu'elle avait eus long-temps fer- « més, étaient dans ce moment ouverts et fort humides. Le 18 mars 1654, « la tortue sortit de son trou, et mise dans la balance, pesait quatre li- « vres quatre onces et deux drachmes. Le 6 octobre 1654, étant sur le « point d'hiverner, elle pesait quatre livres neuf onces et trois drachmes. « Le dernier février 1655, jour auquel la tortue avait abandonné sa re- « traite, son poids était de quatre livres sept onces et six drachmes. « Ainsi elle avait perdu de son ancien poids une once et cinq drachmes. « Le 2 octobre 1655, la tortue, avant de se retirer dans son trou pour « y passer l'hiver, pesait quatre livres neuf onces. Elle avait déja passé « un peu de temps sans prendre de nourriture. Le 25 mars 1656, la

les portions les plus extérieures, plus soumises à l'action desséchante du froid, et plus éloignées du centre du faible mouvement interne qui reste alors aux quadrupèdes ovipares, subissent une sorte d'altération dans la plupart de ces animaux. Lorsque cette couverture la plus extérieure de ces quadrupèdes n'est pas une partie osseuse et très-solide, comme dans les tortues et dans les croco-diles, elle se dessèche, perd son organisation, ne peut plus être unie avec le reste du corps orga-nisé, et ne participe plus ni à ses mouvements internes, ni à sa nourriture. Lors donc que le printemps redonne le mouvement aux quadru-pèdes ovipares, la première peau, soit nue, soit garnie d'écailles, ne fait plus partie en quelque sorte du corps animé ; elle n'est plus pour ce corps qu'une substance étrangère ; elle est repoussée, pour ainsi dire, par des mouvements intérieurs qu'elle ne partage plus. La nourriture qui en en-tretenait la substance se porte cependant comme à l'ordinaire vers la surface du corps ; mais au lieu de réparer une peau qui n'a presque plus de com-

« tortue, au sortir de son trou, pesait quatre livres sept onces et deux
« drachmes. Le 30 septembre 1656, la tortue, sur le point de se retirer
« dans la terre, pesait quatre livres douze onces et quatre drachmes.
« Enfin, le 5 mars 1657, la tortue, de retour sur la terre, pesait
« quatre livres onze onces et deux drachmes et demie. On peut juger, par
« ces observations, combien cet animal, ainsi que tous ceux qui se
« cachent sous terre, pour se garantir des froids de l'hiver, perdent peu
« de leur substance par la transpiration, pendant un jeûne absolu de
« plusieurs mois. » (Collection académique, tome VII, pages 120 et 121.)

3.

munication avec l'intérieur, elle en forme une nouvelle qui ne cesse de s'accroître au-dessous de l'ancienne. Tous ces efforts détachent peu-à-peu cette vieille peau du corps de l'animal, achèvent d'ôter toute liaison entre les parties intérieures et cette peau altérée, qui, de plus en plus privée de toute réparation, devient plus soumise aux causes étrangères qui tendent à la décomposer. Attaquée ainsi des deux côtés, elle cède, se fend; et l'animal revêtu d'une peau nouvelle sort de cette espèce de fourreau, qui n'était plus pour lui qu'un corps embarrassant.

C'est ainsi que le dépouillement annuel des quadrupèdes ovipares nous paraît devoir s'opérer; mais il n'est pas seulement produit par l'engourdissement. Ils quittent également leur première peau dans les pays où une température plus chaude les garantit du sommeil de l'hiver. Quelques-uns la quittent aussi plusieurs fois pendant l'été des contrées tempérées ; le même effet est produit par des causes opposées ; la chaleur de l'atmosphère équivaut au froid et au défaut de mouvement; elle dessèche également la peau, en dérange le tissu, et en détruit l'organisation (1).

---

(1) La note suivante m'a été communiquée par M. de Touchy, écuyer, de la Société royale des Sciences de Montpellier, etc.; elle est extraite d'un ouvrage que ce naturaliste se propose de publier, et qui sera intitulé : Mémoires pour servir à l'Histoire des fonctions de l'économie animale des oiseaux. « Je pris, le 4 mai 1785, dit M. de Touchy, « un lézard vert à taches jaunes et bleuâtres, et de dix pouces de long :

Des animaux d'ordres très-différents des quadrupèdes ovipares éprouvent aussi chaque année, et même à plusieurs époques, une espèce de dépouillement : ils perdent quelques-unes de leurs parties extérieures; on peut particulièrement le remarquer dans les serpents, dans certains animaux à poils, et dans les oiseaux; les insectes et les végétaux ne sont-ils pas sujets aussi à une sorte de mue? Dans quelques êtres qu'on remarque ces grands changements, on doit les rapporter à la même cause générale. Il faut toujours les attribuer au défaut d'équilibre entre les mouvements intérieurs et les causes externes : lorsque

---

« je le mis vivant dans une bouteille couverte d'une toile à jour, et posée
« sur une table de marbre dans une salle fraîche au rez-de-chaussée; ce
« lézard vécut deux mois dans cette espèce de prison, sans prendre au-
« cune nourriture. Les premiers jours, il fit des efforts pour en sortir,
« mais il fut assez tranquille le reste du temps. Vers le quarante-cinquième
« jour, je m'aperçus qu'il se disposait à changer de peau, et successi-
« vement je vis cette peau se sécher, se racornir, se détacher par parties
« fanées et décolorées, pendant que la nouvelle peau qui se découvrait
« avait une belle couleur verte avec des taches bien nettes. Il mourut le
« soixante-troisième jour, sans avoir achevé de muer, la vieille peau
« étant encore attachée sur la tête, les pattes et la queue. Pendant le
« temps de la mue et celui qui le précéda, il ne fut jamais dans un état
« de torpeur; il marchait dans sa bouteille, lorsqu'on la prenait dans les
« mains, et même sans cela et de lui-même; je lui vis quelquefois les yeux
« fermés, mais il les rouvrait bientôt, et avec vivacité. Il était à demi
« arrondi dans cette bouteille, dont le cul un peu relevé devait ajouter
« à la gêne de sa position. Il avait certainement mué avant d'être pris,
« comme font tous les lézards et les serpents, lorsque la chaleur du
« printemps les fait sortir de leurs retraites. La fraîcheur de ses couleurs et
« la délicatesse de sa peau me l'avaient prouvé lorsque je le pris. »

ces dernières sont supérieures, elles altèrent et
dépouillent; et lorsque le principe vital l'emporte,
il répare et renouvelle. Mais cet équilibre peut
être rompu de mille et mille manières, et les effets
qui en résultent sont diversifiés suivant la nature
des êtres organisés qui les éprouvent.

Il en est donc de cette propriété de se dépouiller, ainsi que de toutes les autres propriétés
et de toutes les formes que la nature distribue aux
différentes espèces, et combine de toutes les manières, comme si elle voulait en tout épuiser toutes
les modifications. C'est souvent parce que nos connaissances sont bornées, que l'imagination la plus
bizarre nous paraît allier des qualités et des formes
qui ne doivent pas se trouver ensemble. En étu-
diant avec soin la nature, non seulement dans ses
grandes productions, mais encore dans cette foule
immense de petits êtres, où il semble que la diversité des figures extérieures ou internes, et par
conséquent celle des habitudes ont pu être plus
facilement imprimées à des masses moins considérables, l'on trouverait des êtres naturels, dont
les produits de l'imagination ne seraient souvent
que des copies. Il y aura cependant toujours une
grande différence entre les originaux et ces copies
plus ou moins fidèles : l'imagination, en assemblant
des formes et des qualités disparates, ne prépare
pas à cette réunion extraordinaire ; elle n'emploie
pas cette dégradation successive de nuances diver-
sifiées à l'infini qui peuvent rapprocher les objets

les plus éloignés, et qui en décelant la vraie puissance créatrice, sont le sceau dont la nature marque ses ouvrages durables, et les distingue des productions passagères de la vaine imagination.

Lorsque les quadrupèdes ovipares quittent leurs vieilles couvertures, leur nouvelle peau est souvent encore assez molle pour les rendre plus sensibles au choc des objets extérieurs : aussi sont-ils plus timides, plus réservés, pour ainsi dire, dans leur démarche, et se tiennent-ils cachés autant qu'ils le peuvent, jusqu'à ce que cette nouvelle peau ait été fortifiée par de nouveaux sucs nourriciers et endurcie par les impressions de l'atmosphère. ..Les habitudes des quadrupèdes ovipares sont en général assez douces : leur caractère est sans férocité ; si quelques-uns d'eux, comme les crocodiles, détruisent beaucoup, c'est parce qu'ils ont une grande masse à entretenir (1), mais ce n'est que dans les articles particuliers de cette Histoire que nous pourrons montrer comment ces mœurs générales et communes à tous les quadrupèdes ovipares, sont plus ou moins diversifiées dans chaque espèce, par leur organisation particulière, et par les circonstances de leur vie. Nous verrons, par exemple, les uns se nourrir de poissons, les autres donner la chasse de préférence aux animaux qui rampent sur la terre, aux petits quadrupèdes,

---

(1) Voyez particulièrement l'Histoire des Crocodiles.

aux oiseaux même qu'ils peuvent atteindre sur les branches des arbres ; ceux-ci se nourrir uniquement des insectes qui bourdonnent dans l'atmosphère ; ceux-là ne vivre que d'herbe, et ne choisir que les plantes parfumées, tant la nature sait varier les moyens de subsistance dans toutes les classes, et tant elle les a toutes liées par un grand nombre de rapports. La chaîne presque infinie des êtres, au lieu de se prolonger d'un seul côté, et de ne suivre, pour ainsi dire, qu'une ligne droite, revient donc sans cesse sur elle-même, s'étend dans tous les sens, s'élève, s'abaisse, se replie, et par les différents contours qu'elle décrit, les diverses sinuosités qu'elle forme, les divers endroits où elle se réunit, ne représente-t-elle pas une sorte de solide, dont toutes les parties s'enlacent et se lient étroitement, où rien ne pourrait être divisé sans détruire l'ensemble, où l'on ne reconnaît ni premier ni dernier chaînon, et où même l'on n'entrevoit pas comment la nature a pu former ce tissu aussi immense que merveilleux ?

Les quadrupèdes ovipares sont souvent réunis en grandes troupes ; l'on ne doit cependant pas dire qu'ils forment une vraie société. Qu'est-ce en effet qui résulte de leur attroupement ? aucun ouvrage, aucune chasse, aucune guerre, qui paraissent concertés. Ils ne construisent jamais d'asile ; et, lorsqu'ils en choisissent sur des rivages, dans des rochers, dans le creux des arbres, etc., ce n'est point une habitation commode qu'ils préparent pour un certain nombre d'individus réunis, et qu'ils tâchent d'approprier à leurs différents besoins; mais c'est une retraite purement individuelle, où ils ne veulent que se cacher, à laquelle ils ne changent rien, et qu'ils adoptent également, soit qu'elle ne suffise que pour un seul animal, ou soit qu'elle ait assez d'étendue pour recéler plusieurs de ces quadrupèdes.

Si quelques-uns chassent ou pêchent ensemble, c'est qu'ils sont également attirés par le même appât; s'ils attaquent à-la-fois, c'est parce qu'ils ont la même proie à leur portée; s'ils se défendent en commun, c'est parce qu'ils sont attaqués en même temps; et si quelqu'un d'eux a jamais pu sauver la troupe entière, en l'avertissant par ses cris de quelque embûche, ce n'est point, comme on l'a dit des singes et de quelques autres quadrupèdes, parce qu'ils avaient été, pour ainsi dire, chargés du soin de veiller à la sûreté commune, mais seulement par un effet de la crainte que l'on retrouve dans presque tous les animaux, et qui les rend sans cesse attentifs à leur conservation individuelle.

Quoique les quadrupèdes ovipares paraissent moins sensibles que les autres quadrupèdes, ils n'en éprouvent pas moins, au retour du printemps, le sentiment impérieux de l'amour, qui, dans la plupart des animaux, donne tant de force aux plus faibles, tant d'activité aux plus lents, tant de courage aux plus lâches. Malgré le silence habituel de plusieurs de ces quadrupèdes, ils ont presque tous des sons particuliers pour exprimer leurs désirs. Le mâle appelle sa femelle par un cri expressif, auquel elle répond par un accent semblable. L'amour n'est peut-être pour eux qu'une flamme légère, qu'ils ne ressentent jamais très-vivement, comme si les humeurs, dont leur corps abonde, les garantissaient de cette chaleur intérieure et productrice, qu'on a comparée avec plus de raison qu'on ne le pense à un véritable feu, et qui est de même amortie ou tempérée par tout ce qui tient au froid élément de l'eau. Il semble cependant que la nature a voulu suppléer dans le plus grand nombre de ces quadrupèdes, à l'activité intérieure qui leur manque, par une conformation des plus propres aux jouissances de l'amour. Les parties sexuelles des mâles sont toujours renfermées dans l'intérieur de leur corps jusqu'au moment où ils s'accouplent avec leurs femelles (1); la chaleur interne, qui ne cesse de pénétrer les organes destinés à perpétuer leur espèce, doit ajouter à la vivacité des sensations qu'ils éprouvent; et d'ailleurs ce n'est pas pendant des instants très-courts, comme la plupart des animaux, que les tortues marines, et plu-

---

(1) C'est par l'anus que les mâles des lézards et des tortues font sortir et introduisent leurs parties sexuelles, et que ceux des grenouilles, des crapauds et des raines, répandent leur liqueur fécondante sur les œufs que pondent leurs femelles, ainsi que nous le verrons dans les articles particuliers de leur histoire.

sieurs autres quadrupèdes ovipares communiquent et reçoivent la flamme qu'ils peuvent ressentir : c'est pendant plusieurs jours que dure l'union intime du mâle et de la femelle, sans qu'ils puissent être séparés par aucune crainte, ni même par des blessures profondes (1).

Les quadrupèdes ovipares sont aussi féconds que leur union est quelquefois prolongée. Parmi les vivipares, les plus petites espèces sont en général celles dont les portées sont les plus nombreuses ; cette loi constante pour tous ces animaux ne s'étend pas jusque sur les quadrupèdes ovipares, dans lesquels sa force est vaincue par la nature de leur organisation. Il paraît même que les grandes espèces de ces derniers quadrupèdes sont quelquefois bien plus fécondes que les petites, comme on pourra le voir dans l'histoire des tortues marines, etc.

Mais si les quadrupèdes ovipares semblent éprouver assez vivement l'amour, ils ne ressentent pas de même la tendresse paternelle. Ils abandonnent leurs œufs après les avoir pondus ; la plupart, à la vérité, choisissent la place où ils les déposent ; quelques-uns, plus attentifs, la préparent et l'arrangent ; ils creusent même des trous où ils les renferment, et où ils les couvrent de sable et de feuillages : mais que sont tous ces soins en comparaison de l'attention vigilante dont

---

(1) Voyez l'article de la Tortue franche.

les petits qui doivent éclore sont l'objet dans plusieurs espèces d'oiseaux? et l'on ne peut pas dire que la conformation de la plupart de ces animaux ne leur permet pas de transporter et de mettre en œuvre des matériaux nécessaires pour construire une espèce de nid plus parfait que les trous qu'ils creusent, etc. Les cinq doigts longs et séparés qu'ont la plupart des quadrupèdes ovipares, leurs quatre pieds, leur gueule et leur queue, ne leur donneraient-ils pas en effet plus de moyens pour y parvenir, que deux pattes et un bec n'en donnent aux oiseaux?

La grosseur de leurs œufs varie, suivant les espèces, beaucoup plus que dans ces derniers animaux; ceux des très-petits quadrupèdes ovipares ont à peine une demi-ligne de diamètre, tandis que les œufs des plus grands ont de deux à trois pouces de longueur. Les embryons qu'ils contiennent se réunissent quelquefois avant d'y être renfermés, de manière à produire des monstruosités, ainsi que dans les oiseaux. On trouve dans Séba la figure d'une petite tortue à deux têtes, et l'on conserve au Cabinet du Roi un très-petit lézard vert qui a deux têtes et deux cous bien distincts (1).

L'enveloppe des œufs des quadrupèdes ovipares

---

(1) Il a été envoyé par M. le duc de la Rochefoucault, qui ne cesse de donner des preuves de ses lumières et de son zèle pour l'avancement des sciences.

n'est pas la même dans toutes les espèces ; dans presque toutes, et particulièrement dans plusieurs tortues, elle est souple, molle, et semblable à du parchemin mouillé ; mais, dans les crocodiles et dans quelques grands lézards, elle est d'une substance dure et crétacée comme les œufs des oiseaux, plus mince cependant, et par conséquent plus fragile.

Les œufs des quadrupèdes ovipares ne sont donc pas couvés par la femelle. L'ardeur du soleil et de l'atmosphère les fait éclore, et l'on doit remarquer que tandis que ces quadrupèdes ont besoin pour subsister d'une plus grande chaleur que les oiseaux, leurs œufs cependant éclosent à une température plus froide que ceux de ces derniers animaux. Il semble que les machines animales les plus composées, et par exemple celle des oiseaux, ne peuvent être mises en mouvement que par une chaleur extérieure très-active ; mais que lorsqu'elles jouent, les frottements de leurs diverses parties produisent une chaleur interne, qui rend celle de l'atmosphère moins nécessaire pour la conservation de leur mouvement.

Les petits des quadrupèdes ovipares ne connaissent donc jamais leur mère ; ils n'en reçoivent jamais ni nourriture, ni soins, ni secours, ni éducation ; ils ne voient, ils n'entendent rien qu'ils puissent imiter ; le besoin ne leur arrache pas long-temps des cris, qui n'étant point entendus de leur mère, se perdraient dans les airs, et ne leur procureraient ni assistance ni nourriture; jamais la tendresse ne répond à ces cris; et jamais il ne s'établit parmi les quadrupèdes ovipares ce commencement d'une sorte de langage si bien senti dans plusieurs autres animaux; ils sont donc privés du plus grand moyen de s'avertir de leurs différentes sensations, et d'exercer une sensibilité qui aurait pu s'accroître par une plus grande communication de leurs affections mutuelles.

Mais si leur sensibilité ne peut être augmentée, leur naturel est souvent modifié. On est parvenu à apprivoiser les crocodiles, qui cependant sont les plus grands, les plus forts, et les plus dangereux de ces animaux; et à l'égard des petits quadrupèdes ovipares, la plupart cherchent une retraite autour de nos habitations; certains de ces animaux partagent même nos demeures, où ils trouvent en plus grande abondance les insectes dont ils font leur proie; et tandis que nous recherchons les uns, tels que les petites espèces de tortues, tandis que nous les apportons dans nos jardins, où ils sont soignés, protégés et nourris, d'autres, tels que les lézards gris, présentent quelquefois une sorte de domesticité, moins parfaite, mais plus libre, puisqu'elle est entièrement de leur choix; plus utile, parce qu'ils détruisent plus d'insectes nuisibles; et, pour ainsi dire, plus noble, puisqu'ils ne reçoivent de l'homme ni nourriture préparée, ni retraite particulière.

Presque tous les quadrupèdes ovipares répandent une odeur forte, qui ne diffère pas beaucoup de celle du musc, mais qui est moins agréable, et qui par conséquent ressemble un peu à celle qu'exhalent des animaux d'ordres bien différents, tels que les serpents, les fouines, les belettes, les putois, les mouffetes d'Amérique, plusieurs oiseaux, tels que la huppe, etc., cette odeur plus ou moins vive est le produit de sécrétions particulières, dont l'organe est très-apparent dans quelques quadrupèdes ovipares, et particulièrement dans le crocodile, ainsi que nous le verrons dans les détails de cette histoire.

Les quadrupèdes ovipares vivent en général très-long-temps. On ne peut guère douter, par exemple, que les grandes tortues de mer ne parviennent, ainsi que celles d'eau douce et de terre, à un âge très-avancé; et une très-longue vie ne doit pas étonner dans ces animaux, dont le sang est peu échauffé, qui transpirent à peine, qui peuvent se passer de nourriture pendant plusieurs mois, qui ont si peu d'accidents à craindre, et qui réparent si aisément les pertes qu'ils éprouvent. D'ailleurs ils vivent pendant un bien plus grand nombre d'années que les quadrupèdes vivipares, si l'on ne calcule l'existence que par la durée. Mais si l'on veut compter les vrais moments de leur vie, les seuls que l'on doive estimer, ceux où ils usent de leur force et font usage de leurs facultés, on verra que lorsqu'ils habitent un pays éloigné de la ligne, leur vie est bien courte, quoiqu'elle paraisse renfermer un grand espace de temps. Engourdis pendant près de six mois, il faut d'abord retrancher la moitié de leurs nombreuses années; et pendant le reste de ces ans, qui paraissent leur avoir été prodigués, combien ne faut-il pas ôter de jours pour ce temps de maladie, où dépouillés de leur première peau, ils sont obligés d'attendre dans une retraite qu'une nouvelle couverture les mette à l'abri des dangers! Combien ne faut-il pas ôter d'instants pour ce sommeil journalier, auquel ils sont plus sujets que plusieurs autres animaux, parce qu'ils reçoivent moins de sensations qui les réveillent, et surtout parce qu'ils sont moins pressés par l'aiguillon de la faim! Il ne restera donc qu'un très-petit nombre d'années où les quadrupèdes ovipares soient réellement sensibles et actifs, où ils emploient leurs forces, où ils usent leur machine, où ils tendent avec rapidité vers leur dépérissement. Pendant tout le temps de leur sopeur, inaccessibles à toute impression, froids, immobiles, et presque inanimés, ils sont en quelque sorte réduits à l'état des matières brutes, dont la durée est très-longue parce que le temps n'est pour ces substances qu'une succession d'états passifs et de positions inertes sans effets productifs, et par conséquent sans causes intérieures de destruction, bien loin de pouvoir être compté par de vives jouissances, et par les effets féconds qui déploient mais usent tous les ressorts des êtres animés.

Plusieurs voyageurs ont écrit que quelques lézards et quelques quadrupèdes ovipares sans queue renferment un poison plus ou moins actif. Nous verrons dans les articles particuliers de cette Histoire, que l'on ne peut regarder comme venimeux qu'un très-petit nombre de ces quadrupèdes. D'un autre côté, l'on sait qu'aucun quadrupède vivipare et qu'aucun oiseau ne sont infectés de venin ; ce n'est que parmi les serpents, les poissons, les vers, les insectes et les végétaux que l'on rencontre plusieurs espèces plus ou moins venimeuses. Il semblerait donc que l'abondance des sucs mortels, est d'autant plus grande dans les êtres vivants, que leurs humeurs sont moins échauffées, et que leur organisation intérieure est plus simple.

Maintenant nous allons examiner de plus près les divers quadrupèdes ovipares dont nous avons remarqué les qualités communes et observé les attributs généraux. Nous commencerons par les diverses espèces de tortues de mer, d'eau douce et de terre ; nous considérerons ensuite les crocodiles et les différents lézards, dont les espèces les plus petites, et particulièrement celles des salamandres, ont tant de rapports avec les grenouilles et les autres familles de quadrupèdes ovipares qui n'ont pas de queue, et par l'histoire desquels nous terminerons celle de tous ces animaux. Nous ne nous arrêterons cependant beau-

coup qu'à ceux qui, par la singularité de leur
conformation, l'étendue de leur volume, la grandeur de leur puissance, la prééminence de leurs
qualités, mériteront un plus grand intérêt et une
attention plus marquée ; pour parvenir à peindre
la nature, tâchons de l'imiter ; et de même que
les espèces distinguées paraissent avoir été les
objets de sa prédilection, qu'elles soient ceux de
notre attention particulière, comme réfléchissant
vers nous plus de lumière, et comme en répandant
davantage sur tout ce qui les environne. Et lorsqu'il s'agira de tracer les limites qui séparent les
espèces les unes des autres, lorsque nous serons
indécis sur la valeur des caractères qui se présen-
teront, nous aimerons mieux ne compter qu'une
espèce que d'en admettre deux, bien assurés que
les individus ne coûtent rien à la Nature, mais que,
malgré son immense fécondité, elle n'a point prodigué inutilement les espèces. Ses effets sont sans
nombre, mais non pas les causes qu'elle fait agir.
Nous croirions donc mal représenter l'auguste
simplicité de son plan, et mal parler de sa force,
en lui rapportant sans raison une vaine multiplication d'espèces ; nous pensons, au contraire,
mieux révéler sa puissance, en disant que toutes
ces différences qui font la magnificence de l'univers, que toutes ces variétés qui l'embellissent,
elle les a souvent produites en modifiant de diverses manières les espèces réellement distinctes.
Bien loin d'enrichir la science, ne l'appauvrissons

pas; ne la rabaissons pas en la surchargeant d'un poids inutile d'espèces arbitraires; et n'oublions jamais que du haut du trône sublime où siége la Nature, dominant sur le temps et sur l'espace, elle n'emploie qu'un petit nombre de puissances pour animer la matière, développer tous les êtres, et mouvoir tous les corps de ce vaste univers.

LES TORTUES.

La Nature a traité presque tous les animaux avec plus ou moins de faveur : les uns ont reçu la beauté, d'autres la force ; ceux-ci la grandeur, ou des armes meurtrières ; ceux-là des attributs d'indépendance, la faculté de nager ou celle de s'élever dans les airs. Mais exposés en naissant aux intempéries de l'atmosphère, les uns sont obligés de se creuser avec peine des retraites souterraines et profondes ; les autres n'ont pour asile que les antres ténébreux des hautes montagnes ou des vastes forêts ; ceux-ci, plus petits, sont réduits à se tapir dans les creux des arbres et des rochers, ou à aller se réfugier jusque dans la demeure de leurs plus cruels ennemis, aux yeux desquels ni leur petitesse, ni leur ruse ne peuvent les dérober long-temps ; ceux-là, plus malheureux, moins bien conformés, ou moins pourvus d'instinct, sont forcés de passer tristement leur vie sur la terre nue, et n'ont pour tout abri contre les froids rigoureux et les tempêtes les plus violentes, que quelques branches d'arbres et quelques roches avancées : ceux dont la demeure est la plus commode et la plus sûre, ne jouissent de la douce paix qu'elle leur procure, qu'à force de travaux et de soins ; les tortues seules ont reçu en naissant une sorte de domicile durable. Cet asile, capable de résister à de très-grands efforts, n'est pas même fixé à un certain espace : lorsque la nourriture leur manque dans les endroits qu'elles préfèrent, elles ne sont pas contraintes d'abandonner un toit construit avec peine, de perdre tout le fruit de longs travaux, pour aller peut-être avec plus de peine encore arranger une habitation nouvelle sur des bords étrangers ; elles portent partout avec elles l'abri que la nature leur a donné, et c'est avec toute vérité qu'on a dit qu'elles traînent leur maison, sous laquelle elles sont d'autant plus à couvert qu'elle ne peut pas être détruite par les efforts de leurs ennemis.

La plupart des tortues retirent quand elles veulent leur tête, leurs pattes et leur queue sous l'enveloppe dure et osseuse qui les revêt par dessus et par dessous, et dont les ouvertures sont assez étroites pour que les serres des oiseaux voraces, ou les dents des quadrupèdes carnassiers n'y pénètrent que difficilement. Demeurant immobiles dans cette position de défense, elles peuvent quelquefois recevoir sans crainte, comme sans danger, les attaques des animaux qui cherchent à en faire leur proie. Ce ne sont plus des êtres sensibles, qui opposent la force à la force, qui souffrent toujours par la résistance, et qui

sont plus ou moins blessés par leur victoire même :
mais, ne présentant que leur épaisse enveloppe,
c'est en quelque sorte contre une couverture in-
sensible que sont dirigées les armes de leurs ennemis ; les coups qui les menacent ne tombent,
pour ainsi dire, que sur la pierre, et elles sont
alors aussi à l'abri sous leur bouclier naturel,
qu'elles pourraient l'être dans le creux profond et
inaccessible d'une roche dure. Ce bouclier impénétrable qui les garantit est composé de deux espèces de tables osseuses plus ou moins arrondies
et plus ou moins convexes. L'une est placée au-
dessus et l'autre au-dessous du corps. Les côtes
et l'épine du dos font partie de la supérieure,
que l'on appelle *Carapace*, et l'inférieure, que
l'on nomme *Plastron*, est réunie avec les os qui
composent le *Sternum*. Ces deux couvertures ne
se touchent et ne sont attachées ensemble que
par les côtés : elles laissent deux ouvertures, l'une
devant et l'autre derrière ; la première donne passage à la tête et aux deux pattes de devant ; la
seconde aux deux pattes de derrière, à la queue
et à la partie du corps où est situé l'anus. Lorsque
les tortues veulent, ou marcher, ou nager, elles
sont obligées d'étendre leur tête, leur col et leurs
pattes, qui paraissent alors à l'extérieur, et ces
divers membres, ainsi que la queue, le devant et
le derrière du corps, sont couverts d'une peau qui
s'attache au-dessous des bords de la carapace et
du plastron, qui forme plusieurs plis, lorsque les

pattes et la tête sont retirées, qui est assez lâche pour se prêter à leurs divers mouvements d'extension, et qui est garnie de petites écailles comme celle des lézards, des serpents et des poissons, avec lesquels elle donne aux tortues un trait de ressemblance. La tête, dans presque toutes les espèces de ces animaux, est un peu arrondie vers le museau, à l'extrémité duquel sont situées les narines : la bouche est placée en dessous ; son ouverture s'étend jusqu'au-delà des oreilles. La mâchoire supérieure recouvre la mâchoire inférieure ; elles ne sont point communément garnies de dents, mais les os qui les composent sont festonnés, et assez durs pour que les tortues puissent briser aisément des substances très-compactes. Cette position et cette conformation de leur bouche leur donnent beaucoup de facilité pour brouter les algues et les autres plantes dont elles se nourrissent. Dans presque toutes les tortues, la place des oreilles n'est sensible que par les plaques ou écailles particulières qui les recouvrent ; leurs yeux sont gros et saillants.

Le plastron est presque toujours plus court que la carapace, qui le déborde et le recouvre par devant, et surtout par derrière ; il est aussi moins dur, et souvent presque plat. Ces deux boucliers sont composés de plusieurs pièces osseuses, dont les bords sont comme dentelés, et qui s'engrènent les unes dans les autres d'une manière plus ou moins sensible ; dans certaines espèces, celles du plastron peuvent se prêter à quelques mouvements. La couverture supérieure, ainsi que l'inférieure, sont garnies de lames ou écailles qui varient par leur grandeur, par leur forme et par leur nombre, non seulement suivant les espèces, mais même suivant les individus. Quelquefois le nombre et la figure de ces écailles correspondent à celles des pièces osseuses qu'elles cachent.

On distingue les écailles qui revêtent la circonférence de la carapace, d'avec celles qui en recouvrent le milieu ; ce milieu est appelé *Disque*. Il est le plus souvent couvert de treize ou quinze lames, placées en long sur trois rangs ; celui du milieu est de cinq lames, et les deux des côtés sont de quatre. La bordure est communément garnie de vingt-deux ou vingt-cinq lames ; le nombre de celles du plastron varie de douze à quatorze dans certaines espèces, et de vingt-deux à vingt-quatre dans d'autres. Ces écailles tombent quelquefois par l'effet d'une grande dessiccation, ou de quelque autre accident : elles sont à demi transparentes, pliantes, élastiques ; elles présentent, dans certaines espèces, telles que le caret, etc., des couleurs assez belles pour être recherchées et servir à des objets de luxe ; et ce qui les rend d'autant plus propres à être employées dans les arts, c'est qu'elles se ramollissent et se fondent à un feu assez doux de manière à être réunies, moulées, et à prendre toute sorte de figures.

Les tortues sont encore distinguées des autres quadrupèdes ovipares par plusieurs caractères intérieurs assez remarquables, et particulièrement par la grandeur très-considérable de la vessie qui manque aux lézards, ainsi qu'aux quadrupèdes ovipares sans queue. Elles en diffèrent encore par le nombre des vertèbres du cou; nous en avons compté huit dans la tortue de mer, appelée la *Tortue franche*, dans la *Grecque* et dans la tortue d'eau douce, que nous avons nommée la *Jaune*, tandis que les crocodiles n'en ont que sept, que la plupart des autres lézards n'en ont jamais au-dessus de quatre, et que les quadrupèdes ovipares sans queue en sont entièrement privés.

Tels sont les principaux traits de la conformation générale des tortues : nous connaissons vingt-quatre espèces de ces animaux; elles diffèrent toutes les unes des autres par leur grandeur, et par d'autres caractères faciles à distinguer. La carapace des grandes tortues a depuis quatre jusqu'à cinq pieds de long, sur trois ou quatre pieds de largeur; le corps entier a quelquefois plus de quatre pieds d'épaisseur verticale à l'endroit du dos le plus élevé. La tête a environ sept ou huit pouces de long et six ou sept pouces de large; le cou est à-peu-près de la même longueur, ainsi que la queue. Le poids total de ces grandes tortues excède ordinairement huit cents livres, et les deux couvertures en pèsent à-peu-près quatre cents. Dans les plus petites espèces, au contraire, on ne compte que quelques pouces depuis l'extrémité du museau jusqu'au bout de la queue, même lorsque toutes les parties de la tortue sont étendues, et tout l'animal ne pèse pas quelquefois une livre.

Les vingt-quatre espèces de tortues diffèrent aussi beaucoup les unes des autres par leurs habitudes : les unes vivent presque toujours dans la mer; les autres, au contraire, préfèrent le séjour des eaux douces ou des terrains secs et élevés. Nous avons cru d'après cela devoir former deux divisions dans le genre des tortues. Nous plaçons dans la première six espèces de ces animaux, les plus grandes de toutes, et qui habitent la mer de préférence. Il est aisé de les distinguer d'avec les autres, en ce que leurs pieds très-allongés et leurs doigts très-inégaux en longueur, et réunis par une membrane, représentent des nageoires dont la longueur est souvent de deux pieds, et égale par conséquent plus du tiers de celle de la carapace. Leurs deux boucliers se touchent d'ailleurs de chaque côté dans une plus grande portion de leur circonférence : l'ouverture de devant et celle de derrière sont par là moins étendues, et ne laissent qu'un passage plus étroit à la griffe des oiseaux de proie et aux dents des caymans, des tigres, des couguars, et des autres ennemis des tortues; mais la plupart des tortues marines ne cachent qu'à demi leur tête et leurs pattes sous leur carapace, et ne peuvent pas les y retirer en-

entier, comme les tortues d'eau douce ou terrestres. Les écailles qui revêtent leur plastron, au lieu d'être disposées sur deux rangs, comme celles du plastron des tortues terrestres ou d'eau douce, forment quatre rangées, et leur nombre est beaucoup plus grand.

Les tortues marines représentent parmi les quadrupèdes ovipares, la nombreuse tribu des quadrupèdes vivipares, composée des morses, des lions marins, des lamantins et des phoques, dont les doigts sont également réunis, et qui tous ont plutôt des nageoires que des pieds : comme cette tribu, elles appartiennent bien plus à l'élément de l'eau qu'à celui de la terre, et elles lient également l'ordre dont elles font partie avec celui des poissons auxquels elles ressemblent par une partie de leurs habitudes et de leur conformation.

Nous composons la seconde division de toutes les autres tortues qui habitent, tant au milieu des eaux douces que dans les bois et sur des terrains secs ; nous y comprenons par conséquent la tortue de terre, nommée la grecque, qui se trouve dans presque tous les pays chauds, et la tortue d'eau douce, appelée la bourbeuse, qui est assez commune dans la France méridionale, et dans les autres contrées tempérées de l'Europe. Toutes les tortues de cette seconde division ont les pieds très-ramassés, les doigts très-courts et presque égaux en longueur : ces doigts, garnis d'ongles forts et crochus, ne ressemblent point à des nageoires ; la carapace et le plastron ne sont réunis l'un à l'autre que dans une petite portion de leur contour ; ils laissent aux différentes parties des tortues plus de facilité pour leurs divers mouvemens ; et cette plus grande liberté leur est d'autant plus utile, qu'elles marchent bien plus souvent qu'elles ne nagent ; leur couverture supérieure est d'ailleurs communément bien plus bombée ; aussi, lorsqu'elles sont renversées sur le dos, peuvent-elles la plupart se retourner et se remettre sur leurs pattes, tandis que presque toutes les tortues marines, dont la carapace est beaucoup plus plate, s'épuisent en efforts inutiles lorsqu'elles ont été retournées, et ne peuvent point reprendre leur première position.

PREMIÈRE DIVISION.

TORTUES DE MER.

LA TORTUE FRANCHE[1].

La Tortue franche ou Tortue verte, Cuv.; *Testudo Mydas*,
var. β, Linn.; T *viridis* Schn.; *Caretta esculenta*, Merrem.

Un des plus beaux présents que la nature ait faits
aux habitants des contrées équatoriales, une des

[1] En latin, *testudo marina* et *mus marinus*.
En anglais, *the green turtle.*
Jurucuja, au Brésil.
Tartaruga, par les Portugais.
Tortue Mydas. M. Daubenton, Encyclopédie méthodique.
Testudo Mydas. Linnæus, Systema Naturæ, amphibia reptilia, editio XIII, test. Mydas, 3.
Rai, Synopsis Quadrupedum, page 254. *Testudo marina vulgaris.*
Rochefort, *tortue franche.*
Mus. ad. fr., I, p. 50, *testudo atra.*
Du Tertre, *tortue franche.*
Labat, *tortue franche.*
Séba, mus. I, tab. 79, fig. 4, 5, 6.
The green turtle. Patrick Browne, Natural history of Jamaica, p. 465.
Testudo unguibus palmarum duobus, plantarum singularibus.

productions les plus utiles qu'elle ait déposées sur les confins de la terre et des eaux, est la grande Tortue de mer, à laquelle on a donné le nom de tortue franche. L'homme emploierait avec bien moins d'avantage le grand art de la navigation, si vers les rives éloignées, où ses désirs l'appellent, il ne trouvait dans une nourriture aussi agréable qu'abondante, un remède assuré contre les suites funestes d'un long séjour dans un espace resserré, et au milieu de substances à demi putréfiées, que la chaleur et l'humidité ne cessent d'altérer (1). Cet aliment précieux lui est fourni par les tortues franches; et elles lui sont d'autant plus utiles qu'elles habitent surtout ces contrées ardentes, où une chaleur plus vive accélère le développement de tous les germes de corruption. On les rencontre

Hans Sloane. Voyage aux îles Madère, Barbade, etc., avec l'Histoire naturelle de ces îles. Londres, 1725, vol. II, page 331.

Osbeck. it. 293.

Gesner, Quadrup. ovip., page 105, *testudo marina*.

Aldrov. Quadrup., 712, tab. 714.

Olear, mus. 27, tab. 17, fig. 1.

Bradl. natur. tab. 4, fig. 4.

Catesby, Histoire naturelle de la Caroline, vol. II, page 38.

Marcgrave. Brasil. 241. *Jurucuja Brasiliensibus.*

Testudo viridis. Hist. natur. des Tortues, par M. Jean Schneider, à Leipsick, 1783.

(1) « On fait des bouillons de tortues franches, que l'on regarde comme « excellents pour les pulmoniques, les cachectiques, les scorbutiques, etc. « La chair de cet animal renferme un suc adoucissant et nourrissant, in- « cisif et diaphorétique, dont j'ai éprouvé de très-bons effets. » Note com- muniquée par M. de la Borde, médecin du roi à Cayenne.

en effet en très-grand nombre, sur les côtes des îles et des continents situés sous la zone torride, tant dans l'ancien que dans le nouveau monde; les bas-fonds qui bordent ces îles et ces continents, sont revêtus d'une grande quantité d'algues (1) et d'autres plantes que la mer couvre de ses ondes, mais qui sont assez près de la surface des eaux pour qu'on puisse les distinguer facilement lorsque le temps est calme. C'est sur ces espèces de prairies que l'on voit les tortues franches se promener paisiblement. Elles se nourrissent de l'herbe de ces pâturages (2). Elles ont quelquefois six ou sept pieds de longueur, à compter depuis le bout du museau jusqu'à l'extrémité de la queue, sur trois ou quatre de largeur et quatre pieds ou environ d'épaisseur, dans l'endroit le plus gros du corps; elles pèsent alors près de huit cents livres; elles sont en si grand nombre qu'on serait tenté de les regarder comme une espèce de troupeau rassemblé à dessein pour la nourriture et le soulagement des navigateurs qui abordent auprès de ces bas - fonds : et les troupeaux marins qu'elles

(1) Marc Catesby, Histoire naturelle de la Caroline, de la Floride et des îles de Bahama, revue par M. Edwards. Londres, 1754, vol. II, page 38.

(2) « Dans ces grandes herbes, qui se nomment *Sargasses,* et qui « paraissent en divers endroits sur la surface de la mer, mais dont le « grand nombre est au fond de l'eau et sur les côtes, on trouve entre « plusieurs autres espèces d'animaux marins, une prodigieuse quantité de « tortues. » Description de l'Ile Espagnole ; Hist. générale des voyages, partie III , livre 5.

forment le cèdent d'autant moins à ceux qui paissent l'herbe de la surface sèche du globe, qu'ils joignent à un goût exquis et à une chair succulente et substantielle, une vertu des plus actives et des plus salutaires.

La tortue franche se distingue facilement des autres par la forme de sa carapace. Cette couverture supérieure, qui a quelquefois quatre ou cinq pieds de long sur trois ou quatre de largeur, est ovale et entourée d'un bord composé de lames, dont les plus grandes sont les plus éloignées de la tête, et qui, terminées à l'extérieur par des lignes courbes, font paraître ce même bord comme ondé : le disque, ou le milieu de cette couverture supérieure, est recouvert ordinairement de quinze lames ou écailles, d'un roux plus ou moins sombre, qui tombent souvent ainsi que celles de la bordure, par l'effet d'une grande dessiccation ou de quelque autre accident, et dont la forme et le nombre varient d'ailleurs suivant l'âge et peut-être suivant le sexe ; nous nous en sommes assurés en examinant des tortues de différentes tailles (1). Lorsque l'animal est dans l'eau, la carapace paraît d'un brun clair tacheté de jaune (2). Le plastron

____

(1) « Le nombre des lames dans les tortues franches, varie suivant les « individus ; mais il paraît cependant relatif à l'âge. » Note communiquée par M. le chevalier de Widerspech, officier au bataillon de la Guyane, et correspondant du Cabinet du Roi.

(2) Mémoires manuscrits sur les tortues, rédigés par M. de Fougeroux de Bondaroy, de l'Académie des Sciences, et que ce savant académicien a bien voulu me communiquer.

est moins dur et plus court que la carapace; il est garni communément de vingt-trois ou vingt-quatre lames, disposées sur quatre rangs (1); et c'est à cause des deux boucliers dont la tortue franche est armée, qu'on lui a donné le nom de *Soldat* dans certaines contrées (2).

Les pieds de la tortue franche sont très-allongés; les doigts en sont réunis par une membrane; ils ressemblent beaucoup à de vraies nageoires; aussi lui servent-ils à nager bien plus souvent qu'à marcher, et lui donnent-ils une nouvelle conformité avec les poissons et avec les phoques qui habitent comme elle au milieu des eaux. Sans cette conformation, elle abandonnerait un élément où elle aurait trop de peine à frapper l'eau avec des pieds qui, présentant une trop petite

---

(1) Nous croyons devoir rapporter ici les dimensions d'une jeune tortue franche, qui n'avait pas encore atteint tout son développement, et qui est conservée au Cabinet du Roi.

Dans cette tortue, ainsi que dans celles dont il sera question dans cet ouvrage, nous avons mesuré la longueur totale de l'animal, ainsi que la longueur et la largeur de la carapace, en suivant la convexité de cette couverture supérieure.

	pi.	po.	lig.
Longueur, depuis le bout du museau jusqu'à l'extrémité postérieure de la carapace.................	3	0	0
Longueur de la tête.............................	0	7	8
Largeur de la tête..............................	0	3	9
Longueur de la carapace.........................	1	11	6
Largeur de la carapace..........................	1	10	7
Longueur des pattes de devant....................	1	2	3
Longueur des pattes de derrière..................	0	11	0

Nous avons compté neuf côtes de chaque côté, dans cette jeune tortue.

(2) Conrad Gesner, Quadrup. ovip., Zurich, 1554, page 105.

surface, n'opposeraient à ce fluide presque aucune résistance : elle habiterait sur la terre sèche, où elle marcherait avec facilité comme les tortues de terre que l'on trouve au milieu des bois.

Dans les pieds de derrière, le premier doigt, qui est le plus court, est le seul qui soit garni d'un ongle aigu et bien apparent ; le second doigt l'est d'un ongle moins grand et plus arrondi, et les trois autres n'en présentent que de membraneux et peu sensibles, tandis qu'aux pieds de devant, les deux doigts intérieurs sont terminés par des ongles aigus, et les trois autres par des ongles membraneux : au reste, il se peut que la forme, le nombre et la position des ongles varient dans la tortue franche (1) ; mais il n'y en a jamais qu'un d'aigu aux pieds de derrière, et c'est un caractère distinctif de cette espèce.

La tête, les pattes et la queue sont recouvertes de petites écailles comme le corps des lézards, des serpents et des poissons, et de même que dans ces animaux, ces écailles sont un peu plus grandes sur le sommet de la tête que sur le cou et sur la queue. L'on a prétendu que, malgré la grandeur des tortues franches, leur cerveau n'était pas plus gros qu'une fève (2) ; ce qui confirmerait ce que nous avons dit de la petitesse du cerveau dans les quadrupèdes ovipares. La bouche, située au-des-

---

(1) Linn., Amphib. rept. Testudo Mydas.

(2) Voyez les Mémoires pour servir à l'Histoire naturelle des animaux, article de la Tortue de terre de Coromandel.

sous de la partie antérieure de la tête, s'ouvre jusqu'au-delà dès oreilles; les mâchoires ne sont point armées de dents, mais elles sont très-dures et très-fortes; et les os qui les composent sont garnis de pointes ou d'aspérités. C'est avec ces mâchoires puissantes que les tortues coupent l'herbe sur les tapis verts qui revêtent les bas-fonds de certaines côtes, et qu'elles peuvent briser des pierres, et écraser les coquillages dont elles se nourrissent quelquefois.

Lorsque les tortues ont brouté l'algue au fond de la mer, elles vont à l'embouchure des grands fleuves chercher l'eau douce dans laquelle elles paraissent se plaire, et où elles se tiennent paisiblement la tête hors de l'eau, pour respirer un air dont la fraîcheur semble leur être de temps en temps nécessaire. Mais n'habitant que des côtes dangereuses pour elles, à cause du grand nombre d'ennemis qui les y attendent, et de chasseurs qui les y poursuivent, ce n'est qu'avec précaution qu'elles goûtent le plaisir de humer l'air frais et de se baigner au milieu d'une eau douce et courante. A peine aperçoivent-elles l'ombre de quelque objet à craindre, qu'elles plongent et vont chercher au fond de la mer une retraite plus sûre.

La tortue de terre a de tous les temps passé pour le symbole de la lenteur; les tortues de mer devraient être regardées comme l'emblême de la prudence. Cette qualité, qui, dans les animaux, est le fruit des dangers qu'ils ont courus, ne doit pas étonner dans ces tortues, que l'on recherche d'autant plus, qu'il est peu dangereux de les chasser, et très-utile de les prendre. Mais si quelques traits de leur histoire paraissent prouver qu'elles ont une sorte de supériorité d'instinct, le plus grand nombre de ces mêmes traits, ne montreront dans ces grandes tortues de mer que des propriétés passives, plutôt que des qualités actives. Rencontrant une nourriture abondante sur les côtes qu'elles fréquentent, se nourrissant de peu, et se contentant de brouter l'herbe, elles ne disputent point aux animaux de leur espèce un aliment qu'elles trouvent toujours en assez grande quantité; pouvant d'ailleurs, ainsi que les autres tortues et tous les quadrupèdes ovipares, passer plusieurs mois, et même plus d'un an, sans prendre aucune nourriture, elles forment un troupeau tranquille; elles ne se recherchent point, mais elles se trouvent ensemble sans peine, et y demeurent sans contrainte; elles ne se réunissent pas en troupe guerrière par un instinct carnassier, pour s'emparer plus aisément d'une proie difficile à vaincre, mais conduites aux mêmes endroits par les mêmes goûts et par les mêmes habitudes, elles conservent une union paisible. Défendues par une carapace osseuse, très-forte, et si dure que des poids très-lourds ne peuvent l'écraser, garanties par cette sorte de bouclier, mais n'ayant rien pour nuire, elles ne redoutent point la société de leurs semblables, qu'elles ne peuvent à leur tour troubler par aucune offense.

La douceur et la force, pour résister, sont donc ce qui distingue la tortue franche, et c'est peut-être à ces qualités que les Grecs firent allusion lorsqu'ils la donnèrent pour compagne à la beauté, lorsque Phidias la plaça comme un symbole aux pieds de sa Vénus (1).

Rien de brillant dans ses mœurs, non plus que dans les couleurs dont elle est variée : mais ses habitudes sont aussi constantes que son enveloppe a de solidité ; plus patiente qu'agissante, elle n'éprouve presque jamais de désirs véhéments ; plus prudente que courageuse, elle se défend rarement, mais elle cherche à se mettre à l'abri ; et elle emploie toute sa force à se cramponner, lorsque, ne pouvant briser sa carapace, on cherche à l'enlever avec cette couverture.

La constance de ses habitudes paraît se faire sentir jusque dans ses amours. Non seulement le mâle recherche sa femelle avec ardeur, mais leur union la plus intime dure pendant près de neuf jours ; c'est au milieu des ondes qu'ils s'accouplent plastron contre plastron (2). Ils s'embrassent fortement avec leurs longues nageoires ; ils voguent ensemble, toujours réunis par le plaisir, sans que les flots amortissent la chaleur qui les pénètre ; on prétend même que leur espèce de timidité

---

(1) Pausanias in eliacis.

(2) Mémoires manuscrits sur les tortues, rédigés par M. de Fougeroux.

naturelle les abandonne alors ; ils deviennent, dit-on, comme furieux d'amour ; aucun danger ne les arrête ; et le mâle serre encore étroitement sa femelle, lorsque poursuivie par les chasseurs, elle est déja blessée à mort, et répand tout son sang (1).

Cependant leur attachement mutuel passe avec le besoin qui l'avait fait naître. Les animaux n'ont point, comme l'homme, cette intelligence, qui, en combinant un grand nombre d'idées morales, et en les réchauffant par un sentiment actif, sait si bien prolonger les charmes de la jouissance, et faire goûter encore des plaisirs si grands dans les heureux souvenirs d'une tendresse touchante.

La tortue mâle, après son accouplement, abandonne bientôt la compagne qu'elle paraissait avoir tant chérie ; elle la laisse seule aller à terre, s'exposer à des dangers de toute espèce, pour déposer sur le sable les fruits d'une union qui semblait devoir être moins passagère.

Il paraît que le temps de l'accouplement des

---

(1) « J'ai pris des mâles dans le temps de leur union avec leurs fe-« melles ; on perce facilement le mâle, car il n'est pas sauvage. La fe-« melle, à la vue d'un canot, fait des efforts pour s'échapper ; mais il la « retient avec ses deux nageoires (ou pattes) de devant. Lorsqu'on les « surprend accouplés, le plus sûr est de darder la femelle : on est sûr « alors du mâle. » Dampier, tome I, page 118.

M. de la Borde, médecin du roi à Cayenne, et correspondant du Cabinet d'Histoire naturelle, soupçonne que la forme des parties sexuelles du mâle contribue à ce qu'il demeure uni à sa femelle, quoiqu'on les poursuive, les prenne, les blesse, etc. Note communiquée par ce naturaliste.

tortues franches, varie dans les différents pays, suivant la température, la position en-deçà ou au-delà de la ligne, la saison des pluies, etc. C'est vers la fin de mars ou dans le commencement d'avril, qu'elles se recherchent dans la plupart des contrées chaudes de l'Amérique septentrionale; et bientôt après les femelles commencent à pondre leurs œufs sur le rivage; elles préfèrent les graviers, les sables dépourvus de vase et de corps marins, où la chaleur du soleil peut plus aisément faire éclore des œufs, qu'elles abandonnent après les avoir pondus (1).

Il semble cependant que ce n'est pas par indifférence pour les petits qui lui devront le jour, que la mère tortue laisse ces œufs sur le sable : elle y creuse, avec ses nageoires, et au-dessus de l'endroit où parviennent les plus hautes vagues, un ou plusieurs trous d'environ un pied de largeur, et deux pieds de profondeur : elle y dépose ses œufs au nombre de plus de cent (2); ces œufs sont ronds, de deux ou trois pouces de diamètre, et la membrane qui les couvre ressemble, en quelque sorte, à du parchemin mouillé (3). Ils ren-

(1) Ce fait est contraire à l'opinion d'Aristote et à celle de Pline; mais il a été mis hors de doute par tous les voyageurs et les observateurs modernes; il paraît que Pline et Aristote ont eu peu de renseignements exacts relativement aux quadrupèdes ovipares, dont ils ne connaissaient qu'un très-petit nombre.

(2) Mémoires manuscrits sur les tortues, rédigés par M. de Fougeroux.

(3) Rai, Synopsis animalium.

ferment du blanc qui ne se durcit point, dit-on, à quelque degré de feu qu'on l'expose, et du jaune qui se durcit comme celui des œufs de poule (1). Rien ne peut distraire les tortues de leurs soins maternels; uniquement occupées de leurs œufs, elles ne peuvent être troublées par aucune crainte (2); et comme si elles voulaient les dérober aux yeux de ceux qui les recherchent, elles les couvrent d'un peu de sable, mais cependant assez légèrement pour que la chaleur du soleil puisse les échauffer et les faire éclore. Elles font plusieurs pontes, éloignées l'une de l'autre de quatorze jours ou environ (3), et de trois semaines dans certaines contrées (4); ordinairement elles en font trois (5). L'expérience des dangers qu'elles courent, lorsque le jour éclaire les poursuites de leurs ennemis, et peut-être la crainte qu'elles ont de la chaleur ardente du soleil dans les contrées torrides, font qu'elles choisissent presque toujours le temps de la nuit pour aller déposer leurs œufs, et c'est apparemment d'après leurs petits voyages nocturnes, que les anciens ont pensé qu'elles couvaient pendant les ténèbres (6).

---

(1) Nouveau voyage aux îles de l'Amérique, tome I, page 304.

(2) Catesby, Hist. natur. de la Caroline, vol. II, page 38.

(3) Idem, ibidem.

(4) Mémoires manuscrits sur les tortues, rédigés par M. de Fougeroux.

(5) « Les tortues renouvellent leur ponte : sur les côtes d'Afrique, il « y en a qui pondent en tout jusqu'à deux cent cinquante œufs. » Labat, Afrique occidentale, vol. II. La fécondité de ces quadrupèdes ovipares est quelquefois plus grande.

(6) Pline, livre IX, chapitre 12.

Pour tous leurs petits soins, il leur faut un sable mobile; elles ont une sorte d'affection marquée pour certains parages plus commodes, moins fréquentés, et par conséquent moins dangereux; elles traversent même des espaces de mer très-étendus pour y parvenir. Celles qui pondent dans les îles de Cayman (1), voisines de la côte méridionale de Cuba, où elles trouvent l'espèce de rivage qu'elles préfèrent, y arrivent de plus de cent lieues de distance. Celles qui passent une grande partie de l'année sur les bords des îles Gallapagos, situées sous la ligne et dans la mer du Sud, se rendent pour leurs pontes sur les côtes occidentales de l'Amérique méridionale, qui en sont éloignées de plus de deux cents lieues; et les tortues qui vont déposer leurs œufs sur les bords de l'île de l'Ascension, font encore plus de chemin, puisque les terres les plus voisines de cette île sont à trois cents lieues de distance (2).

La chaleur du soleil suffit pour faire éclore les œufs des tortues dans les contrées qu'elles habitent; vingt ou vingt-cinq jours après qu'ils ont été déposés, on voit sortir du sable les petites tortues, qui présentent tout au plus deux ou trois

---

(1) Les îles de Cayman sont si favorables aux tortues, que lorsqu'elles furent découvertes, on leur donna le nom espagnol de *Las-Tortugas*, à cause du grand nombre de tortues dont leurs bords étaient couverts. Histoire générale des voyages, IIIe partie, livre 5. Voyage de Christophe et Barthélemi Colomb.

(2) Dampier, tome I.

pouces de longueur, sur un peu moins de largeur, ainsi que nous nous en sommes assurés par les mesures que nous avons prises sur des tortues franches enlevées au moment où elles venaient d'éclore; elles sont donc bien éloignées de la grandeur à laquelle elles peuvent parvenir. Au reste, le temps nécessaire pour que les petites tortues puissent éclore, doit varier suivant la température. Froger assure qu'à Saint-Vincent, île du cap Vert, il ne faut que dix-sept jours pour qu'elles sortent de leurs œufs; mais elles ont besoin de neuf jours de plus pour devenir capables de gagner la mer (1). L'instinct dont elles sont déja pourvues, ou, pour mieux dire, la conformité de leur organisation avec celle de leurs père et mère, les conduisent vers les eaux voisines, où elles doivent trouver la sûreté et l'aliment de leur vie. Elles s'y traînent avec lenteur; mais trop faibles encore pour résister au choc des vagues, elles sont rejetées par les flots sur le sable du rivage, où les grands oiseaux de mer, les crocodiles, les tigres, ou les couguars, se rassemblent pour les dévorer(2). Aussi n'en échappe-t-il que très-peu. L'homme en détruit d'ailleurs un grand nombre avant qu'elles ne soient développées. On recherche même dans les îles où elles abondent, les œufs qu'elles laissent sur le sable, et qui donnent une nourriture aussi agréable que saine.

---

(1) Froger, Relation d'un voyage à la mer du Sud, page 52.
(2) Idem, ibidem.

C'est depuis le mois d'avril jusqu'au mois de septembre, que dure la ponte des tortues franches sur les côtes des îles de l'Amérique, voisines du golfe du Mexique : mais le temps de leurs diverses pontes varie suivant les pays; sur la côte d'Issini, en Afrique, les tortues viennent déposer leurs œufs depuis le mois de septembre jusqu'au mois de janvier (1); pendant toute la saison des pontes, l'on va non seulement à la recherche des œufs, mais encore à celle des petites tortues que l'on peut saisir avec facilité; lorsqu'on les a prises, on les renferme dans des espaces plus ou moins grands, entourés de pieux, et où la haute mer peut parvenir; et c'est dans ces espèces de parcs qu'on les laisse croître pour en avoir au besoin, sans courir les hasards d'une pêche incertaine, et sans éprouver les inconvénients qui y sont quelquefois attachés. Les pêcheurs choisissent aussi cette saison pour prendre les grandes tortues femelles qui leur échappent sur les rivages plus difficilement qu'à la mer, et dont la chair est plus estimée que celle des mâles, surtout dans le temps de la ponte (2).

Malgré les ténèbres dont les tortues franches cherchent, pour ainsi dire, à s'envelopper lorsqu'elles vont déposer leurs œufs, elles ne peuvent se dérober à la poursuite de leurs ennemis. A

---

(1) Voyage de Loyer à Issini sur la Côte-d'Or.
(2) Sloane, à l'endroit déja cité.

l'entrée de la nuit, surtout lorsqu'il fait clair de lune, les pêcheurs, se tenant en silence sur la rive, attendent le moment où les tortues sortent de l'eau ou reviennent à la mer après avoir pondu; ils les assomment à coups de massue (1), ou ils les retournent rapidement, sans leur donner le temps de se défendre, et de les aveugler par le sable qu'elles font quelquefois rejaillir avec leurs nageoires. Lorsqu'elles sont très-grandes, il faut que plusieurs hommes se réunissent (2), et quelquefois même se servent de pieux comme d'autant de leviers pour les renverser sur le dos. La tortue franche a la carapace trop plate pour pouvoir se remettre sur ses pattes, lorsqu'elle a été ainsi *chavirée*, suivant l'expression des pêcheurs. On a voulu rendre touchant le récit de cette manière de prendre les tortues; et l'on a dit que lorsqu'elles étaient retournées, hors d'état de se défendre, et qu'elles ne pouvaient plus que s'épuiser en vains efforts, elles jetaient des cris plaintifs et versaient un torrent de larmes (3). Plusieurs tortues, tant marines que terrestres (4), font entendre souvent un sifflement plus ou moins fort, et même un gémissement très-distinct, lorsqu'elles éprouvent avec vivacité ou l'amour ou la crainte.

---

(1) Mémoires manuscrits sur les tortues, rédigés par M. de Fougeroux.

(2) Description des îles du cap Vert. Hist. générale des voyages, livre V.

(3) Rai, Synopsis animalium, page 255.

(4) Voyez l'article de la Caouane.

Il peut donc se faire que la tortue franche jette des cris lorsqu'elle s'efforce en vain de reprendre sa position naturelle et que la frayeur commence à la saisir; mais on a exagéré sans doute les signes de sa douleur.

Pour peu que les matelots soient en nombre, ils peuvent, dans moins de trois heures, retourner quarante ou cinquante tortues qui renferment une grande quantité d'œufs.

Ils passent le jour à mettre en pièces celles qu'ils ont prises pendant la nuit; ils en salent la chair, et même les œufs et les intestins (1). Ils retirent quelquefois de la graisse des grandes tortues, jusqu'à trente-trois pintes d'une huile jaune ou verdâtre (2), qui sert à brûler, que l'on emploie même dans les aliments lorsqu'elle est fraîche, et dont tous les os de ces animaux sont pénétrés, ainsi que ceux des cétacées; ou bien ils les traînent renversées sur leur carapace, jusque dans les parcs où ils veulent les conserver.

Les pêcheurs des Antilles et des îles de Bahama, qui vont sur les côtes de Cuba, sur celles des îles voisines, et principalement des îles de Cayman, ont achevé de charger leurs navires, ordinairement au bout de six semaines ou de deux mois; ils rapportent dans leurs îles les produits de leur

---

(1) Mémoires manuscrits, rédigés et communiqués par M. de Fougeroux de Bondaroy, de l'Académie des Sciences.
(2) Mémoires manuscrits sur les tortues, rédigés par M. de Fougeroux.

pêche (1); et cette chair de tortue salée, qui sert à la nourriture du peuple et des esclaves, n'est pas moins employée dans les colonies d'Amérique, que la morue dans les divers pays de l'Europe (2).

On peut aussi prendre les tortues franches au milieu des eaux (3) : on se sert d'une varre ou d'une sorte de harpon, pour cette pêche, ainsi que pour celle de la baleine : on choisit une nuit calme, où la lune éclaire une mer tranquille. Deux pêcheurs montent sur un petit canot que l'un d'eux conduit : ils reconnaissent qu'ils sont près de quelque grande tortue, à l'écume qu'elle produit lorsqu'elle monte vers la surface de l'eau; ils s'en approchent avec assez de vitesse, pour que la tortue n'ait pas le temps de s'échapper : un des deux pêcheurs lui lance aussitôt son harpon avec tant de force, qu'il perce la couverture supérieure, et pénètre jusqu'à la chair : la tortue blessée se précipite au fond de l'eau; mais on lui lâche une corde à laquelle tient le harpon, et, lorsqu'elle a perdu beaucoup de sang, il est aisé de la tirer dans le bateau ou sur le rivage.

On a employé, dans la mer du Sud, une autre

---

(1) Voyage de Hawkins à la mer du Sud, page 29.

(2) Toutes les nations qui ont des possessions en Amérique, et particulièrement les Anglais, envoient de petits bâtiments sur la côte de la Nouvelle-Espagne et des îles désertes qui en sont voisines, pour y faire la pêche des tortues. Note communiquée par M. de la Borde, correspondant au Cabinet du Roi, à Cayenne.

(3) Catesby, Hist. naturelle de la Caroline, tome II, page 39.

manière de pêcher les tortues. Un plongeur hardi se jette dans la mer, à quelque distance de l'endroit où, pendant la grande chaleur du jour, il voit les tortues endormies nager à la surface de l'eau ; il se relève très-près de la tortue, et saisit sa carapace vers la queue ; en enfonçant ainsi le derrière de l'animal, il le réveille, l'oblige à se débattre, et ce mouvement suffit pour soutenir sur l'eau la tortue et le plongeur qui l'empêche de s'éloigner jusqu'à ce qu'on vienne les pêcher (1).

Sur les côtes de la Guyane, on prend les tortues avec une sorte de filet, nommé la *Fole ;* il est large de quinze à vingt pieds, sur quarante ou cinquante de long. Les mailles ont un pied d'ouverture en quarré, et le fil a une ligne et demie de grosseur. On attache de deux en deux mailles, deux *flots*, d'un demi-pied de longueur,

---

(1) Voyage d'Anson autour du monde. Ce fameux navigateur « admire que sur les côtes de la mer du Sud, voisines de Panama, où les « vivres ne sont pas toujours dans la même abondance, les Espagnols qui « les habitent, aient pu se persuader que la chair de la tortue soit mal- « saine, et qu'ils la regardent comme une espèce de poison. Il juge que « c'ést à la figure singulière de l'animal qu'il faut attribuer ce préjugé. « Les esclaves indiens et nègres qui étaient à bord de l'escadre, élevés « dans la même opinion que leurs maîtres, parurent surpris de la har- « diesse des Anglais, qu'ils voyaient manger librement de cette chair, et « s'attendaient à leur en voir bientôt ressentir les mauvais effets ; mais, « reconnaissant enfin qu'ils s'en portaient mieux, ils suivirent leur « exemple, et se félicitèrent d'une expérience qui les assurait à l'avenir « de pouvoir faire, avec aussi peu de frais que de peine, de meilleurs « repas que leurs maîtres. » Histoire générale des Voyages, page 432, vol. XLI, édit. in-12, 1753.

faits d'une tige épineuse, que les Indiens appellent *Moucou-moucou*, et qui tient lieu de liège. On attache aussi au bas du filet quatre ou cinq grosses pierres, du poids de quarante ou cinquante livres, pour le tenir bien tendu. Aux deux bouts qui sont à fleur-d'eau, on met des *bouées*, c'est-à-dire de gros morceaux de *Moucou-moucou*, qui servent à marquer l'endroit où est le filet : on place ordinairement les *Foles* fort près des îlots, parce que les tortues vont brouter des espèces de *Fucus*, qui croissent sur les rochers, dont ces petites îles sont bordées.

Les pêcheurs visitent de temps en temps les filets. Lorsque la *Fole* commence à *caler*, suivant leur langage, c'est-à-dire lorsqu'elle s'enfonce d'un côté plus que de l'autre, on se hâte de la retirer. Les tortues ne peuvent se dégager aisément de cette sorte de rets, parce que les lames d'eau, qui sont assez fortes près des îlots, donnent aux deux bout du filet un mouvement continuel qui les étourdit ou les embarrasse. Si l'on diffère de visiter les filets, on trouve quelquefois les tortues noyées ; lorsque les requins et les espadons rencontrent des tortues prises dans la *Fole*, et hors d'état de fuir et de se défendre, ils les dévorent, et brisent le filet (1). Le temps de *foler* la tortue franche, est depuis janvier jusqu'en mai (2).

---

(1) Note communiquée par M. de la Borde, médecin du roi à Cayenne.
(2) Hist. génér. des Voy., tome LIV, pages 380 et suiv., édit. in-12.

L'on se contente quelquefois d'approcher doucement dans un esquif des tortues franches, qui dorment et flottent à la surface de la mer : on les retourne, on les saisit, avant qu'elles n'aient eu le temps de se réveiller et de s'enfuir ; on les pousse ensuite devant soi jusqu'à la rive ; et c'est à-peu-près de cette manière que les anciens les pêchaient dans les mers de l'Inde (1). Pline a écrit qu'on les entend ronfler d'assez loin, lorsqu'elles dorment en flottant à la surface de l'eau. Le ronflement que ce naturaliste leur attribue, pourrait venir du peu d'ouverture de leur glotte, qui est étroite, ainsi que celle des tortues de terre (2) ; ce qui doit ajouter à la facilité qu'ont ces animaux de ne point avaler l'eau dans laquelle ils sont plongés.

Si les tortues demeurent quelque temps sur l'eau exposées pendant le jour à toute l'ardeur des contrées équatoriales, lorsque la mer est presque calme et que les petits flots ne pouvant point atteindre jusqu'au-dessus de leur carapace, cessent de le baigner, le soleil dessèche cette couverture, la rend plus légère, et empêche les tortues de plonger aisément, tant leur légèreté spécifique est voisine de celle de l'eau, et tant elles ont de peine à augmenter leur poids (3). Les

---

(1) Pline, livre IX, chap. 12.

(2) Mémoires pour servir à l'Histoire naturelle des animaux, art. de la Tortue de Coromandel.

(3) Pline, livre IX, chap. 12.

tortues peuvent en effet se rendre plus ou moins pesantes, en recevant plus ou moins d'air dans leurs poumons, et en augmentant ou diminuant par là le volume de leur corps, de même que les poissons introduisent de l'air dans leur vessie aérienne, lorsqu'ils veulent s'élever à la surface de l'eau; mais il faut que le poids que les tortues peuvent se donner en chassant l'air de leurs poumons ne soit pas très-considérable, puisqu'il ne peut balancer celui que leur fait perdre la dessiccation de leur carapace, et qui n'égale jamais le seizième du poids total de l'animal, ainsi que nous nous en sommes assurés par l'expérience rapportée dans la note suivante (1).

La dessiccation de la carapace des tortues, en les empêchant de plonger, donne aux pêcheurs plus de facilité pour les prendre. Lorsqu'elles sont très-près du rivage où l'on veut les entraîner, elles se cramponnent avec tant de force, que quatre hommes ont quelquefois bien de la peine à les

---

(1) Nous avons pesé avec soin la carapace d'une petite tortue franche : nous l'avons ensuite mise dans un grand vase rempli d'eau, où nous l'avons laissée un mois et demi; nous l'avons pesée de nouveau en la tirant de l'eau, et avant qu'elle eût perdu celle dont elle était pénétrée. Son poids a été augmenté par l'imbibition de $\frac{45}{278}$: la dessiccation que la chaleur du soleil produit dans la couverture supérieure d'une tortue franche, qui flotte à la surface de la mer, ne peut donc la rendre plus légère que de $\frac{45}{278}$: la carapace des plus grandes tortues ne pesant guère que 278 livres ou environ, l'ardeur du soleil ne doit la rendre plus légère que de 45 livres, qui sont au-dessous du seizième de 800 livres, poids total des très-grandes tortues.

arracher du terrain qu'elles saisissent : et comme tous leurs doigts ne sont pas pourvus d'ongles, et que n'étant point séparés les uns des autres, ils ne peuvent pas embrasser les corps, on doit supposer, dans les tortues, une force très-grande, qui d'ailleurs est prouvée par la vigueur de leurs mâchoires, et par la facilité avec laquelle elles portent sur leur dos autant d'hommes qu'il peut y en tenir (1). On a même prétendu, que dans l'océan Indien, il y avait des tortues assez fortes et assez grandes pour transporter quatorze hommes (2) : quelque exagéré que puisse être ce nombre, l'on doit admettre, dans la tortue franche, une puissance d'autant plus remarquable que, malgré sa force, ses habitudes sont paisibles.

Lorsque au lieu de faire saler les tortues franches on veut les manger fraîches, et ne rien perdre du bon goût de leur chair ni de leurs propriétés bienfaisantes, on leur enlève le plastron, la tête, les pattes et la queue, et on fait ensuite cuire leur chair dans la carapace, qui sert de plat. La portion la plus estimée est celle qui touche de plus près cette couverture supérieure ou le plastron. Cette chair, ainsi que les œufs de la tortue franche, sont principalement très-salutaires dans les maladies auxquelles les gens de mer sont le plus sujets : on prétend même que leurs sucs ont une

____

(1) Linnæus, Systema Naturæ, amphibia reptilia. Testudo Mydas.

(2) Voyez ce que dit à ce sujet Rai, dans son ouvrage intitulé : Synopsis animalium, page 255.

assez grande activité, au moins dans les pays les plus chauds, pour être des remèdes très-puissants dans toutes les maladies qui demandent que le sang soit épuré (1).

Il paraît que c'est la tortue franche que quelques peuples américains regardent comme un objet sacré, et comme un présent particulier de la Divinité ; ils la nomment *Poisson de Dieu*, à cause de l'effet merveilleux que sa chair produit, disent-ils, lorsqu'on a avalé quelque breuvage empoisonné.

La chair des tortues franches est quelquefois d'un vert plus ou moins foncé ; et c'est ce qui les a fait appeler, par quelques voyageurs, *Tortues vertes* ; mais ce nom a été aussi donné à une seconde espèce de tortue marine ; et d'ailleurs nous avons cru devoir d'autant moins l'adopter, que cette couleur verdâtre de la chair n'est qu'accidentelle ; elle dépend de la différence des plages fréquentées par les tortues ; elle peut provenir aussi de la diversité de la nourriture de ces animaux, et elle n'appartient pas dans les mêmes endroits à tous les individus. On trouve en effet sur les rivages des petites îles voisines du continent de la Nouvelle-Espagne, et situées au midi de Cuba, des tortues franches, dont les unes ont la chair verte, d'autres noire, d'autres jaune.

Séba avait dans sa collection plusieurs concré-

---

(1) Barrère, Essai sur l'Hist. naturelle de la France équinoxiale.

tions semblables à des bézoards, d'un gris plus ou moins mêlé de jaune, et dont la surface était hérissée de petits tubercules. Il en avait reçu une partie des grandes Indes, et l'autre d'Amérique. On les lui avait envoyées comme des concrétions très-précieuses, trouvées dans le corps de grandes tortues de mer. Les Indiens y attachaient encore plus de vertu qu'aux bézoards orientaux, à cause de leur rareté, et ils les employaient particulière-ment contre la petite vérole, peut-être parce que les tubercules, que leur surface présentait, res-semblaient aux boutons de la petite vérole (1). La vertu de ces concrétions était certainement aussi imaginaire que celle des bézoards, tant orien-taux qu'occidentaux; mais elles auraient pu être formées dans le corps de grandes tortues marines, d'autres concrétions de même nature ayant été incontestablement produites dans des quadrupèdes ovipares, ainsi que nous le verrons dans la suite de cette histoire. Mais si les bézoards des tortues marines ne doivent être que des productions inu-tiles, il n'en est pas de même de tout ce que ces animaux peuvent fournir : non seulement on re-cherche leur chair et leurs œufs, mais encore leur carapace a été employée par les Indiens pour cou-vrir leurs maisons (2); et Diodore de Sicile, ainsi que Pline, ont écrit que des peuples voisins de

---

(1) Séba, tome II, page 142.

(2) Voyez Ælien et Pline, Hist. naturelle, livre IX, chap. 12.

l'Éthiopie et de la mer Rouge s'en servaient comme de nacelles pour naviguer près du continent (1).

Dans les temps anciens, lors de l'enfance des sociétés, ces grandes carapaces d'une substance très-compacte, et d'un diamètre de plusieurs pieds, étaient les boucliers de peuples qui n'avaient pas encore découvert l'art funeste d'armer leurs flèches d'un acier trempé plus dur que ces enveloppes osseuses; et les hordes à demi sauvages qui habitent de nos jours certaines contrées équatoriales, tant de l'ancien que du nouveau monde, n'ont pas imaginé de défenses plus solides.

Les diverses grandeurs des tortues franches sont renfermées dans des limites assez éloignées, puisque, de la longueur de deux ou trois pouces, elles parviennent quelquefois à celle de six ou sept pieds; et comme cet accroissement assez grand a lieu dans une couverture très-osseuse, très-compacte, très-dure, et où par conséquent la matière doit être, pour ainsi dire, resserrée, pressée, et le développement plus lent, il n'est pas surprenant que ce ne soit qu'après plusieurs années que les tortues acquièrent tout leur volume.

Elles n'atteignent à-peu-près à leur entier développement qu'au bout de vingt ans ou environ : et l'on a pu en juger d'une manière certaine par des tortues élevées dans les espèces de parcs dont nous avons parlé. Si l'on devait estimer la durée

---

(1) Voyez Diodore de Sicile, et Pline à l'endroit déja cité.

de la vie dans les tortues franches de la même manière que dans les quadrupèdes vivipares, on trouverait bientôt, d'après ces vingt ans employés à leur accroissement total, le nombre des années que la nature leur a destinées; mais la même proportion ne peut pas être ici employée. Les tortues demeurent souvent au milieu d'un fluide dont la température est plus égale que celle de l'air; elles habitent presque toujours le même élément que les poissons; elles doivent participer à leurs propriétés, et jouir de même d'une vie fort longue. Cependant, comme tous les animaux périssent lorsque leurs os sont devenus entièrement solides, et comme ceux des tortues sont bien plus durs que ceux des poissons, et par conséquent beaucoup plus près de l'état d'ossification extrême, nous ne devons pas penser que la vie des tortues soit en proportion aussi longue que celle des poissons; mais elles ont avec ces animaux un assez grand nombre de rapports, pour que, d'après les vingt ans que leur entier développement exige, on pense qu'elles vivent un très-grand nombre d'années, même plus d'un siècle, et dès-lors on ne doit point être étonné que l'on manque d'observations sur un espace de temps qui surpasse beaucoup celui de la vie des observateurs.

Mais si l'on ne connaît pas de faits précis relativement à la longueur de la vie des tortues franches, on en a recueilli qui prouvent que la tortue d'eau douce, appelée la Bourbeuse, peut vivre au moins quatre-vingts ans, et qui confirment par conséquent notre opinion touchant l'âge auquel les tortues de mer peuvent parvenir. Cette longue durée de la vie des tortues les a fait regarder par les Japonais comme un emblême du bonheur ; et c'est apparemment par une suite de cette idée, qu'ils ornent des images plus ou moins défigurées de ces quadrupèdes, les temples de leurs dieux et les palais de leurs princes (1).

Une tortue franche peut, chaque été, donner l'existence à près de trois cents individus, dont chacun, au bout d'un assez court espace de temps, pourrait faire naître à son tour trois cents petites tortues. On sera donc émerveillé, si l'on pense au nombre prodigieux de ces animaux, dont une seule tortue peut peupler une vaste plage pendant la durée totale de sa vie. Toutes les côtes des zones torrides devraient être couvertes de ces quadrupèdes, dont la multiplication, loin d'être nuisible, serait certainement bien plus avantageuse que celle de tant d'autres espèces ; mais à peine un trentième de petites tortues écloses peuvent parvenir à un certain développement ; un nombre immense d'œufs sont d'ailleurs enlevés, avant que les petits aient vu le jour ; et parmi les tortues qui ont déja acquis une grandeur un peu considérable, combien ne sont point la proie des

---

(1) Histoire génér. des Voyages, tome XL, page 381, édit. in-12.

ennemis de toute espèce qui en font la chasse, et de l'homme qui les poursuit sur la terre et sur les eaux? Malgré tous les dangers qui les environnent, les tortues franches sont répandues en assez grande quantité sur toutes les plages chaudes, tant de l'ancien que du nouveau Continent (1), où les côtes sont basses et sablonneuses : on les rencontre dans l'Amérique septentrionale, jusqu'aux îles de Bahama, et aux côtes voisines du cap de la Floride (2). Dans toutes ces contrées des deux mondes, distantes de l'équateur de vingt-cinq ou trente degrés, tant au nord qu'au sud, on retrouve la même espèce de tortues franches, un peu modifiée seulement par la différence de la température, et par la diversité des herbes qu'elles pais-

---

(1) Elles sont en si grand nombre aux îles du cap Vert, que plusieurs vaisseaux viennent s'en charger tous les ans, et les salent, pour les transporter aux colonies d'Amérique *. On dit qu'elles y mangent de l'ambre gris, que l'on y rencontre quelquefois sur les côtes. Voyage de Georges Robert au cap Vert et aux îles de même nom, en 1721, etc.

Auprès du cap Blanc, les tortues sont en grand nombre et d'une telle grosseur, qu'une seule suffit pour rassasier trente hommes ; leur carapace n'a pas moins de quinze pieds de circonférence. Voyage de Lemaire aux îles Canaries, etc.

Dampier a vu des tortues vertes (*tortues franches*) sur les côtes de l'île de Timor. Voyage de Guillaume Dampier aux Terres-Australes.

M. Cook les a trouvées en très-grande quantité auprès des rivages de la Nouvelle-Hollande.

A Cayenne, on en prend environ trois cents tous les ans, pendant les mois d'avril, de mai et de juin, où elles viennent faire leur ponte sur les amas de sable. Note communiquée par M. de la Borde.

(2) Catesby, ouvrage déja cité.

* Description des Iles du cap Vert, Hist. générale des Voyages, liv. V.

sent, ou des coquillages dont elles se nourrissent; et cette grande et précieuse espèce de tortue ne peut-elle pas passer facilement d'une île à une autre? Les tortues franches ne sont-elles pas en effet des habitants de la mer, plutôt que de la terre? pouvant demeurer assez de temps sous l'eau, ayant plus de peine à s'enfoncer dans cet élément qu'à s'y élever, nageant avec la plus grande facilité à sa surface, ne jouissent-elles pas dans leurs migrations de tout l'air qui leur est nécessaire? Ne trouvent-elles pas sur tous les bas-fonds, l'herbe et les coquillages qui leur conviennent? ne peuvent-elles pas d'ailleurs se passer de nourriture pendant plusieurs mois? et cette possibilité de faire de grands voyages n'est-elle pas prouvée par le fait, puisqu'elles traversent plus de cent lieues de mer, pour aller déposer leurs œufs sur les rivages qu'elles préfèrent, et puisque des navigateurs ont rencontré à plus de sept cents lieues de toute terre, des tortues de mer d'une espèce peu différente de la tortue franche (1)? ils les ont même trouvées dans des régions de la mer

---

(1) Troisième voyage du capitaine Cook, traduction française, Paris, 1782, page 269.

Catesby rapporte qu'étant, le 20 avril 1725, à trente degrés de latitude, et à-peu-près à une distance égale des îles Açores et de celles de Bahama, il vit harponner une tortue Caouane, qui dormait sur la surface de la mer. Histoire naturelle de la Caroline, volume II, page 40.

M. de la Borde a vu beaucoup de tortues qui nageaient sur l'eau, à plus de trois cents lieues de terre. Note communiquée par M. de la Borde.

assez élevées en latitude, où elles dormaient paisiblement en flottant à la surface de l'eau.

Les tortues franches ne sont cependant pas si fort attachées aux zones torrides, qu'on ne les rencontre quelquefois dans les mers voisines de nos côtes. Il se pourrait qu'elles habitent dans la Méditerranée, où elles fréquenteraient de préférence, sans doute, les parages les plus méridionaux, et où les *Caouanes*, qui leur ressemblent beaucoup, sont en très-grand nombre (1). Elles devraient y choisir pour leur ponte les rivages bas, sablonneux, presque déserts et très-chauds qui séparent l'Égypte de la Barbarie proprement dite, et où elles trouveraient la solitude, l'abri, la chaleur et le terrain qui leur sont nécessaires; on n'a du moins jamais vu pondre des tortues marines sur les côtes de Provence ni du Languedoc, où cependant l'on en prend de temps en temps quelques-unes (2). Elles peuvent aussi être quelquefois jetées par des accidents particuliers vers de plus hautes latitudes, sans en périr : Sibbald dit tenir d'un homme digne de foi, qu'on prenait quelquefois des tortues marines dans les Orcades (3); et l'on doit présumer que les tortues franches peuvent non seulement vivre un certain nombre d'années à ces latitudes élevées, mais même y parvenir à

---

(1) Voyez l'article de la Caouane.

(2) Note communiquée par M. de Touchy, de la Société royale de Montpellier.

(3) Sibbald Prodomus, Hist. naturalis, Edimburgi, 1684.

tout leur développement (1). Des tempêtes ou d'autres causes puissantes font aussi quelquefois descendre vers les zones tempérées et chassent des mers glaciales, les énormes cétacées qui peuplent cet empire du froid : le hasard pourrait donc faire rencontrer ensemble les grandes tortues franches et ces immenses animaux (2); et l'on devrait voir avec intérêt sur la surface de l'antique Océan, d'un côté les tortues de mer, ces animaux accoutumés à être plongés dans les rayons ardents du soleil souverain dominateur des contrées torrides, et de l'autre, les grands cétacées qui, relégués dans un séjour de glaces et de ténèbres, n'ont presque jamais reçu les douces influences du père de la lumière, et au lieu des beaux jours de la nature, n'en ont presque jamais connu que les tempêtes et les horreurs.

On peut citér surtout à ce sujet deux exemples remarquables. En 1752, une tortue fut prise à

---

(1) M. Bomare a publié, dans son Dictionnaire d'Histoire naturelle, une lettre qui lui fut adressée, en 1771, par M. de Laborie, avocat au Conseil supérieur du Cap, île Saint-Domingue, d'après laquelle il paraît qu'une tortue pêchée, en 1754, dans le pertuis d'Antioche, était la même qu'une tortue embarquée fort jeune à Saint-Domingue en 1742, par M. de Laborie le père. Elle pesait alors près de vingt-cinq livres; elle s'échappa dans ce même pertuis d'Antioche, au moment où la tempête brisa le vaisseau qui l'avait apportée, et elle acheva de croître sur les côtes de France. Dictionnaire d'Histoire naturelle de M. Valmont de Bomare, article des Tortues de mer.

(2) On a pris de grandes tortues auprès de l'embouchure de la Loire, et un grand nombre de cachalots ont été jetés sur les côtes de la Bretagne, il n'y a que peu d'années.

Dieppe où elle avait été jetée dans le port, par une tourmente : elle pesait de huit à neuf cents livres, et avait à-peu-près six pieds de long, sur quatre pieds de largeur : deux ans après, on pêcha, dans le pertuis d'Antioche, une tortue plus grande encore ; elle avait huit pieds de long ; elle pesait plus de huit cents livres, et comme ordinairement, dans les tortues, l'on doit compter le poids des couvertures pour près de la moitié du poids total (1), la chair de celle du pertuis d'Antioche devait peser plus de quatre cents livres. Elle fut portée à l'abbaye de Long-Veau, près de Vannes en Bretagne ; la carapace avait cinq pieds de long.

Ce n'est que sur les rivages presque déserts, et par exemple sur une partie de ceux de l'Amérique, voisins de la ligne, et baignés par la mer Pacifique, que les tortues franches peuvent en liberté parvenir à tout l'accroissement pour lequel la nature les a fait naître, et jouir en paix de la longue vie à laquelle elles ont été destinées.

Les animaux féroces ne sont donc pas les seuls qui, dans le voisinage de l'homme, ne peuvent ni croître ni se multiplier ; ce roi de la nature, qui souvent en devient le tyran, non seulement repousse dans les déserts les espèces dangereuses, mais encore son insatiable avidité se tourne souvent contre elle-même, et relègue sur les plages éloignées, les espèces les plus utiles et les plus

---

(1) Note communiquée par M. le chevalier de Widerspach.

douces; au lieu d'augmenter ses jouissances, il les diminue, en détruisant inutilement dans des individus, privés trop tôt de la vie, la postérité nombreuse qui leur aurait dû le jour.

On devrait tâcher d'acclimater les tortues franches sur toutes les côtes tempérées où elles pourraient aller chercher dans les terres des endroits un peu sablonneux, et élevés au-dessus des plus hautes vagues, pour y déposer leurs œufs, et les y faire éclore. L'acquisition d'une espèce aussi féconde serait certainement une des plus utiles; et cette richesse réelle, qui se conserverait et se multiplierait d'elle-même, n'exciterait pas au moins les regrets de la philosophie, comme les richesses funestes arrachées avec tant de sueurs au sein des terres équatoriales.

Occupons-nous maintenant des diverses espèces de tortues qui habitent au milieu des mers comme la tortue franche, et qui lui sont assez analogues par leur forme, par leurs propriétés, et par leurs habitudes, pour que nous puissions nous contenter d'indiquer les différences qui les distinguent.

LA TORTUE

ÉCAILLE-VERTE[1].

Nous ne conservons pas à la tortue, dont il est ici question, le nom de *Tortue verte*, qui lui a été donné par plusieurs voyageurs, parce qu'on l'a appliqué aussi à la tortue franche, et que nous ne saurions prendre trop de précautions pour éviter l'obscurité de la nomenclature; nous ne lui donnons pas non plus celui de tortue *Amazone* qu'elle porte dans une grande partie de l'Amérique méridionale, et qui lui vient du grand fleuve des Amazones dont elle fréquente les bords (2), parce

---

(1) Aucun nomenclateur n'a admis cette tortue, dont la description est si abrégée, qu'il est presque impossible de s'en faire une idée. En effet, ses caractères sont simplement tirés de quelques indications vagues de Dampier, tome I. Il se pourrait, à cause de la patrie que ce voyageur lui assigne, qu'elle dût constituer une espèce nouvelle, bien qu'il soit possible aussi qu'elle appartînt, comme variété, à l'espèce de la Tortue franche. **Desm.** 1827.

(2) La tortue écaille-verte n'est pas la seule qui fréquente la grande rivière de l'Amazone. « Les tortues de l'Amazone sont fort recherchées à « Cayenne, comme les plus délicates; ce fleuve en nourrit de diverses « grandeurs et de diverses espèces en si grande abondance, que, seules « avec leurs œufs, elles pourraient suffire à la nourriture des habitants de « ses bords. » Histoire générale des Voyages, tome LIII, page 438, édit. in-12.

qu'il paraît que ce nom a été aussi employé pour une tortue qui n'est point de mer, et par conséquent qui est très-différente de celle-ci. Mais nous la nommons *Écaille verte*, à cause de la couleur de ses écailles, plus vertes en effet que celles des autres tortues; elles sont d'ailleurs très-belles, très-transparentes, très-minces, et cependant propres à plusieurs ouvrages. La tête des tortues écaille-vertes est petite et arrondie. Elles ressemblent d'ailleurs aux tortues franches, par leur forme et par leurs mœurs: elles ne deviennent pas cependant aussi grandes que ces dernières; et, en général, elles sont plus petites environ d'un quart (1). On les rencontre en assez grand nombre dans la mer du Sud, auprès du cap Blanco, de la Nouvelle-Espagne (2). Il paraît qu'on les trouve

---

(1) Note communiquée par M. le chevalier de Widerspach, correspondant du Cabinet du Roi.

(2) « J'ai remarqué qu'à Blanco, cap de la Nouvelle-Espagne dans la
« mer du Sud, les tortues vertes (l'espèce dont parle ici Dampier est celle
« que nous nommons écaille-verte) qui sont les seules que l'on y trouve,
« sont plus grosses que toutes celles de la même mer. Elles y pèsent or-
« dinairement deux cent quatre-vingts ou trois cents livres; le gras en est
« jaune, le maigre blanc, et la chair extraordinairement douce. A Bocca-
« Toro de Verragua, elles ne sont pas si grosses; leur chair est moins
« blanche, et leur gras moins jaune. Celles des baies de Honduras et de
« Campêche sont encore plus petites; le gras en est vert, et le maigre
« plus noir; cependant un capitaine anglais en prit une à Port-Royal,
« dans la baie de Campêche, qui avait quatre pieds du dos au ventre,
« et six pieds de ventre en largeur. Le gras produisit huit galons d'huile,
« qui reviennent à trente-cinq pintes de Paris. » Dampier, tome I,
page 113.

aussi dans le golfe du Mexique, et qu'elles habitent presque tous les rivages chauds du Nouveau-Monde, tant en-deçà qu'au-delà de la ligne; mais on ne les a pas encore reconnues dans l'ancien Continent. Leur chair est un aliment aussi délicat et peut-être aussi sain que celle des tortues franches; et il y a même des pays où on les préfère à ces dernières. Leurs œufs salés et séchés au soleil, sont très-bons à manger. M. de Bomare est le seul naturaliste qui ait indiqué cette espèce de tortue que nous n'avons pas vue, et dont nous ne parlons que d'après les voyageurs et les observations de M. le chevalier de Widerspach.

LA CAOUANE [1].

La Tortue Caouane, Cuv.; *Caretta Cephalo*, Merr.; *Testudo Mydas*, Linn., var. α; *Testudo Caretta*, Schœpff.

La plupart des naturalistes qui ont décrit cette troisième espèce de tortue de mer, lui ont donné le nom de Caret; mais comme ce nom est appliqué, depuis long-temps, par les voyageurs, à la

---

[1] *Le Caret*. M. Daubenton, Encyclopédie méthodique.

Testudo Caretta, 4. Linn. Amph. rept. (Nous devons observer que la figure de Séba, indiquée pour cette tortue par Linnée, ne représente pas la tortue *Caret* de ce naturaliste, mais celle qu'il a désignée par l'épithète latine de *imbricata*, et qui est notre caret.

Testudo Cephalo, Hist. nat. des Tortues, par M. Schneider.

Rai, Synopsis Quadrupedum, p. 257. *Testudo marina*, Caouana *dicta*.

The lodger head Turtle. Browne, Hist. nat. de la Jamaïque, page 465.

Testudo 3, *unguibus utrinque binis acutis, squamis dorsi quinque gibbis*.

Tortue caouane, Rochefort, Hist. des Antilles, page 248.

Id. Labat, page 308.

Kaouane, Du Tertre, page 228.

Testudo marina, *Caouana dicta*. Sloane, Voyage aux îles Madère, Barbade, etc., vol. II, page 331.

Catesby, Car. vol. II, page 39.

Testudo corticata vel corticosa. Rondelet, Hist. des poissons, Lyon, 1558, page 337.

Canuaneros et Juruca, aux Antilles. Dictionnaire d'Histoire naturelle, par M. Valmont de Bomare.

tortue qui fournit les plus belles écailles, nous conserverons à celle dont il est ici question, la dénomination de *Caouane* sous laquelle elle est déja très-connue, et uniquement désignée par les naturels des contrées où on la trouve. Elle surpasse en grandeur la tortue franche (1), et elle en diffère d'une manière bien marquée par la grosseur de la tête, la grandeur de la gueule, l'allongement et la force de la mâchoire supérieure; le cou est épais et couvert d'une peau lâche, ridée et garnie de distance en distance d'écailles calleuses (2); le corps est ovale; et la carapace plus large au milieu et plus étroite par derrière, que dans les autres espèces (3). Les bords de cette couverture sont garnis de lames, placées de manière à les faire paraître dentés comme une scie : le disque présente trois rangées longitudinales d'écailles; les pièces de la rangée du milieu se relèvent en bosse et finissent par derrière en pointe; la couverture supérieure paraît d'un jaune tacheté de noir, lorsque l'animal est dans l'eau (4). Le plastron se termine du côté de l'anus, par une sorte de bande un peu arrondie par le bout : il est garni communément de vingt-deux ou vingt-quatre

---

(1) Catesby, Histoire naturelle de la Caroline, vol. II , page 40. Note communiquée par M. le chevalier de Widerspach.

(2) Browne, Histoire naturelle de la Jamaïque , page 465.

(3) Catesby , à l'endroit déja cité.

(4) Mémoires manuscrits, rédigés et communiqués par M. Fougeroux de Bondaroy , de l'Académie des Sciences.

écailles. La queue est courte ; les pieds qui sont couverts d'écailles épaisses, et dont les doigts sont réunis par une membrane, ont une forme très-allongée et ressemblent à des nageoires, ainsi que dans la tortue franche ; ceux de devant sont plus longs, mais moins larges que ceux de derrière ; et ce qui est un des caractères distinctifs de la *Caouane*, c'est que les pieds de derrière, ainsi que ceux de devant, sont garnis de deux ongles aigus.

La caouane habite les contrées chaudes du nouveau Continent, comme la tortue franche ; mais elle paraît se plaire un peu plus vers le nord, que cette dernière ; on la trouve moins sur les côtes de la Jamaïque (1) ; elle habite aussi dans l'ancien monde ; on la trouve même très-fréquemment dans la Méditerranée où on en fait des pêches abondantes, auprès de Cagliari en Sardaigne et de Castel-Sardo, vers le quarante-unième degré de latitude ; elle y pèse souvent jusqu'à quatre cents livres (poids de Sardaigne) (2). Rondelet, qui habitait le Languedoc, dit en avoir nourri une chez lui pendant quelque temps, apparemment dans quelque bassin. Elle avait été prise auprès des côtes de sa province ; elle faisait entendre un petit son confus, et jetait des espèces de soupirs

---

(1) Browne, à l'endroit déja cité.

(2) Histoire naturelle des amphibies et des poissons de Sardaigne, par M. François Cetti Sassari, 1777, page 13.

semblables à ceux que l'on a attribués à la tortue franche (1).

Les lames ou écailles de la caouane, sont presque de nulle valeur, quoique plus grandes que celles du caret dont on fait dans le commerce un si grand usage; on s'en servait cependant autrefois pour garnir des miroirs et d'autres grands meubles de luxe; mais maintenant on les rebute, parce qu'elles sont toujours gâtées par une espèce de gale. On a vu des caouanes (2) dont la carapace était couverte de mousse et de coquillages, et dont les plis de la peau étaient remplis de petits crustacées.

La caouane a l'air plus fier que les autres tortues : étant plus grande et ayant plus de force, elle est plus hardie; elle a besoin d'une nourriture plus substantielle ; elle se contente moins de plantes marines; elle est même vorace; elle ose se jeter sur les jeunes crocodiles, qu'elle mutile facilement (3); on assure que, pour attaquer avec plus d'avantage ces grands quadrupèdes ovipares, elle les attend dans le fond des creux, situés le long des rivages, où les crocodiles se retirent et où ils entrent à reculons, parce que la longueur de leur corps ne leur permettrait pas de se re-

---

(1) Rondelet, Histoire des poissons. Lyon, 1558, page 338.

(2) Browne, à l'endroit déja cité.

(3) Mémoire de M. de la Coudrenière, Journal de Physique, novembre 1782.

tourner; et elle les y saisit fortement par la queue, sans avoir rien à craindre de leurs dents (1).

Comme ses aliments, tirés en plus grande abondance du règne animal, sont moins purs et plus sujets à la décomposition que ceux de la tortue franche, et qu'elle avale sans choix des vers de mer, des mollasses, etc. (2), sa chair s'en ressent: elle est huileuse, rance, filamenteuse, coriace et d'un mauvais goût de marine. L'odeur de musc, que la plupart des tortues répandent, est exaltée dans la caouane (3), au point d'être fétide. Aussi cette tortue est-elle peu recherchée. Des navigateurs en ont cependant mangé sans peine (4) et l'ont trouvée très-échauffante : on la sale aussi quelquefois, dit-on, pour l'usage des Nègres (5), tant on s'est empressé de saisir toutes les ressources que la terre et la mer pouvaient offrir, pour accroître le produit des travaux de ces infortunés. L'huile qu'on retire des caouanes est fort abondante; elle ne peut être employée pour les aliments, parce qu'elle sent très-mauvais; mais elle est bonne à brûler; elle sert aussi à préparer les cuirs, et à enduire les vaisseaux qu'elle préserve,

____

(1) Note communiquée par M. Moreau de Saint-Méry, procureur-général au Conseil supérieur de Saint-Domingue.

(2) Browne, à l'endroit déja cité.

(3) Note communiquée par M. le chevalier de Widerspach.

(4) Browne, Histoire naturelle de la Jamaïque, page 466.

(5) Nouveaux Voyages aux îles de l'Amérique, tome I, page 308.

dit-on, des vers, peut-être à cause de la mauvaise odeur qu'elle répand.

La caouane n'est donc point si utile que la tortue franche : aussi a-t-elle été moins poursuivie, a-t-elle eu moins d'ennemis à craindre, et est-elle répandue en plus grand nombre sur certaines mers. Naturellement plus vigoureuse que les autres tortues, elle voyage davantage : on l'a rencontrée à plus de huit cents lieues de terre, ainsi que nous l'avons déja rapporté. D'ailleurs, se nourrissant quelquefois de poissons, elle est moins attachée aux côtes où croissent les algues. Elle rompt avec facilité de grandes coquilles, de grands buccins, pour dévorer l'animal qui y est contenu; et, suivant les pêcheurs de l'Amérique septentrionale, on trouve souvent de très-grands coquillages, à demi brisés par la caouane (1).

Il est quelquefois dangereux de chercher à la prendre. Lorsqu'on s'approche d'elle pour la retourner, elle se défend avec ses pates et sa gueule; et il est très-difficile de lui faire lâcher ce qu'elle a saisi avec ses mâchoires. Cette grande résistance qu'elle oppose à ceux qui veulent la prendre, lui a fait attribuer une sorte de méchanceté : on lui a reproché, pour ainsi dire, une juste défense : on a condamné l'usage qu'elle fait de ses armes pour sauver sa vie; mais ce n'est pas la première fois que le plus fort a fait un crime au plus faible

____

(1) Catesby, vol. II, page 40.

de ce qui a retardé ses jouissances ou mêlé quelques dangers à sa poursuite.

Suivant Catesby, on a donné le nom de *Coffre* à une tortue marine assez rare, qui devient extrêmement grande, qui est étroite, mais fort épaisse, et dont la couverture supérieure est beaucoup plus convexe que celle des autres tortues marines (1). C'est certainement la même que la tortue dont Dampier (2) fait sa première espèce, et que ce voyageur appelle *Grosse-Tortue*, tortue à *bahut* ou *Coffre*. Toutes deux sont plus grosses que les autres tortues de mer, ont la carapace plus relevée, sont de mauvais goût et répandent une odeur désagréable, mais fournissent une grande quantité d'huile bonne à brûler. Nous les plaçons à la suite des caouanes, auxquelles elles nous paraissent appartenir, jusqu'à ce que de nouvelles observations nous obligent à les en séparer.

---

(1) *Testudo arcuata*, tortue appelée *Coffre*. Catesby, volume II, page 40.

(2) Histoire générale des Voyages, tome XLVIII, pages 344 et suiv.

LA TORTUE NASICORNE[1].

Caretta nasicornis, Merr.; *Testudo Caretta*, Linn.; *T. imbricata*, Schœpff.; *T. Caouana*, Daud.

LES naturalistes ont confondu cette espèce avec
la caouane, quoiqu'il soit bien aisé de la distinguer par un caractère assez saillant, qui manque
aux véritables caouanes, et dont nous avons tiré
le nom que nous lui donnons ici. C'est un tubercule d'une substance molle, qui s'élève au-dessus
du museau, et dans lequel les narines sont placées. La nasicorne se trouve dans les mers du
nouveau Continent, voisines de l'équateur; nous
manquons d'observations pour parler plus en détail de cette nouvelle espèce de tortue; mais nous
nous regardons comme très-fondés à la séparer
de la caouane, avec laquelle elle a même moins
de rapports qu'avec la tortue franche, suivant un
des correspondants du Cabinet du Roi (2) : on la

---

(1) C'est à cette tortue qu'il faut rapporter celle qui est décrite dans
Gronovius, Mus. 2, page 85, n° 69, et que Linnée a regardée comme
étant la même que sa tortue caret, qui est notre caouane. Cette tortue
de Gronovius a au-dessus du museau le tubercule qui distingue la
nasicorne.

(2) M. le chevalier de Widerspach.

mange comme cette dernière, tandis qu'on ne se nourrit presque point de la chair de la caouane. Nous invitons les voyageurs à s'occuper de cette tortue, qui pourrait être la *Tortue bâtarde* des pêcheurs d'Amérique, ainsi qu'à observer celles qui ne sont pas encore connues ; il est d'autant plus important d'examiner les diverses espèces de ces animaux, que quoiqu'elles ne soient distinguées à l'extérieur que par un très-petit nombre de caractères, il paraît qu'elles ne se mêlent point ensemble, et que par conséquent elles sont très-différentes les unes des autres (1).

____

(1) Note communiquée par M. le chevalier de Widerspach.

LE CARET[1].

Caretta imbricata, Merr.; *Testudo imbricata*, Linn., Schœpff.

LE philosophe mettra toujours au premier rang la tortue franche, comme celle qui fournit la nourriture la plus agréable et la plus salutaire; mais ceux qui ne recherchent que ce qui brille, préféreront la tortue à laquelle nous conservons le nom de *Caret*, qui lui est généralement donné dans les pays qu'elle habite; c'est principalement

---

(1) La Tuilée. M. Daubenton, Encyclopédie méthodique.

Testudo imbricata, 2. Linn., Amph. reptilia.

Tortue caret. Rochefort.

Testudo imbricata, Hist. natur. des Tortues, par M. Jean Schneider.

Testudo caretta. Catesby, Histoire naturelle de la Caroline, vol. II, page 39.

Gronov. Zoophy. 72.

Rai, Synopsis animalium quadrupedum, page 258, *Testudo caretta dicta.*

Bont. jav. 82, *Testudo squamata?*

The hawk's-bill Turtle. Testudo 1 major, unguibus utrinque quatuor. Browne, Histoire naturelle de la Jamaïque, Londres, 1756, page 465.

Séba, mus. 1, tab. 80, fig. 9.

Testudo caretta, Sloane. Voyage aux îles Madère, Barbade, etc., vol. II.

Caret. Du Tertre, tome II, page 229, n° 24.

Caret, Labat, page 315.

Caret, Dictionnaire d'Histoire naturelle, par M. Valmont de Bomare.

cette tortue que l'on voit revêtue de ces belles écailles qui, dès les siècles les plus reculés, ont décoré les palais les plus somptueux : effacées dans des temps plus modernes par l'éclat de l'or et par le feu que la taille a donné aux pierres dures et transparentes, on ne les emploie presque plus qu'à orner les bijoux simples mais élégants de ceux dont la fortune est plus bornée, et peut-être le goût plus pur. Si elles servent quelquefois à parer la beauté, elles sont cachées par des ornements plus éblouissants ou plus recherchés qu'on leur préfère, et dont elles ne sont que les supports. Mais si les écailles de la tortue caret ont perdu de leur valeur par leur comparaison avec des substances plus éclatantes, et parce que la découverte du Nouveau-Monde en a répandu une grande quantité dans l'ancien, leur usage est devenu plus général : on s'en sert d'autant plus qu'elles coûtent moins ; combien de bijoux et de petits ouvrages ne sont point garnis de ces écailles que tout le monde connaît, et qui réunissent à une demi-transparence l'éclat de certains cristaux colorés, et une souplesse que l'on a essayé en vain de donner au verre !

Il est aisé de reconnaître la tortue caret au luisant des écailles placées sur sa carapace, et surtout à la manière dont elles sont disposées. Elles se recouvrent comme les ardoises qui sont sur nos toits ; elles sont d'ailleurs communément au nombre de treize sur le disque, et elles y sont placées sur trois rangs, comme dans la tortue franche ; le bord de la carapace, qui est beaucoup plus étroit que dans la plupart des tortues de mer, est garni ordinairement de vingt-cinq lames.

La couverture supérieure arrondie par le haut, et pointue par le bas, a presque la forme d'un cœur : le caret est d'ailleurs distingué des autres tortues marines par sa tête et son cou, qui sont beaucoup plus longs que dans les autres espèces ; la mâchoire supérieure avance assez sur l'inférieure, pour que le museau ait une sorte de ressemblance avec le bec d'un oiseau de proie ; et c'est ce qui l'a fait appeler par les Anglais *Bec à faucon* (1). Ce nom a un peu servi à obscurcir l'histoire des tortues ; lorsque les naturalistes ont transporté celui de *Caret* à la caouane, ils n'en ont point séparé le nom de *Bec à faucon*, qu'ils lui ont aussi appliqué (2) ; et, en histoire naturelle, lorsque les noms sont les mêmes, on n'est que trop porté à croire que les objets se ressemblent. On rencontre le caret, ainsi que la plupart des autres tortues, dans les contrées chaudes de l'Amérique (3) ; mais on le trouve aussi dans les mers de l'Asie. C'est de ces dernières qu'on apportait sans doute les écailles fines dont se ser-

____

(1) Catesby, Histoire naturelle de la Caroline, vol. II, page 39.

(2) Browne, à l'endroit déja cité.

(3) Suivant Dampier, on n'en voit point dans la mer du Sud.

vaient les anciens, même avant le temps de Pline, et que les Romains devaient d'autant plus estimer, qu'elles étaient plus rares et venaient de plus loin; car il semble qu'ils n'attachaient de valeur qu'à ce qui était pour eux le signe d'une plus grande puissance et d'une domination plus étendue.

Le caret n'est point aussi grand que la tortue franche; ses pieds ont également la forme de nageoires, et sont quelquefois garnis chacun de quatre ongles. La saison de sa ponte est communément, dans l'Amérique septentrionale, en mai, juin et juillet; il ne dépose pas ses œufs dans le sable, mais dans un gravier mêlé de petits cailloux : ces œufs sont plus délicats que ceux des autres espèces de tortues, mais sa chair n'est point du tout agréable; elle a même, dit-on, une forte vertu purgative (1); elle cause des vomissements violents; ceux qui en ont mangé sont bientôt couverts de petites tumeurs, et attaqués d'une fièvre violente, mais qui est une crise salutaire lorsqu'ils ont assez de vigueur pour résister à l'activité du remède. Au reste, Dampier prétend que les bonnes ou mauvaises qualités de la chair de la tortue caret, dépendent de l'aliment qu'elle prend, et par conséquent très-souvent du lieu qu'elle habite.

---

(1) Dampier, tome I.

Le caret, quoique plus petit de beaucoup que la tortue franche, doit avoir plus de force, puisqu'on l'a cru plus méchant; il se défend avec plus d'avantage lorsqu'on cherche à le prendre, et ses morsures sont vives et douloureuses; sa couverture supérieure est plus bombée, et ses pates de devant sont, en proportion de sa grandeur, plus longues que celles des autres tortues de mer; aussi, lorsqu'il a été renversé sur le dos, peut-il, en se balançant, s'incliner assez d'un côté ou de l'autre, pour que ses pieds saisissent la terre, qu'il se retourne, et qu'il se remette sur ses quatre pates. Les belles écailles qui recouvrent sa carapace pèsent ordinairement toutes ensemble de trois à quatre livres (1), et quelquefois même de sept à huit (2). On estime le plus celles qui sont épaisses, claires, transparentes, d'un jaune doré, et jaspées de rouge et de blanc, ou d'un brun presque noir (3). Lorsqu'on veut les façonner, on les ramollit dans de l'eau chaude, et on les met dans un moule dont on leur fait prendre aisément la forme, à l'aide d'une forte presse de fer; on les polit ensuite, et on y ajoute les ciselures d'or et d'argent, et les autres ornements étrangers avec lesquels on veut en relever les couleurs.

---

(1) Dampier, tome I.

(2) Rai, Synopsis quadrupedum, page 258.

(3) Mémoires manuscrits, rédigés et communiqués par M. de Fougeroux.

On prétend que, dans certaines contrées, et particulièrement sur les côtes orientales et humides de l'Amérique méridionale, le caret se plaît moins dans la mer que dans les terres noyées, où il trouve apparemment une nourriture plus abondante ou plus convenable à ses goûts (1).

----

(1) Note communiquée par M. le chevalier de Widerspach, correspondant du Cabinet du Roi. « On dit que les tortues caret se nourrissent « principalement d'une espèce de *fungus*, que les Américains nomment « *Oreille de Juif.* » Catesby, à l'endroit déja cité.

LE LUTH[(1)].

Sphargis mercurialis, Merr.; *Testudo coriacea*, Linn.,
Schœpff., Schn.

LA plupart des tortues marines, dont nous avons
parlé, ne s'éloignent pas beaucoup des régions
équatoriales; la caouane n'est cependant pas la
seule que l'on trouve dans une des mers qui
baignent nos contrées; on rencontre aussi dans la
Méditerranée, une espèce de ces quadrupèdes
ovipares, qui surpasse même quelquefois par sa
longueur les plus grandes tortues franches. On la
nomme le Luth; elle fréquente de préférence,
au moins dans le temps de la ponte, les rivages
déserts et en partie sablonneux, qui avoisinent
les États barbaresques; elle s'avance peu dans la
mer Adriatique, et si elle parvient rarement jusqu'à la mer Noire, c'est qu'elle doit craindre le

---

(1) En latin, *Lyra*.

Rat de mer, et tortue à clin, par les pêcheurs de plusieurs contrées.

Tortue luth. M. Daubenton, Encyclopédie méthodique.

Testudo coriacea. 1. Linn., amphibia reptilia.

Tortue couverte comme de cuir, ou tortue mercuriale, Rondelet,
Histoire des poissons. Lyon, 1558.

Testudo coriacea. Vandell. ad Linn., Patav. 1761. 4.

Testudo coriacea, Hist. naturelle des tortues, par M. Schneider.

froid des latitudes élevées. Elle est distinguée de
toutes les autres tortues, tant marines que terrestres, en ce qu'elle n'a point de plastron apparent. Sa carapace est placée sur son dos comme
une sorte de grande cuirasse, mais elle ne s'étend
pas assez par devant et par derrière pour que la
tortue puisse mettre sa tête, ses pates et sa queue
à couvert sous cette sorte d'arme défensive. La
tortue luth paraît se rapprocher par là des crocodiles et des autres grands quadrupèdes ovipares
qui peuplent les rivages des mers. La couverture
supérieure est convexe, arrondie dans une partie
de son contour, mais terminée par derrière en
pointe si aiguë et si allongée, qu'on croirait voir
une seconde queue placée au-dessus de la véritable queue de l'animal; le long de cette carapace
s'étendent cinq arêtes assez élevées, et dont celle
du milieu est surtout très-saillante; quelques naturalistes ont compté sept arêtes, parce qu'ils ont
compris dans ce nombre les deux lignes qui ter-
minent la carapace de chaque côté. Cette couverture supérieure n'est point garnie d'écailles comme
dans les autres tortues marines; mais cette espèce
de cuirasse, ainsi que tout le corps, la tête, les
pates et la queue, est revêtue d'une peau épaisse,
qui, par sa consistance et sa couleur, ressemble
à un cuir dur et noir. Aussi Linnée a-t-il appelé
la tortue luth, la *Tortue couverte de cuir*; et a-t-
elle plus de rapport que les autres tortues marines, avec les lamantins et les phoques dont les

pieds sont recouverts d'une peau noirâtre et dure;
le dessous du corps est aplati; les pates ou plutôt
les nageoires de la tortue luth, sont dépourvues
d'ongles, suivant la plupart des naturalistes; mais
j'ai remarqué une membrane en forme d'ongle
aux pates de derrière de celle que l'on conserve
dans le Cabinet du Roi; la partie supérieure du
museau est fendue de manière à recevoir la partie
inférieure qui est recourbée en haut. Rondelet dit
avoir vu une tortue de cette espèce prise à Fron-
tignan, sur les côtes du Languedoc, longue de
cinq coudées, large de deux, et dont on retira
une grande quantité de graisse ou d'huile bonne
à brûler (1). M. Amoureux le fils, de la Société
royale de Montpellier, a donné la description
d'une tortue de cette espèce, pêchée au port de
Cette, en Languedoc, et dont la longueur totale
était de sept pieds cinq pouces (2). Celle qui a
servi à notre description, et dont nous rapportons
les dimensions dans la note suivante (3), est à-peu-
près de la même grandeur.

---

(1) Rondelet, à l'endroit cité.

(2) Journal de Physique, 1778.

(3) Dimensions d'une tortue Luth :

	pi.	po.	lig.
Longueur totale.	7	3	2
Grosseur.	7	0	1
Épaisseur.	1	8	0
Longueur de la carapace.	4	8	2
Largeur de la carapace.	4	4	0
Longueur du cou et de la tête.	1	5	0
Longueur des mâchoires.	0	8	6

Les tortues luth n'habitent pas seulement dans la Méditerranée ; on les trouve aussi sur les côtes du Pérou, du Mexique, et sur la plupart de celles d'Afrique, qui sont situées dans la zone torride (1) : il paraît qu'elles s'avancent vers les hautes latitudes de notre hémisphère, au moins pendant les grandes chaleurs. Le 4 août de l'année 1729, on prit, à treize lieues de Nantes, au nord de l'embouchure de la Loire, une tortue qui avait sept pieds un pouce de long, trois pieds sept pouces de large et deux pieds d'épaisseur. M. de la Font, ingénieur en chef à Nantes, en envoya une description à M. de Mairan ; tous les caractères qui y sont rapportés sont entièrement conformes à ceux de la tortue luth, conservée au Cabinet du Roi ; à la vérité, il y est parlé de dents, qui ne se trouvent dans aucune tortue connue ; mais il est aisé de prendre pour des dents les grandes éminences formées par les échancrures profondes des deux mâchoires de la tortue luth ; d'ailleurs la forme et la position de ces éminences répondent à celles des prétendues dents de la

	pi.	po.	lig.
Grosseur du cou	2	11	0
Grand diamètre des yeux	0	2	0
Longueur des pates de devant	3	1	0
Grosseur des pates de devant	1	11	6
Longueur des pates de derrière	1	6	0
Grosseur des pates de derrière	1	7	10
Longueur de la queue	1	1	0

(1) Mémoires manuscrits, rédigés par M. de Fougeroux.

tortue pêchée auprès de Nantes. Cette dernière tortue luth poussait d'horribles cris, suivant M. de la Font, quand on lui cassa la tête à coups de crochet de fer, ses hurlements auraient pu être entendus à un quart de lieue; et sa gueule écumante de rage, exhalait une vapeur très-puante (1).

En 1756, un peu après le milieu de l'été, on prit aussi une assez grande tortue luth, sur les côtes de Cornouaille, en Angleterre (2). M. Pennant a donné, dans les Transactions philosophiques, la description et la figure d'une très-petite tortue marine de trois pouces trois lignes de long, sur un pouce et demi de large. Il est évident, d'après la figure et la description, que cette très-jeune tortue était de l'espèce du luth, et avait été prise peu de temps après sa sortie de l'œuf, ainsi que le soupçonne M. Pennant. Ce naturaliste avait vu cette tortue chez un marchand de Londres, qui ignorait d'où on l'avait apportée (3).

La tortue *Luth* est une de celles que les anciens Grecs ont le mieux connues, parce qu'elle habitait leur patrie : tout le monde sait que dans les contrées de la Grèce, ou dans les autres pays situés sur les bords de la Méditerranée, la carapace d'une grande tortue fut employée par les inventeurs de la musique comme un corps d'ins-

(1) Histoire de l'Académie des Sciences, année 1729.
(2) Zoologie Britannique, Londres, 1776, vol. II.
(3) Transactions philosophiques, année 1771, vol. LXI.

trument, sur lequel ils attachèrent des cordes de boyaux ou de métal. On a écrit qu'ils choisirent la couverture d'une tortue *Luth;* et telle fut la première lyre grossière qui servit à faire goûter à des peuples peu civilisés encore, le charme d'un art dont ils devaient tant accroître la puissance. Aussi la tortue *Luth* a-t-elle été, pour ainsi dire, consacrée à Mercure, que l'on a regardé comme l'inventeur de la lyre. Les modernes l'ont même souvent, à l'exemple des Anciens, appelée *Lyre,* ainsi que *Luth;* et il convenait que son nom rappelât le noble et brillant usage que l'on fit de son bouclier, dans les premiers âges des belles régions baignées par les eaux de la Méditerranée.

SECONDE DIVISION.

TORTUES

D'EAU DOUCE ET DE TERRE.

LA BOURBEUSE[1].

Testudo (Emys) lutaria, var. β, Merr., Fitz; *T. lutaria*,
Daud.; *T. europea*, Schneid., Schœpff.

Les différentes tortues dont nous avons déja
écrit l'histoire, non seulement vivent au milieu
des eaux salées de la mer, mais recherchent encore l'eau douce des fleuves qui s'y jettent : elles

----

[1] En latin, *mus aquatilis*.
En japonais, *Jogame*, ou *Doogame*, ou *Doocame*.
La Bourbeuse. M. Daubenton, Encyclopédie méthodique.
Testudo lutaria, 7. Linn., amphib. rept.
Rai, Synopsis quadrupedum, page 254, *Testudo aquarum dulcium,
seu lutaria*.
Rondelet, Histoire des poissons. Lyon, 1558, seconde partie,
page 170.
Testudo lutaria, 9. Schneider.

vont aussi quelquefois à terre, soit pour y déposer leurs œufs, soit pour y paître les plantes qui y croissent. On ne peut donc pas les regarder comme entièrement reléguées au milieu des grandes eaux de l'Océan ; de même on doit dire qu'aucune des tortues dont il nous reste à parler, n'habite exclusivement l'eau douce ou les terrains élevés : toutes peuvent vivre sur la terre, toutes peuvent demeurer pendant plus ou moins de temps au milieu de l'onde douce et de l'onde amère, et l'on ne doit entendre ce que nous avons dit de la demeure des tortues de mer, et ce que nous ajouterons de celles des tortues d'eau douce et des tortues de terre, que comme l'indication du séjour qu'elles préfèrent, plutôt que d'une habitation exclusive. Tout ce qu'on peut assurer relativement à ces trois familles de tortues, c'est que le plus souvent on trouve la première au milieu des eaux salées, la seconde au milieu des eaux douces, la troisième sur les hauteurs ou dans les bois ; et leur habitation particulière a été déterminée par leur conformation tant intérieure qu'extérieure, ainsi que par la différence de la nourriture qu'elles recherchent, et qu'elles ne peuvent trouver que sur la terre, dans les fleuves ou dans la mer.

La bourbeuse est une des tortues que l'on rencontre le plus souvent au milieu des eaux douces ; elle est beaucoup plus petite qu'aucune tortue marine, puisque sa longueur, depuis le bout du museau jusqu'à l'extrémité de la queue, n'excède pas ordinairement sept ou huit pouces, et sa largeur trois ou quatre. Elle est aussi beaucoup plus petite que la tortue terrestre, appelée la Grecque : communément le tour de la carapace est garni de vingt-cinq lames, bordées de stries légères ; le disque l'est de treize lames striées de même, faiblement pointillées dans le centre, et dont les cinq de la rangée du milieu se relèvent en arête longitudinale. Cette couverture supérieure est noirâtre et plus ou moins foncée.

La partie postérieure du plastron est terminée par une ligne droite ; la couleur générale de la peau de cette tortue tire sur le noir, ainsi que celle de la carapace ; les doigts sont très-distincts l'un de l'autre, mais réunis par une membrane ; il y en a cinq aux pieds de devant, et quatre aux pieds de derrière ; le doigt extérieur de chaque pied de devant est communément sans ongle ; la queue est à-peu-près longue comme la moitié de la couverture supérieure ; au lieu de la replier sous sa carapace, ainsi que la plupart des tortues de terre, la bourbeuse la tient étendue lorsqu'elle marche (1) ; et c'est de là que lui vient le nom de *Rat aquatique*, *Mus aquatilis*, que les anciens lui ont donné (2) ; lorsqu'on la voit mar-

---

(1) Histoire naturelle des amphibies et des poissons de la Sardaigne : page 12.

(2) Rondelet, à l'endroit déjà cité.

cher, on croirait avoir devant les yeux un lézard dont le corps serait caché sous un bouclier plus ou moins étendu. Ainsi que les autres tortues, elle fait entendre quelquefois un sifflement entre-coupé.

On la trouve non seulement dans les climats tempérés et chauds de l'Europe (1), mais encore en Asie, au Japon (2), dans les grandes Indes, etc. On la rencontre à des latitudes beaucoup plus élevées que les tortues de mer : on l'a pêchée quelquefois dans les rivières de la Silésie; mais cependant elle ne supporterait que très-difficile-ment un climat très-rigoureux, et du moins elle ne pourrait pas y multiplier. Elle s'engourdit pen-dant l'hiver, même dans les pays tempérés. C'est à terre qu'elle demeure pendant sa torpeur: dans le Languedoc, elle commence vers la fin de l'au-tomne à préparer sa retraite; elle creuse pour cela un trou, ordinairement de six pouces de profon-deur; elle emploie plus d'un mois à cet ouvrage. Il arrive souvent qu'elle passe l'hiver sans être entièrement cachée, parce que la terre ne retombe pas toujours sur elle, lorsqu'elle s'est placée au fond de son trou. Dès les premiers jours du prin-temps elle change d'asyle; elle passe alors la plus

---

(1) Elle est en très-grand nombre dans toutes les rivières de la Sar-daigne. Histoire naturelle des amphibies et des poissons de ce royaume, par M. François Cette. A Sassari, 1777, page 12.

(2) Histoire générale des Voyages, tome XL, page 382, édition in-12.

grande partie du temps dans l'eau ; elle s'y tient souvent à la surface, et surtout lorsqu'il fait chaud, et que le soleil luit. Dans l'été, elle est presque toujours à terre. Elle multiplie beaucoup dans plusieurs endroits aquatiques du Languedoc, ainsi qu'auprès du Rhône, dans les marais d'Arles, et dans plusieurs endroits de la Provence (1). M. le président de la Tour d'Aygue, dont les lumières et le goût pour les sciences naturelles sont connus, a bien voulu m'apprendre qu'on trouva une si grande quantité de tortues bourbeuses dans un marais d'une demi-lieue de surface, situé dans la plaine de la Durance, que ces animaux suffirent pendant plus de trois mois à la nourriture des paysans des environs.

Ce n'est qu'à terre que la bourbeuse pond ses œufs ; elle les dépose, comme les tortues de mer, dans un trou qu'elle creuse, et elle les recouvre de terre ou de sable ; la coque en est moins molle que celle des œufs des tortues franches, et leur couleur est moins uniforme. Lorsque les petites tortues sont écloses, elles n'ont quelquefois que six lignes ou environ de largeur (2). La bourbeuse ayant les doigts des pieds plus séparés, et une charge moins pesante que la plupart des tortues, et surtout que la tortue terrestre, appelée la

____

(1) Ces faits m'ont été communiqués par M. de Touchy, de la Société royale de Montpellier.

(2) Note communiquée par M. le président de la Tour d'Aygue.

Grecque, il n'est pas surprenant qu'elle marche avec bien moins de lenteur lorsqu'elle est à terre, et que le terrain est uni.

Les bourbeuses, ou les tortues d'eau douce proprement dites, croissent pendant très-long-temps, ainsi que les tortues de mer ; mais le temps qu'il leur faut pour atteindre à leur entier développement est moindre que celui qui est nécessaire aux tortues franches, attendu qu'elles sont plus petites : aussi ne vivent-elles pas si long-temps. On a cependant observé que lorsqu'elles n'éprouvent point d'accidents, elles parviennent jusqu'à l'âge de quatre-vingts ans et plus ; et ce grand nombre d'années ne prouve-t-il pas la longue vie que nous avons cru devoir attribuer aux grandes tortues de mer ?

Le goût que la tortue d'eau douce a pour les limaçons, pour les vers, et pour les insectes dépourvus d'ailes, qui habitent les rives qu'elle fréquente, ou qui vivent sur la surface des eaux, l'a rendue utile dans les jardins, qu'elle délivre d'animaux nuisibles, sans y causer aucun dommage. On la recherche d'ailleurs à cause de l'usage qu'on en fait en médecine, ainsi que de quelques autres tortues : elle devient comme domestique ; on la conserve dans des bassins pleins d'eau, sur les bords desquels on a soin de mettre une planche qui s'étende jusqu'au fond, quand ces mêmes bords sont trop escarpés, afin qu'elle puisse sortir de sa retraite, et aller chercher sa petite proie.

Lorsque l'on peut craindre qu'elle ne trouve pas une nourriture assez abondante, on y supplée par du son et de la farine. Au reste, elle peut, comme les autres quadrupèdes ovipares, vivre pendant long-temps sans prendre aucun aliment, et même quelque temps après avoir été privée d'une des parties du corps qui paraissent le plus essentielles à la vie, après avoir eu la tête coupée (1).

Autant on doit la multiplier dans les jardins que l'on veut garantir des insectes voraces, autant on doit l'empêcher de pénétrer dans les étangs et dans les autres endroits habités par les poissons. Elle attaque même, dit-on, ceux qui sont d'une certaine grosseur; elle les saisit sous le ventre; elle les y mord, et leur fait des blessures assez profondes, pour qu'ils perdent leur sang, et s'affaiblissent bientôt; elle les entraîne alors au fond de l'eau, et elle les y dévore avec tant d'avidité, qu'elle n'en laisse que les arêtes et quelques parties cartilagineuses de la tête : elle rejette aussi quelquefois leur vessie aérienne, qui s'élève à la surface de l'eau, et par le moyen des vessies à air, que l'on voit nager sur les étangs, l'on peut juger que le fond est habité par des tortues bourbeuses.

---

(1) Rai, Synopsis animalium. Londres, 1693, page 254.

LA RONDE[1].

Testudo (Emys) lutaria, Merr. ; *Testudo europæa*, Schneid.,
Schœpff. ; *T. lutaria*, Daud. ; *T. orbicularis*, Linn.

C'est dans l'Europe méridionale, suivant M. Linnée, que l'on trouve cette tortue : sa carapace est presque entièrement ronde, et c'est ce qui lui a fait donner le nom d'*Orbiculaire*. Les bords de cette carapace sont recouverts de vingt-trois lames, dans deux individus conservés au Cabinet du Roi, et le disque l'est de treize. Ces lames sont très-unies, et leur couleur, assez claire, est semée de très-petites taches rousses, plus ou moins foncées. Le plastron est échancré par derrière, et recouvert de douze lames. Le museau se termine par une pointe forte et aiguë, en forme de très-petite corne. La queue est très-courte. Les pieds sont ramassés, arrondis; et les doigts réunis par une membrane commune, ne sont, en quelque sorte, sensibles que par des ongles assez forts et assez longs. Ces ongles sont au nombre de cinq dans

----

(1) La Ronde. M. Daubenton, Encyclopédie méthodique.
Testudo orbicularis, 5. Linn., Amphib. rept.
Testudo europæa, 5. Schneider.

les pieds de devant, et de quatre dans les pieds
de derrière. La tortue ronde habite de préférence
au milieu des rivières et des marais, et ses habitudes doivent ressembler plus ou moins à celles
de la bourbeuse, suivant le plus ou moins d'éga-
lité de leurs forces.

On rencontre les tortues rondes, non seulement
dans les pays méridionaux de l'Europe, mais encore en Prusse (1) : les paysans de ce royaume les
prennent et les gardent dans des vaisseaux qui
contiennent la nourriture destinée à leurs cochons; ils pensent que ces derniers animaux s'en
portent mieux et en engraissent davantage; les
tortues rondes vivent quelquefois plus de deux
ans dans cette sorte d'habitation extraordinaire(2).

Il se pourrait que la ronde parvînt à une grandeur un peu considérable, malgré la petite taille
des deux individus que nous avons décrits, et qui
n'ont pas plus de trois pouces neuf lignes de longueur totale, sur deux pouces cinq lignes de largeur, parce que ces deux petites tortues présentent tous les signes du premier âge et d'un
développement très-peu avancé. Si cela était, nous
serions tentés de la regarder comme une variété
de la Terrapène, dont nous allons parler. Mais,
jusqu'à ce que nous ayons recueilli un plus grand

---

(1) Ichthyologia, cum amphibiis regni Borussici methodo linnæana
disposita à Johan. Christoph. Wulff.

(2) Wulff, ouvrage déja cité.

nombre d'observations, nous les séparerons l'une de l'autre.

Les petites tortues rondes, que nous avons examinées, nous ont présenté un fait intéressant: les avant-dernières pièces de leur plastron étaient séparées et laissaient passer la peau nue du ventre, qui formait une espèce de poche ou de gonflement plus considérable dans l'une que dans l'autre, et au milieu duquel on distinguait, dans une surtout, l'origine du cordon ombilical. Nous invitons les naturalistes à remarquer si, dans les autres espèces, les très-jeunes tortues présentent cette scissure du plastron, et cette marque d'un âge peu avancé. L'on a observé dans le crocodile et dans quelques lézards, un fait analogue que l'on retrouvera peut-être dans un très-grand nombre de quadrupèdes ovipares.

LA TERRAPÈNE [1].

Testudo (Emys) centrata ? Merr.; *Testudo centrata,* Latr.,
Daud.; *Testudo concentrica,* Shaw.

Nous conservons à cette tortue de marais ou
d'eau douce, le nom de *Terrapène*, qui lui a été
donné par Browne. On la trouve aux Antilles, et
particulièrement à la Jamaïque; elle y est très-
commune dans les lacs et dans les marais où elle
habite parmi les plantes aquatiques qui y croissent. Son corps, dit Browne, est, en général,
ovale et comprimé; sa longueur excède quelquefois huit ou neuf pouces. Sa chair est regardée
comme un mets aussi sain que délicat (2).

Il paraît que cette tortue est la même que celle
que Dampier a cru devoir nommer *Hécate*. Suivant ce voyageur, cette dernière aime en effet
l'eau douce; elle cherche les étangs et les lacs,
d'où elle va rarement à terre. Son poids est de
douze ou quinze livres. Elle a les pates courtes,
les pieds plats, le cou long et menu. Sa chair est
un fort bon aliment (3). Tous ces caractères semblent convenir à la terrapène.

---

(1) The Terrapin, *Testudo quarta minima lacustris, unguibus palmarum quinis, plantarum quaternis, testa depressa.* Browne, Hist. nat. de
la Jamaïquque, page 466.

(2) Browne, à l'endroit déja cité.

(3) Dampier, tome I.

LA SERPENTINE[1].

Testudo (Emys) serpentina, Merr.; *Testudo serpentina*,
Schneid., Schœpff.

Il est aisé de distinguer cette tortue de toutes
les autres, par la longueur de sa queue, qui égale
presque celle de la carapace. Cette couverture
supérieure est un peu relevée en arête longitudinale, et comme découpée par derrière en cinq
pointes aiguës. Les doigts des pieds sont peu séparés les uns des autres. La serpentine habite au
milieu des eaux douces de la Chine (2).

Il paraît que ses mœurs se rapprochent de
celles de la bourbeuse; et que non seulement
elle détruit les insectes, mais encore qu'elle se
nourrit de poissons.

---

(1) La Tortue Serpentine. M. Daubenton, Encyclopédie méthodique.
Testudo serpentina, 15. Linn., Amphib. rept.

Testudo serpentina, 8. Schneider.

(2) C'est par erreur qu'on a cru que cette tortue était chinoise; elle se
trouve dans les eaux douces et les marais de diverses parties de l'Amérique septentrionale.   Desm. 1827.

LA ROUGEATRE.

Testudo (Terrapene) pensylvanica, Merr.; *Testudo pensylvanica*, Linn., Gmel., Schœpff.

Nous donnons ici la notice d'une tortue envoyée de Pensylvanie, sous le nom de Tortue de
marais, et décrite par M. Edwards (1). Le bout
de sa queue est garni d'une pointe aiguë et cornée, comme celles de plusieurs tortues grecques
et de la tortue scorpion. Ses doigts sont réunis
par une membrane. Sa couleur générale est brune,
mais les lames qui garnissent ses côtés, et les
écailles qui recouvrent le tour de ses mâchoires
et de ses yeux, sont d'un jaune rougeâtre, que
l'on retrouve aussi sur son plastron.

---

(1) Glanures d'Histoire naturelle, par George Edwards. Londres,
1764, seconde partie, chap. LXXVII, planche 287.

LA TORTUE SCORPION[1].

Testudo (Chersine) scorpioides, Merr. (2).

C'EST à Surinam qu'habite cette tortue; sa carapace est ovale, d'une couleur très-foncée, et relevée sur le dos par trois arêtes longitudinales; le disque est garni de treize lames, dont les cinq du milieu sont très-allongées, et on en compte communément vingt-trois sur les bords: douze lames recouvrent le plastron, qui n'est presque point échancré; la tête est couverte par devant d'une peau calleuse, qui se divise en trois lobes sur le front. La tortue scorpion a cinq doigts à chaque pied; ils sont un peu séparés, et garnis d'ongles, excepté les doigts extérieurs des pieds

(1) La Tortue Scorpion. M. Daubenton, Encyclopédie méthodique.
Testudo scorpioides, 8. Linn., Amphib. rept.
Testudo fimbriata, 12. Schneider.

(2) Par plusieurs de ses caractères, cette tortue se rapproche de la *Matamata* de Brugnière; mais elle en diffère par d'autres. Ainsi sa description ne fait pas mention de la petite trompe qui termine la tête de la Matamata, et à l'extrémité de laquelle sont percées les narines; et dans cette dernière on n'a pas observé l'ongle terminal de la queue, qu'on indique dans la tortue Scorpion. Nous n'avons pas vu cet animal que Daudin pense être d'une espèce différente de la Matamata.

DESM. 1827.

de derrière : mais ce qui lui a fait imposer son nom, et ce qui sert à la faire reconnaître, c'est une arme dure, en forme de corne ou d'ongle crochu, qu'elle porte au bout de la queue, et qui a une sorte de ressemblance avec l'aiguillon du scorpion. M. Linnée a fait connaître cette tortue, dont on conserve au Cabinet du Roi plusieurs carapaces et plastrons. Ils ont été envoyés comme ayant appartenu à une petite tortue de marais, qui habite dans les savanes noyées de la Guyane, et qui ne parvient jamais à une taille plus considérable que celle qui est indiquée par les couvertures envoyées au Cabinet du Roi : les plus grandes de ces carapaces ont six ou sept pouces de longueur, sur quatre ou cinq de largeur. Voilà donc une espèce de tortue d'eau douce ou de marais, dont la queue est garnie d'une callosité ; nous remarquerons un caractère presque semblable dans plusieurs tortues grecques ou tortues terrestres proprement dites, et particulièrement dans celles qui ont atteint leur entier développement.

LA JAUNE.

Testudo (*Emys*) *lutaria*, var. α, Merr.; *Testudo flava*, Daud.;
Testudo europea, Latr.

Nous avons vu vivants plusieurs individus de cette espèce de tortue d'eau douce, qui n'a encore été décrite par aucun des naturalistes dont les ouvrages sont le plus répandus. On les avait fait venir d'Amérique, dans des baquets remplis d'eau, pour les employer dans divers remèdes. Cette jolie tortue parvient ordinairement à une grandeur double de celle des tortues bourbeuses. Une carapace qui avait appartenu à un individu de cette espèce, et qui fait partie de la collection du Roi, a sept pouces neuf lignes de longueur. La tortue Jaune est agréablement peinte d'un vert d'herbe un peu foncé, et d'un jaune qui imite la couleur de l'or. Ces couleurs règnent non seulement sur sa carapace, mais encore sur sa tête, ses pates, sa queue et tout son corps. Le fond de la couleur est vert, et c'est sur ce fond agréable que sont distribuées un très-grand nombre de très-petites taches d'un beau jaune, placées fort près les unes des autres, se touchant en quelques endroits, imitant ailleurs des rayons par leur disposition, et formant partout un mélange très-doux à la vue ; le disque est ordinairement recou-

vert de treize lames, et les bords de la carapace
le sont de vingt-cinq. Le plastron est garni de
douze lames, et la partie postérieure de cette
couverture est terminée par une ligne droite,
comme dans la bourbeuse, avec laquelle la *Jaune*
a beaucoup de rapports. La forme générale de la
tête est agréable; les pates sont déliées; les doigts
un peu réunis par une membrane, et armés chacun d'un ongle long, aigu et crochu. La queue est
menue, et presque aussi longue que la moitié de
la carapace; lorsque la tortue marche, elle la
porte droite et étendue comme la bourbeuse. Elle
se meut avec moins de lenteur que les tortues de
terre, et elle est aussi agréable à voir par la nature de ses mouvements, que par la beauté de
ses couleurs. Lorsqu'elle va s'accoupler, elle fait
entendre un petit gémissement, un petit cri
d'amour. Un individu de cette espèce a été envoyé au Cabinet du Roi, sous le nom de Tortue
terrestre. Ce qui a pu induire en erreur, c'est
que toutes les tortues d'eau douce passent une
très-grande partie de l'année à terre, ainsi que
nous l'avons dit de la bourbeuse. On ne la rencontre pas seulement en Amérique; on la trouve
encore dans l'île de l'Ascension, d'où il est arrivé
un individu de cette espèce au Cabinet du Roi:
elle habite aussi dans les eaux douces de l'Europe, et n'y varie que par ses couleurs, qui sont
quelquefois moins vives.

LA MOLLE[1].

Trionyx ferox, Merr.; *Trionyx georgicus*, Geoff.; *Testudo ferox*, Penn., Schœpff, Gmel. (2).

CETTE tortue est la plus grande des tortues d'eau douce; sa taille approche de celle des petites tortues marines. M. Pennant est le premier qui en ait parlé (3); il avait reçu cet animal de la Caroline méridionale. Le docteur Garden, à qui on avait apporté deux individus de cette espèce, en avait envoyé un à M. Ellis, et l'autre à M. Pennant. Cette tortue se trouve dans les rivières du sud de la Caroline : on l'y appelle tortue à *écailles molles*; mais comme elle n'a point d'écailles proprement dites, nous avons préféré de l'appeler simplement la *Molle*. Elle habite en grand nombre dans les rivières de Savannah et d'Alatamaha; et l'on avait dit à M. Garden qu'elle était aussi très-commune dans la Floride orientale. Elle par-

---

(1) *Testudo cartilaginea*, Petri Boddaert, epistola de testudine cartilaginea, ex museo Joan. Albert Schlosseri. Amsterd., 1772.

Testudo ferox, 6. Schneider.

(2) Nous donnons la copie des deux figures de cette tortue qui ont été publiées par Pennant et par Schœpff., parce qu'elles diffèrent, à certains égards, et notamment par le nombre des ongles des doigts des pieds, dont le véritable est de trois aux antérieurs comme aux postérieurs (ce qui est bien indiqué dans la figure de Schœpff.). DESM. 1827.

(3) Transactions philosophiques, année 1771, vol. LXI.

vient à une grandeur considérable, et pèse quelquefois jusqu'à soixante-dix livres. Une de celles que M. Garden avait chez lui, pesait de vingt-cinq à trente livres : ce naturaliste la garda près de trois mois, pendant lesquels il ne s'aperçut pas qu'elle eût rien mangé d'un grand nombre de choses qu'on lui avait présentées.

La carapace de cet individu avait vingt pouces de long, et quatorze de large ; la couleur générale en était d'un brun foncé, avec une teinte verdâtre ; le milieu de cette couverture supérieure était dur, fort et osseux ; mais les bords, et particulièrement la partie postérieure étaient cartilagineux, mous, pliants, ressemblant à un cuir tanné, cédant aux impressions dans tous les sens, mais cependant assez épais et assez forts, pour défendre et garantir l'animal. Cette carapace était couverte vers la queue de petites élévations unies et oblongues, et vers la tête, d'élévations un peu plus grandes.

Le plastron était d'une belle couleur blanchâtre ; il était plus avancé de deux à trois pouces que la carapace, de telle sorte que, lorsque l'animal retirait sa tête, il pouvait la reposer sur la partie antérieure, qui était pliante et cartilagineuse. La partie postérieure du plastron était dure, osseuse, relevée et conformée de manière à représenter, selon M. Garden, une *selle de cheval*.

La tête était un peu triangulaire et petite, relativement à la grandeur de l'animal ; elle s'élargissait du côté du cou, qui était épais, long de treize pouces et demi, et que la tortue pouvait retirer facilement sous la carapace.

Les yeux étaient placés dans la partie antérieure et supérieure de la tête, assez près l'un de l'autre ; les paupières étaient grandes et mobiles ; la prunelle était petite, et l'iris entièrement rond, et d'un jaune très-brillant, faisait paraître les yeux très-vifs. Cette tortue avait une membrane clignotante, qui se fermait lorsqu'elle éprouvait quelque crainte, ou qu'elle s'endormait.

La bouche était située dans la partie inférieure de la tête, ainsi que dans les autres tortues : chaque mâchoire était d'un seul os : mais un des caractères les plus particuliers à cette tortue, était la forme et la position de ses narines. Le dessus de la mâchoire supérieure se terminait par une production cartilagineuse un peu cylindrique, longue au moins de trois quarts de pouce, ressemblant au groin d'une taupe, mais tendre, menue et un peu transparente ; à l'extrémité de cette production étaient placées les ouvertures des narines qui s'ouvraient aussi dans le palais.

Les pates étaient épaisses et fortes ; celles de devant avaient cinq doigts, dont les trois premiers étaient plus forts, plus courts que les deux autres, et garnis d'ongles crochus. A la suite du cinquième doigt, étaient deux espèces de faux doigts, qui servaient à étendre une assez grande membrane qui les réunissait tous. Les pates de derrière étaient conformées de même, excepté qu'il n'y avait qu'un faux doigt, au lieu de deux ;

elles étaient, ainsi que celles de devant, recouvertes d'une peau ridée, d'une couleur verdâtre et sombre. La tortue molle a beaucoup de force; et comme elle est farouche, il arrive souvent que lorsqu'elle est attaquée, elle se lève sur ses pates, s'élance avec furie contre son ennemi, et le mord avec violence.

La queue de l'individu apporté à M. Garden était grosse, large et courte. Cette tortue était femelle; elle pondit quinze œufs, et on en trouva à-peu-près un pareil nombre dans son corps lorsqu'elle fut morte : ces œufs étaient parfaitement ronds, et à-peu-près d'un pouce de diamètre.

La tortue molle est très-bonne à manger ; et l'on dit même que sa chair est plus délicate que celle de la tortue franche.

Nous présumons qu'à mesure que l'on connaîtra mieux les animaux du nouveau continent, on retrouvera dans plusieurs rivières de l'Amérique, tant septentrionale que méridionale, la tortue molle que l'on a vue dans celles de la Caroline et de la Floride. Pendant que M. le chevalier de Widerspach, correspondant du Cabinet du Roi, était sur les bords de l'Oyapock dans l'Amérique méridionale, ses nègres lui apportèrent la tête et plusieurs autres parties d'une tortue d'eau douce qu'ils venaient de dépecer, et qu'il a cru reconnaître depuis dans la tortue molle, dont M. Pennant a publié la description.

LA GRECQUE,

Testudo (*Chersine*) *græca*, Merr., Linn., Schœpff. — *Testudo* (*Chersine*) *marginata*, Merr., Daud., Schœpff. — *Testudo* (*Chersine*) *retusa*, Merr.; *Testudo indica*, Schneid., Schœpff., Gmel. (1).

OU

LA TORTUE DE TERRE COMMUNE (2).

O N nomme ainsi la tortue terrestre la plus commune dans la Grèce, et dans plusieurs contrées tempérées de l'Europe. On l'a, pendant très-longtemps, appelée simplement tortue *terrestre;* mais

(1) Cet article contient, page 142, sous le nom de *Tortue Grecque*, la description d'une tortue qu'on croit d'Amérique et qui doit en être distinguée spécifiquement (le *Testudo marginata*), et tous les détails historiques se rapportent réellement à la tortue Grecque. Nous avons cru devoir donner une figure nouvelle et exacte de ce dernier animal qui pourra suppléer à sa description (l'ancienne étant aussi celle du *T. marginata*). Notre avis est que toutes les tortues de l'Inde et de l'Amérique, que M. de Lacépède réunit à la tortue Grecque, doivent en être séparées comme constituant autant d'espèces différentes. DESM. 1827.

(2) En grec, χελώνη χερσαῖα.

En Languedoc, *Tourtuga dë Garriga*.

En japonais, *Isicame* ou *Sanki*.

La Grecque. M. Daubenton, Encyclopédie méthodique.

Rai, Synopsis animalium, page 253, Londres, 1693. *Testudo terrestris vulgaris.*

Linn., Systema naturæ, edit. XIII, page 352. *Testudo græca pedibus subdigitatis, testa postice gibba, margine laterali obtusissimo scutellis planiusculis.*

Testudo græca, 16. Schneider.

comme cette épithète ne désigne que la nature de son habitation, qui est la même que celle de plusieurs autres espèces, nous avons préféré la dénomination adoptée par les naturalistes modernes. On la rencontre dans les bois et sur les terres élevées ; il n'est personne qui ne l'ait vue ou qui ne la connaisse de nom ; depuis les anciens jusqu'à nous, tout le monde a parlé de sa lenteur : le philosophe s'en est servi dans ses raisonnements, le poète dans ses images, le peuple dans ses proverbes. La tortue grecque peut, en effet, passer pour un des plus lents des quadrupèdes ovipares. Elle emploie beaucoup de temps pour parcourir le plus petit espace : mais si elle ne s'avance que lentement, les mouvements des diverses parties de son corps sont quelquefois assez agiles ; nous lui avons vu remuer la tête, les pates et la queue, avec un peu de vivacité. Et même ne pourrait-on pas dire que la pesanteur de son bouclier, la lourdeur du poids dont elle est chargée, et la position de ses pates placées trop à côté du corps et trop écartées les unes des autres, produisent presque seules la lenteur de sa marche ? Elle a en effet le sang aussi chaud que plusieurs quadrupèdes ovipares qui s'élancent avec promptitude jusques au sommet des arbres les plus élevés ; et quoique ses doigts ne soient pas séparés, comme ceux des lézards qui courent avec vitesse, ils ne sont cependant pas conformés de manière à lui interdire une marche facile et prompte.

Les tortues grecques ressemblent, à beaucoup d'égards, aux tortues d'eau douce ; leur taille varie beaucoup, suivant leur âge et les pays qu'elles habitent ; il paraît que celles qui vivent sur les montagnes sont plus grandes que les tortues de plaine. Celle que nous avons décrite vivante, et que nous avons mesurée en suivant la courbure de la carapace, avait près de quatorze pouces de longueur totale, sur près de dix de largeur. La tête avait un pouce dix lignes de long, sur un pouce deux lignes de largeur et un pouce d'épaisseur. Le dessus en était aplati et triangulaire. Les yeux étaient garnis d'une membrane clignotante ; la paupière inférieure était seule mobile, ainsi que l'a dit Pline, qui a appliqué faussement aux crocodiles et aux quadrupèdes ovipares en général, cette conformation que nous avons observée dans la tortue grecque. Les mâchoires étaient très-fortes et crénelées ; et l'intérieur en était garni d'aspérités que l'on a prises faussement pour des dents. La peau recouvrait les trous auditifs ; la queue était très-courte ; elle n'avait que deux pouces de longueur. Les pates de devant avaient trois pouces six lignes jusqu'à l'extrémité des doigts ; et celles de derrière deux pouces six lignes. Une peau grenue, et des écailles inégales, dures et d'une couleur plus ou moins brune, couvraient la tête, les pates et la queue. Quelques-unes de ces écailles qui garnissaient l'extrémité des pates étaient assez grandes, assez détachées de la peau et assez aiguës pour être confondues au premier coup-d'œil avec des ongles. Les pieds étaient ramassés, et comme ils étaient réunis et recouverts par une membrane, on ne pouvait les distinguer que par les ongles qui les terminaient (1).

Les ongles des tortues grecques sont communément plus émoussés que ceux des tortues d'eau douce, parce que la grecque les use par un frottement plus continuel, et par une pression plus forte. Lorsqu'elle marche, elle frotte les ongles des pieds de devant séparément et l'un après l'autre contre le terrain, en sorte que lorsqu'elle pose un des pieds de devant à terre, elle appuie d'abord sur l'ongle intérieur, ensuite sur celui qui vient après, et ainsi sur tous successivement jusqu'à l'ongle extérieur : son pied fait, en quelque sorte, par là l'effet d'une roue, comme si la tortue cherchait à élever très-peu ses pates, et à s'avancer par une suite de petits pas successifs, pour éprouver moins de résistance de la part du poids qu'elle traîne. Treize lames, striées dans leur contour, recouvrent la carapace ; les bords sont garnis de vingt-quatre lames, toutes, et surtout celles de derrière, beaucoup plus grandes en proportion que dans la plupart des autres espèces de tortues ;

---

(1) Il est bon d'observer que, d'après cette conformation, M. Linnée n'aurait pas dû employer l'expression *pedes subdigitati*, dont il s'est servi pour désigner les pieds de la grecque ; cette remarque a déja été faite par M. François Cette, dans son Histoire naturelle des Amphibies et des Poissons de la Sardaigne, imprimée à Sassari, en 1777, page 8.

et par la manière dont elles sont placées les unes relativement aux autres, elles font paraître dentelée la circonférence de la couverture supérieure. Le plastron est ordinairement revêtu de douze ou treize lames; il y en avait treize dans la tortue que nous avons décrite. Les lames, qui recouvrent la carapace, sont marbrées de deux couleurs, l'une plus ou moins foncée, et l'autre blanchâtre.

La couverture supérieure de la grecque est très-bombée; l'individu que nous avons décrit avait quatre pouces trois lignes d'épaisseur; et c'est ce qui fait que lorsqu'elle est renversée sur le dos, elle peut reprendre sa première situation, et ne pas rester en proie à ses ennemis, comme les tortues franches. Ce n'est pas seulement à l'aide de ses pates qu'elle s'efforce de se retourner; elle ne peut pas assez les écarter pour atteindre jusqu'à terre : elle se sert uniquement de sa tête et de son cou, avec lesquels elle s'appuie fortement contre le terrain, cherchant, pour ainsi dire, à se soulever, et se balançant à droite et à gauche jusqu'à ce qu'elle ait trouvé le côté du terrain qui est le plus incliné, et qui lui oppose le moins de résistance. Alors, au lieu de faire des efforts dans les deux sens, elle ne cherche plus qu'à se renverser du côté favorable, et à se retourner assez pour rencontrer la terre avec ses pates, et se remettre entièrement sur ses pieds. Il paraît qu'on peut distinguer les mâles d'avec les femelles, en ce que celles-ci ont leur plastron presque plat,

au lieu que les mâles l'ont plus ou moins concave (1).

L'élément dans lequel vivent les tortues de mer
et les tortues d'eau douce, rend leur charge plus
légère, car tout le monde sait qu'un corps plongé
dans l'eau perd toujours de son poids ; mais celle
des tortues de terre n'est pas ainsi diminuée. Le
fardeau que la grecque supporte est donc une
preuve de la force dont elle jouit : cette force
est d'ailleurs confirmée par la grande facilité avec
laquelle elle brise dans sa gueule des corps très-
durs ; ses mâchoires sont mues par des muscles
si vivaces, que l'on a remarqué dans une petite
tortue, dont la tête avait été coupée une demi-
heure auparavant, qu'elles claquaient encore avec
un bruit assez sensible ; et, dès le temps d'Aristote,
on regardait la tortue comme l'animal qui avait
en proportion le plus de force dans les mâchoires.

Mais ce fait n'est pas le seul phénomène remarquable que les tortues grecques présentent
relativement à la difficulté que l'on éprouve lorsqu'on veut ôter la vie aux quadrupèdes ovipares.
François Redi a fait, à ce sujet, en Toscane, des
expériences dont nous allons rapporter les principaux résultats (2). Il prit une tortue grecque au
commencement du mois de novembre ; il fit une

____

(1) Histoire naturelle des Amphibies et des Poissons de la Sardaigne,
par M. François Cette, page 10.

(2) Osservazioni di Francisco Redi, intorno agli animali viventi, che
si trovano negli animali viventi. Napoli, 1687, page 126.

large ouverture dans le crâne, et en enleva la cervelle, sans en laisser aucune portion dans la cavité qui la contenait, et qu'il nettoya, pour ainsi dire, avec soin. Dès le moment que la cervelle fut enlevée, les yeux de la tortue se fermèrent pour ne plus se rouvrir : mais l'animal ayant été mis en liberté, continua de se mouvoir, et de marcher comme s'il n'avait reçu aucun mal. A la vérité il ne s'avançait, en quelque sorte, qu'en tâtonnant, parce qu'il ne voyait plus. Après trois jours, une nouvelle peau couvrit l'ouverture du crâne, et la tortue vécut ainsi, en exécutant tous ses mouvements ordinaires, jusqu'au milieu du mois de mai, c'est-à-dire à-peu-près pendant six mois. Lorsqu'elle fut morte, Redi examina la cavité du crâne d'où il avait ôté la cervelle, et il n'y trouva qu'un petit grumeau de sang sec et noir ; il répéta cette expérience sur plusieurs tortues, tant terrestres que d'eau douce, et même de mer ; et tous ces divers animaux vécurent sans cervelle pendant un nombre de jours plus ou moins considérable. Redi coupa ensuite la tête à une grosse tortue grecque, et après que tout le sang qui pouvait s'écouler des veines du cou se fut épanché, la tortue continua de vivre pendant plusieurs jours, ce dont il fut facile de s'apercevoir par les mouvements qu'elle se donnait, et la manière dont elle remuait les pates de devant et celles de derrière. Ce grand physicien coupa aussi la tête à quatre autres tortues, et les ayant ouvertes douze jours après cette opération, il trouva que leur cœur palpitait encore ; que le sang qui restait à l'animal y entrait et en sortait, et par conséquent que la tortue était encore en vie. Ces expériences, qui ont été depuis répétées par plusieurs physiciens, ne prouvent-elles pas ce que nous avons déja dit de la nature des quadrupèdes ovipares (1) ?

La tortue grecque se nourrit d'herbes, de fruits, et même de vers, de limaçons et d'insectes : mais comme elle n'a pas l'habitude d'attaquer des animaux qui aient du sang, et de manger des poissons comme la bourbeuse, que l'on trouve dans les fleuves et dans les marais, où la grecque ne va point, les mœurs de cette tortue de terre sont assez douces ; elle est aussi paisible que sa demarche est lente ; et la tranquillité de ses habitudes en fait aisément un animal domestique, que l'on peut nourrir avec du son et de la farine, et que l'on voit avec plaisir dans les jardins, où elle détruit les insectes nuisibles.

Comme les autres tortues, et tous les quadrupèdes ovipares, elle peut se passer de manger pendant très-long-temps. Gérard Blasius garda chez lui une tortue de terre, qui, pendant dix mois, ne prit absolument aucune espèce de nourriture ni de boisson. Elle mourut au bout de ce temps ; mais elle ne périt pas faute d'aliments,

---

(1) Voyez à la tête de ce volume le discours sur la nature des Quadrupèdes ovipares.

puisqu'on trouva ses intestins encore remplis d'excréments, les uns noirâtres, et les autres verts et jaunes : elle succomba seulement à la rigueur du froid (1).

Les tortues grecques vivent très-long-temps : M. François Cette en a vu une en Sardaigne qui pesait quatre livres, et qui vivait depuis soixante ans dans une maison, où on la regardait comme un vieux domestique (2). Aux latitudes un peu élevées, les grecques passent l'hiver dans des trous souterrains, qu'elles creusent même quelquefois, et où elles sont plus ou moins engourdies, suivant la rigueur de la saison. Elles se cachent ainsi en Sardaigne vers la fin de novembre (3).

Elles sortent de leur retraite au printemps ; et elles s'accouplent plus ou moins de temps après la fin de leur torpeur, suivant la température des pays qu'elles habitent : on a écrit et répété bien des fables (4) touchant l'accouplement de ces tortues, l'ardeur des mâles, les craintes des femelles, etc. La seule chose que l'on aurait dû dire, c'est que les mâles de cette espèce ont reçu des organes très-grands pour la propagation de leur espèce ; aussi paraissent-ils rechercher leurs femelles avec ardeur, et ressentir l'amour avec

(1) Observations anatomiques de Gérard Blasius, p. 64.

(2) Histoire naturelle des Amphibies et des Poissons de la Sardaigne, page 9.

(3) Idem, ibidem.

(4) Conrad Gesner.

force; on a même prétendu que, dans les contrées de l'Afrique où elles sont en très-grand nombre, les mâles se battent souvent pour la libre possession de leurs femelles; et que dans ces combats, animés par un des sentiments les plus impérieux, ils s'avancent avec courage, quoique avec lenteur, les uns contre les autres, et s'attaquent vivement à coups de tête (1).

Le temps de la ponte des tortues grecques varie avec la chaleur des contrées où on les trouve. En Sardaigne, c'est vers la fin de juin qu'elles pondent leurs œufs; ils sont au nombre de quatre ou de cinq, et blancs comme ceux de pigeon. La femelle les dépose dans un trou qu'elle a creusé avec ses pates de devant, et elle les recouvre de terre. La chaleur du soleil fait éclore les jeunes tortues qui sortent de l'œuf dès le commencement de septembre, n'étant pas encore plus grosses qu'*une coque de noix* (2).

La tortue grecque ne va presque jamais à l'eau; cependant elle est conformée à l'intérieur comme les tortues de mer (3) : si elle n'est point amphibie de fait et par ses mœurs, elle l'est donc jusqu'à un certain point par son organisation.

---

(1) M. Linnée, à l'endroit déja cité.

(2) Histoire naturelle des Amphibies et des Poissons de la Sardaigne, page 10.

(3) Gérard Blasius, en disséquant une tortue de terre, trouva son péricarde rempli d'une quantité considérable d'eau limpide*. Nous verrons dans l'article du Crocodile, que le péricarde d'un alligator, disséqué par Sloane, était également rempli d'eau.

* Observations anatomiques de Gérard Blasius, page 63.

On trouve la tortue grecque dans presque toutes les régions chaudes ét même tempérées de l'ancien continent, dans l'Europe méridionale, en Macédoine, en Grèce, à Amboine, dans l'île de Ceylan, dans les Indes, au Japon (1), dans l'île de Bourbon (2), dans celle de l'Ascension, dans les déserts de l'Afrique : c'est surtout en Libye et dans les Indes que la chair de la tortue de terre est plus délicate et plus saine que celle de plusieurs autres tortues : et l'on ne voit pas pourquoi il a pu être défendu aux Grecs modernes et aux Turcs de s'en nourrir.

Ce n'est que d'après des observations qui manquent encore, que l'on pourra déterminer si les tortues terrestres de l'Amérique méridionale sont différentes de la grecque (3); si elles y sont naturelles, ou si elles y ont été portées d'ailleurs. Dans cette même partie du monde, où elles sont très-communes, on les prend avec des chiens dressés à les chasser. Ils les découvrent à la piste, et lorsqu'ils les ont trouvées, ils aboient jusqu'à

---

(1) Histoire générale des Voyages, tome XL, page 382, édition in-12.

(2) « L'île de Bourbon abondait autrefois en tortues de terre ; mais « les vaisseaux en ont tant détruit, qu'il ne s'en trouve plus aujourd'hui « que dans la partie occidentale, où les habitants même n'ont la permis- « sion d'en tuer que pendant le carême. » Voyage de la Barbinais le Gentil autour du monde.

(3) « Il y a des tortues de terre qui se nomment *Sabutis* dans la « langue du Brésil, et que les habitants du Para préfèrent aux autres « espèces. Toutes se conservent plusieurs mois hors de l'eau sans nour- « riture sensible. » Histoire générale des Voyages, tome LIII, page 438, édit. in-12.

ce que les chasseurs soient arrivés. On les emporte en vie; elles peuvent peser de cinq à six
livres et au-delà. On les met dans un jardin, ou
dans une espèce de parc; on les y nourrit avec
des herbes et des fruits; et elles y multiplient
beaucoup. Leur chair, quoique un peu coriace,
est d'assez bon goût; les petites tortues croissent
pendant sept ou huit ans; les femelles s'accouplent quoiqu'elles n'aient acquis que la moitié de
leur grandeur ordinaire, mais les mâles ont atteint presque tout leur développement lorsqu'ils
s'unissent à leurs femelles; ce qui paraîtrait prouver
que, dans cette espèce, les femelles ont plus de
chaleur que les mâles (1), et ce qui semblerait
contraire à l'ardeur que les anciens ont attribuée
aux mâles, ainsi qu'à l'espèce de retenue qu'ils
ont supposée dans les femelles.

A l'égard de l'Amérique septentrionale et des
îles qui l'avoisinent, il paraît que les tortues
grecques s'y trouvent avec quelques légères différences dépendantes de la diversité du climat.

Leur grandeur dans les contrées tempérées de
l'Europe, est bien au-dessous de celle qu'elles
peuvent acquérir dans les régions chaudes de
l'Inde. On a apporté, de la côte de Coromandel,
une tortue grecque qui était longue de quatre
pieds et demi, depuis l'extrémité du museau jusques au bout de la queue, et épaisse de quatorze
pouces. La tête avait sept pouces de long sur cinq

____

(1) Note communiquée par M. de la Borde.

de large, le cerveau et le cervelet n'avaient en
tout que seize lignes de longueur sur neuf de
largeur ; la langue, un pouce de longueur, quatre
lignes de largeur, une ligne d'épaisseur ; la couverture supérieure, trois pieds de long sur deux
pieds de large. Cette tortue était mâle, et avait le
plastron concave ; la verge, qui était enfermée
dans le rectum, avait neuf pouces de longueur,
sur un pouce et demi de diamètre : la vessie était
d'une grandeur extraordinaire ; on y trouva douze
livres d'une urine claire et limpide.

La queue était très-grosse ; elle avait six pouces
de diamètre à son origine, et quatorze pouces de
long. Après la mort de l'animal, elle était telle-
ment inflexible, qu'il fut impossible de la redresser ; ce qui doit faire croire que la tortue
pouvait s'en servir pour frapper avec force. Elle
était terminée par une pointe d'une substance
dure comme de la corne (1), et assez semblable à
celle que l'on remarque au bout de la queue de
la tortue scorpion. Les grandes tortues de terre
ont donc reçu, indépendamment de leurs boucliers, des armes offensives assez fortes : elles ont
des mâchoires dures et tranchantes, une queue
et des pates qu'elles pourraient employer à attaquer ; mais comme elles n'en abusent pas, et

---

(1) Mémoires pour servir à l'Histoire naturelle des animaux, article
de la *Grande Tortue des Indes* *.

* Cette tortue n'est point de l'espèce de la grecque ; c'est le *Testudo* (*Chersine*) *retusa*
de Merrem, ou *Testudo indica* de Schneider, de Schœpff et de Gmelin.   DESM. 1827.

qu'il paraît qu'elles ne s'en servent que pour se défendre, rien ne contredit, et au contraire tout confirme la douceur des habitudes et la tranquillité des mœurs de la grecque.

L'on conserve, au Cabinet du Roi, la dépouille de deux tortues grecques, qui étaient aussi très-grandes ; la carapace de l'une a près de deux pieds cinq pouces de longueur, et la seconde, près de deux pieds quatre pouces. Nous avons remarqué, au bout de la queue de la première, une callosité semblable à celle de la tortue de Coromandel : nous ne croyons cependant pas que cette callosité soit un attribut de la grandeur dans les tortues grecques ; nous avons vu en effet une dureté semblable au bout d'une tortue vivante, qui était à-peu-près de la taille de celle que nous avons décrite au commencement de cet article : à la vérité, comme elle en différait par la couleur verdâtre et assez claire de ses écailles, il pourrait se faire que cet individu, sur lequel nous n'avons pu recueillir aucun renseignement particulier, constituât une variété constante, dont la queue serait garnie d'une callosité beaucoup plus tôt que dans les tortues grecques ordinaires (1).

Le Cabinet du Roi renferme aussi une tête de tortue de terre apportée de l'île Rodrigue, et qui a près de cinq pouces de longueur.

---

(1) Voyez l'Histoire naturelle des Tortues, par M. Schneider, imprimée à Leipsick en 1783, page 348, et l'observation de M. Hermann, savant professeur de Strasbourg, qui y est rapportée.

VARIÉTÉ DE LA TORTUE GRECQUE.

M. Arthaud, secrétaire perpétuel du cercle des Philadelphes, a bien voulu m'envoyer de Saint-Domingue une grande tortue terrestre, entièrement semblable à celle que j'ai décrite sous le nom de Tortue grecque, à l'exception des écailles qui garnissaient sa tête, ses jambes et sa queue, et dont le plus grand nombre était d'un rouge assez vif.

LA GÉOMÉTRIQUE[1].

Testudo (Chersinc) geometrica, Merr., Schneid., Schœpff., Daud.

CETTE tortue terrestre a beaucoup de rapports avec la grecque; ses doigts, bien loin d'être divisés, sont réunis par une peau couverte de petites écailles, de manière à n'être pas distingués les uns des autres et à ne former qu'une pate épaisse

---

(1) La Géométrique. M. Daubenton, Encyclopédie méthodique.
Testudo geometrica, 13. Linn., Amphib. rept.
Testudo picta seu stellata, Wormius, mus. 317.
Rai, Synopsis Quadr., pag. 259, *Testudo tessellata minor.*
Testudo testa tessellata major. Grew. mus. 36, tab. 3, fig. 1 et 2.
Seba. mus. 1. tab. 80, fig. 3 et 8.
Testudo geometrica, 13. Schneider.

et arrondie, au-devant de laquelle leurs extrémités sont seulement indiquées par les ongles. Ces ongles sont au nombre de cinq dans les pieds de devant et de quatre dans les pieds de derrière ; d'assez grandes écailles recouvrent le bas des pates, et comme elles n'y tiennent que par leur base, et qu'elles sont épaisses et quelquefois arrondies à leur sommet, on les prendrait pour des ongles attachés à divers endroits de la peau. L'individu que nous avons décrit avait dix pouces de long, huit pouces de large et près de quatre pouces d'épaisseur. La couverture supérieure de la tortue géométrique est des plus convexes. Les couleurs dont elle est variée la rendent très-agréable à la vue. Les lames qui revêtent les deux couvertures, et qui sont communément au nombre de treize sur le disque, de vingt-trois sur les bords de la carapace, et de douze sur le plastron, se relèvent en bosse dans leur milieu ; elles sont fortement striées, séparées les unes des autres par des espèces de sillons assez profonds, et la plupart hexagones. Leur couleur est noire ; leur centre présente une tache jaune à six côtés, d'où partent plusieurs rayons de la même couleur ; elles montrent ainsi une sorte de réseau de couleur jaune, formé de lignes très-distinctes, dessinées sur un fond noir, et ressemblant à des figures géométriques ; et c'est de là qu'a été tiré le nom que l'on donne à l'animal. On trouve cette tortue en Asie, à Madagascar, dans l'île de l'Ascension, d'où elle a été envoyée au Cabinet du Roi, et au cap de Bonne-Espérance, où elle pond depuis douze jusqu'à quinze œufs (1). Plusieurs tortues géométriques diffèrent de celle que nous venons de décrire, par le nombre et la disposition des rayons jaunes que présentent les écailles, par l'élévation de ces mêmes pièces, par une couleur jaunâtre, plus ou moins uniforme sur le plastron, et par le peu de saillie des lames qui garnissent cette couverture inférieure. Nous ignorons si ces variétés sont constantes; si elles dépendent du sexe ou du climat, etc. Quoi qu'il en soit, nous croyons devoir rapporter à quelqu'une de ces variétés, jusqu'à ce que de nouvelles observations fixent les idées à ce sujet, la tortue terrestre appelée *Hécate* par Browne (2). Cette dernière est, suivant ce voyageur, naturelle au continent de l'Amérique, mais cependant très-commune à la Jamaïque où on en porte fréquemment. Sa carapace est épaisse et a souvent un pied et demi de long : la surface de cette couverture est divisée en hexagones oblongs; des lignes déliées partent de leurs circonférences et s'étendent jusqu'à leurs centres qui sont jaunes.

Nous pensons aussi que cette hécate de Browne, ainsi que la géométrique, sont peut-être la même espèce que la *Terrapène* de Dampier. Les *Terra-*

______

(1) Note communiquée par M. Bruyère, de la Société royale de Montpellier. ·

(2) Browne, Histoire naturelle de la Jamaïque, page 466.

pènes de ce navigateur sont beaucoup moins grosses que les tortues qu'il nomme *Hécates*, et qui sont les terrapènes de Browne, ainsi que nous l'avons dit. Elles ont le dos plus rond, quoique d'ailleurs elles leur ressemblent beaucoup. Leur carapace est comme *naturellement taillée*, dit ce voyageur; elles aiment les lieux humides et marécageux. On estime leur chair; il s'en trouve beaucoup sur les côtes de l'île des Pins, qui est entre le continent de l'Amérique et celle de Cuba : elles pénètrent dans les forêts, où les chasseurs ont peu de peine à les prendre. Ils les portent à leurs cabanes; et, après leur avoir fait une marque sur la carapace, ils les laissent aller dans les bois, bien assurés de les retrouver à si peu de distance, qu'après un mois de chasse, chacun reconnaît les siennes, et les emporte à Cuba (1). Au reste, nous ne cesserons de le répéter, l'histoire des tortues demande encore un grand nombre d'observations pour être entièrement éclaircie; nous ne pouvons qu'indiquer les places vides, montrer la manière de les remplir, et fixer les points principaux autour desquels il sera aisé d'arranger ce qui reste à découvrir.

____

(1) Description de la Nouvelle-Espagne. Histoire générale des Voyages, troisième partie, livre V.

LA RABOTEUSE[1].

Testudo (Emys) scripta ? Merr.; *Testudo scripta ?* Schœpff.;
Testudo scabra , Gmel. ?

CETTE petite espèce de tortue est terrestre, suivant Séba; son museau se termine en pointe; les yeux, ainsi que dans les autres tortues, sont placés obliquement; la carapace est presque aussi large que longue; les bords en sont unis par devant et sur les côtés, mais inégalement dentelés sur le derrière : les écailles qui les garnissent sont lisses et planes, excepté celles du dos, dont le milieu est rehaussé de manière à former une arête longitudinale. Leur couleur est blanchâtre, traversée en divers sens par de très-petites bandes noirâtres, qui la font paraître marbrée; le plastron est festonné par devant; le milieu en était un peu concave dans l'individu que nous avons décrit, et

---

[1] La Tortue Raboteuse, M. Daubenton, Encyclopédie méthodique. *Testudo scabra ,* Linn.

Testudo pedibus palmatis, testa planiuscula, scutellis omnibus intermediis dorsatis. Linn., Amphib. rept. Testud. 6.

Gronovius Zoophit. 74.

Seba musæum, 1, tab. 79, fig. 1, 2. *Testudo terrestris Amboinensis minor.*

qui avait près de trois pouces de long, depuis le bout du museau jusqu'à l'extrémité de la queue, sur près de deux pouces de largeur (1). Suivant Séba, la raboteuse ne devient jamais plus grande.

Cette tortue a cinq ongles aux pieds de devant, et quatre aux pieds de derrière, dont le cinquième doigt est sans ongle ; la queue est courte ; la couleur de la tête, des pates et de la queue, ressemble beaucoup à celle de la carapace ; elle est d'un blanc tirant sur le jaune, varié par des bandes et des taches brunes, mais plus larges en certains endroits, et surtout sur la tête, que celles que l'on voit sur la couverture supérieure. C'est dans les Indes orientales, et particulièrement à Amboine qu'habite cette tortue, qui appartient aussi au Nouveau-Monde, et y vit dans la Caroline.

----

(1) Cet individu fait partie de la collection du Cabinet du Roi.

LA DENTELÉE[1].

Testudo (Chersine) denticulata, Merr.; *Testudo denticulata*,
Linn., Schœpff.

CETTE tortue n'est connue que par ce qu'en a
rapporté M. Linnée; ses doigts, au nombre de
cinq dans les pieds de devant, et de quatre dans
ceux de derrière, ne sont pas séparés les uns des
autres; ils se réunissent de manière à former une
pate ramassée et arrondie, comme celles de beaucoup de tortues terrestres. La couverture supérieure a un peu la forme d'un cœur; son diamètre
est ordinairement d'un ou deux pouces; les bords
en sont dentelés et comme déchirés. Les lames
qui la couvrent sont hexagones, relevées par des
points saillants; et leur couleur est d'un blanc
sale. On trouve cette tortue dans la Virginie.

---

[1] La Dentelée. M. Daubenton, Encyclopédie méthodique.
Testudo denticulata, 9. Linn., Amphib. reptil.
Testudo denticulata, 17. Schneider.

LA BOMBÉE[1].

Testudo (Terrapene) clausa, Merr., Fitz.; *Testudo carinata*,
et *Testudo carolina*, Linn.; *Testudo clausa*, Gmel.; *Testudo virgulata*, Latr. (2).

O_N rencontre dans les pays chauds, suivant
M. Linnée, cette tortue qui doit être terrestre,
et qui est distinguée des autres en ce que les doigts
de ses pieds ne sont pas réunis par une membrane, que sa couverture supérieure est bombée,
que les quatre lames antérieures qui garnissent
le dos sont relevées en arête, et que le plastron
ne présente aucune échancrure. Nous avons vu,
dans la collection de M. le chevalier de Lamarck,
une carapace et un plastron de cette tortue. La
carapace avait six pouces de long sur six pouces
et demi de large. L'animal devait avoir deux pouces
sept lignes d'épaisseur; le disque était garni de
treize lames légèrement striées, les bords de vingt-
cinq, et le plastron de douze. La carapace était

---

(1) La Bombée. M. Daubenton, Encyclopédie méthodique.
Testudo carinata, 12. Linn., Amph. rept.
Testudo carinata, 18. Schneider.
(2) Daudin et M. Merrem rapportent à cette même espèce les deux
tortues que M. de Lacépède a décrites sous les noms de *Tortue à boîte*,
voyez page 162, et de *Courte-queue*, page 167. DESM. 1827.

d'un brun-verdâtre, sur lequel des raies jaunes s'étendaient en tout sens. Les couleurs de la *tortue Jaune* sont presque semblables, mais elles sont disposées par taches, et non pas par raies, comme celles de la bombée; le plastron était jaunâtre.

LA TORTUE A BOITE[1].

Testudo (Terrapene) clausa, Merr., Fitz; *Testudo carolina*, et *T. carinata*, Linn.; *Testudo clausa*, Gmel.; *Testudo virgulata*, Latr.

M. Bloch a fait connaître cette espèce de tortue, au sujet de laquelle nous avons reçu des renseignements de M. Camper (2). Elle habite l'Amérique septentrionale; elle est longue de quatre pouces trois lignes, et large de trois pouces. Le disque de sa carapace est garni de quatorze pièces ou écailles, placées sur trois rangs longitudinaux; la rangée du milieu présente six pièces, et chacune des deux autres rangées en présente quatre. Les bords de la carapace sont revêtus de vingt-cinq pièces. La carapace est très-bombée,

---

(1) Mémoires des Curieux de la Nature de Berlin, tome VII, part. 1, art. 3, p. 131, 1786.

(2) Lettre de M. Camper, membre des États-généraux, associé étranger de l'Académie des Sciences de Paris, à M. le comte de Lacépède, et datée de Leeuwarden en Frise, le 30 octobre 1787.

ainsi que nous l'avons vue dans la plupart des tortues de terre ; elle est aussi échancrée par devant, pour donner plus de liberté aux mouvements de la tête de l'animal, et par derrière en deux endroits, pour faciliter la sortie et le mouvement des jambes.

Le plastron n'offre aucune échancrure, mais sa partie antérieure et sa partie postérieure forment comme deux battants qui jouent sur une espèce de charnière cartilagineuse, couverte d'une peau très-élastique, et placée à l'endroit où le plastron se réunit à la carapace. La tortue peut ouvrir à volonté ces deux battants, ou les fermer en les appliquant contre les bords de la carapace, de manière à être alors renfermée comme dans une boîte, et de-là vient le nom de tortue à boîte, qui lui a été donné par M. Bloch.

Le battant de devant est plus petit que celui de derrière. M. Bloch n'a point vu l'animal ; la couleur de la carapace est brune et jaune ; celle du plastron d'un jaune pâle, tacheté de noirâtre. Ces couleurs, ainsi que la forme de la tortue à boîte, lui donnent beaucoup de rapports avec celle que nous avons nommée *la Bombée,* et dont le plastron est aussi sans échancrure, comme celui de la tortue à boîte.

LA VERMILLON[1].

Testudo (Chersine) pusilla , Daud. (2).

Au cap de Bonne-Espérance, habite une petite tortue de terre, que Worm a vue vivante, et qu'il a nourrie pendant quelque temps dans son jardin. Des marchands la lui avaient vendue comme venant des grandes Indes, où il se peut en effet qu'on la trouve. La couverture supérieure de cette petite et jolie tortue, est à peine longue de quatre doigts; les lames en sont agréablement variées de noir, de blanc, de pourpre, de verdâtre et de

---

(1) La Bande blanche. M. Daubenton, Encyclopédie méthodique. *Testudo pusilla* , 14 , Linn., Amphib. rept.

Testudo terrestris pusilla, ex Indiâ orientali , Worm. mus. 313.

Testudo virginea, Grew. mus. 38 , tab. 3 , f. 3.

Rai , Synopsis quadrupedum, page 259. *Testudo terrestris pusilla ex Indiâ orientali.*

George Edwards , Histoire naturelle des oiseaux, Londres, 1751. *Testudo tessellata minor Africana.* The African land Tortoise.

Testudo pusilla, 15. Schneider.

(2) Daudin admet, comme espèce distincte, la tortue vermillon de M. de Lacépède, et renvoie la citation de Grew à sa tortue à gouttelette (*T. virgulata*). Le *Testudo pusilla* de M. Merrem , qui est le même animal que celui de Linnée, ne compte pas dans ses synonymes la tortue vermillon , ni le *Testudo terrestris pusilla* de Wormius : celui-ci est rapporté, mais avec doute, au *Testudo rotundata.*

En définitive, la distinction de cette espèce est fort douteuse. Desm. 1827.

jaune ; et lorsqu'elles s'exfolient, la carapace présente à leur place du jaune noirâtre. Le plastron est blanchâtre, et sur le sommet de la tête, dont on a comparé la forme à celle de la tête d'un perroquet, s'élève une protubérance d'une couleur de vermillon mélangé de jaune. C'est de ce dernier caractère, par lequel elle a quelque rapport avec la nasicorne, que nous avons tiré le nom que nous lui donnons. Les pieds de cette tortue sont garnis de quatre ongles, et d'écailles très-dures ; les cuisses sont revêtues d'une peau qui ressemble à du cuir ; la queue est effilée et très-courte. La nature a paré cette tortue avec soin ; elle lui a donné la beauté : mais, en la réduisant à un très-petit volume, elle lui a ôté presque tout l'avantage du bouclier naturel sous lequel elle peut se renfermer : car il paraît qu'on doit lui appliquer ce que rapporte Kolbe de la tortue de terre du cap de Bonne-Espérance. Suivant ce voyageur, les grands aigles de mer, nommés *Orfraie*, sont très-avides de la chair de la tortue : malgré toute la force de leur bec et de leurs serres, ils ne pourraient briser sa dure enveloppe ; mais ils l'enlèvent aisément ; ils l'emportent au plus haut des airs, d'où ils la laissent tomber à plusieurs reprises sur des rochers très-durs : la hauteur de la chute et la très-grande vitesse qui en résulte, produisent un choc violent ; et la couverture de la tortue bientôt brisée, livre en proie à l'aigle carnassier l'animal qu'elle aurait mis à couvert, si un poids plus considérable avait résisté aux efforts de l'aigle, pour l'élever dans les nues (1).

De tous les temps on a attribué le même instinct aux aigles de l'Europe, pour parvenir à dévorer les tortues grecques; et tout le monde sait que les anciens se sont plu à raconter la mort singulière du fameux poète Eschyle, qui fut tué, dit-on, par le choc d'une tortue, qu'un aigle laissa tomber de très-haut sur sa tête nue (2).

La tortue vermillon n'habite pas seulement aux environs du cap de Bonne-Espérance; il paraît qu'on la rencontre aussi dans la partie septentrionale de l'Afrique. M. Edwards a décrit un individu de cette espèce, qui lui avait été apporté de Santa-Cruz, dans la Barbarie occidentale (3).

---

(1) Voyage de Kolbe ou Kolben, vol. II, page 198.

(2) Voyez Conrad Gesner, livre II des Quadrupèdes ovipares, article des *Tortues*.

(3) George Edwards, ouvrage déja cité, page 204.

LA COURTE-QUEUE[1].

Testudo (Terrapene) clausa, Merr., Fitz.; *Testudo carinata,*
et carolina, Linn.; *Testudo clausa*, Gmel., Schœpff.; *Tes-*
tudo carolina, Daud.

On trouve à la Caroline cette tortue terrestre,
dont la tête et les pates sont recouvertes d'écailles
dures, semblables à des callosités. Les doigts sont
réunis; elle a cinq ongles aux pieds de devant, et
quatre à ceux de derrière. Un de ses caractères
distinctifs est d'avoir la queue des plus courtes ;
mais elle n'est pas absolument sans queue, ainsi
que l'a dit M. Linnée. La couverture supérieure
échancrée par devant en forme de croissant n'offre
point de dentelures sur les bords, et les lames
qui la garnissent sont larges, bordées de stries,
et pointillées dans leur milieu. Il paraît qu'elle
devient assez grande. On conserve au Cabinet du
Roi une carapace de cette tortue; elle a dix pouces
six lignes de long, et huit pouces dix lignes de
large.

---

(1) La Courte-queue. M. Daubenton, Encyclopédie méthodique.

Testudo carolina, 11, Linn., Amphib. rept.

George Edwards, Histoire naturelle des oiseaux, page 205. *Testudo*
tessellata minor Carolinensis.

Testudo pedibus digitatis calloso-squamosis, testa ovali subconvexa ,
scutellis planis striatis medio punctatis. Gron. Zooph., 17, n° 77.

Séba mus. 1. tab. 80, fig. 1 , *Testudo terrestris major Americana.*

Testudo carolina, 7, Schneider.

LA CHAGRINÉE.

Trionyx coromandelicus, Geoff., Merr.; *Testudo granosa*,
Schœpff.; *T. punctata*, Bonn.; *T. granulata*, Daud.,
T. scabra, Latr.

Nous donnons ce nom à une nouvelle espèce de
tortue apportée des Grandes-Indes au Cabinet du
Roi, par M. Sonnerat. Elle est très-remarquable
par la conformation de sa carapace qui ne ressemble à celle d'aucune tortue connue. Cette couverture supérieure a trois pouces neuf lignes de
longueur, sur trois pouces six lignes de largeur;
elle paraît composée, pour ainsi dire, de deux
carapaces placées l'une sur l'autre, et dont celle
de dessus serait plus étroite et plus courte. Cette
espèce de seconde carapace, qui représente le
disque, est longue de deux pouces huit lignes,
large de deux pouces, un peu saillante, osseuse,
parsemée d'une grande quantité de petits points
qui la font paraître *Chagrinée;* et c'est de là que
nous avons tiré le nom de l'animal. Ce disque est
composé de vingt-trois pièces, qui ne sont recouvertes d'aucune écaille. Seize de ces pièces, plus
larges que les autres, sont placées sur deux rangs
séparés vers la tête par une troisième rangée de

six pièces plus petites; et ces trois rangs se réunissent à une dernière pièce, qui forme la partie antérieure du disque. Les bords de la carapace sont cartilagineux et à demi transparents; ils laissent apercevoir les côtes de l'animal, le long desquelles cette partie cartilagineuse est un peu relevée, et qui sont au nombre de huit de chaque côté; ce bords sont par derrière presque aussi larges que le disque.

Le plastron est plus avancé par devant et par derrière que la couverture supérieure, il est un peu échancré par devant, cartilagineux, transparent et garni de sept plaques osseuses, chagrinées, semblables aux pièces du disque, différentes entre elles par leur grandeur et par leur figure, placées trois vers le devant, deux vers le milieu, et deux vers le derrière du plastron.

La tête ressemble à celle des tortues d'eau douce; les rides de la peau qui environne le cou montrent que l'animal peut l'allonger facilement. Comme nous n'avons rien appris relativement aux habitudes de cette tortue, et comme les pates et la queue manquaient à l'individu que nous venons de décrire, nous ne pouvons point dire si la chagrinée est terrestre ou d'eau douce. Cependant comme sa couverture supérieure n'est presque pas bombée, nous présumons que cette tortue singulière est plutôt d'eau douce que de terre.

LA ROUSSATRE.

Testudo (Emys) subrufa, Merr.; *Testudo subrufa*, Bonn.

Cette nouvelle espèce de tortue a été apportée de l'Inde au Cabinet du Roi, ainsi que la chagrinée, par M. Sonnerat; sa carapace est aplatie, longue de cinq pouces six lignes, et large d'autant; le disque est recouvert de treize lames; les bords le sont de douze. Ces écailles sont minces, légèrement striées, unies dans le centre, d'une couleur roussâtre très-semblable à celle du marron : et c'est de là que nous avons tiré le nom que nous lui donnons. Le plastron est échancré par derrière, et revêtu de treize lames; la tête est plus plate que celle de la plupart des autres tortues : les cinq doigts des pieds de devant, ainsi que de ceux de derrière, sont garnis d'ongles longs et pointus. La queue manquait à l'individu apporté par M. Sonnerat. Mais, quoique nous n'ayons pu juger de la forme de cette partie, nous présumons, d'après l'aplatissement de la carapace, et surtout d'après les ongles qui ne sont point émoussés, que la tortue roussâtre est plutôt d'eau douce que terrestre. L'individu que nous avons décrit était femelle ; aussi son plastron était-il plat. Nous avons trouvé dans son intérieur plusieurs œufs d'une substance molle, ovales et longs d'un pouce.

LA NOIRATRE.

Testudo (Terrapene) nigricans, Merr. ; *Testudo subnigra*, Latr., Daud.

Nous nommons ainsi une tortue dont il n'est fait mention dans aucun des naturalistes et voyageurs dont les ouvrages sont le plus connus, et dont nous ne pouvons donner qu'une description incomplète, parce que nous n'en avons vu que la carapace et le plastron, conservés au Cabinet du Roi. Cette carapace a cinq pouces quatre lignes de long sur à-peu-près autant de large ; elle est un peu bombée, d'une couleur très-foncée et noirâtre. Le disque est recouvert de treize écailles épaisses, striées dans leur contour, et si polies dans tout le reste de leur surface, qu'elles paraissent onctueuses au toucher. Les cinq écailles de la rangée du milieu sont un peu relevées, de manière à former une arête longitudinale; les bords sont garnis de vingt-quatre lames; le plastron est échanché par derrière, et revêtu de treize écailles. Nous ignorons si cette tortue est terrestre ou d'eau douce, et dans quels lieux on la trouve.

DES LÉZARDS.

Le genre des lézards est le plus nombreux de
ceux qui forment l'ordre des Quadrupèdes ovipares. Après avoir comparé les uns avec les autres
les divers animaux qui le composent, tant d'après
nos observations que d'après celles des voyageurs
et des naturalistes, nous avons cru devoir en
compter cinquante-six espèces toutes différenciées
par leurs habitudes naturelles et par des caractères extérieurs. On peut distinguer facilement
les lézards des autres quadrupèdes ovipares, parce
qu'ils ne sont pas couverts d'une carapace, comme
les tortues, et parce qu'ils ont une queue, tandis
que les grenouilles, les raines et les crapauds n'en
ont point. Leur corps est revêtu d'écailles plus
ou moins fortes, ou de tubercules plus ou moins
saillants. Leur grandeur varie depuis la longueur
de deux ou trois pouces, jusqu'à celle de vingt-
six ou même trente pieds. La forme et la proportion de leur queue varient aussi : dans les uns,
elle est aplatie ; dans les autres, elle est ronde.
Dans quelques espèces, sa longueur égale trois
fois celle du corps ; dans quelques autres, elle est
très-courte : dans tous, elle s'étend horizontale-

ment, et est presque aussi grosse à son origine que l'extrémité du corps à laquelle elle est atta-chée.

Les pates de derrière des lézards sont plus lon-gues que celles de devant. Les uns ont cinq doigts à chaque pied, d'autres n'en ont que quatre ou même trois aux pieds de derrière ou à ceux de devant. Dans la plupart de ces animaux, les cinq doigts des pieds de derrière sont inégaux, le troi-sième et le quatrième sont les plus longs, et l'ex-térieur est séparé des autres, comme une espèce de pouce, tandis qu'au contraire dans les qua-drupèdes vivipares, le doigt qui représente le pouce est le doigt intérieur.

Les phalanges des doigts ne sont pas toujours au nombre de trois ou de deux, comme dans les vivipares, mais quelquefois au nombre de quatre, ainsi que dans plusieurs espèces d'oiseaux; ce qui donne aux lézards plus de facilité pour saisir les branches des arbres sur lesquels ils grimpent.

Les habitudes de ces animaux sont aussi diver-sifiées que leur conformation extérieure: les uns passent leur vie dans l'eau ou sur les bords dé-serts des grands fleuves et des marais. D'autres, bien loin de fuir les endroits habités, les choi-sissent de préférence pour leur demeure: ceux-ci vivent au milieu des bois, et y courent avec vi-tesse sur les rameaux les plus élevés; ceux-là ont leurs côtés garnis de membranes en forme d'ailes, par le moyen desquelles ils franchissent avec facilité des espaces étendus, et réunissent ainsi à la faculté de nager, et à celle de grimper aisément jusqu'au sommet des arbres, le pouvoir de s'élancer et de voler, pour ainsi dire, de branche en branche.

Pour mettre de l'ordre dans l'exposition de ce grand nombre d'espèces de lézards, nous avons cru devoir réunir celles qui se ressemblent le plus par leur grandeur, par leur conformation extérieure et par leurs habitudes. Nous avons formé par là huit divisions dans ce genre : la première, qui renferme onze espèces, comprend les *Crocodiles*, les *Fouette-queue*, les *Dragonnes* et les autres lézards, qui ont tous la queue aplatie, et qui, presque tous, parviennent à une longueur de plusieurs pieds.

Dans la seconde division se trouvent les *Iguanes* et d'autres lézards moins grands, mais qui cependant ont quelquefois quatre ou cinq pieds de longueur, et qui sont distingués d'avec les autres par des écailles relevées en forme de crêtes au-dessus de leur dos. Cette seconde division renferme cinq espèces.

Dans la troisième, nous plaçons le *Lézard gris* si commun dans nos contrées, le *Lézard vert* que l'on trouve en très-grand nombre dans nos provinces méridionales, et cinq autres espèces de lézards tous distingués des autres, en ce qu'ils n'ont point de crêtes sur le dos, que leur queue est ronde, et que le dessous de leur corps est revêtu d'écailles assez grandes, disposées en bandes transversales.

Ces bandes transversales manquent, ainsi que les crêtes, aux lézards de la quatrième division; ce défaut, joint à la rondeur de leur queue, suffit pour les faire reconnaître; et ils forment vingt-une espèces, parmi lesquelles nous remarquerons principalement le *Caméléon*, le *Scinque*, faussement appelé *Crocodile terrestre*, etc.

Le *Gecko*, le *Geckotte*, et une troisième et nouvelle espèce de lézard composent la cinquième division; et leur caractère distinctif est d'avoir le dessous des doigts garni de larges écailles, placées les unes sur les autres, comme les ardoises qui couvrent les toits.

La sixième division comprend le *Seps* et le *Chalcide*, qui n'ont l'un et l'autre que trois doigts, tant aux pieds de devant qu'à ceux de derrière.

Les lézards de la septième division sont remarquables par les membranes, en forme d'ailes, dont nous venons de parler. Nous n'avons compté dans cette division qu'une seule espèce, à laquelle nous avons rapporté tous les lézards ailés, décrits par les voyageurs : on en verra les raisons à l'article particulier du *Dragon*.

La huitième division enfin comprend six espèces de lézards, parmi lesquelles nous rangeons la Salamandre terrestre et la Salamandre aquatique. Toutes les six sont distinguées des autres, en ce qu'elles ont trois ou quatre doigts aux pieds de devant, et quatre ou cinq aux pieds de derrière. Nous laissons exclusivement à ces animaux le nom de *Salamandre*, qui a été souvent attribué à plusieurs lézards, très-différents des vraies salamandres, et même très-différents les uns des autres; ils ont beaucoup de rapports avec les grenouilles et les autres quadrupèdes ovipares qui n'ont pas de queue; ils leur ressemblent non seulement par leur peau dénuée d'écailles apparentes, mais encore par leurs habitudes, par les espèces de métamorphoses qu'ils subissent avant de devenir adultes, et par le séjour plus ou moins long qu'ils font au milieu des eaux. Ils s'en rapprochent encore par leurs parties intérieures et par la forme et le nombre de leurs os. S'ils ont des vertèbres cervicales, de même que les autres lézards, ils manquent presque tous de côtes, comme les grenouilles, et ils font ainsi la nuance qui réunit les quadrupèdes ovipares qui ont une queue, avec ceux qui en sont privés : presque tous les lézards n'ont que deux ou quatre vertèbres cervicales; mais le crocodile, placé par sa grandeur et par sa puissance à la tête de ces animaux, et occupant, dans la chaîne qui les réunit, l'extrémité opposée à celle où se trouvent les salamandres, a sept vertèbres au cou, comme tous les quadrupèdes vivipares. Il lie par là les lézards avec ces animaux mieux organisés, pendant que, d'un autre côté, il les rapproche des tortues de mer par une grande partie de ses habitudes et de sa conformation.

PREMIÈRE DIVISION.

LÉZARDS

DONT LA QUEUE EST APLATIE, ET QUI ONT CINQ DOIGTS
AUX PIEDS DE DEVANT.

LES CROCODILES.

Lorsqu'on compare les relations des voyageurs, les observations des naturalistes, et les descriptions des nomenclateurs, pour déterminer si l'on doit compter plusieurs espèces de crocodiles, ou si les différences qu'on a remarquées dans les individus ne tiennent qu'à l'âge, au sexe et au climat, on rencontre beaucoup de contradictions, tant sur la forme que sur la couleur, la taille, les mœurs et l'habitation de ce grand quadrupède ovipare. Les voyageurs lui ont rapporté ce qui ne convenait qu'à d'autres grands lézards très-différents du crocodile, par leur conformation et par leurs habitudes; ils lui en ont même donné les noms. Ils ont dit que le crocodile s'appelait tantôt *Ligan*, tantôt *Guan* (1); noms qui ne sont que des contractions de celui du lézard *Iguane*. C'est d'après ces diversités de noms, de formes et de mœurs, qu'ils ont voulu regarder les crocodiles comme formant plusieurs espèces distinctes : mais tous les vrais crocodiles ont cinq doigts aux pieds de devant, quatre doigts palmés aux pieds de derrière, et n'ont d'ongles qu'aux trois doigts intérieurs de chaque pied. En examinant donc uniquement tous les grands lézards qui présentent ces caractères, et en observant attentivement les différences des divers individus, tant d'après les crocodiles que nous avons vus nous-mêmes, que d'après les descriptions des auteurs et les récits des voyageurs, nous avons cru ne devoir compter que trois espèces parmi ces énormes animaux (2).

La première est le crocodile ordinaire ou proprement dit, qui habite les bords du Nil; on l'appelle *Alligator*, principalement en Afrique, et l'on pourrait le désigner par le nom de *Crocodile vert*, qui lui a déja été donné. La seconde est le *Crocodile noir*, que M. Adanson a vu sur la grande rivière du Sénégal; et la troisième, le crocodile qui habite les bords du Gange, et auquel nous

---

(1) Histoire générale des Voyages, livre VII.

(2) Nous verrons bientôt que le genre CROCODILE se compose au moins d'une douzaine d'espèces, susceptibles d'être divisées en trois groupes ou sous-genres, sous les noms de Crocodiles proprement dits, de Caymans et de Gavials. C'est à M. Cuvier principalement qu'on doit la séparation de ces espèces. DESM. 1827.

conservons le nom de *Gavial,* qui lui a été donné dans l'Inde. Ces trois espèces se ressemblent par les caractères distinctifs des crocodiles, que nous venons d'indiquer ; mais elles diffèrent les unes des autres par d'autres caractères que nous rapporterons dans leurs articles particuliers.

On a donné aux crocodiles d'Amérique le nom de *Cayman,* que l'on a emprunté des Indiens ; nous en avons comparé avec soin plusieurs individus de différents âges, avec des crocodiles du Nil, et nous avons pensé qu'ils sont absolument de la même espèce que ces crocodiles d'Égypte ; ils ne présentent aucune différence remarquable qui ne puisse être rapportée à l'influence du climat. En effet, si leurs mâchoires sont quelquefois moins allongées, elles ne diffèrent jamais assez, par leur raccourcissement, de celles des crocodiles du Nil, pour que les caymans constituent une espèce distincte, d'autant plus que cette différence est très-variable, et que les crocodiles d'Amérique ressemblent autant à ceux du Nil par le nombre de leurs dents, qu'un individu ressemble à un autre parmi ces derniers crocodiles. On a prétendu que le cri des caymans était plus faible, leur courage moins grand, et leur longueur moins considérable ; mais cela n'est vrai tout au plus que des crocodiles de certaines contrées de l'Amérique, et particulièrement des côtes de la Guyane. Ceux de la Louisiane font entendre une sorte de mugissement pour le moins aussi fort que celui des crocodiles de l'ancien continent, qu'ils surpassent quelquefois par leur grandeur et par leur hardiesse, tandis que nous voyons d'un autre côté, dans l'ancien monde, plusieurs pays où les crocodiles sont presque muets, et présentent une sorte de lâcheté et de douceur de mœurs égales, pour le moins, à celles des crocodiles de la Guyane.

Les crocodiles du Nil et ceux d'Amérique ne forment donc qu'une espèce, dont la grandeur et les habitudes varient dans les deux continents, suivant la température, l'abondance de la nourriture, le plus ou moins d'humidité, etc. Cette première espèce est donc commune aux deux mondes, pendant que le crocodile noir n'a été encore vu qu'en Afrique, et le gavial sur les bords du Gange.

Les voyageurs, qui sont allés sur les côtes orientales de l'Amérique méridionale, disent que l'on y rencontre de grands quadrupèdes ovipares, qu'ils regardent comme une petite espèce de caymans, bien distincte de l'espèce ordinaire. Cette prétendue espèce de cayman est celle d'un grand lézard, que l'on nomme *Dragonne*, et qui parvient quelquefois à la longueur de cinq ou six pieds. Notre opinion à ce sujet a été confirmée par un fort bon observateur qui arrivait de la Guyane, à qui nous avons montré la dragonne, et qui l'a reconnue pour le lézard qu'on y appelle la *petite espèce de Cayman*.

Le navigateur Dampier a aussi voulu regarder

comme une nouvelle espèce de crocodile, de très-grands lézards que l'on trouve dans la Nouvelle-Espagne, ainsi que dans d'autres contrées de l'Amérique (1), et auxquels les Espagnols ont donné également le nom de Cayman. Mais il nous paraît que les quadrupèdes ovipares, désignés par Dampier sous les noms de *Crocodile* et de *Cayman*, sont de l'espèce des grands lézards que l'on a nommés *Fouette-queue.* Ils présentent en effet le caractère distinctif de ces derniers; lorsqu'ils courent, ils portent, suivant Dampier lui-même, leur queue retroussée et repliée par le bout en forme d'arc, tandis que les vrais crocodiles ont toujours la queue presque traînante.

D'ailleurs les vrais crocodiles ont, dans tous les pays, quatre glandes qui répandent une odeur de musc bien sensible. Les grands lézards que Dampier a voulu comprendre parmi ces animaux, n'en ont point, suivant lui; nous avons donc une nouvelle preuve que ces lézards de Dampier ne forment pas une quatrième espèce de crocodiles.

Nous allons examiner de près les trois espèces que nous croyons devoir compter parmi ces lézards géants, en commençant par celle qui habite les bords du Nil, et qui est la plus anciennement connue.

---

(1) Dampier, tome III, pages 287 et suivantes.

LE CROCODILE,

OU

LE CROCODILE PROPREMENT DIT[1].

Crocodilus vulgaris, Cuv., Geoffr., Merr.; *Croc. niloticus*,
Daud.; *Lacerta Crocodilus*, Linn.; *Croc. Suchus*, Geoffr.

LA nature, en accordant à l'aigle les hautes ré-

---

(1)* Κροκοδειλος et Νειλοκροκοδειλος, en grec.
Crocodilus, en latin.
Alligator, sur les côtes d'Afrique.
Diasik, par les Nègres du Sénégal.
Cayman, en Amérique.
Takaie, par les Siamois.
Lagartor, dans l'Inde, par les Portugais.
Jacare, au Brésil.
Kimbuta, dans l'île de Ceylan, selon Rai.
Leviathan de l'Écriture, suivant Scheuchzer, physique de Job.
Champsan, en Égypte.
Kimsak, en certaines provinces de la Turquie.
Le *Crocodile*. M. Daubenton, Encyclopédie méthodique.
Lacerta Crocodilus. 1. Linn., amphib. reptil.
Gronov. mus., page 74, n° 47, *Crocodilus*.
Conradi Gesneri, Historiæ animalium, lib. II, de Quadrup. ovip.,
Crocodilus.
Aldrov. aquat. 677, *Crocodilus*.
Seba. 1. Tab. 103 et 104. (Cr. *biporcatus*, Cuv.) DESM. 1827.
Bellon. aquat. 41, *Crocodilus*.
Crocodilus, Browne, page 461.
Crocodilus, Barrère, 152.
Crocodilus, Jobi Ludolphi commentarius.

gions de l'atmosphère, en donnant au lion, pour

Crocodilus, Prosper Alpin, Lugduni Batavorum 1735, tome 1, chap. 5.

Jonst. Quadr., tab. 79, fig. 3, *Crocodilus.*

Crocodilus Niloticus, Crocodilus Americanus, Crocodilus Africanus, Crocodilus terrestris. Laurenti specimen medicum, etc. Vienne, 1768, pages 53 et 54. (M. Laurenti, savant naturaliste, qui a fait connaître plusieurs espèces nouvelles de quadrupèdes ovipares, aurait certainement regardé, comme de la même espèce, les quatre individus que nous venons d'indiquer, s'il ne s'en était point rapporté à Séba)*.

Rai, Quadr. 261, *Lacertus maximus.*

Bont. jav. tab. 55. *Crocodilus Cayman.*

Olear. mus. 8, tab. 7, fig. 3, *Crocodilus.*

Vallisner. Nat. 1, tab. 43.

Catesby, Histoire naturelle de la Caroline, vol. II, *Lacertus maximus***.

— Cet article se compose non seulement des faits relatifs à l'Histoire naturelle du crocodile connu des anciens, mais encore de ceux qui se rapportent à tous les reptiles les plus voisins, par leurs formes, de cet animal, et qu'on a successivement découverts dans toutes les parties du monde.

Les véritables synonymes du crocodile proprement dit ne sont que ceux qui indiquent un animal propre à l'Afrique : tous les autres qui conviennent à des crocodiles de l'Inde et des côtes de l'Amérique, se rattachent à différentes espèces, dont M. Cuvier a donné les figures, et présenté les caractères distinctifs de la manière suivante :

I. CROCODILES PROPREMENT DITS (*Crocodili*). Museau déprimé et oblong ; quatrième dent de chaque côté très-forte, en forme de canine, et logée dans une échancrure du bord de la mâchoire supérieure. Pieds de derrière palmés jusqu'au bout des doigts qui sont dentelés.

1. *Crocodilus vulgaris*, ou C. vulgaire : six rangées de plaques carrées tout le long du dos. — Afrique.

2. C. *biporcatus*, ou à deux arêtes : huit rangées de plaques ovales le long du dos. Deux arêtes saillantes sur le haut du museau. — De la mer des Indes. C'est le *Croc. porosus* de Schneider et le *Crocodilus* de

---

* Le *Crocodilus americanus* de Laurenti est le *Cr. sclerops* de M. Cuvier. DESM. 1827.
** Celui-ci est le *Crocodilus Lucius* de M. Cuvier. DESM. 1827.

son domaine, les vastes déserts des contrées ar-

Séba, pl. 103, fig. 1, et 104, fig. 12. Il est rapporté parmi les synonymes du *Lacerta gangetica* de Gmelin.

3. C. *acutus*, ou à museau effilé : quatre rangées de plaques sur le dos ; museau très-prolongé, bombé à sa base. — De Saint-Domingue et des autres Antilles. Il est figuré dans Seba, pl. 104, fig. 1—9 et pl. 106.

4. C. *rhombifer*, ou à losanges : six plaques sur la nuque, et celles du dos carrées et disposées sur six rangées ; deux arêtes convergentes sur le museau qui est convexe ; écailles des membres très-fortes. — Patrie ?

5. C. *galeatus*, ou à casque : deux crêtes triangulaires osseuses l'une derrière l'autre sur la ligne moyenne du crâne ; six plaques sur la nuque. — Il est de l'Inde. Sa description se trouve dans les Mém. pour servir à l'Hist. nat. des animaux, et sa figure dans l'ouvrage de M. Faujas, sur la montagne de Saint-Pierre près Maestricht ; Schneider la nomme *Crocodilus siamensis*.

6. C. *biscutatus*, ou à deux plaques : les écailles de la ligne moyenne de son dos sont carrées, et les latérales éparses et irrégulières ; la nuque a deux plaques. Cette espèce d'Afrique paraît se rapporter au crocodile noir, décrit comme espèce différente ci-après, par M. de Lacépède.

II. CAYMANS (*Alligatores*). Museau large, obtus : la quatrième dent d'en-bas forte et se logeant dans un trou de la mâchoire supérieure ; pieds à demi palmés et sans dentelure. Tous habitent l'Amérique.

7. C. *sclerops*, ou cayman à lunettes : une arête transversale réunissant en avant les bords des deux orbites ; quatre bandes de fortes écailles, transversales, sur la nuque. Commun à la Guyane et au Brésil. Il est décrit et figuré par Merrian, pl. 69 ; et par Séba, pl. 104, fig. 10.

8. C. *palpebrosus*, ou à paupières osseuses : ayant un osselet mobile dans la paupière supérieure, et la nuque couverte de quatre rangées de plaques. — De Cayenne.

9. C. *Lucius*, ou à museau de brochet : museau déprimé, parabolique et non pointu ; quatre rangées de plaques sur la nuque. De l'Amérique septentrionale. C'est l'*Alligator* de Catesby.

10. C. *trigonatus*, à museau assez convexe, sans arêtes saillantes ; un osselet dans les paupières ; cinq rangées de plaques sur le cou ; les plaques du dos élevées et trigones. — De l'Afrique occidentale ?

Selon M. Cuvier, le C. *Suchus* de M. Geoffroy ne diffère pas du C. *vulgaris*, et le C. *bopholis* de Schneider n'est pas suffisamment caractérisé. Tous les caymans d'Amérique ont été confondus par Gmelin, sous le nom commun de *Lacerta Alligator*. DESM. 1827.

dentes, a abandonné au crocodile les rivages des mers et des grands fleuves des zones torrides. Cet animal énorme, vivant sur les confins de la terre et des eaux, étend sa puissance sur les habitants des mers et sur ceux que la terre nourrit. L'emportant en grandeur sur tous les animaux de son ordre, ne partageant sa subsistance ni avec le vautour, comme l'aigle, ni avec le tigre, comme le lion, il exerce une domination plus absolue que celle du lion et de l'aigle; et il jouit d'un empire d'autant plus durable, qu'appartenant à deux éléments, il peut échapper plus aisément aux piéges; qu'ayant moins de chaleur dans le sang, il a moins besoin de réparer des forces qui s'épuisent moins vite; et que pouvant résister plus long-temps à la faim, il livre moins souvent des combats hasardeux.

Il surpasse, par la longueur de son corps, et l'aigle et le lion, ces fiers rois de l'air et de la terre; et si l'on excepte les très-grands quadrupèdes, comme l'éléphant, l'hippopotame, etc., et quelques serpents démesurés, dans lesquels la nature paraît se complaire à prodiguer la matière, il serait le plus grand des animaux, si, dans le fond des mers dont il habite les bords, cette nature puissante n'avait placé d'immenses cétacées. Il est à remarquer qu'à mesure que les animaux sont destinés à fendre l'air avec rapidité, à marcher sur la terre ou à cingler au milieu des eaux, ils sont doués d'une grandeur plus considérable.

Les aigles et les vautours sont bien éloignés d'égaler en grandeur le tigre, le lion et le chameau ; à mesure même que les quadrupèdes vivent plus près des rivages, il semble que leurs dimensions augmentent, comme dans l'éléphant et dans l'hippopotame, et cependant la plupart des animaux quadrupèdes, dont le volume est le plus étendu, sont moins grands que les crocodiles qui ont atteint le dernier degré de leur développement. On dirait que la nature aurait eu de la peine à donner à de très-grands animaux des ressorts assez puissants pour les élever au milieu d'un élément aussi léger que l'air, et même pour les faire marcher sur la terre, et qu'elle n'a accordé un volume, pour ainsi dire gigantesque, aux êtres vivants et animés, que lorsqu'ils ont dû fendre l'élément de l'eau, qui, en leur cédant par sa fluidité, les a soutenus par sa pesanteur. L'art de l'homme, qui n'est qu'une application des forces de la nature, a été contraint de suivre la même progression ; il n'a pu faire rouler sur la terre que des masses peu considérables ; il n'en a élevé dans les airs que de moins grandes encore ; et ce n'est que sur la surface des ondes qu'il a pu diriger des machines énormes.

Mais cependant comme le crocodile ne peut vivre que dans les climats très-chauds, et que les grandes baleines, etc., fréquentent de préférence, au contraire, les régions polaires, le crocodile ne le cède en grandeur qu'à un petit nombre des animaux qui habitent les mêmes pays que lui. C'est donc assez souvent sans trouble qu'il exerce son empire sur les quadrupèdes ovipares. Incapable de désirs très-ardents, il ne ressent pas la férocité (1). S'il se nourrit de proie, s'il dévore les autres animaux, s'il attaque même quelquefois l'homme, ce n'est pas, comme on l'a dit du tigre, pour assouvir un appétit cruel, pour obéir à une soif de sang que rien ne peut étancher, mais uniquement pour satisfaire des besoins d'autant plus impérieux, qu'il doit entretenir une masse plus considérable. Roi dans son domaine, comme l'aigle et le lion dans les leurs, il a, pour ainsi dire, leur noblesse, en même temps que leur puissance. Les baleines, les premiers des cétacées auxquels nous venons de le comparer, ne détruisent également que pour se conserver ou se reproduire; et voilà donc les quatre grands dominateurs des eaux, des rivages, des déserts et de l'air, qui réunissent à la supériorité de la force, une certaine douceur dans l'instinct, et laissent à des espèces inférieures, à des tyrans subalternes, la cruauté sans besoin.

La forme générale du crocodile est assez semblable, en grand, à celle des autres lézards. Mais si nous voulons saisir les caractères qui lui sont particuliers, nous trouverons que sa tête est allongée, aplatie et fortement ridée; le museau gros et un peu arrondi; au-dessus est un espace rond,

---

(1) Aristote est le premier naturaliste qui l'ait reconnu.

rempli d'une substance noirâtre, molle et spon-
gieuse, où sont placées les ouvertures des narines;
leur forme est celle d'un croissant, et leurs pointes
sont tournées en arrière. La gueule s'ouvre jusqu'au-delà des oreilles; les mâchoires ont quelquefois plusieurs pieds de longueur; l'inférieure
est terminée de chaque côté par une ligne droite;
mais la supérieure est comme festonnée; elle s'é-
largit vers le gosier, de manière à déborder de
chaque côté la mâchoire de dessous; elle se ré-
trécit ensuite, et la laisse dépasser jusqu'au museau, où elle s'élargit de nouveau, et enferme,
pour ainsi dire, la mâchoire inférieure.

Il arrive de là que les dents placées aux endroits
où une mâchoire déborde l'autre, paraissent à l'extérieur comme des crochets ou des espèces de
dents canines : telles sont les dix dents qui garnissent le devant de la mâchoire supérieure. Au
contraire, les deux dents les plus antérieures de
la mâchoire inférieure, non seulement s'enfoncent
dans la mâchoire de dessus lorsque la gueule est
fermée, mais elles y pénètrent si avant, qu'elles
la traversent en entier, et s'élèvent au-dessus du
museau, où leurs pointes ont l'apparence de petites cornes; c'est ce que nous avons trouvé dans
tous les individus d'une longueur un peu considérable que nous avons examinés. Cela est même
très-sensible dans un jeune crocodile du Sénégal,
de quatre pieds trois ou quatre pouces de long,
que l'on conserve au Cabinet du Roi. Ce caractère

remarquable n'a cependant été indiqué par personne, excepté par les mathématiciens jésuites, que Louis XIV envoya dans l'Orient, et qui découvrirent un crocodile dans le royaume de Siam (1).

Les dents sont quelquefois au nombre de trente-six dans la mâchoire supérieure, et de trente dans la mâchoire inférieure, mais ce nombre doit souvent varier. Elles sont fortes, un peu creuses, striées, coniques, pointues, inégales en longueur (2), attachées par de grosses racines, placées de chaque côté sur un seul rang, et un peu courbées en arrière, principalement celles qui sont vers le bout du museau. Leur disposition est telle que, quand la gueule est fermée, elles passent les unes entre les autres : les pointes de plusieurs dents inférieures occupent alors des trous creusés dans les gencives de dessus, et réciproquement. MM. les académiciens, qui disséquèrent un très-jeune crocodile amené en France en 1681, arrachèrent quelques dents, et en trouvèrent de très-petites placées dans le fond des alvéoles; ce qui prouve que les premières dents du crocodile tombent et sont remplacées par de nouvelles, comme les dents

---

(1) Mémoires pour servir à l'Histoire naturelle des animaux, tome III*.

(2) Ce sont les plus longues que Pline appelle Canines. Histoire naturelle, livre XI, chapitre 61.

* Ce crocodile de Siam, *C. siamensis*, Schneid., est de l'espèce que M. Cuvier appelle *C. galeatus*, différente de celle du crocodile proprement dit, *C. vulgaris*. Desm. 1827.

incisives de l'homme et de plusieurs quadrupèdes vivipares (1).

La mâchoire inférieure est la seule mobile dans le crocodile, ainsi que dans les autres quadrupèdes. Il suffit de jeter les yeux sur le squelette de ce grand lézard, pour en être convaincu, malgré tout ce qu'on a écrit à ce sujet (2).

Dans la plupart des vivipares, la mâchoire inférieure, indépendamment du mouvement de haut en bas, a un mouvement de droite à gauche et de gauche à droite, nécessaire pour la trituration de la nourriture. Ce mouvement a été refusé au crocodile, qui d'ailleurs ne peut mâcher que difficilement sa proie, parce que les dents d'une mâchoire ne sont pas placées de manière à rencontrer celles de l'autre : mais elles retiennent ou déchirent avec force les animaux qu'il saisit, et qu'il avale le plus souvent sans les broyer (3) : il a par là avec les poissons un trait de ressemblance auquel ajoutent la conformation et la position des

---

(1) Mémoires pour servir à l'Histoire naturelle des animaux, tome III, article du *Crocodile**.

(2) Labat, vol. II, page 344.

Rai, Synopsis animalium, page 262.

(3) « Le crocodile avale ses aliments sans les mâcher, et sans les mêler « avec de la salive : il les digère cependant avec facilité, parce qu'il a en « proportion une plus grande quantité de bile et de sucs digestifs qu'aucun « autre animal. » Voyez le Voyage en Palestine, par Hasselquist, page 346.

* C'est encore du *C. galeatus* de M. Cuvier qu'il s'agit ici. DESM. 1827.

dents de plusieurs chiens de mer, assez semblables à celles des dents du crocodile.

Les anciens (1), et même quelques modernes (2), ont pensé que le crocodile n'avait pas de langue; il en a une cependant fort large, et beaucoup plus considérable en proportion que celle du bœuf, mais qu'il ne peut pas allonger ni darder à l'extérieur, parce qu'elle est attachée aux deux bords de la mâchoire inférieure, par une membrane qui la couvre. Cette membrane est percée de plusieurs trous, auxquels aboutissent des conduits qui partent des glandes de la langue (3).

Le crocodile n'a point de lèvres; aussi, lorsqu'il marche ou qu'il nage avec le plus de tranquillité, montre-t-il ses dents, comme par furie; et ce qui ajoute à l'air terrible que cette conformation lui donne, c'est que ses yeux étincelants, très-rapprochés l'un de l'autre, placés obliquement, et présentant une sorte de regard sinistre, sont garnis de deux paupières dures, toutes les deux mobiles (4), fortement ridées, surmontées par un rebord dentelé, et, pour ainsi dire, par un sourcil menaçant. Cet aspect affreux n'a pas peu contribué sans doute à la réputation de cruauté insa-

---

(1) Voyez Pline, livre XI, chap. 65.

(2) Histoire naturelle de la Jamaïque, page 461.

(3) Mémoires pour servir à l'Histoire naturelle des animaux, article du *Crocodile*.

(4) Pline a écrit que 'la paupière inférieure du crocodile était seule mobile; mais l'observation est contraire à cette opinion.

tiable que quelques voyageurs lui ont donnée : ses yeux sont aussi, comme ceux des oiseaux, défendus par une membrane clignotante qui ajoute à leur force (1).

Les oreilles situées très-près, et au-dessus des yeux, sont recouvertes par une peau fendue et un peu relevée, de manière à représenter deux paupières fermées, et c'est ce qui a fait croire à quelques naturalistes que le crocodile n'avait point d'oreilles, parce que plusieurs autres lézards en ont l'ouverture plus sensible. La partie supérieure de la peau qui ferme les oreilles est mobile; et lorsqu'elle est levée, elle laisse apercevoir la membrane du tambour. Certains voyageurs auront apparemment pensé que cette peau, relevée en forme de paupières, recouvrait des yeux; et voilà pourquoi l'on a écrit que l'on avait tué des crocodiles à quatre yeux (2). Quelque peu proéminentes que soient ces oreilles, Hérodote dit que les habitants de Memphis attachaient des espèces de pendants à des crocodiles privés qu'ils nourrissaient.

Le cerveau des crocodiles est très-petit (3).

La queue est très-longue; elle est, à son ori-

---

(1) Browne, Histoire naturelle de la Jamaïque, page 461 *.

(2) Histoire des Moluques, livre II, page 116.

(3 Mémoires pour servir à l'Histoire naturelle des animaux, article du *Crocodile*.

* Peut-être le crocodile de Browne est-il de l'espèce du *C. acutus* de M. Cuvier.

DESM. 1827.

gine, aussi grosse que le corps, dont elle paraît une prolongation ; sa forme aplatie, et assez semblable à celle d'un aviron, donne au crocodile une grande facilité pour se gouverner dans l'eau, et frapper cet élément de manière à y nager avec vitesse. Indépendamment de ce secours, les trois doigts des pieds de derrière sont réunis par des membranes, dont il peut se servir comme d'espèces de nageoires : ces doigts sont au nombre de quatre ; ceux des pieds de devant, au nombre de cinq ; dans chaque pied, il n'y a que les doigts intérieurs qui soient garnis d'ongles, et la longueur de ces ongles est ordinairement d'un ou deux pouces.

La nature a pourvu à la sûreté des crocodiles, en les revêtant d'une armure presque impénétrable ; tout leur corps est couvert d'écailles, excepté le sommet de la tête, où la peau est collée immédiatement sur l'os. Celles qui couvrent les flancs, les pates et la plus grande partie du cou, sont presque rondes, de grandeurs différentes, et distribuées irrégulièrement. Celles qui défendent le dos et le dessus de la queue sont carrées, et forment des bandes transversales. Il ne faut donc pas, pour blesser le crocodile, le frapper de derrière en avant, comme si les écailles se recouvraient les unes les autres, mais dans les jointures des bandes qui ne présentent que la peau. Plusieurs naturalistes ont écrit que le nombre de ces bandes variait (1) suivant les individus. Nous les avons comptées avec soin sur sept crocodiles de différentes grandeurs, tant de l'Afrique que de l'Amérique : l'un avait treize pieds neuf pouces six lignes de long, depuis le bout du museau jusqu'à l'extrémité de la queue ; le second, neuf pieds ; le troisième et le quatrième, huit pieds ; le cinquième, quatre ; le sixième, deux ; le septième était mort en sortant de l'œuf. Ils avaient tous le même nombre de bandes, excepté celui de deux pieds, qui paraissait, à la rigueur, en présenter une de plus que les autres.

Ces écailles carrées ont une très-grande dureté, et une flexibilité qui les empêche d'être cassantes (2) ; le milieu de ces lames présente une sorte de crête dure qui ajoute à leur solidité (3),

---

(1) Ces bandes varient en effet en nombre, selon les espèces. C'est même en partie sur la différence de ce nombre que M. Cuvier a fondé la distinction de celles qu'il admet. DESM. 1827.

(2) « Les écailles du crocodile sont à l'épreuve de la balle, à moins que « le coup ne soit tiré de très-près, ou le fusil très-chargé. Les Nègres s'en « font des bonnets, ou plutôt des casques, qui résistent à la hache. » Labat, vol. II, page 347 ; Voyage d'Atkins ; Histoire générale des Voyages, livre VII.

La dureté de ces écailles doit être cependant relative à l'âge, aux individus, et peut-être au sexe. M. de la Borde assure que la croûte dont les crocodiles sont revêtus, ne peut être percée par la balle qu'au-dessous des épaules. Suivant M. de la Coudrenière, on peut aussi la percer à coup de fusil sous le ventre et vers les yeux. Observations sur le crocodile de la Louisiane, par M. de la Coudrenière. Journal de Physique, 1782.

(3) Les crêtes voisines des flancs ne sont pas plus élevées que les autres, et ne peuvent point opposer une plus grande résistance à la balle, ainsi

13.

et, le plus souvent, elles sont à l'épreuve de la balle. L'on voit sur le milieu du cou deux rangées transversales de ces écailles à tubercules, l'une de quatre pièces, et l'autre de deux ; et de chaque côté de la queue s'étendent deux rangs d'autres tubercules, en forme de crêtes, qui la font paraître hérissée de pointes, et qui se réunissent à une certaine distance de son extrémité, de manière à n'y former qu'un seul rang. Les lames qui garnissent le ventre, le dessous de la tête, du cou, de la queue, des pieds et la face intérieure des pates, dont le bord extérieur est le plus souvent dentelé, forment également des bandes transversales ; elles sont carrées et flexibles, comme celles du dos, mais bien moins dures et sans crêtes. C'est par ces parties plus faibles que les cétacées et les poissons voraces attaquent le crocodile ; c'est par là que le dauphin lui donne la mort, ainsi que le rapporte Pline, et lorsque le chien de mer, connu sous le nom de *Poisson-scie*, lui livre un combat qu'ils soutiennent tous deux avec furie, le poisson-scie ne pouvant percer les écailles tubercules qui revêtent le dessus de son ennemi, plonge et le frappe au ventre (1).

La couleur des crocodiles tire sur un jaune verdâtre, plus ou moins nuancé d'un vert faible, par taches et par bandes, ce qui représente assez

---

qu'on l'a décrit. Je m'en suis assuré par l'inspection de plusieurs crocodiles de divers pays.

(1) Histoire générale des Voyages, tome XXXIX, page 35, édition in-12.

bien la couleur du bronze un peu rouillé. Le dessous du corps, de la queue et des pieds, ainsi que la face intérieure des pates, sont d'un blanc jaunâtre : on a prétendu que le nom de ces grands animaux venait de la ressemblance de leur couleur, avec celle du safran, en latin *crocus,* et en grec κροκος. On a écrit aussi qu'il venait de *crocos* et de *deïlos,* qui signifie *timide,* parce qu'on a cru qu'ils avaient horreur du safran (1). Aristote paraît penser que les crocodiles sont noirs : il y en a en effet de très-bruns sur la rivière du Sénégal, ainsi que nous l'avons dit, mais ce grand philosophe ne devait pas les connaître.

Les crocodiles ont quelquefois cinquante-neuf vertèbres ; sept dans le cou, douze dans le dos, cinq dans les lombes, deux à la place de l'os sacrum, et trente-trois dans la queue ; mais le nombre de ces vertèbres est variable. Leur œsophage est très-vaste, et susceptible d'une grande dilatation ; ils n'ont point de vessie comme les tortues ; leurs uretères se déchargent dans le rectum ; l'anus est situé au-dessous et à l'extrémité postérieure du corps ; les parties sexuelles des mâles sont renfermées dans l'intérieur du corps, jusqu'au moment de l'accouplement, ainsi que dans les autres lézards et dans les tortues ; et ce n'est que par l'anus qu'ils peuvent les faire sortir. Ils ont deux glandes ou petites poches au-dessous

______

(1) Gesner, de Quadrup. ovip., page 18.

des mâchoires, et deux autres auprès de l'anus : ces quatre glandes contiennent une matière volatile, qui leur donne une odeur de musc assez forte (1).

La taille des crocodiles varie suivant la température des diverses contrées dans lesquelles on les trouve. La longueur des plus grands ne passe guère vingt-cinq ou vingt-six pieds dans les climats qui leur conviennent le mieux; il paraît même que, dans certaines contrées qui leur sont moins favorables, comme les côtes de la Guyane, leur longueur ordinaire ne s'étend pas au-delà de treize ou quatorze pieds (2). Un individu de cette lon-

(1) Voyez le Voyage aux îles Madère , Barbade, de la Jamaïque, etc., par Sloane, tome II , page 332. On y trouve une description des parties intérieures du crocodile, que nous traduisons en partie ici, attendu qu'elle a été faite sur un assez grand individu, sur un alligator de seize pieds de long. « La trachée-artère était fléchie : elle présentait une division avant « d'entrer dans les poumons, qui n'étaient que des vésicules, entremêlées « de vaisseaux sanguins, et qui étaient composés de deux grands lobes , « un de chaque côté de l'épine du dos. Le cœur était petit; le péricarde « renfermait une grande quantité d'eau. Le diaphragme paraissait membraneux, ou plutôt tendineux et nerveux. Le foie était long et triangulaire : il y avait une grande vésicule du fiel, pleine d'une bile jaune et « claire. Je n'observai point de rate (c'est toujours Sloane qui parle): « les reins placés auprès de l'anus, étaient larges et attachés à l'épine.... « *Ce crocodile n'avait point de langue* (ceci ne doit s'entendre que d'une « langue libre et dégagée de toute membrane): l'estomac, qui était fort « large, et garni intérieurement d'une membrane dure, contenait plusieurs « pierres rondes et polies, du gravier tel qu'on le trouve sur le bord de la « mer, et quelques arêtes.... Les yeux étaient sphériques et garnis tous « les deux d'une forte membrane clignotante : la pupille était allongée « comme celle des chats. » On peut comparer ces détails avec ceux que donne Hasselquist, dans son voyage en Palestine , page 344 et suiv.

(2) Browne prétend que les crocodiles parviennent souvent à la

gueur, dont la peau est conservée au Cabinet du

longueur de quatorze à vingt-quatre pieds. Histoire naturelle de la Jamaïque, page 461.

Les crocodiles, ou alligators, sont très-communs sur les côtes et dans les rivières profondes de la Jamaïque, où on en prit un de dix-neuf pieds de long, dont on offrit la peau comme une rareté à Sloane. Voyage aux îles Madère, Barbade, de la Jamaïque, etc., par Sloane, volume II, page 332.

« La rivière du Sénégal abonde, auprès de Ghiam, en crocodiles, « beaucoup plus gros et plus dangereux que ceux qui se trouvent à « l'embouchure. Les laptôts du général en prirent un de vingt-cinq pieds « de long, à la joie extrême des habitants, qui se figurèrent que c'était « le père de tous les autres, et que sa mort jetterait l'effroi parmi tons « les monstres de sa race. » Second voyage du sieur Brue sur le Sénégal. Histoire générale des Voyages.

Quelques voyageurs ont attribué une grandeur plus considérable au crocodile. Barbot dit qu'il s'en est trouvé dans le Sénégal et dans la Gambie, qui n'avaient pas moins de trente pieds de long : suivant Smith, ceux de Sierra-Léona ont la même longueur. Jobson parle aussi d'un crocodile de trente-trois pieds de long ; mais comme il n'avait mesuré que la trace que cet animal avait laissée sur le sable, son témoignage ne doit pas être compté. Smith, voyage en Guinée. Voyage du Cap. Jobson. Histoire générale des Voyages, livre VII.

On trouve, suivant Catesby, à la Jamaïque, et dans plusieurs endroits du continent de l'Amérique septentrionale, des crocodiles de plus de vingt pieds de long. On peut voir dans Gesner, livre II, article du *Crocodile*, tout ce que les anciens ont écrit touchant la grandeur de cet animal, auquel quelques-uns d'eux ont attribué une longueur de vingt-six coudées.

Hasselquist dit, dans son voyage en Palestine, page 347, que les œufs de crocodile qu'il décrit, avaient appartenu à une femelle de trente pieds.

« Sur le bord d'une rivière, qui se jette dans la baie de Saint-Augustin, « île de Madagascar, les gens du capitaine Keeling tuèrent à coup de « fusil un alligator, espèce de crocodile, qu'ils virent marcher fort len- « tement sur la rive. Quoique mort d'un grand nombre de coups, les « mouvements convulsifs qui lui restaient encore étaient capables d'inspirer « de la frayeur. Il avait seize pieds de long ; et sa gueule était si large,

Roi, a plus de quatre pieds de circonférence dans l'endroit le plus gros du corps, ce qui suppose une circonférence de huit à neuf pieds dans les plus grands crocodiles. Au reste, on pourra juger des proportions de ce grand quadrupède ovipare, par la note suivante (1) qui présente les principales dimensions de l'individu dont nous venons de parler.

C'est au commencement du printemps que l'amour fait éprouver ses feux au crocodile. Cet

---

« qu'il ne parut pas surprenant qu'elle pût engloutir un homme. Keeling « fit transporter ce monstre jusqu'à son vaisseau, pour en donner le « spectacle à tous ses gens. On l'ouvrit : l'odeur qui s'en exhala parut « fort agréable; mais quoique la chair ne le fût pas moins à la vue, les « plus hardis matelots n'osèrent en goûter. » Voyage du capitaine William Keeling à Bantam et à Banda, en 1607 *.

	pi.	po.	lig.
(1) Longueur totale	13	9	6
Longueur de la tête	2	3	0
Longueur depuis l'entre-deux des yeux, jusqu'au bout du museau	1	6	6
Longueur de la mâchoire supérieure	1	10	0
Longueur de la partie de la mâchoire qui est armée de dents	1	7	0
Distance des deux yeux	0	2	0
Grand diamètre de l'œil	0	1	3
Circonférence du corps à l'endroit le plus gros	4	4	6
Largeur de la tête derrière les yeux	1	1	6
Largeur du museau à l'endroit le plus étroit	0	8	0
Longueur des pates de devant jusqu'au bout des doigts	1	9	0
Longueur des pates de derrière jusqu'au bout des doigts	2	2	3
Longueur de la queue	6	0	3
Circonférence de la queue à son origine	2	10	0

* On remarquera que tous les alinéa de cette note sont relatifs à autant d'espèces distinctes, vues par divers voyageurs dans des lieux très-éloignés les uns des autres ; aussi ne sera-t-on pas surpris des différences de dimensions qu'on y trouve rapportées.

Desm. 1827.

énorme quadrupède ovipare s'unit à sa femelle en la renversant sur le dos, ainsi que les autres lézards ; et leurs embrassements paraissent très-étroits. On ignore la durée de leur union intime ; mais, d'après ce que l'on a observé touchant les lézards de nos contrées, leur accouplement, quoique bien plus court que celui des tortues, doit être plus prolongé, ou du moins plus souvent renouvelé que celui de plusieurs vivipares ; et lorsqu'il a cessé, l'attention du mâle pour sa compagne ne passe pas tout-à-fait avec ses désirs, et il l'aide à se remettre sur ses pates.

On a cru, pendant long-temps, que les crocodiles ne faisaient qu'une ponte ; mais M. de la Borde nous apprend que, dans l'Amérique méridionale, la femelle fait deux et quelquefois trois pontes éloignées l'une de l'autre de peu de jours ; chaque ponte est de vingt à vingt-quatre œufs (1), et par conséquent il est possible que le crocodile en ponde en tout soixante-douze, ce qui se rapproche de l'assertion de M. Linnée, qui a écrit que les œufs du crocodile étaient quelquefois au nombre de cent.

La femelle dépose ses œufs sur le sable, le long des rivages qu'elle fréquente ; dans certaines contrées, comme aux environs de Cayenne et de Surinam (2), elle prépare assez près des eaux qu'elle

---

(1) Note communiquée par M. de la Borde, médecin du Roi à Cayenne, et correspondant du Cabinet de Sa Majesté.

(2) Note communiquée par M. de la Borde.

habite, un petit terrain élevé, et creux dans le milieu; elle y ramasse des feuilles et des débris de plantes, au milieu desquels elle fait sa ponte; elle recouvre ses œufs avec ces mêmes feuilles; il s'excite une sorte de fermentation dans ces végétaux, et c'est la chaleur qui en provient, jointe à celle de l'atmosphère, qui fait éclore les œufs. Le temps de la ponte commence, aux environs de Cayenne, en même temps que celui de la ponte des tortues, c'est-à-dire dès le mois d'avril; mais il est plus prolongé. Ce qui est très-singulier, c'est que l'œuf d'où doit sortir un animal aussi grand que l'alligator, n'est guère plus gros que l'œuf d'une poule d'Inde, suivant Catesby (1). Il y a, au Cabinet du Roi, un œuf d'un crocodile de quatorze pieds de longueur, tué dans la haute Égypte, au moment où il venait de pondre. Il est ovale et blanchâtre; sa coque est d'une substance crétacée, semblable à celle des œufs de poule, mais moins dure; la tunique intérieure qui touche à l'enveloppe crétacée, est plus épaisse et plus forte que dans la plupart des œufs d'oiseaux. Le grand diamètre n'est que de deux pouces cinq lignes, et le petit diamètre d'un pouce onze lignes. J'en ai mesuré d'autres, pondus par des crocodiles d'Amérique, qui étaient plus allongés, et dont le grand diamètre était de trois

____

(1) Catesby, Histoire naturelle de la Caroline, vol. II, page 63 *.

* Toutes ces notes sur les mœurs des crocodiles sont sans doute particulières à l'espèce appelée *C. Lucius* par M. Cuvier. DESM. 1827.

pouces sept lignes, et le petit diamètre de deux pouces.

Les petits crocodiles sont repliés sur eux-mêmes dans leurs œufs; ils n'ont que six ou sept pouces de long lorsqu'ils brisent leur coque. On a observé que ce n'est pas toujours avec leur tête, mais quelquefois avec les tubercules de leur dos qu'ils la cassent. Lorsqu'ils en sortent, ils traînent attaché au cordon ombilical, le reste du jaune de l'œuf, entouré d'une membrane, et une espèce d'arrière-faix, composé de l'enveloppe dans laquelle ils ont été enfermés. Nous l'avons observé dans un jeune crocodile, pris en sortant de l'œuf, et conservé au Cabinet du Roi. Quelque temps après qu'ils sont éclos, on remarque encore sur le bas de leur ventre l'insertion du cordon ombilical (1), qui disparaît avec le temps; et les rangs d'écailles qui étaient séparés, et formaient une fente longitudinale par où il passait, se réunissent insensiblement. Ce fait est analogue à ce que nous avons remarqué dans de jeunes tortues, de l'espèce appelée *la Ronde*, dont le plastron était fendu, et dont on voyait au-dehors la portion du ventre où le cordon ombilical avait été attaché.

Les crocodiles ne couvent donc pas leurs œufs; on aurait dû le présumer, d'après leur naturel, et l'on aurait dû, indépendamment du témoi-

---

(1) Séba, vol. I, pages 162 et suiv.

gnage des voyageurs, refuser de croire ce que dit Pline du crocodile mâle, qui, suivant ce grand naturaliste, couve, ainsi que la femelle, les œufs qu'elle a pondus (1). Si nous jetons en effet les yeux sur les animaux ovipares qui sont susceptibles d'affections tendres et de soins empressés; si nous observons les oiseaux, nous verrons que les espèces les moins ardentes en amour, sont celles où le mâle abandonne sa femelle après en avoir joui : ensuite viennent les espèces où le mâle prépare le nid avec elle, où il la soulage dans la recherche des matériaux dont elle se sert pour le construire, où il veille attentif auprès d'elle pendant qu'elle couve, où il paraît charmer sa peine par son chant : et enfin celles qui ressentent le plus vivement les feux de l'amour, sont les espèces où le mâle partage entièrement avec sa compagne le soin de couver les œufs. Le crocodile devrait donc être regardé comme très-tendrement amoureux, si le mâle couvait les œufs ainsi que la femelle. Mais comment attribuer cette vive, intime et constante tendresse, à un animal qui, par la froideur de son sang, ne peut éprouver presque jamais ni passions impétueuses, ni sentiment profond ? La chaleur seule de l'atmosphère, ou celle d'une sorte de fermentation, fait donc éclore les œufs des crocodiles; les petits ne connaissent donc point de parents en naissant (2);

---

(1) Pline , livre X., chap. 82.

(2) Cependant, suivant M. de la Borde, à Surinam, la femelle du

mais la nature leur a donné assez de force, dès les premiers moments de leur vie, pour se passer de soins étrangers. Dès qu'ils sont éclos, ils courent d'eux-mêmes se jeter dans l'eau, où ils trouvent plus de sûreté et de nourriture (1). Tant qu'ils sont encore jeunes, ils sont cependant dévorés non seulement par les poissons voraces, mais encore quelquefois par les vieux crocodiles qui, tourmentés par la faim, font alors par besoin ce que d'autres animaux sanguinaires paraissent faire uniquement par cruauté.

On n'a point recueilli assez d'observations sur les crocodiles, pour savoir précisément quelle est la durée de leur vie; mais on peut conclure qu'elle est très-longue, d'après l'observation suivante, que M. le vicomte de Fontange, commandant pour le Roi dans l'île Saint-Domingue, a eu la bonté de me communiquer. M. de Fontange a pris à Saint-Domingue de jeunes crocodiles qu'il a vus sortir de l'œuf; il les a nourris, et a essayé de les amener vivants en France; le froid qu'ils ont éprouvé dans la traversée, les a fait périr. Ces animaux avaient déja vingt-six mois, et ils n'avaient encore qu'à-peu-près vingt pouces de longueur. On devrait donc compter vingt-six mois d'âge pour chaque vingt pouces que l'on trouverait dans la

---

crocodile se tient toujours à une certaine distance de ses œufs, qu'elle garde, pour ainsi dire, et qu'elle défend avec une sorte de fureur, lorsqu'on veut y toucher.

(1) Catesby, Histoire naturelle de la Caroline, etc., vol. II, page 63.

longueur des grands crocodiles, si leur accroissement se faisait toujours suivant la même proportion; mais, dans presque tous les animaux, le développement est plus considérable dans les premiers temps de leur vie. L'on peut donc croire qu'il faudrait supposer bien plus de vingt-six mois pour chaque vingt pouces de la longueur d'un crocodile. Ne comptons cependant que vingt-six mois, parce qu'on pourrait dire que, lorsque les animaux ne jouissent pas d'une liberté entière, leur accroissement est retardé, et nous trouverons qu'un crocodile de vingt-cinq pieds, n'a pu atteindre à tout son développement qu'au bout de trente-deux ans et demi. Cette lenteur dans le développement du crocodile, est confirmée par l'observation des missionnaires mathématiciens que Lous XIV envoya dans l'Orient, et qui, ayant gardé un très-jeune crocodile en vie pendant deux mois, remarquèrent que ses dimensions n'avaient pas augmenté, pendant ce temps, d'une manière sensible (1). Cette même lenteur a fait naître, sans doute, l'erreur d'Aristote et de Pline, qui pensaient que le crocodile croissait jusqu'à sa mort; et elle prouve combien la vie de cet animal peut être longue. Le crocodile habitant en effet au milieu des eaux, presque autant que les tortues marines, n'étant pas revêtu d'une croûte plus dure qu'une carapace, et croissant pendant

______

(1) Mémoires pour servir à l'Histoire naturelle des animaux, tome III.

bien plus de temps que la tortue franche, qui paraît être entièrement développée après vingt ans, ne doit-il pas vivre plus long-temps que cette grande tortue, qui cependant vit plus d'un siècle?

Le crocodile fréquente de préférence les rives des grands fleuves, dont les eaux surmontent souvent leurs bords, et qui, couvertes d'une vase limoneuse, offrent en plus grande abondance les testacées, les vers, les grenouilles et les lézards dont il se nourrit (1). Il se plaît sur-tout dans l'Amérique méridionale (2), au milieu des lacs marécageux, et des savanes noyées. Catesby, dans son Histoire naturelle de la Caroline (3), nous représente les bords fangeux, baignés par les eaux salées, comme couverts de forêts épaisses d'arbres de banianes, parmi lesquels des crocodiles vont se cacher. Les plus petits s'enfoncent dans des buissons épais, où les plus grands ne peuvent pénétrer, et où ils sont à couvert de leurs dents meurtrières. Ces bois aquatiques sont remplis de poissons destructeurs, et d'autres animaux qui se dévorent les uns les autres. On y rencontre aussi

---

(1) « Les crocodiles de l'Amérique septentrionale fréquentent non « seulement les rivières salées proche de la mer, mais aussi le courant « des eaux douces plus avant dans les terres, et les lacs d'eaux salées et « d'eaux douces. Ils se tiennent cachés sur leurs bords, parmi les roseaux, « pour surprendre le bétail et les autres animaux. » Catesby, Histoire naturelle de la Caroline, vol. II, page 63.

(2) Observations communiquées par M. de la Borde.

(3) Catesby, vol. II, page 63.

de grandes tortues; mais elles sont le plus souvent la proie de ces poissons carnassiers, qui, à leur tour, servent d'aliment aux crocodiles, plus puissants qu'eux tous. Ces forêts noyées présentent les débris de cette sorte de carnage, et l'on y voit flotter des restes de carcasses d'animaux à demi dévorés. C'est dans ces terrains fangeux que, couvert de boue, et ressemblant à un arbre renversé, il attend immobile, et avec la patience que doit lui donner la froideur de son sang, le moment favorable de saisir sa proie. Sa couleur, sa forme allongée, son silence, trompent les poissons, les oiseaux de mer, les tortues, dont il est très-avide. Il s'élance aussi sur les béliers, les cochons (1), et même sur les bœufs : lorsqu'il nage, en suivant le cours de quelque grand fleuve, il arrive souvent qu'il n'élève au-dessus de l'eau que la partie supérieure de sa tête; dans cette attitude, qui lui laisse la liberté des yeux, il cherche à surprendre les grands animaux qui s'approchent de l'une ou de l'autre rive; et lorsqu'il en voit quelqu'un qui vient pour y boire, il plonge, va jusqu'à lui en nageant entre deux eaux, le saisit par les jambes, et l'entraîne au large pour l'y noyer. Si la faim le presse, il dévore aussi les hommes (2), et particulièrement les nègres, sur

____

(1) Catesby, Histoire naturelle de la Caroline, vol. II, p. 63.

(2) Dans l'Égypte supérieure, ils dévorent très-souvent les femmes qui viennent puiser de l'eau dans le Nil, et les enfants qui se jouent sur le bord du fleuve. Hasselquist. Voyage en Palestine, page 347.

lesquels on a écrit qu'il se jette de préférence (1).
Les très-grands crocodiles surtout, ayant besoin
de plus d'aliments, pouvant être aperçus et évi-
tés plus facilement par les petits animaux, doivent
éprouver plus souvent et plus violemment le tour-
ment de la faim, et par conséquent être quelquefois très-dangereux, principalement dans l'eau.
C'est en effet dans cet élément que le crocodile
jouit de toute sa force, et qu'il se remue avec
agilité, malgré sa lourde masse, en faisant souvent entendre une espèce de murmure sourd et
confus. S'il a de la peine à se tourner avec promptitude, à cause de la longueur de son corps, c'est
toujours avec la plus grande vitesse qu'il fend
l'eau devant lui pour se précipiter sur sa proie;
il la renverse d'un coup de sa queue raboteuse,
la saisit avec ses griffes, la déchire, ou la partage
en deux avec ses dents fortes et pointues, et l'en-
gloutit dans une gueule énorme, qui s'ouvre jusqu'au-delà des oreilles pour la recevoir. Lorsqu'il
est à terre, il est plus embarrassé dans ses mouvements, et par conséquent moins à craindre pour
les animaux qu'il poursuit; mais, quoique moins
agile que dans l'eau, il avance très-vîte quand le
chemin est droit et le terrain uni. Aussi, lorsqu'on
veut lui échapper, doit-on se détourner sans cesse.
On lit dans la description de la Nouvelle-Espagne (2),

---

(1) Observations sur le crocodile de la Louisiane, par M. de la Coudrenière, Journal de Physique, 1782.

(2) Histoire générale des Voyages, V^e partie.

qu'un voyageur anglais fut poursuivi avec tant de vitesse par un monstrueux crocodile sorti du lac de Nicaragua, que si les Espagnols qui l'accompagnaient ne lui eussent crié de quitter le chemin battu, et de marcher en tournoyant, il aurait été la proie de ce terrible animal. Dans l'Amérique méridionale, suivant M. de la Borde, les grands crocodiles sortent des fleuves plus rarement que les petits; l'eau des lacs qu'ils fréquentent venant quelquefois à s'évaporer, ils demeurent souvent pendant quelques mois à sec, sans pouvoir regagner aucune rivière, vivant de gibier, ou se passant de nourriture, et étant alors très-dangereux.

Il y a peu d'endroits peuplés de crocodiles un peu gros, où l'on puisse tomber dans l'eau sans risquer de perdre la vie (1). Ils ont souvent, pendant la nuit, grimpé ou sauté dans des canots, dans lesquels on était endormi, et ils en ont dévoré tous les passagers. Il faut veiller avec soin lorsqu'on se trouve le long des rivages habités par ces animaux. M. de la Borde en a vu se dresser

---

(1) « Les crocodiles sont plus dangereux dans la grande rivière de « Macassar que dans aucune autre rivière de l'Orient : ces monstres ne « se bornent point à faire la guerre aux poissons, s'assemblent quelque- « fois en troupes, et se tiennent cachés au fond de l'eau, pour attendre le « passage des petits bâtiments. Ils les arrêtent, et se servant de leur queue « comme d'un croc, ils les renversent et se jettent sur les hommes et les « animaux, qu'ils entraînent dans leurs retraites. » Description de l'île Célèbes, ou Macassar. Histoire générale des Voyages, tome XXXIX, page 248, édit. in-12.

contre les très-petits bâtiments. Au reste, en comparant les relations des voyageurs, il paraît que la voracité et la hardiesse des crocodiles augmentent, diminuent, et même passent entièrement, suivant le climat, la taille, l'âge, l'état de ces animaux, la nature, et surtout l'abondance de leurs aliments. La faim peut quelquefois les forcer à se nourrir d'animaux de leur espèce, ainsi que nous l'avons dit; et lorsqu'un extrême besoin les domine, le plus faible devient la victime du plus fort; mais, d'après tout ce que nous avons exposé, l'on ne doit point penser, avec quelques naturalistes, que la femelle du crocodile conduit à l'eau ses petits lorsqu'ils sont éclos, et que le mâle et la femelle dévorent ceux qui ne peuvent pas se traîner. Nous avons vu que la chaleur du soleil ou de l'atmosphère faisait éclore leurs œufs; que les petits allaient d'eux-mêmes à la mer; et les crocodiles n'étant jamais cruels que pour assouvir une faim plus cruelle, ne doivent point être accusés de l'espèce de choix barbare qu'on leur a imputé.

Malgré la diversité des aliments que recherche le crocodile, la facilité que la lenteur de sa marche donne à plusieurs animaux pour l'éviter, le contraint quelquefois à demeurer beaucoup de temps et même plusieurs mois sans manger (1):

---

(1) Browne dit que l'on a observé plusieurs fois des crocodiles qui ont vécu plusieurs mois sans prendre de nourriture, et qu'on s'en est

il avale alors de petites pierres et de petits morceaux de bois capables d'empêcher ses intestins de se resserrer (1).

Il paraît, par les récits des voyageurs, que les crocodiles, qui vivent près de l'équateur, ne s'engourdissent dans aucun temps de l'année; mais ceux qui habitent vers les tropiques ou à des latitudes plus élevées, se retirent, lorsque le froid arrive, dans des antres profonds auprès des rivages, et y sont pendant l'hiver dans un état de torpeur. Pline a écrit que les crocodiles passaient quatre mois de l'hiver dans des cavernes, et sans nourriture, ce qui suppose que les crocodiles du Nil, qui étaient les mieux connus des anciens, s'engourdissaient pendant la saison du froid (2). En Amérique, à une latitude aussi élevée que celle de l'Égypte, et par conséquent sous une température moins chaude, le nouveau continent étant plus froid que l'ancien, les crocodiles sont engourdis pendant l'hiver. Ils sortent dans la Caroline de cet état de sommeil profond en faisant entendre, dit Catesby, des mugissements horribles qui retentissent au loin (3). Les rivages

---

assuré, en leur liant le museau avec un fil de métal, et en les laissant ainsi liés dans des étangs, où ils venaient de temps en temps à la surface de l'eau pour respirer. Histoire naturelle de la Jamaïque, page 461.

(1) Browne, id., ibid.

(2) Pline, livre VIII, chap. 38. L'engourdissement des crocodiles paraît encore indiqué par ce que dit Pline, livre XI, chapitre 91.

(3) Catesby, Histoire naturelle de la Caroline, vol. II, page 63.

habités par ces animaux peuvent être entourés d'échos qui réfléchissent les sons sourds formés par ces grands quadrupèdes ovipares, et en augmentent la force de manière à justifier, jusqu'à un certain point, le récit de Catesby. D'ailleurs M. de la Coudrenière dit que, dans la Louisiane, le cri de ces animaux n'est jamais répété plusieurs fois de suite, mais que leur voix est aussi forte que celle d'un taureau (1). Le capitaine Jobson assure aussi que les crocodiles, qui sont en grand nombre dans la rivière de Gambie en Afrique, et que les Nègres appellent *Bumbos*, y poussent des cris que l'on entend de fort loin : ce voyageur ajoute, que l'on dirait que ces cris sortent du fond d'un puits; ce qui suppose, dans la voix du crocodile, beaucoup de tons graves qui la rapprochent d'un mugissement bas et comme étouffé (2). Et enfin le témoignage de M. de la Borde, que nous avons déja cité, vient encore ici à l'appui de l'assertion de Catesby.

Si le crocodile s'engourdit à de hautes latitudes comme les autres quadrupèdes ovipares, sa couverture écailleuse n'est point de nature à être altérée par le froid et la disette, ainsi que la peau du plus grand nombre de ces animaux; et il ne se dépouille pas comme ces derniers.

---

(1) Observations sur le crocodile de la Louisiane. Journal de Physique, 1782.

(2) Voyage du capitaine Jobson à la rivière de Gambie. Histoire générale des Voyages, livre VII.

Dans tous les pays où l'homme n'est pas en assez grand nombre pour le contraindre à vivre dispersé, il va par troupes nombreuses; M. Adanson a vu, sur la grande rivière du Sénégal, des crocodiles réunis au nombre de plus de deux cents, nageant ensemble la tête hors de l'eau, et ressemblant à un grand nombre de troncs d'arbres, à une forêt que les flots entraîneraient. Mais cet attroupement des crocodiles n'est point le résultat d'un instinct heureux : ils ne se rassemblent pas; comme les castors, pour s'occuper en commun de travaux combinés; leurs talents ne sont pas augmentés par l'imitation, ni leurs forces par le concert; ils ne se recherchent pas comme les phoques et les lamantins par une sorte d'affection mutuelle, mais ils se réunissent parce que des appétits semblables les attirent dans les mêmes endroits : cette habitude d'être ensemble est cependant une nouvelle preuve du peu de cruauté que l'on doit attribuer aux crocodiles; et ce qui confirme qu'ils ne sont pas féroces, c'est la flexibilité de leur naturel. On est parvenu à les aprivoiser. Dans l'île de Bouton, aux Moluques, on engraisse quelques-uns de ces animaux devenus par-là en quelque sorte domestiques; dans d'autres pays, on les nourrit par ostentation. Sur la côte des esclaves en Afrique, le roi de Saba a, par magnificence, deux étangs remplis de crocodiles. Dans la rivière de Rio-San-Domingo, également près des côtes occidentales de l'Afrique, où les habitants prennent soin de les nourrir, des enfants osent, dit-on, jouer avec ces monstrueux animaux (1). Les anciens connaissaient cette facilité avec laquelle le crocodile se laisse apprivoiser : Aristote a dit que, pour y parvenir, il suffisait de lui donner une nourriture abondante, dont le défaut seul peut le rendre très-dangereux (2).

Mais si le crocodile n'a pas la cruauté des chiens de mer et de plusieurs autres animaux de proie, avec lesquels il a plusieurs rapports, et qui vivent comme lui au milieu des eaux, il n'a pas assez de chaleur intérieure pour avoir la fierté de leur courage : aussi Pline a-t-il écrit qu'il fuit devant ceux qui le poursuivent, qu'il se laisse même gou-

---

(1) « On a remarqué, avec étonnement, dans la rivière de Rio-San-« Domingo, que les caymans, ou les crocodiles, qui sont ordinairement « des animaux si terribles, ne nuisent ici à personne. Les enfants en font « leur jouet, jusqu'à leur monter sur le dos, et les battre même sans en « recevoir aucune marque de ressentiment. Cette douceur leur vient « peut-être du soin que les habitants prennent de les nourrir et de les « bien traiter. Dans toutes les autres parties de l'Afrique, ils se jettent « indifféremment sur les hommes et sur les animaux. Cependant il se « trouve des Nègres assez hardis pour les attaquer à coups de poignard. « Un laptôt du fort Saint-Louis s'en faisait tous les jours un amusement, « qui lui avait long-temps réussi ; mais il reçut enfin tant de blessures « dans ce combat, que, sans le secours de ses compagnons, il aurait perdu « la vie entre les dents du monstre. » Voyage du sieur Brue aux îles de Bissao, etc., Histoire générale des Voyages.

(2) M. de la Borde a vu, à Cayenne, des caymans conservés avec des tortues dans un bassin plein d'eau. Ils vivent long-temps sans faire même aucun mal aux tortues. On les nourrit avec les restes des cuisines. Note communiquée par M. de la Borde.

verner par les hommes assez hardis pour se jeter
sur son dos, et qu'il n'est redoutable que pour
ceux qui fuient devant lui (1). Cela pourrait être
vrai des crocodiles que Pline ne connaissait point,
qui se trouvent dans certains endroits de l'Amérique, et qui, comme tous les autres grands animaux
de ces contrées nouvelles, où l'humidité l'emporte
sur la chaleur, ont moins de courage et de force
que les animaux qui les représentent dans les
pays secs de l'ancien continent (2); et cette chaleur est si nécessaire aux crocodiles que non seulement ils vivent avec peine dans les climats très-
tempérés (3), mais encore que leur grandeur

---

(1) Pline, Histoire naturelle, livre VIII, chap. 38.

On peut aussi voir, dans Prosper Alpin, ce qu'il raconte de la manière
dont les paysans d'Égypte saisissaient un crocodile, lui liaient la gueule
et les pates, le portaient à des acheteurs, le faisaient marcher quelque
temps devant eux après l'avoir délié, rattachaient ensuite ses pates et sa
gueule, l'égorgeaient pour le dépouiller, etc. Prosper Alpin, Histoire
naturelle de l'Égypte, à Leyde, 1755, in-4°, tome I, chapitre 5.

(2) « Dans l'Amérique méridionale, aux environs de Cayenne, les
« Nègres prennent quelquefois de petits caymans, de cinq à six pieds de
« long. Ils leur attachent les pates, et ces animaux se laissent alors manier
« et porter, même sans menacer de mordre. Les plus prudents leur atta-
« chent les deux mâchoires, ou leur mettent une grosse lame dans la
« gueule. Mais dans certaines rivières de Saint-Domingue, où le crocodile
« ou cayman est assez doux, les Nègres le poursuivent; l'animal cache sa
« tête et une partie de son corps dans un trou. On passe un nœud cou-
« lant, fait avec une grosse corde, à une de ses pates de derrière; plu-
« sieurs Nègres le tirent ensuite, et le traînent partout jusque dans les
« maisons, sans qu'il témoigne la moindre envie de se défendre. » Note
communiquée par M. de la Borde.

(3) Mémoires pour servir à l'Histoire naturelle des animaux, article du
Crocodile.

diminue à mesure qu'ils habitent des latitudes élevées. On les rencontre cependant dans les deux
mondes à plusieurs degrés au-dessus des tropiques (1) : l'on a même trouvé des pétrifications
de crocodiles à plus de cinquante pieds sous terre
dans les mines de Thuringe, ainsi qu'en Angleterre (2); mais ce n'est pas ici le lieu d'examiner

---

(1) « Les rivières de la Corée sont souvent infestées de crocodiles, ou
« alligators, qui ont quelquefois dix-huit ou vingt aunes de long. » Relation
de Hamel, Hollandais, et description de la Corée. Histoire générale des
Voyages, tome XXIV, page 244, in-12, 1749.

Les rivages de la terre des Papous, sont aussi peuplés de crocodiles.
Voyage de Fernand Mendez Pinto, Histoire générale des Voyages, seconde
partie, livre II.

Dampier a rencontré des alligators sur les côtes de l'île de Timor.
Voyage de Guillaume Dampier aux Terres Australes.

« Il y a beaucoup de crocodiles dans le continent de l'Amérique, dix
« degrés plus avant vers le Nord que le tropique du Cancer, particuliè-
« rement aussi loin que la rivière Neus dans la Caroline septentrionale,
« environ au trente-troisième degré de latitude : je n'ai jamais ouï parler
« d'aucun de ces animaux au-delà. Cette latitude répond à-peu-près aux
« parties de l'Afrique les plus septentrionales, où on en trouve aussi. »
Catesby, Histoire naturelle de la Caroline, vol. II, page 63.

« Les crocodiles sont fort communs dans tout le cours de l'Amazone,
« et même dans la plupart des rivières que l'Amazone reçoit. On assura
« M. de la Condamine qu'il g'y en trouve de vingt pieds de long, et même
« de plus grands. Il en avait déja vu un grand nombre de douze, quinze
« pieds et plus, sur la rivière de Guyaquil. Comme ceux de l'Amazone
« sont moins chassés et moins poursuivis, ils craignent peu les hommes.
« Dans les temps des inondations, ils entrent quelquefois dans les cabanes
« des Indiens. » Histoire générale des Voyages, tome LIII, page 439,
édition in-12.

(2) On a découvert, dans la province de Nortingam, le squelette
entier d'un crocodile. Bibliothèque anglaise, tome VI, page 406.

le rapport de ces ossements fossiles avec les ré-
volutions qu'ont éprouvées les diverses parties du
globe.

Quelque redoutable que paraisse le crocodile,
les Nègres des environs du Sénégal osent l'attaquer pendant qu'il est endormi, et tâchent de le
surprendre dans des endroits où il n'a pas assez
d'eau pour nager; ils vont à lui audacieusement,
le bras gauche enveloppé dans un cuir; ils l'attaquent à coups de lance ou de zagaie; ils le per-
cent de plusieurs coups au gosier et dans les yeux;
ils lui ouvrent la guéule, la tiennent sous l'eau,
et l'empêchent de se fermer en plaçant leur zagaie
entre les mâchoires, jusqu'à ce que le crocodile
soit suffoqué par l'eau qu'il avale en trop grande
quantité (1).

---

(1) Labat, vol. II , page 337.

« Un de mes Nègres tua un crocodile de sept pieds de long : il l'avait
« aperçu endormi dans les broussailles, au pied d'un arbre, sur le bord
« d'une rivière. Il s'en approcha assez doucement pour ne le pas éveiller,
« et lui porta fort adroitement un coup de couteau dans le côté du cou,
« au défaut des os de la tête et des écailles, et le perça, à peu de chose
« près, de part en part. L'animal, blessé à mort, se repliant sur lui-
« même, quoique avec peine, frappa les jambes du Nègre d'un coup de sa
« queue, qui fut si violent, qu'il le renversa par terre. Celui-ci, sans
« lâcher prise, se releva dans l'instant, et, afin de n'avoir rien à craindre
« de la gueule meurtrière du crocodile, il l'enveloppa d'une pagne, pen-
« dant que son camarade lui retenait la queue : je lui montai aussi sur le
« corps pour l'assujettir. Alors le Nègre retira son couteau, et lui coupa
« la tête, qu'il sépara du tronc. » Voyage de M. Adanson au Sénégal,
page 148.

En Égypte, on creuse sur les traces de cet animal démesuré un fossé profond, que l'on couvre de branchages et de terre; on effraie ensuite à grands cris le crocodile qui, reprenant pour aller à la mer le chemin qu'il avait suivi pour s'écarter de ses bords, passe sur la fosse, y tombe, et y est assommé ou pris dans des filets. D'autres attachent une forte corde par une extrémité à un gros arbre; ils lient à l'autre bout un crochet et un agneau, dont les cris attirent le crocodile, qui, en voulant enlever cet appât, se prend au crochet par la gueule. A mesure qu'il s'agite, le crochet pénètre plus avant dans la chair : on suit tous ses mouvements en lâchant la corde, et on attend qu'il soit mort, pour le tirer du fond de l'eau.

Les sauvages de la Floride ont une autre manière de le prendre; ils se réunissent au nombre de dix ou douze; ils s'avancent au-devant du crocodile, qui cherche une proie sur le rivage; ils portent un arbre qu'ils ont coupé par le pied; le crocodile va à eux la gueule béante; mais en enfonçant leur arbre dans cette large gueule, ils l'ont bientôt renversé et mis à mort.

On dit aussi qu'il y a des gens assez hardis pour aller en nageant jusque sous le crocodile, lui percer la peau du ventre, qui est presque le seul endroit où le fer puisse pénétrer.

Mais l'homme n'est pas le seul ennemi que le crocodile ait à craindre : les tigres en font leur proie : l'hippopotame le poursuit, et il est pour lui d'autant plus dangereux, qu'il peut le suivre avec acharnement jusqu'au fond de la mer. Les couguars, quoique plus faibles que les tigres, détruisent aussi un grand nombre de crocodiles; ils attaquent les jeunes caymans; ils les attendent en embuscade sur le bord des grands fleuves, les saisissent au moment qu'ils montrent la tête hors de l'eau, et les dévorent. Mais lorsqu'ils en rencontrent de gros et de forts, ils sont attaqués à leur tour; en vain ils enfoncent leurs griffes dans les yeux du crocodile, cet énorme lézard, plus vigoureux qu'eux, les entraîne au fond de l'eau (1).

Sans ce grand nombre d'ennemis, un animal aussi fécond que le crocodile serait trop multiplié; tous les rivages des grands fleuves des zones torrides seraient infestés par ces animaux monstrueux, qui deviendraient bientôt féroces et cruels par l'impossibilité où ils seraient de trouver aisément leur nourriture. Puissants par leurs armes, plus puissants par leur multitude, ils auraient bientôt éloigné l'homme de ces terres fécondes et nouvelles que ce roi de la nature a quelquefois bien de la peine à leur disputer : car, comment résister à tout ce qui donne le pouvoir, à la grandeur, aux armes, à la force et au nombre? Prosper Alpin dit qu'en Égypte, les plus grands crocodiles fuient le voisinage de l'homme, et se tiennent sur les rivages du Nil, au-dessus de Mem-

______

(1) Histoire générale des Voyages, tome LIII, page 440, édit. in-12.

phis (1). Mais, dans les pays moins peuplés, il ne doit pas en être de même; ils sont si abondants dans les grandes rivières de l'Amazone et d'Oyapoc, dans la baie de Vincent Pinçon, et dans les lacs qui y communiquent, qu'ils y gênent, par leur multitude, la navigation des pirogues; ils suivent ces légers bâtiments, sans cependant essayer de les renverser, et sans attaquer les hommes : il est quelquefois aisé de les écarter à coups de rames, lorsqu'ils ne sont pas très-grands (2). Mais M. de la Borde raconte que naviguant dans un canot, le long des rivages orientaux de l'Amérique méridionale, il rencontra une douzaine de gros caymans à l'embouchure d'une petite rivière dans laquelle il voulait entrer; il leur tira plusieurs coups de fusil, sans qu'ils changeassent de place; il fut tenté de faire passer son canot par dessus ces animaux; il fut arrêté cependant par la crainte qu'ils ne fissent chavirer son petit bâtiment, et qu'ils ne le dévorassent lorsqu'il serait tombé dans l'eau. Il fut obligé d'attendre près de deux heures, après lesquelles les caymans s'éloignèrent, et lui laissèrent le passage libre (3).

Heureusement un grand nombre de crocodiles sont détruits avant d'éclore. Indépendamment des

---

(1) On y en rencontre, suivant cet auteur, de trente coudées de long. Histoire naturelle de l'Égypte, par Prosper Alpin, tome I, chap. 5.

(2) Note communiquée par M. le chevalier de Widerspach, correspondant du Cabinet de Sa Majesté.

(3) Note communiquée par M. de la Borde.

ennemis puissants dont nous avons déja parlé, des animaux trop faibles pour ne pas fuir à l'aspect de ces grands lézards, cherchent leurs œufs sur les rivages où ils les déposent : la mangouste, les singes, les sagouins, les sapajous et plusieurs espèces d'oiseaux d'eau, s'en nourrissent avec avidité (1), et en cassent même un très-grand-nombre, en quelque sorte, pour le plaisir de se jouer.

Ces mêmes œufs, ainsi que la chair du crocodile, surtout celle de la queue et du bas-ventre, servent de nourriture aux Nègres de l'Afrique, ainsi qu'à certains peuples de l'Inde et de l'Amérique (2). Ils trouvent délicate et succulente cette chair qui est très-blanche ; mais il paraît que presque tous les Européens qui ont voulu en manger, ont été rebutés par l'odeur de musc dont elle est imprégnée. M. Adanson cependant dit qu'il goûta celle d'un jeune crocodile, tué sous ses yeux au Sénégal, et qu'il ne la trouva pas mauvaise. Au reste, la saveur de cette chair doit varier beaucoup suivant l'âge, la nourriture et l'état de l'animal.

On trouve quelquefois des bézoards dans le corps des crocodiles, ainsi que dans celui de plusieurs autres lézards. Séba avait dans sa collection plusieurs de ces bézoards qui lui avaient été envoyés d'Amboine et de Ceylan ; les plus grands

---

(1) Description de l'île Espagnole. Histoire générale des Voyages, troisième partie, livre V.

(2) Catesby, Histoire naturelle de la Caroline, vol. II, page 63.

étaient gros comme un œuf de canard, mais un peu plus longs, et leur surface présentait des éminences de la grosseur des plus petits grains de poivre. Ces concrétions étaient composées comme tous les bézoards, de couches placées au-dessus les unes des autres; leur couleur était marbrée et d'un cendré obscur plus ou moins mêlé de blanc (1).

Les anciens Romains ont été long-temps sans connaître les crocodiles par eux-mêmes : ce n'est que cinquante-huit ans avant l'ère chrétienne, que l'édile Scaurus en montra cinq au peuple (2). Auguste lui en fit voir un grand nombre vivants, contre lesquels il fit combattre des hommes. Héliogabale en nourrissait. Les tyrans du monde faisaient venir à grands frais de l'Afrique, des crocodiles, des tigres, des lions : ils s'empressaient de réunir autour d'eux ce que la terre paraît nourrir de plus féroce.

Les crocodiles étaient donc, pour les Romains et d'autres anciens peuples, des animaux très-redoutables : ils venaient de loin : il n'est pas surprenant qu'on leur ait attribué des vertus extraordinaires. Il n'y a presque aucune partie dans les crocodiles, à laquelle on n'ait attaché la vertu de guérir quelque maladie. Leurs dents (3), leurs écailles, leur chair, leurs intestins, tout en était

---

(1) Séba, vol. II, page 139.
(2) Pline, livre VIII, chap. 40.
(3) Pline, livre XXVIII, chap. 28.

merveilleux (1). On fit plus dans leur pays natal. Ils y inspiraient une grande terreur; ils y répandaient quelquefois le ravage; la crainte dégrada la raison, on en fit des dieux; on leur donna des prêtres; la ville d'Arcinoë leur fut consacrée (2); on renfermait religieusement leurs cadavres dans de hautes pyramides, auprès des tombeaux des rois; et maintenant dans ce même pays, où on les adorait il y a deux mille ans, on a mis leur tête à prix; et telle est la vicissitude des opinions humaines.

---

(1) Voyez, dans le voyage en Palestine d'Hasselquist, page 347, quelles propriétés vraies ou fausses les Égyptiens et les Arabes attribuent encore au fiel, à la graisse et aux yeux du crocodile.

(2) Encyclopédie méthodique. Dictionnaire d'antiquités, par M. l'abbé Mongez l'aîné, garde du Cabinet d'Antiques et d'Histoire naturelle de Sainte-Geneviève, de l'Académie des Inscriptions, etc.

LE CROCODILE NOIR.

Crocodilus biscutatus, Cuv., Merr.; *Crocod. carinatus,* Schneid.

Cette seconde espèce diffère de la première en ce que sa couleur est presque noire, au lieu d'être verdâtre ou bronzée comme celle des crocodiles du Nil; c'est M. Adanson qui a fait connaître ces crocodiles noirs, qu'il a vus sur la grande rivière du Sénégal (1). Leurs mâchoires sont plus allongées que celles des alligators ou crocodiles proprement dits. Ils sont d'ailleurs plus carnassiers que ces derniers, et pourraient par conséquent en différer aussi par des caractères intérieurs, la diversité des mœurs étant très-souvent fondée sur celle de l'organisation interne. L'on ne peut pas dire qu'ils sont de la même espèce que le crocodile du Nil, qui aurait subi dans sa couleur, et dans quelques parties de son corps, l'influence du climat, puisque, suivant le même M. Adanson, la rivière du Sénégal nourrit aussi un grand nombre de crocodiles verts, entièrement semblables à ceux d'Égypte. Non seulement on n'a point encore observé ces crocodiles noirs dans le Nouveau-Monde; mais aucun voyageur n'en a parlé que M. Adanson, et ce savant naturaliste ne les a trouvés que sur le grand fleuve du Sénégal.

---

(1) Voyage au Sénégal, par M. Adanson, page 73.

LE GAVIAL,

OU

LE CROCODILE A MACHOIRES ALLONGÉES.

Crocodilus longirostris, Schneid.; *C. gangeticus*, Cuv.;
C. arctirostris, Daud.; *Lacerta gangetica*, Gmel. (1).

CETTE troisième espèce de crocodile se trouve
dans les grandes Indes : elle y habite les bords
du Gange, où on l'a nommée *Gavial;* elle ressemble aux crocodiles du Nil par la couleur, et
par les caractères généraux et distinctifs des crocodiles. Le gavial a, comme les alligators, cinq
doigts aux pieds de devant et quatre doigts aux
pieds de derrière; il n'a d'ongle qu'aux trois doigts

---

(1) M. Cuvier a formé un troisième sous-genre parmi les crocodiles,
sous le nom de GAVIALS, qu'il caractérise par la forme du museau qui
est grêle et très-allongé; par les échancrures placées sur le bord de la
mâchoire supérieure pour recevoir les grandes dents de l'inférieure, et
par les pieds de derrière qui sont dentelés au bord externe, et palmés
jusqu'au bout des doigts. Il distingue deux espèces de gavials.

1. C. *gangeticus*, ou gavial du Gange, à vertex et orbites transverses;
avec deux seules plaques sur la nuque; c'est celui décrit dans cet article.

2. C. *tenuirostris*, ou petit gavial, à vertex et orbites étroits, avec
quatre plaques sur la nuque. Il a été figuré par M. Faujas, Hist. de la
mont. Saint-Pierre de Maestricht, planche 48. Sa patrie est inconnue.

DESM. 1827.

intérieurs de chaque pied; mais il diffère des crocodiles d'Égypte par des caractères particuliers et très-sensibles. Ses mâchoires sont plus allongées et beaucoup plus étroites, au point de paraître comme une sorte de long bec qui contraste avec la grosseur de la tête; les dents ne sont pas inégales en grosseur et en longueur, comme celles des crocodiles proprement dits; elles sont plus nombreuses, et l'on conserve, au Cabinet du Roi, un individu de cette espèce, qui a environ douze pieds de long, et qui a cinquante-huit dents à la mâchoire supérieure, et cinquante à la mâchoire inférieure.

Le nombre des bandes transversales et tuberculeuses qui garnissent le dessus du corps, est plus considérable de plus d'un quart, dans les crocodiles du Gange que dans l'alligator; d'ailleurs elles se touchent toutes, et les écailles carrées qui les composent sont plus relevées dans leurs bords sans l'être autant dans leur centre que celles du crocodile du Nil. Ces différences avec le crocodile proprement dit sont plus que suffisantes pour constituer une espèce distincte.

Les crocodiles du Gange (1) parviennent à une

---

(1) Dimensions d'un crocodile à tête allongée.

	pi.	po.	lig.
Longueur totale.	11	10	6
Longueur de la tête.	2	1	1
Longueur depuis l'entre-deux des yeux, jusqu'au bout du museau	1	7	9
Longueur de la mâchoire supérieure.	2	0	6
Longueur de la partie de la mâchoire qui est armée de dents.	1	6	0

grandeur très-considérable, ainsi que ceux du Nil. L'on peut voir, au Cabinet du Roi, une portion de mâchoire de ces crocodiles des grandes Indes, d'après laquelle nous avons trouvé que l'animal auquel elle a appartenu devait avoir trente pieds dix pouces de longueur. Au reste, nous ne pouvons donner une idée plus nette de ces énormes animaux qu'en renvoyant à la figure et à la note précédente, où nous rapportons les principales dimensions de l'individu de près de douze pieds, dont nous venons de parler.

C'est apparemment de cette espèce qu'étaient les crocodiles vus par Tavernier sur les bords du Gange, depuis Toutipour jusqu'au bourg d'Acérat, qui en est à vingt-cinq cosses. Ce voyageur aperçut un très-grand nombre de ces animaux couchés sur le sable; il tira sur eux; le coup donna dans la mâchoire d'un grand crocodile, et fit couler du sang; mais l'animal se retira dans le fleuve. Le lendemain, Tavernier, en continuant de descendre le Gange, en vit un aussi grand nombre,

	pi.	po.	lig
Distance des deux yeux	o	3	3
Grand diamètre de l'œil	o	2	o
Circonférence du corps à l'endroit le plus gros	3	6	o
Circonférence de la tête derrière les yeux	2	o	o
Circonférence du museau à l'endroit le plus étroit	o	6	2
Longueur des pates de devant jusqu'au bout des doigts	1	3	7
Longueur des pates de derrière jusqu'au bout des doigts	1	8	o
Longueur de la queue	5	1	o
Circonférence de la queue à son origine	2	8	o

également étendus sur le rivage; il tira sur deux de ces animaux deux coups de fusil chargé à trois balles, au même instant ils se renversèrent sur le dos, ouvrirent la gueule, et expirèrent (1).

Il paraît que le gavial n'était point inconnu des anciens, puisqu'au rapport d'Élien, on disait de son temps que l'on trouvait sur les bords du Gange des crocodiles qui avaient une espèce de corne au bout du museau. Mais M. Edwards est le premier naturaliste moderne qui ait parlé du gavial; il publia, en 1756, la figure et la description d'un individu de cette espèce, dont il a comparé les mâchoires longues et étroites au bec du harle, et qu'il a nommé *Crocodile à bec allongé* (2). Cet individu, qui présentait tous les signes d'un développement peu avancé, avait au-dessous du ventre une poche ou bourse ouverte; nous n'avons trouvé aucune marque d'une poche semblable dans le crocodile du Gange dont nous venons de donner les dimensions, ni dans un jeune crocodile de la même espèce, et long de deux pieds trois pouces, qui fait aussi partie de la collection du Cabinet du Roi. Peut-être cette poche s'efface-t-elle à mesure que l'animal grandit, et n'est-elle qu'un reste de l'ouverture par laquelle s'insère le cordon ombilical; ou peut-être l'individu de

(1) Voyage de Tavernier. Histoire générale des Voyages, partie II, livre II.

(2) Transactions philosophiques, année 1756.

M. Edwards était-il d'un sexe différent de ceux dont nous avons vu la dépouille.

L'on conserve au Cabinet du Roi une portion de mâchoire garnie de dents, à demi pétrifiée, renfermée dans une pierre calcaire trouvée aux environs de Dax en Gascogne, et envoyée au Cabinet par M. de Borda. Elle nous a paru, d'après l'examen que nous en avons fait, avoir appartenu à un gavial (1).

LE FOUETTE-QUEUE [2].

CROCODILE A MUSEAU EFFILÉ OU DE SAINT-DOMINGUE, *Crocodilus acutus*, Cuv.?

LE nom de Fouette-queue a été employé par différents naturalistes, pour désigner diverses espèces de lézards qui peuvent donner à leur queue des mouvements semblables à ceux d'un fouet :

(1) Plusieurs espèces fossiles de crocodiles, différentes des vivantes, ont été reconnues par M. Cuvier. Elles approchent en effet des gavials par la forme de leur museau.   DESM. 1827.

(2) Le Fouette-queue. M. Daubenton, Encyclopédie méthodique.
Lacerta caudi-verbera, 2 Linn., Amphib. rept.
Séba, mus. 1, tab. 106, fig. 1.
Caudi-verbera peruviana. Laurenti specimen medicum, Vien. 1768, page 37.
Feuillée 2, page 319.

ce nom a été particulièrement appliqué au lézard
dont il est ici question, et à la dragonne dont nous
parlerons dans l'article suivant : il en est résulté
une obscurité d'autant plus grande dans les faits
rapportés par les voyageurs, relativement aux lézards, que le nom de cordyle a été aussi donné
par plusieurs auteurs à la dragonne, et qu'ensuite le nom de Fouette-queue a été lié avec celui
de cordyle, de manière à être attribué non seulement à la dragonne, qui a réellement la propriété de faire mouvoir sa queue comme un fouet,
mais encore à d'autres espèces de lézards, privées
de cette faculté, et désignées également par le
nom de cordyle. Nous croyons donc, pour éviter
toute confusion, devoir conserver uniquement au
lézard, dont il s'agit ici, le nom de Fouette-queue.

Il habite les climats chauds de l'Amérique méridionale, et on le trouve particulièrement au Pérou. Il a quelquefois plusieurs pieds de longueur.
Son dos est couvert de plaques carrées et d'écailles
ovales qui garnissent aussi ses côtés. Sa queue, qui
paraît dentelée par les bords, et qu'il a la facilité
d'agiter comme un fouet, l'assimile un peu à la
dragonne; et la forme aplatie de cette même queue,
ainsi que ses pieds palmés, le rapprochent du
crocodile, dont il est cependant bien aisé de le
distinguer, parce que le crocodile n'a que quatre
doigts aux pieds de derrière, tandis que le Fouette-
queue en a cinq à chaque pied. C'est ce qui nous
a déterminé à regarder comme un Fouette-queue

l'animal représenté dans la planche cent sixième du premier volume de Séba (1) : M. Linnée l'a rapporté au crocodile; mais il a cinq doigts aux pieds de derrière, et, d'un autre côté, il ne peut pas être confondu avec la dragonne, puisque ses pieds sont palmés. D'ailleurs Séba donne l'Amérique pour patrie à ce grand lézard, ce qui s'accorde fort bien avec ce que M. Linnée lui-même a dit de celle du fouette-queue (2). Nous croyons devoir observer aussi que le lézard représenté dans Séba, *tome I, planche* 103, *fig.* 2, et que M. Linnée a indiqué comme un fouette-queue, est une dragonne (3), attendu que, quoique le dessinateur lui ait donné des membranes aux pieds de derrière, il est dit dans le texte qu'il n'en a point.

Le fouette-queue nous paraît être, ainsi que nous l'avons déja dit (4), le lézard que Dampier regardait comme une seconde espèce de cayman d'Amérique.

Il y a, dans l'île de Ceylan, un grand lézard, qui, par sa forme, ressemble beaucoup au cro-

---

(1) Cette figure, qu'aucun auteur récent n'a citée, paraît celle d'un cayman à museau effilé, *Crocodilus acutus*, Cuv., à laquelle on aurait donné cinq doigts au lieu de quatre aux pieds de derrière. Desm. 1827.

(2) M. Linnée, à l'endroit déja cité.

(3) Cette même figure a été rapportée, par M. Merrem, à l'espèce du crocodile à museau de brochet. C. *Lucius*, Cuv., quoique le nombre des doigts des pieds de derrière soit de cinq; ce qui pourrait faire admettre la supposition que ce reptile appartient à l'espèce de la dragonne. Desm. 1827.

(4) Article des *Crocodiles.*

codile : mais il en diffère par sa langue bleue et fourchue, qu'il allonge d'une manière effrayante, lorsqu'il la tire pour siffler, ou seulement pour respirer. On le nomme *Kobberg-Guion*. Il a communément six pieds de longueur; sa chair est d'un assez mauvais goût; il plonge souvent dans l'eau, mais sa demeure ordinaire est sur la terre, où il se nourrit des oiseaux et des divers animaux qu'il peut saisir. Il craint l'homme, et n'ose rien contre lui; mais il écarte sans peine les chiens et plusieurs des animaux qui veulent l'attaquer, en les frappant violemment de sa queue, qu'il agite et secoue comme un long fouet. Nous ignorons si les doigts de ses pieds sont réunis par des membranes : s'ils le sont, il doit être regardé comme de la même espèce que le fouette-queue du Pérou, qui peut-être aura subi l'influence d'un nouveau climat; sinon il faudra le considérer comme une dragonne.

LA DRAGONNE[1].

Teius crocodilinus, Merr.; *Lacerta Dracœna*, Bonn., Latr.;
Dracœna guyanensis, Daud.; (sous-genre DRAGONNE, Cuv.).

LA Dragonne ressemble beaucoup, par sa forme,
au crocodile; elle a, comme lui, la gueule très-
large, des tubercules sur le dos, et la queue aplatie; sa grandeur égale quelquefois celle des jeunes
caymans : sa couleur, d'un jaune roux foncé, et
plus ou moins mêlé de verdâtre, est semblable
aussi à celle de ces animaux; c'est ce qui a fait
que, sur les côtes orientales de l'Amérique méridionale, elle a été prise pour une petite espèce

---

(1) La Dragonne. M. Daubenton, Encyclopédie méthodique. Histoire
naturelle des Quadrupèdes ovipares.

Lacerta Dracœna 3. Linnæus *.

Rai, Synopsis Quadrupedum, page 270. *Lacertus indicus.*

Seba, locupletissimi rerum naturalium Thesauri accurata descriptio,
tome I, planche 101, fig. 1. *Lacerta maxima caudi-verbera, cordylus* **.

Musæum Wormianum, chap. XXII, page 313. *Lacertus indicus.*

* Ces citations sont inexactes. Elles se rapportent au *Varanus Dracœna* de M. Merrem,
qui est le même animal que le lézard triangulaire, Làcep., *Lacerta Dracœna* et *nilotica* de
Linn., espèce du genre Monitor de M. Cuvier, connue en Égypte sous le nom d'Oua-
ran. Ce *Lacerta Dracœna* de Linnée est très-différent de la Dragonne de M. de Lacépède.
DESM. 1827.

** Cette citation est inexacte. Le reptile qu'elle indique paraît appartenir au genre des
Iguanes. DESM. 1827.

de crocodiles ou de caymans (1). Mais la dragonne
en diffère principalement, parce que, au lieu d'a-
voir les pieds palmés, ses doigts, au nombre de
cinq à chaque pied, sont très-séparés les uns des
autres, comme ceux de presque tous les lézards.
Ils sont d'ailleurs tous garnis d'ongles aigus et
crochus; la tête, aplatie par dessus, et comprimée
par les côtés, a un peu la forme d'une pyramide
à quatre faces, dont le museau serait le sommet;
elle ressemble par là à celle de plusieurs serpents,
ainsi que la langue, qui est fourchue, et qui, loin
d'être cachée et presque immobile comme celle
du crocodile, peut être dardée avec facilité. Les
yeux sont gros et brillants; l'ouverture des oreilles
est grande, et entourée d'une bordure d'écailles;
le corps épais, arrondi, couvert d'écailles dures,
osseuses comme celles du crocodile, et presque
toutes garnies d'une arête saillante; plusieurs de
celles du dos sont plus grandes que les autres, et
relevées par des tubercules en forme de crêtes,
dont les plus hauts sont les plus voisins de la
queue, sur laquelle les lignes qu'ils forment sont
prolongées par d'autres tubercules. Ceux-ci sont
plus aigus, et produisent deux dentelures semblables à celle d'une scie, et réunies en une seule
vers l'extrémité de la queue, qui est très-longue.
La dragonne, ainsi que le fouette-queue, a la
facilité de la remuer vivement et de l'agiter comme

(1) Note communiquée par M. le chevalier de Widerspach.

un fouet. Cette faculté lui a fait donner le nom de *Fouette-queue*, que nous avons conservé uniquement à l'espèce précédente, et que nous n'emploierons jamais en parlant de la dragonne, pour éviter toute confusion : on l'a aussi appelée *Cordyle;* mais nous réservons ce nom pour un lézard différent de celui que nous décrivons, et auquel on l'a déja donné.

C'est principalement dans l'Amérique méridionale que l'on rencontre la dragonne; il y a, au Cabinet du Roi, un individu de cette espèce qui a été envoyé de Cayenne par M. de la Borde, et d'après lequel nous avons fait la description que l'on vient de lire (1); elle est assez conforme à ce que dit Wormius de cette espèce de grand lézard, dont il avait un individu long de quatre pieds romains (2). Clusius connaissait aussi le même animal (3), et Séba l'avait dans sa collection.

Wormius a parlé du nombre et de la forme des dents de la dragonne; il a dit que ce lézard

---

(1) Principales dimensions d'une Dragonne qui est au Cabinet du Roi.

	pi.	po.	lig.
Longueur totale......................................	2	5	4
Contour de la gueule.................................	o	4	4
Distance des deux yeux..............................	o	1	o
Circonférence du corps à l'endroit le plus gros...........	o	7	6
Longueur des pates de devant, jusqu'au bout des doigts.....	o	3	10
Longueur des pates de derrière, jusqu'au bout des doigts.....	o	5	6
Longueur de la queue................................	1	4	6
Circonférence de la queue à son origine.................	o	5	8

(2) Musæum Wormianum; de pedestribus, cap. 22, fol. 313.

(3) Clusius, livre **V**, chap. 20.

en a dix-sept de chaque côté de la mâchoire inférieure; que celles de devant sont petites et aiguës, et celles de derrière, grosses et obtuses.
Nous avons remarqué la même chose dans la dragonne du Cabinet du Roi. On a reproché à Pline
de s'être trompé touchant la forme des dents du
crocodile, en les distinguant en dents incisives,
en canines et en molaires (1). Nous avons déja
vu ce qu'entendait ce grand naturaliste par les
dents canines du crocodile (2); et à l'égard des
dents molaires, il pourrait se faire que son erreur
est venue de la méprise de ceux qui lui ont fourni
des observations. Il se peut en effet que la dragonne habite dans les contrées orientales que les
anciens connaissaient; que ses grosses dents aient
été regardées comme des dents molaires, et que
l'animal lui-même ait été pris pour un vrai crocodile. C'est ainsi que, dans des temps très-récents,
la confusion que plusieurs voyageurs ont faite des
espèces de grands lézards, voisines de celles du
crocodile, a produit plus d'une erreur, relativement à la forme et aux habitudes naturelles de
ce dernier animal.

La grande ressemblance de la dragonne avec le
crocodile ferait penser au premier coup-d'œil que
leurs mœurs sont semblables : mais ces deux lézards diffèrent par un de ces caractères dont la

____

(1) Mémoires pour servir à l'Histoire naturelle des animaux.
(2) Article du *Crocodile*.

présence ou l'absence a la plus grande influence sur les habitudes des animaux: M. de Buffon a montré, dans l'histoire naturelle des oiseaux, combien la forme de leurs becs détermine l'espèce de nourriture qu'ils peuvent prendre ; les force à habiter de préférence l'endroit où ils trouvent aisément cette subsistance, et produit ou modifie par là leurs principales habitudes. La faculté de voler qu'ils ont reçue, leur donne la plus grande facilité de changer de place, et les rend par conséquent moins dépendants de la forme de leurs pieds : cependant nous voyons certaines classes d'oiseaux dont les habitudes sont produites par les pieds palmés, avec lesquels ils peuvent nager aisément, ou bien par les griffes aiguës et fortes qui leur servent à attaquer et à se défendre. Mais il n'en est pas de même des quadrupèdes, tant vivipares qu'ovipares; la nature de leurs aliments est non seulement déterminée par la forme de leur gueule ou de leurs dents, mais encore par celle de leurs pieds, qui leur fournissent des moyens plus ou moins puissants de saisir leur proie; d'aller avec vitesse d'un endroit à un autre ; d'habiter le milieu des eaux, les rivages, les plaines ou les forêts, etc. Une gueule plus ou moins fendue, quelques dents de plus ou de moins, des ongles aigus ou obtus, des doigts réunis ou divisés, en voilà plus qu'il n'en faut pour faire varier leurs mœurs souvent du tout au tout. On en peut voir des exemples dans les quadrupèdes vivipares, parmi lesquels la plupart des animaux qui ont des habitudes communes, qui habitent des lieux semblables, ou qui se nourrissent des mêmes substances, ont leurs dents, leur gueule ou leurs pieds conformés à-peu-près de la même manière, quelque différents qu'ils soient d'ailleurs par la forme générale de leurs corps, par leur force et par leur grandeur. La dragonne et le crocodile en sont de nouvelles preuves : la dragonne ressemble beaucoup au crocodile ; mais elle en diffère par ses doigts, qui ne sont pas palmés : dès lors elle doit avoir des habitudes différentes : elle doit nager avec plus de peine ; marcher avec plus de vitesse ; retenir les objets avec plus de facilité ; grimper sur les arbres ; se nourrir quelquefois des animaux des bois ; et c'est en effet ce qui est conforme aux observations que nous avons recueillies. M. de la Borde, qui a nommé cet animal *Lézard-cayman*, parce qu'il le regarde avec raison comme faisant la nuance entre les crocodiles et les petits lézards, dit qu'il fréquente les savanes noyées et les terrains marécageux ; mais qu'il se tient à terre, et au soleil, plus souvent que dans l'eau. Il est assez difficile à prendre, parce qu'il se renferme dans des trous ; il mord cruellement ; il darde presque toujours sa langue comme les serpents. M. de la Borde a gardé chez lui, pendant quelque temps, une dragonne en vie ; elle se tenait des heures entières dans l'eau ; elle s'y cachait lorsqu'elle avait peur ; mais elle en sortait souvent pour aller se chauffer aux rayons du soleil (1).

La grande différence entre les mœurs de la dragonne et celles du crocodile, n'est cependant pas produite par un sens de plus ou de moins, mais seulement par une membrane de moins et quelques ongles de plus. On remarque des effets semblables dans presque tous les autres animaux, et il en serait de même dans l'homme, et des différences très-peu sensibles dans la conformation extérieure, produiraient une grande diversité dans ses habitudes, si l'intelligence humaine, accrue par la société, n'avait pas inventé les arts pour compenser les défauts de nature.

Les animaux qui attaquent le crocodile doivent aussi donner la chasse à la dragonne, qui a bien moins de force pour leur résister, et qui même est souvent dévorée par les grands caymans.

Sa manière de vivre peut donner à sa chair un goût différent de celui de la chair du crocodile : il ne serait donc pas surprenant qu'elle fût aussi bonne à manger que le disent les habitants des îles Antilles, où on la regarde comme très-succulente, et où on la compare à celle d'un poulet. On recherche aussi à Cayenne les œufs de ce grand lézard, qui a de nouveaux rapports avec le crocodile par la fécondité, sa femelle pondant ordinairement plusieurs douzaines d'œufs (2).

_____

(1) Note communiquée par M. de la Borde.
(2) Ibidem.

On trouve au Brésil, et particulièrement auprès de la rivière de Saint-François, une sorte de lézard, nommé *Ignarucu*, qui ressemble beaucoup au crocodile, grimpe facilement sur les arbres, et paraît ne différer de la dragonne que par une couleur plus foncée et des ongles moins forts (1). Si les voyageurs ne se sont pas trompés à ce sujet, l'on ne doit regarder l'ignarucu que comme une variété de la dragonne.

LE TUPINAMBIS[2].

Varanus elegans, Merr.; *Lacerta tigrina* et *Monitor*, Linn.; *Stellio salvator* et *Saurus*, Laur.; *Tupinambis elegans* et *stellatus*, Daud.; MONITOR ÉLÉGANT DE L'ARCHIPEL DES INDES, Cuv.

Ce lézard habite également les contrées chaudes

---

(1) Voyez, dans le Dictionnaire d'Histoire naturelle de M. Bomare, l'article *Ignarucu.*

(2) Tupinambis, en Amérique.

Galtabé, au Sénégal.

Cayman, guano, ligan, ligans, par certains voyageurs; ce qui l'a fait confondre avec les iguanes, ainsi qu'avec les crocodiles.

Tilcuetz-Pallin, dans la Nouvelle-Espagne.

Lézard moucheté. M. Daubenton, Encyclopédie méthodique.

Lacerta Monitor, 6. Linn., Amphib. rept.

Seba, 1, tab. 94, fig. 1, 2, 3; tab. 96, fig. 1, 2, 3; tab. 97, fig. 2; tab. 99, fig. 1; tab. 100, fig. 3.

2, tab. 30, fig. 2; tab. 49, fig. 2; tab. 86, fig. 2; tab. 105, fig. 1.

Stellio Saurus, 89. Laurenti, specimen medicum, page 56.

Stellio Salvator, 90. Laurenti, specimen medicum.

de l'ancien et du nouveau continent. On a prétendu que sur les bords de la rivière des Amazones, auprès de Surinam et des pays voisins, le Tupinambis acquérait une grande taille et parvenait jusqu'à la longueur de douze pieds : mais on aura sûrement pris des caymans pour des tupinambis ; et l'on doit ranger cette fable parmi tant d'autres qui ont défiguré l'histoire des quadrupèdes ovipares. Le tupinambis a tout au plus une longueur de six ou sept pieds dans les contrées où il trouve la nourriture la plus abondante et la température la plus favorable. L'individu que nous avons décrit, et qui est au Cabinet du Roi, a trois pieds huit pouces de long en y comprenant la queue (1); il a été envoyé du cap de Bonne-Espérance. J'ai vu un autre individu de cette espèce, apporté du Sénégal, et dont la longueur totale était de quatre pieds dix pouces. La queue du tupinambis est aplatie et à-peu-près de la longueur du corps. Il a à chaque pied cinq doigts assez longs, séparés les uns des autres et tous armés d'ongles forts et crochus. La queue ne pré-

---

(1) Principales dimensions du Tupinambis.

	pi.	po.	lig
Longueur totale..................................	3	8	o
Contour de la gueule............................	o	4	8
Circonférence du corps à l'endroit le plus gros..........	1	1	3
Longueur des pates de devant, jusqu'au bout des doigts...	o	5	5
Longueur des pates de derrière, jusqu'au bout des doigts...	o	6	9
Longueur de la queue.............................	1	10	6
Circonférence de la queue à son origine..............	o	7	10

sente pas de crête comme celle de la dragonne, mais le dessus et le dessous du corps, la tête, la queue et les pates, sont garnies de petites écailles qui suffiraient pour distinguer le tupinambis des autres grands lézards à queue plate. Elles sont ovales, dures, un peu élevées, presque toutes entourées d'un cercle de petits grains durs, placées à côté les unes des autres, et disposées en bandes circulaires et transversales. Leur grand diamètre est à-peu-près d'une demi-ligne dans l'individu envoyé du cap de Bonne-Espérance au Cabinet du Roi (1). La manière dont elles sont colorées donne au tupinambis une sorte de beauté ; son corps présente de grandes taches ou bandes irrégulières d'un blanc assez éclatant qui le font paraître comme marbré, et forment même sur les côtés une espèce de dentelle. Mais, en le revêtant de cette parure agréable, la nature ne lui a fait qu'un présent funeste ; elle l'a placé trop près du crocodile son ennemi mortel, pour lequel sa couleur doit être comme un signe qui le fait reconnaître de loin. Il a, en effet, trop peu de force pour se défendre contre les grands animaux. Il n'attaque point l'homme ; il se nourrit d'œufs d'oiseaux (2), de lézards beaucoup plus petits que

(1) L'on peut voir, dans la collection du Cabinet du Roi, un tupinambis mâle, tué dans le temps de ses amours ; ses parties sexuelles sont hors de l'anus ; les deux verges, très-séparées l'une de l'autre, ont un pouce trois lignes de longueur. L'animal a deux pieds huit pouces de longueur totale.

(2) « Mademoiselle Mérian trouva plus d'une fois un Sauve-garde

lui, ou de poissons qu'il va chercher au fond des eaux ; mais, n'ayant pas la même grandeur, les mêmes armes, ni par conséquent la même puissance que le crocodile, et pouvant manquer de proie bien plus souvent, il ne doit pas être si difficile dans le choix de sa nourriture ; il doit d'ailleurs chasser avec d'autant plus de crainte, que le crocodile auquel il ne peut résister est en très-grand nombre dans les pays qu'il habite. On rapporte même que la présence des caymans inspire une si grande frayeur au tupinambis, qu'il fait entendre un sifflement très-fort. Ce sifflement d'effroi est une espèce d'avertissement pour les hommes qui se baignent dans les environs ; il les garantit, pour ainsi dire, de la dent meurtrière du crocodile, et c'est de là qu'est venu au tupinambis le nom de *Sauve-garde* ou *Sauveur*, qui lui a été donné par plusieurs voyageurs et naturalistes. Il dépose ses œufs, comme les caymans, dans des trous qu'il creuse dans le sable sur le bord de quelque rivière ; le soleil les fait éclore ; ils sont assez gros et ovales, et les Indiens s'en nourrissent sans peine (1) ; la chair du tupinambis est aussi très-succulente pour ces mêmes Indiens, et plusieurs Européens, qui en avaient mangé tant en Amérique qu'en Afrique, m'ont dit l'avoir trouvée délicate.

« (un tupinambis) mangeant des œufs dans sa basse-cour. » Histoire générale des Voyages, tome LIV, page 430, édit. in-12.

(1) Idem, ibid.

Cet animal produit des bézoards, ainsi que le crocodile et d'autres lézards; ces concrétions ressemblent aux bézoards des crocodiles, quant à leur forme extérieure; elles sont de la grosseur d'un œuf de pigeon et d'une couleur cendrée claire tachetée de noir. On leur a attribué les mêmes vertus chimériques qu'aux autres bézoards, et particulièrement à ceux du crocodile et de l'iguane (1).

La disette que le tupinambis éprouve fréquemment a dû altérer ses goûts, tant la faim et la misère dénaturent les habitudes. Il se nourrit souvent de corps infects et de substances à demi pourries; et, lorsque cet aliment abject lui manque, il le remplace par des mouches et par des fourmis. Il va chasser ces insectes au milieu des bois qu'il fréquente, ainsi que les bords des eaux: la conformation de ses pieds, dont les doigts sont très-séparés les uns des autres, lui donne une grande facilité de grimper sur les arbres où il cherche des œufs dans les nids, mais où il ne peut souvent que vivre misérablement en poursuivant avec fatigue des animaux bien plus agiles que lui. Le seul quadrupède ovipare qu'on a cru devoir appeler *Sauve-garde*, souffre donc une faim cruelle, ne peut se procurer qu'avec peine et inquiétude la nourriture dégoûtante à laquelle

____

(1) Séba, vol. II, page 140.

il est fréquemment réduit, et finit presque toujours par être la victime du plus fort.

Le tupinambis est le même animal que le lézard du Brésil, appelé *Téjuguacu* et *Temapara Tupinambis* (1), et dont Rai, ainsi que d'autres auteurs, ont parlé (2). Marcgrave en a vu un vivre sept mois sans rien manger ; quelqu'un ayant marché sur la queue de ce tupinambis, et en ayant brisé une partie, elle repoussa de deux doigts : au reste, il est important de remarquer que ces noms de *Téjucuacu* et de *Temapara* ont été donnés à plusieurs lézards d'espèces différentes, ce qui n'a pas peu augmenté la confusion qui a régné dans l'histoire des quadrupèdes ovipares.

LE SOURCILLEUX[3].

Calotes (*Agama*) *superciliosa*, Merr.; *Ophryessa superciliosa*, Boié, Fitz.

ON trouve dans l'île de Ceylan, dans celle d'Am-

(1) Ces noms appartiennent au *Varanus monitor* de M. Merrem, ou *Sauve-garde d'Amérique*, Cuv., *Teguixin* de Daubenton et quelques autres auteurs. DESM. 1827.

(2) Rai, Synopsis animalium, page 265.

(3) Le Sourcilleux, M. Daubenton, Encyclopédie méthodique.

Lacerta superciliosa. 4. Linn., Amphibia reptilia.

Seba, musæum, tome I, planche 109, fig. 4, et planche 94, fig. 4.

boine, et vraisemblablement dans d'autres régions
des grandes Indes, dont la température ne diffère pas beaucoup de celles de ces îles, un lézard
auquel on a donné le nom de *Sourcilleux*, parce
que sa tête est relevée au-dessus des yeux par
une arête saillante, garnie de petites écailles en
forme de sourcils. Cet animal est aussi remarquable par une crête composée d'écailles ou de
petites lames droites, qui orne le derrière de sa
tête, et qui se prolonge en forme de peigne ou
de dentelure, jusqu'au bout de la queue. Les yeux
sont grands, ainsi que les ouvertures des oreilles;
le museau est pointu, la gueule large, la queue
aplatie et beaucoup plus longue que le corps; ce
lézard a les doigts très-séparés les uns des autres,
et très-longs, surtout ceux des pieds de derrière,
dont le quatrième doigt égale la tête en longueur;
les ongles sont forts et crochus; les écailles, dont
tout le corps est recouvert, sont très-petites, inégales en grandeur, mais toutes relevées par une
arête longitudinale, et placées les unes au-dessus
des autres, comme les écailles de plusieurs poissons. La couleur genérale des sourcilleux est d'un
brun clair tacheté de rouge plus ou moins foncé;
la longueur totale de l'individu que nous avons
décrit, et que l'on conserve au Cabinet du Roi,
est d'un pied. Comme les doigts de ces lézards
sont très-longs et très-divisés, leurs habitudes doivent approcher à beaucoup d'égards de celles de

la dragonne. On dit qu'ils poussent des cris qui leur servent à se rallier (1).

Au reste, ce caractère très-apparent d'écailles relevées, cette sorte d'armure, qui donne un air distingué au lézard qui en est revêtu, et que nous trouvons ici pour la seconde fois, n'a pas été uniquement accordé au sourcilleux et à la dragonne. Il en est de ce caractère comme de tous les autres, dont chacun est presque toujours exprimé avec plus ou moins de force, dans plusieurs espèces différentes. Cette crête, que nous venons de remarquer dans le sourcilleux, sert aussi à défendre ou parer la tête-fourchue, l'iguane, le basilic, etc. Non seulement même elle a des formes différentes dans chacun de ces lézards; non seulement elle présente tantôt des rayons allongés, tantôt des lames aiguës, larges et très-courtes, etc., mais encore elle varie par sa position : elle s'élève en rayons sur tout le corps du *Basilic*, depuis le sommet de la tête jusqu'à l'extrémité de la queue; elle orne de même la queue du *Porte-crête*, et garnit ensuite son dos en forme de dentelure; elle revêt non seulement le corps, mais encore une partie de la membrane du cou de l'*Iguane*; elle s'étend le long du dos du mâle de la *Salamandre à queue plate*; elle paraît comme une crénelure sur celui du *Plissé*; à peine sensible sur le dessous de la gorge du *Marbré*, elle défend, dans le *Ga-*

---

(1) Séba, premier volume, page 173.

léote, la tête et la partie antérieure du dos; elle se trouve aussi sur cette partie antérieure dans l'*Agame*; elle se présente, pour ainsi dire, sur chaque écaille dans le *Stellion*, l'*Azuré*, le *Téguixin*; elle règne le long de la tête, du corps et du ventre du *Caméléon*; elle paraît à l'extrémité de la queue du *Cordyle*; et, pour ne pas rapprocher ici un plus grand nombre de quadrupèdes ovipares, elle est composée d'écailles clairsemées sur le lézard appelé *Tête-fourchue*; elle occupe le dessus du corps, de la tête et de la queue dans le *Sourcilleux*, et nous avons vu qu'elle ne s'étendait que sur la queue de la *Dragonne*.

LA TÊTE-FOURCHUE[1].

Lyriocephalus margaritaceus, Merr.; *Iguana scutata*, Latr.; *Agama scutata*, Daud.; *Lophyrus furcatus*, Oppel.; *Ophryessa margaritacea*, Boié, Fitz.

Dans l'île d'Amboine, et par conséquent dans le même climat que le sourcilleux, on trouve un lézard qui ressemble beaucoup à ce quadrupède

---

(1) L'occiput Fourchu. M. Daubenton, Encyclopédie méthodique.
Lacerta scutata, 5. Linn., Amphib. rept.
Iguana clamosa, 74. Laurenti specimen medicum.
Séba, 1. Table 109, figure 3.

ovipare. Il a comme lui, depuis la tête jusqu'à
l'extrémité de la queue, des aiguillons courts en
forme de dentelure, mais qui sont sur le dos, plus
séparés les uns des autres que dans le sourcilleux.
La queue comprimée, comme celle du crocodile,
est tout au plus de la longueur du corps. Le dessus de la tête, qui est très-courte et très-convexe,
présente deux éminences qui ont une sorte de
ressemblance avec des cornes. Suivant Séba, la
pointe du museau est garnie d'un gros tubercule
entouré d'autres tubercules blanchâtres; le cou
est goîtreux, et le corps semé de boutons blancs,
ronds, élevés, que l'on retrouve encore au-dessous des yeux et de la mâchoire inférieure. Les
cuisses, les jambes et les doigts sont longs et déliés. Ce lézard et l'espèce précédente ont trop de
caractères extérieurs communs pour ne pas se
ressembler beaucoup par leurs habitudes naturelles, d'autant plus qu'ils préfèrent l'un et l'autre
les contrées chaudes de l'Inde. Aussi leur attri-
bue-t-on à tous les deux la faculté de se rallier
par des cris (1).

---

(1) Séba, volume I, page 173.

LE LARGE-DOIGT[1].

Anolis principalis, Merr.; *Lacerta principalis*, Linn.; *Xipho-surus principalis*, Fitz.

Les caractères distinctifs de ce lézard qui se trouve dans les Indes, sont d'avoir la queue deux fois plus longue que le corps, comprimée, un peu relevée en carène par dessus, striée par dessous, et divisée en plusieurs portions, composées chacune de cinq anneaux de très-petites écailles. Il a, sous le cou, une membrane assez semblable à celle de l'iguane, mais qui n'est point dentelée. A chaque doigt, tant des pieds de devant que des pieds de derrière, l'avant-dernière articulation est par dessous plus large que les autres, et c'est de là que M. Daubenton a tiré le nom que nous lui conservons. La tête est plate et comprimée par les côtés ; le museau très-délié ; les ouvertures des narines sont très-petites, ainsi que les trous des oreilles.

---

[1] Le Large-doigt. M. Daubenton, Encyclopédie méthodique. *Lacerta principalis*, 7. Linn., Amphib. rept.

LE BIMACULÉ.

Anolis bimaculatus, Daud., Merr.; *Lacerta bimaculata*, Sparrm.; *Iguana bimaculata*, Latr.; *Xiphosurus bimaculatus*, Fitz.

Nous devons la connaissance de cette nouvelle espèce de lézard à M. Sparrman, savant académicien de Stockholm, qui en a décrit plusieurs individus envoyés de l'Amérique septentrionale, par M. le docteur Acrélius, à M. le baron de Géer (1); quelques-uns de ces individus avaient le dessus du corps semé de taches noires; tous avaient deux grandes taches de la même couleur sur les épaules; et c'est ce qui leur a fait donner, par M. Sparrman, le nom de *Bimaculés*. La tête de ces lézards est aplatie par les côtés; la queue est comprimée et deux fois plus longue que le corps. Tous les doigts des pieds de devant et de ceux de derrière, excepté les doigts extérieurs, sont garnis de lobes ou de membranes qui en élargissent la surface, et qui donnent au bimaculé un nouveau rapport avec le large-doigt.

Suivant M. le docteur Acrélius, le bimaculé

---

(1) Mémoires de l'Académie des Sciences de Stockholm, année 1784. Troisième trimestre, page 169.

n'est point méchant, il se tient souvent dans les bois, où il fait entendre un sifflement plus ou moins fréquent. On le prend facilement dans un piége fait avec de la paille, qu'on approche de lui en sifflant, et dans lequel il saute et s'engage de lui-même. La femelle dépose ses œufs dans la terre. On le trouve à Saint-Eustache et dans la Pensylvanie. Le fond de sa couleur varie : il est quelquefois d'un bleu noirâtre.

LE SILLONÉ[1].

Teius bicarinatus, Merr.; *Lacerta bicarinata*, Linn.; *Tupinambis lacertinus*, Daud.; le Sauve-garde Lezardet, Cuv.

On trouve, dans les Indes, un assez petit lézard gris dont nous plaçons ici la notice, parce qu'il a des écailles convexes en forme de tubercules sur les flancs, et parce que sa queue est aplatie par les côtés comme celle du crocodile et des autres lézards dont nous venons de donner l'histoire. Son corps n'est point garni d'aiguillons; il n'a point de crête au-dessous du cou; mais on voit

---

(1) Le Silloné. M. Daubenton, Encyclopédie méthodique.
Lacerta bicarinata. 8. Linn., Amphibia reptilia.

sur son dos deux stries très-sensibles. Il a les deux côtés du corps comme plissés et relevés en arête ; son ventre présente vingt-quatre rangées transversales d'écailles ; chaque rangée est composée de six pièces ; la queue, à peine plus longue que la moitié du corps, est striée par dessous, lisse par les côtés, et relevée en dessus par une double saillie.

SECONDE DIVISION.

LÉZARDS

QUI ONT LA QUEUE RONDE, CINQ DOIGTS A CHAQUE PIED,
ET DES ÉCAILLES ÉLEVÉES SUR LE DOS EN FORME DE CRÊTE.

L'IGUANE[1].

Iguana sapidissima, Merr.; *Lacerta Iguana*, Linn.; *Iguana tuberculata*, Laur., Fitz; *Iguana delicatissima*, Latr.; l'Iguane ordinaire d'Amérique, Cuv.

Dans ces contrées de l'Amérique méridionale, où la nature plus active fait descendre à grands

---

(1) *Leguana.*

En anglais, *the Guana.*

Senembi.

Tamacolin, en Amérique, suivant Séba.

L'Iguane. M. Daubenton, Encyclopédie méthodique.

Lac. Iguana, 26. Linn., Amphibia reptilia.

Rai, Synopsis Quadrupedum, page 265. *Lacertus indicus Senembi et Iguana dictus.*

Iguana delicatissima, 71. *Iguana tuberculata*, 72. Laurenti specimen medicum.

Leguana. Dictionnaire d'Histoire naturelle, par M. Valmont de Bomare.

flots du sommet des hautes Cordillières, des fleuves immenses, dont les eaux s'étendant en liberté, inondent au loin des campagnes nouvelles, et où la main de l'homme n'a jamais opposé aucun obstacle à leur course; sur les rives limoneuses de ces fleuves rapides s'élèvent de vastes et antiques forêts. L'humidité chaude et vivifiante qui les abreuve devient la source intarissable d'une verdure toujours nouvelle pour ces bois touffus, images sans cesse renaissantes d'une fécondité sans bornes, et où il semble que la nature, dans toute la vigueur de la jeunesse, se plaît à entasser les germes productifs. Les végétaux ne croissent pas seuls au milieu de ces vastes solitudes; la nature

---

Séba, 1. Table 95, figures, 1, 2; table 96, figure 4; table 97, figure 3; table 98, figure 1.

The Guana. Browne, Histoire naturelle de la Jamaïque.

Lacerta, 1. *Major squamis dorsi lanceolatis erectis e nuchâ ad extremitatem caudæ porrectis.* Idem.

Grand lézard ou Guanas. Catesby, Histoire naturelle de la Caroline, vol. II, page 64.

Grand Lézard. Dutertre, page 308.

Gros lézard, nommé Iguane. Rochefort, page 144.

Gros lézard. Labat, tome I, page 314.

Guana. Sloane, vol. II.

Iguana. Gronov. mus. 2, page 82, n° 60.

Marcgr. bras. 236, fig. 236. *Senembi seu Iguana.*

Jonst. Quadrup., tab. 77, fig. 5.

Olear. mus., tab. 6, fig. 1, *Yvana.*

Bont. jav. 56, tab. 56. *Lacerta Leguan.*

Nieremberg nat. 271, tab. 271.

Worm. musæum. 313.

Clus. exot. 116. *Yvana.*

a jeté sur ces grandes productions la variété, le mouvement et la vie. En attendant que l'homme vienne régner au milieu de ces forêts, elles sont le domaine de plusieurs animaux, qui, les uns par la beauté de leurs écailles, l'éclat de leurs couleurs, la vivacité de leurs mouvements, l'agilité de leur course; les autres, par la fraîcheur de leur plumage, l'agrément de leur parure, la rapidité de leur vol; tous, par la diversité de leurs formes, font, des vastes contrées du Nouveau-Monde, un grand et magnifique tableau, une scène animée, aussi variée qu'immense. D'un côté, des ondes majestueuses roulent avec bruit; de l'autre, des flots écumants se précipitent avec fracas de roches élevées; et des tourbillons de vapeurs réfléchissent au loin les rayons éblouissants du soleil : ici l'émail des fleurs se mêle au brillant de la verdure, et est effacé par l'éclat plus brillant encore du plumage varié des oiseaux; là, des couleurs plus vives, parce qu'elles sont renvoyées par des corps plus polis, forment la parure de ces grands quadrupèdes ovipares, de ces gros lézards que l'on est tout étonné de voir décorer le sommet des arbres, et partager la demeure des habitants ailés.

Parmi ces ornements remarquables et vivants dont on se plaît à contempler, dans ces forêts épaisses, la forme agréable et piquante, et dont on suit avec plaisir les divers mouvements au milieu des rameaux et des fleurs, la dragonne et le tupinambis attirent l'attention; mais le lézard dont nous traitons dans cet article, se fait distinguer bien davantage par la beauté de ses couleurs, l'éclat de ses écailles, et la singularité de sa conformation.

Il est aisé de reconnaître l'iguane à la grande poche qu'il a au-dessous du cou, et surtout à la crête dentelée qui s'étend depuis la tête jusqu'à l'extrémité de la queue, et qui garnit aussi le devant de la gorge. La longueur de ce lézard, depuis le museau jusqu'au bout de la queue, est assez souvent de cinq ou six pieds (1); celui que nous avons décrit, et qui a été envoyé de Cayenne au Cabinet du Roi par M. Sonnini, a quatre pieds de long (2).

---

(1) « Pendant le séjour que Brue fit à Kayor sur le Sénégal, on lui « fit voir un *Guana* (Iguane) long de trois pieds, depuis le museau « jusqu'à la queue, qui devait avoir encore deux pieds de plus. » (L'on doit croire que la queue de ce lézard avait éprouvé quelque accident, les Iguanes ayant la queue plus longue que le corps). « Sa peau était couverte « de petites écailles de différentes couleurs, jaunes, vertes et noires, si « vives, qu'elles paraissaient colorées d'un beau vernis. Il avait les yeux « fort grands, rouges, ouverts jusqu'au sommet de la tête. On les aurait « pris pour du feu, lorsqu'il était irrité : alors sa gorge s'enflait aussi, « comme celle d'un pigeon. » Histoire générale des Voyages, livre VII, chapitre 18 *.

(2) Principales dimensions d'un Iguane, conservé au Cabinet du Roi.

	pi.	po.	lig.
Longueur totale....................................	4	o	o
Circonférence dans l'endroit le plus gros du corps........	1	o	4
Circonférence à l'origine de la queue..................	o	5	9
Contour de la mâchoire supérieure....................	o	3	3
Longueur de la plus grande écaille des côtés de la tête......	o	1	o
Longueur de la poche qui est au-dessous du cou..........	o	3	4

* Ce reptile est assurément d'une autre espèce que l'iguane, et il se pourrait qu'il appartînt au genre Scinque. Desm. 1827.

La tête est comprimée par les côtés, et aplatie par dessus; les dents sont aiguës, et assez semblables, par leur forme, à celles des lézards verts de nos provinces méridionales. Le museau, l'entre-deux des yeux et le tour des mâchoires, sont garnis de larges écailles très-colorées, très-unies et très-luisantes; trois écailles plus larges que les autres sont placées de chaque côté de la tête, au-dessous des oreilles; la plus grande des trois est ovale, et son éclat, semblable à celui des métaux polis, relève la beauté des couleurs de l'iguane; les yeux sont gros; l'ouverture des oreilles est grande; des tubercules qui ont la forme de pointes de diamants sont placés au-dessus des narines, sur le sommet de la tête et de chaque côté du cou. Une espèce de crête, composée de grandes écailles saillantes, et qui, par leur figure, ressemblent un peu à des fers de lance, s'étend depuis la pointe de la mâchoire inférieure, jusques sous la gorge, où elle garnit le devant d'une grande poche que l'iguane peut gonfler à son gré.

De petites écailles revêtent le corps, la queue et les pates : celles du dos sont relevées par une arête.

	pi.	po.	lig.
Largeur de la poche...............................	0	1	10
Longueur des plus grandes écailles de la crête...........	0	1	10
Longueur de la queue.............................	2	7	4
Longueur des pates de devant, jusqu'à l'extrémité des doigts..	0	7	1
Longueur des pates de derrière.....................	0	9	9
Longueur du plus grand ongle......................	0	0	8

La crête remarquable, qui s'étend, ainsi que nous l'avons dit, depuis le sommet de la tête jusqu'à l'extrémité de la queue, est composée d'écailles très-longues, très-aiguës, et placées verticalement; les plus hautes sont sur le dos, et leur élévation diminue insensiblement à mesure qu'elles sont plus près du bout de la queue, où on les distingue à peine.

La queue est ronde, au lieu d'être aplatie comme celle des crocodiles.

Les doigts sont séparés les uns des autres, au nombre de cinq à chaque pied, et garnis d'ongles forts et crochus; dans les pieds de devant, le premier doigt ou le doigt intérieur n'a qu'une phalange; le second en a deux, le troisième trois, le quatrième quatre, et le cinquième deux. Dans les pieds de derrière, le premier doigt n'a qu'une phalange; le second en a deux, le troisième trois, le quatrième quatre, et le cinquième, qui est séparé comme un pouce, en a trois.

Au-dessous des cuisses s'étend, de chaque côté, un cordon de quinze tubercules creux et percés à leur sommet comme pour donner passage à quelques sécrétions : nous retrouverons ces tubercules dans plusieurs espèces de lézards; il serait intéressant d'en connaître exactement l'usage particulier.

La couleur générale des iguanes est ordinairement verte, mêlée de jaune ou d'un bleu plus ou moins foncé; celle du ventre, des pates et de la queue, est quelquefois panachée; la queue de l'individu que nous avons décrit présentait plusieurs couleurs disposées par bandes annulaires et assez larges; mais les teintes de l'iguane varient suivant l'âge, le sexe et le pays (1).

Ce lézard est très-doux; il ne cherche point à nuire; il ne se nourrit que de végétaux et d'insectes. Il n'est cependant pas surprenant que quelques voyageurs aient trouvé son aspect effrayant, lorsque agité par la colère, et animant son regard, il a fait entendre son sifflement, secoué sa longue queue, gonflé sa gorge, redressé ses écailles, et relevé sa tête hérissée de callosités.

La femelle de l'iguane est ordinairement plus petite que le mâle; ses couleurs sont plus agréables, ses proportions plus sveltes; son regard est plus doux, et ses écailles présentent souvent l'éclat d'un très-beau vert. Cette parure et ces sortes de charmes ne lui ont pas été donnés en vain; on dirait que le mâle a pour elle une passion très-vive; non seulement, dès les premiers beaux jours de la fin de l'hiver, il la recherche avec empressement, mais il la défend avec fureur. Sa tendresse change son naturel; la douceur de ses mœurs, cette douceur si grande, qu'elle a été comparée à la stupidité, fait place à une sorte de rage. Il

(1) Nous nous en sommes assurés par l'inspection d'un grand nombre d'individus des deux sexes de différents pays et de différents âges, et c'est ce qui explique les différences que l'on trouve dans les descriptions que les voyageurs et les naturalistes ont données de l'iguane.

s'élance avec hardiesse, lorsqu'il craint pour l'objet qu'il aime ; il saisit avec acharnement ceux qui approchent de sa femelle ; sa morsure n'est point venimeuse ; mais, pour lui faire lâcher prise, on est obligé de le tuer ou de le frapper violemment sur les narines (1).

C'est environ deux mois après la fin de l'hiver que les iguanes femelles descendent des montagnes ou sortent des bois, pour aller déposer leurs œufs sur le sable du bord de la mer. Ces œufs sont presque toujours en nombre impair, depuis treize jusqu'à vingt-cinq. Ils ne sont pas plus gros, mais plus longs que ceux de pigeons ; la coque en est blanche et souple, comme celle des œufs des tortues marines, auxquels ils ressemblent plus qu'à ceux des crocodiles. Le dedans en est blanchâtre et sans glaire. Ils donnent, disent la plupart des voyageurs qui sont allés en Amérique, un excellent goût à toutes les sauces, et valent mieux que ceux de poules.

L'iguane, suivant plusieurs auteurs, a de la peine à nager, quoiqu'il fréquente de préférence les rivages de la mer ou des fleuves. Catesby rapporte que lorsqu'il est dans l'eau, il ne se conduit presque qu'avec la queue, et qu'il tient ses pates collées contre son corps (2). Cela s'accorde fort bien avec la difficulté qu'il éprouve pour se

---

(1) Catesby, Histoire naturelle de la Caroline, vol. II, pag. 64.

(2) Catesby, Histoire naturelle de la Caroline.

mouvoir au milieu des flots; et cela ne montre-
t-il pas combien les quadrupèdes ovipares, dont
les doigts sont divisés, nagent avec peine, ainsi
que nous l'avons dit, et combien cette conformation influe sur la nature de leurs habitudes?

Dans le printemps, les iguanes mangent beaucoup de fleurs et de feuilles des arbres auxquels
on a donné le nom de *Mahot*, et qui croissent le
long des rivières : ils sé nourrissent aussi d'*Anones*,
ainsi que de plusieurs autres végétaux (1); et Catesby a remarqué que leur graisse prend la couleur des fruits qu'ils ont mangés les derniers; ce
qui confirme ce que j'ai dit des diverses couleurs
que donne à la chair des tortues de mer l'aliment
qu'elles préfèrent.

Les iguanes descendent souvent des arbres pour
aller chercher des vers de terre, des mouches et
d'autres insectes (2).

Quoique pourvus de fortes mâchoires, ils avalent ce qu'ils mangent presque sans le mâcher (3).

Ils se retirent dans des creux de rochers ou
dans des trous d'arbres (4). On les voit s'élancer
avec une agilité surprenante jusqu'au plus haut
des branches, autour desquelles ils s'entortillent,
de manière à cacher leur tête au milieu des replis

---

(1) Catesby , à l'endroit déja cité.
(2) Note communiquée par M. de la Borde.
(3) Catesby, à l'endroit déja cité.
(4) Catesby, Histoire naturelle de la Caroline.

de leur corps (1). Lorsqu'ils sont repus, ils vont se reposer sur les rameaux qui avancent au-dessus de l'eau. C'est ce moment que l'on choisit au Brésil pour leur donner la chasse. Leur douceur naturelle, jointe peut-être à l'espèce de torpeur à laquelle les lézards sont sujets, ainsi que les serpents, lorsqu'ils ont avalé une grande quantité de nourriture, leur donne cette sorte d'apathie et de tranquillité remarquée par les voyageurs, et avec laquelle ils voient approcher le danger, sans chercher à le fuir, quoiqu'ils soient naturellement très-agiles. On a de la peine à les tuer, même à coups de fusil : mais on les fait périr très-vite en enfonçant un poinçon ou seulement un tuyau de paille dans leurs naseaux (2) ; on en voit sortir quelques gouttes de sang, et l'animal expire.

La stupidité que l'on a reprochée aux iguanes, ou plutôt leur confiance aveugle, presque toujours le partage de ceux qui ne font point de mal, va si loin, qu'il est très-facile de les saisir en vie. Dans plusieurs contrées de l'Amérique, on les chasse avec des chiens dressés à les poursuivre ;

______

(1) « Une espèce de jasmin d'une excellente odeur, qui croît de « toutes parts, en buisson, dans les campagnes de Surinam, est la re- « traite ordinaire des serpents et des lézards, surtout de l'iguane; c'est « une chose admirable que la manière dont ce dernier reptile s'entortille « au pied de cette plante, cachant sa tête au milieu de tous ses replis. » Histoire générale des Voyages, tome LIV, page 411, édit. in-12.

(2) Histoire générale des Voyages, livre VII, chapitre 17.

mais on peut aussi les prendre aisément au piége (1).
Le chasseur qui va à la recherche du lézard, porte
une longue perche, au bout de laquelle est une
petite corde nouée en forme de lac (2). Lorsqu'il
découvre un iguane étendu sur des branches, et
s'y pénétrant de l'ardeur du soleil, il commence
à siffler : le lézard, qui semble prendre plaisir à
l'entendre, avance la tête ; peu à peu le chasseur
s'approche, et, en continuant de siffler, il cha-
touille avec le bout de sa perche les côtés et la
gorge de l'iguane, qui non seulement souffre sans
peine cette sorte de caresse, mais se retourne
doucement, et paraît en jouir avec volupté. Le
chasseur le séduit, pour ainsi dire, en sifflant et
en le chatouillant, au point de l'engager à porter
sa tête hors des branches, assez avant pour em-
barrasser son cou dans le lac : aussitôt il lui donne
une violente secousse, qui le fait tomber à terre ;
il le saisit à l'origine de la queue, il lui met un
pied sur le corps ; et ce qui prouve bien que la
stupidité de l'iguane n'est pas aussi grande qu'on
le dit, c'est que lorsque sa confiance est trompée,
et qu'il se sent pris, il a recours à la force, dont
il n'avait pas voulu user. Il s'agite avec violence ;
il ouvre la gueule ; il roule des yeux étincelants ;
il gonfle sa gorge : mais ses efforts sont inutiles ;
le chasseur, en le tenant sous ses pieds, et en

______

(1) Note communiquée par M. de la Borde.
(2) Voyages du Père Labat en Afrique et en Amérique.

l'accablant du poids de tout son corps, parvient bientôt à lui attacher les pates, et à lui lier la gueule, de manière que ce malheureux animal ne puisse ni se défendre, ni s'enfuir (1).

On peut le garder plusieurs jours en vie sans lui donner aucune nourriture (2); la contrainte semble d'abord le révolter; il est fier; il paraît méchant; mais bientôt il s'apprivoise; il demeure dans les jardins; il passe même la plus grande partie du jour dans les appartements; il court pendant la nuit, parce que ses yeux, comme ceux des chats, peuvent se dilater de manière que la plus faible lumière lui suffise, et parce qu'il prend aisément alors les insectes dont il se nourrit. Quand il se promène, il darde souvent sa langue; il vit tranquille; il devient familier (3).

On ne doit pas être surpris de l'acharnement

____

(1) Catesby, Histoire naturelle de la Caroline.

(2) Browne dit avoir gardé chez lui un iguane adulte pendant plus de deux mois. Dans le commencement il était fier et méchant; mais au bout de quelques jours, il devint plus doux : à la fin, il passait la plus grande partie du jour sur un lit, mais il courait toujours pendant la nuit. « Je « n'ai jamais observé, continue ce voyageur, que cet iguane ait mangé « autre chose que les particules imperceptibles qu'il lapait dans l'air (ces « particules étaient sûrement de très-petits insectes). Quand il se prome- « nait, il dardait fréquemment sa langue, comme le caméléon. La chair « de l'iguane est recherchée par beaucoup de gens, et lorsqu'elle est servie « en fricassée, elle est préférée à celle de la meilleure volaille. L'iguane « peut être aisément apprivoisé, quand il est jeune; il est alors un animal « aussi innocent que beau. » Histoire naturelle de la Jamaïque par Browne, Londres, 1756, page 462.

(3) Note communiquée par M. de la Borde.

avec lequel on poursuit cet animal doux et pacifique qui ne recherche que quelques feuilles inutiles ou quelques insectes malfaisants, qui n'a besoin pour son habitation que de quelques trous de rocher ou de quelques branches presque sèches, et que la nature a placé dans les grandes forêts pour en faire l'ornement. Sa chair est excellente à manger, surtout celle des femelles qui est plus tendre et plus grasse (1); les habitants de Bahama en faisaient même une espèce de commerce, ils le portaient en vie à la Caroline et dans d'autres contrées, ou ils le faisaient saler pour leur usage (2); dans certaines îles où ils sont rares, on les réserve pour les meilleures tables (3); et l'homme ne s'est jamais tant exercé à détruire les animaux nuisibles, qu'à faire sa proie de ceux qui peuvent flatter son appétit. D'ailleurs on trouve quelquefois dans le corps de l'iguane, ainsi que dans les crocodiles et dans les tupinambis, des concrétions semblables aux bézoards des quadrupèdes vivipares, et particulièrement à ceux que l'on a nommés bézoards occidentaux. M. Dombey a apporté de l'Amérique méridionale au Cabinet du Roi, un de ces bézoards d'iguane. Cette concrétion représente assez exactement la moitié d'un ovoïde un peu creux; elle est composée de couches polies, formées de petites aiguilles, et qui

---

(1) On dit que la chair de l'iguane est nuisible à ceux dont le sang n'est point pur, et M. de la Borde la croit difficile à digérer.

(2) Catesby, Histoire naturelle de la Caroline.

(3) Note communiquée par M. de la Borde.

présentent, comme d'autres bézoards, une espèce de cristallisation. Elle est convexe d'un côté et concave de l'autre; elle ne doit cependant pas être regardée comme la moitié d'un bézoard plus considérable, les couches qui la composent étant placées les unes au-dessus des autres sur les bords de la cavité, ainsi que sur la partie convexe. Le noyau, qui a servi à former ce bézoard, devait donc avoir à-peu-près la même forme que cette concrétion. La surface de la cavité qu'elle présente n'est point polie comme celle des parties relevées qui ont pu subir un frottement plus ou moins considérable. Le grand diamètre de ce bézoard est de quinze lignes, et le petit diamètre à-peu-près de quatorze.

Séba avait, dans sa collection, plusieurs bézoards d'iguanes, de la grosseur d'un œuf de pigeon, et d'un jaune cendré avec des taches foncées. Ces concrétions sont appelées *Beguan* par les Indiens, qui les estiment plus que beaucoup d'autres bézoards (1). Elles peuvent avoir été connues des anciens, l'iguane habitant dans les Indes orientales, ainsi qu'en Amérique; et comme cet animal n'a point été particulièrement indiqué par Aristote ni par Pline, et que les anciens n'en ont vraisemblablement parlé que sous le nom de *Lézard-vert*, ne pourrait-on pas croire que la pierre appelée par Pline *Sauritin*, à cause du mot *Saurus* (lézard), et que l'on regardait, du temps de ce

______

(1) Seba, vol. II, page 140.

naturaliste, comme se trouvant dans le corps d'un lézard-vert, n'est autre chose que le bézoard de l'iguane, et qu'elle n'était précieuse que parce qu'on lui attribuait les fausses propriétés des autres bézoards (1)? Ce qui confirme notre opinion à ce sujet, c'est que ce mot *Sauritin* n'a été appliqué par les anciens ni par les modernes à aucun autre corps, tant du règne animal que du règne minéral.

Les iguanes sont très-communs à Surinam, ainsi que dans les bois de la Guyane, aux environs de Cayenne (2), et dans la Nouvelle-Espagne. Ils sont assez rares aux Antilles, parce qu'on y en a détruit un grand nombre, à cause de la bonté de leur chair (3). On trouve aussi l'iguane dans l'ancien continent (4) en Afrique, ainsi qu'en Asie (5); il est partout confiné dans les climats chauds; ses couleurs varient suivant le sexe, l'âge et les diverses régions qu'il habite; mais il est toujours remarquable par ses habitudes, sa forme et l'émail de ses écailles.

---

(1) « Sauritin in ventre viridis lacerti arundine dissecti tradunt inveniri. » Pline, livre XXXVII, chapitre 67.

(2) Note communiquée par M. de la Borde.

(3) Idem.

(4) Il est bien reconnu maintenant que l'iguane qui fait l'objet de cet article est particulier aux contrées chaudes de l'Amérique. DESM. 1827.

(5) Auprès de la baie des Chiens marins, dans la Nouvelle-Hollande, le voyageur Dampier trouva des *Guanos* ou Iguanes, qui, lorsqu'on s'approchait d'eux, s'arrêtaient et sifflaient sans prendre la fuite. Voyage de Guillaume Dampier aux Terres australes, Amsterdam, 1705.

LE LÉZARD CORNU.

Iguana cornuta, Latr., Merr.; *Lacerta cornuta*, Bonn.

CE lézard, qui se trouve à Saint-Domingue, a les plus grands rapports avec l'Iguane; il lui ressemble par la grandeur, par les proportions du corps, des pates et de la queue, par la forme des écailles, par celle des grandes pièces écailleuses, qui forment sur son dos et sur la partie supérieure de sa queue, une crête semblable à celle de l'iguane. Sa tête est enfoncée comme celle de ce dernier lézard; elle montre également sur les côtés des tubercules très-gros, très-saillants, et finissant en pointe (1). Les dents ont leurs bords divisés en plusieurs petites pointes, comme celles des iguanes un peu gros. Mais le lézard cornu diffère de l'iguane, en ce qu'il n'a pas sous la gorge une grande poche garnie d'une membrane, et d'une sorte de crête écailleuse. D'ailleurs la partie supérieure de sa tête présente, entre les narines et les yeux, quatre tubercules de nature écailleuse, assez gros et placés au-devant d'une corne

---

(1) J'ai vu deux lézards cornus; l'un de ces deux individus n'avait pas de gros tubercules sur les côtés de la tête.

osseuse, conique, et revêtue d'une écaille d'une seule pièce (1). L'amateur distingué qui a bien voulu nous donner un lézard de cette espèce ou variété, nous a assuré qu'on la trouvait en très-grand nombre à Saint-Domingue. Nous avons nommé ce lézard le Cornu, jusqu'à ce que de nouvelles observations aient prouvé qu'il forme une espèce distincte, ou qu'il n'est qu'une variété de l'iguane. M. l'abbé Bonnaterre, qui nous a le premier indiqué ce lézard, se propose d'en publier la figure et la description dans l'Encyclopédie méthodique.

LE BASILIC[1].

Basilicus mitratus, Daud., Merr.; *Lacerta Basilicus*, Linn.; *Basilicus americanus*, Laur.; *Iguana Basilicus*, Latr.

L'ERREUR s'est servie de ce nom de Basilic, pour désigner un animal terrible, qu'on a tantôt re-

---

(1) L'un des deux lézards cornus que j'ai examinés et qui font maintenant partie de la collection du Roi, a trois pieds sept pouces de longueur totale, et sa corne est haute de six lignes.

(2) Le Basilic. M. Daubenton, Encyclopédie méthodique.

Lacerta Basilicus 25, Linn., Amphib. rept.

Dragon d'Amérique, amphibie qui vole, Basilic. Séba. 1, planche 100, figure 1.

Basilicus americanus, 75. Laurenti specimen medicum.

présenté comme un serpent, tantôt comme un petit dragon, et dont le regard perçant donnait la mort. Rien de plus fabuleux que cet animal, au sujet duquel on a répandu tant de contes ridicules, qu'on a doué de tant de qualités merveilleuses, et dont la réputation sert encore à faire admirer entre les mains des charlatans, par un peuple ignorant et crédule, une peau de raie desséchée, contournée d'une manière bizarre, et que l'on décore du nom fameux de cet animal chimérique (1).

Nous ne conserverions pas ce nom de Basilic, dont on a tant abusé, à l'animal réel dont nous parlons, de peur que l'existence d'un lézard appelé Basilic ne pût faire croire à la vérité de quelques-unes des fables attachées à ce nom, si elles n'étaient aussi absurdes que risibles, si par là nous n'étions bien rassurés sur la croyance qu'on leur accorde, et d'ailleurs si ce nom de Basilic n'avait pas été donné au lézard dont il est question dans cet article, par tous les naturalistes qui s'en sont occupés.

Le lézard basilic habite l'Amérique méridionale; aucune espèce n'est aussi facile à distinguer, à

---

(1) « Le Basilic, que les charlatans et les saltimbanques exposent tous « les jours, avec tant d'appareil, aux yeux du public, pour l'attirer, et « lui en imposer, n'est qu'une sorte de petite raie, qui se trouve dans « la Méditerranée, et qu'on fait dessécher sous la bizarre configuration « qu'on y remarque. » Dictionnaire d'Histoire naturelle, par M. Valmont de Bomare.

cause d'une crête très-exhaussée qui s'étend depuis le sommet de la tête jusqu'au bout de la queue, et qui est composée d'écailles en forme de rayons, un peu séparées les unes des autres. Il a d'ailleurs une sorte de capuchon qui couronne sa tête; et c'est de là que lui vient son nom de *Basilic*, qui signifie *petit roi*. Cet animal parvient à une taille assez considérable; il a souvent plus de trois pieds de longueur, en comptant celle de la queue. Ses doigts, au nombre de cinq à chaque pied, ne sont réunis par aucune membrane. Il vit sur les arbres, comme presque tous les lézards, qui, ayant les doigts divisés, peuvent y grimper avec facilité, et en saisir aisément les branches. Non seulement il peut y courir assez vite, mais remplissant d'air son espèce de capuchon, déployant sa crête, augmentant son volume, et devenant par là plus léger, il saute et voltige, pour ainsi dire, avec agilité, de branche en branche. Son séjour n'est cependant pas borné au milieu des bois; il va à l'eau sans peine, et lorsqu'il veut nager il enfle également son capuchon, et étend ses membranes.

La crête qui distingue le basilic, et qui peut lui servir d'une petite arme défensive, est encore pour lui un bel ornement. Bien loin de tuer par son regard, comme l'animal fabuleux dont il porte le nom, il doit être considéré avec plaisir, lorsque animant la solitude des immenses forêts de l'Amérique, il s'élance avec rapidité de branche en branche, ou bien lorsque dans une attitude de repos, et tempérant sa vivacité naturelle, il témoigne une sorte de satisfaction à ceux qui le regardent, se pare, pour ainsi dire, de sa couronne, agite mollement sa belle crête, la baisse, la relève, et par les différents reflets de ses écailles, renvoie aux yeux de ceux qui l'examinent, de douces ondulations de lumière.

LE PORTE-CRÊTE[1].

Basilicus amboinensis, Daud., Merr., Fitz; *Lacerta amboinensis*, Schlosser.

Nous conservons à ce lézard le nom de Porte-crête, qui lui a été donné par M. Daubenton. Cet animal présente en effet une crête qui s'étend depuis la tête jusqu'à l'extrémité de la queue. Le plus souvent elle est composée sur le dos de soixante-dix petites écailles plates, longues et pointues; et, à l'origine de la queue, elle s'élève et représente une

---

(1) *Bin jawacok jangur eckor*, par les Malaies, suivant M. Horustedt. Le Porte-crête. M. Daubenton, Encyclopédie méthodique.

Lacerta amboinensis. Schlosser de Lacerta amboinensi, Amsterdam, 1778, in-4°. (L'individu, décrit par M. Schlosser, fut acheté par feu M. le baron de Géer, et appartenait, en 1785, à l'Académie de Stockolm.)

nageoire très-longue, très-large, formée de quatorze ou quinze rayons cartilagineux, et garnie à
son bord supérieur de petites écailles aiguës, pen-
chées souvent en arrière. C'est dans l'île d'Amboine
et dans l'île de Java (1) qu'on trouve le porte-crête.
M. Schlosser est le premier naturaliste qui en ait
parlé (2). Ce lézard est dans l'Asie le représentant
du basilic qui habite le nouveau continent; il a
aussi de grands rapports avec la dragonne et les
autres grands lézards à queue comprimée, dont
le dos paraît dentelé, en ce que sa tête est presque quadrangulaire, aplatie, revêtue de tubercules et de grandes écailles : il a les yeux grands,
et les narines élevées; les ouvertures des oreilles
laissent voir la membrane nue du tympan; le dessous de la tête présente une sorte de poche aplatie et très-plissée, à laquelle on a donné le nom
de collier. La langue est épaisse, charnue et légèrement fendue; les dents sont serrées, pointues,
et d'autant plus grandes qu'elles sont plus éloignées du devant des mâchoires, où l'on en rencontre huit en haut et six en bas arrondies, courtes,
aiguës, tournées obliquement en dehors, et séparées par un petit intervalle, des plus grosses ou
des molaires (3). Le porte-crête en a ainsi de deux

---

(1) M. Hornstedt. Mémoires de l'Académie des Sciences de Stockholm,
année 1785, trim. 2 , page 130.

(2) Schlosser, ouvrage déja cité.

(3) M. Hornstedt. Mémoires à l'endroit déja cité.

sortes, comme la dragonne à laquelle il ressemble encore par la forme et la disposition des doigts.

Les cinq doigts de chaque pied sont garnis d'ongles, et présentent de chaque côté un rebord aigu, dentelé comme une scie. La queue est près de trois fois plus longue que le corps. La couleur de la tête et du collier est verdâtre, avec des lignes blanches; la crête et le dos sont d'un fauve plus ou moins foncé; le ventre est d'un gris blanchâtre, et chaque côté du corps présente des taches ou bandes blanches, qui s'étendent jusque sur les pieds; il paraît que, dans plusieurs individus, la couleur générale du porte-crête est verdâtre, avec des raies noires, et le ventre blanchâtre (1). Le mâle diffère de la femelle par une crête beaucoup plus élevée, et par des couleurs plus vives.

Ce lézard n'est pas seulement beau; il est assez grand, puisqu'il a quelquefois trois ou quatre pieds de long; sa gueule et ses doigts sont bien armés; son dos et sa queue présentent une sorte de défense; ses pieds, conformés de manière à lui permettre de grimper sur les arbres, laissent moins de ressources à sa proie pour lui échapper; sa tête tuberculeuse et garnie de grandes écailles paraît être à l'abri des blessures; d'après tous ces attributs, on croirait que le porte-crête est vorace, carnassier et dangereux pour plusieurs petits ani-

----

(1) **M. Hornstedt**, à l'endroit déja cité.

maux. Mais nous avons encore ici un exemple de
la réserve avec laquelle on doit juger de l'ensemble
du naturel, d'après les caractères particuliers de
la conformation extérieure, tant l'organisation interne, et même un concours de circonstances
locales plus ou moins constantes, agissent quelquefois avec force sur les habitudes.

Le porte-crête habite de préférence sur le bord
des grands fleuves : mais ce n'est point en embuscade qu'on l'y trouve : il ne fait point la guerre
aux animaux plus faibles que lui : il se nourrit
tout au plus de quelques petits vers : il passe tran-
quillement sa vie sur les rives peu fréquentées ;
il dépose ses œufs sur les bancs de sable et les
petites îles, comme s'il cherchait à les y mettre
en sûreté : il grimpe sur les arbres qui s'élèvent
au bord de l'eau, et y cherche en paix les fruits
et les graines dont il fait sa principale nourriture.
Il n'a donc usé presque jamais de toute sa force,
qui peut-être même n'est pas très-considérable :
aussi s'alarme-t-il aisément. Il fuit au moindre bruit
sans chercher à se défendre, comme si l'habitude
de la défense tenait le plus souvent à celle de
l'attaque. Il se jette dans l'eau lorsqu'il redoute
quelque ennemi ; il nage avec d'autant plus de
vitesse, que la membrane élevée de sa queue lui
sert à frapper l'eau avec facilité ; et il se cache à
la hâte sous les roches.

Les fruits dont ce lézard se nourrit lui donnent
un naturel doux et paisible, et communiquent à

sa chair une saveur supérieure à celle qu'elle aurait, s'il choisissait un aliment moins pur. Malheu-
reusement pour cet innocent lézard, le bon goût
de sa chair, qu'on dit être préférable à celle de
l'iguane, est assez connu des habitants des contrées qu'il habite, pour qu'on le poursuive jusqu'au milieu des eaux et sous les roches avancées
qui lui servent de dernier asile. Il s'y laisse même
prendre à la main, sans jeter aucun cri, sans faire
le moindre mouvement pour se défendre. Cette
espèce d'abandon de sa vie ne provient peut-être
que du naturel tranquille de cet animal frugivore,
qui n'a jamais essayé ses armes, ni senti tout ce
qu'il peut pour sa conservation. On a cependant
donné à sa douceur le nom de stupidité; mais
combien de fois n'a-t-on pas désigné, par un nom
de mépris, les qualités paisibles et peu brillantes!

LE GALÉOTE [1].

Calotes (Agama) Ophiomachus, Merr.; *Lacerta Calotes*, Linn.;
Agama Calotes, Daud.; le GALÉOTE COMMUN, Cuv.

***

CE lézard a, depuis la tête jusqu'au milieu du
dos, une crête produite par des écailles séparées
l'une de l'autre, grandes, minces et terminées en
pointe. Quelques écailles semblables s'élèvent d'ailleurs vers le derrière de la tête, au-dessous des
ouvertures des oreilles. Mais cette crête hérissée
ne s'étend pas sur la gorge, et depuis le sommet
de la tête jusqu'à l'extrémité de la queue, comme
dans l'iguane. Toutes les autres écailles qui revêtent le Galéote, présentent une arête saillante et
aiguë, qui le fait paraître couvert d'une multitude
de stries disposées dans le sens de sa longueur.

La tête est aplatie, très-large par derrière, et

---

(1) Par les Grecs, *Kolotes* et *Askalabotes*.
Par les Latins, *Ophiomachus*.
Le Galéote. M. Daubenton, Encyclopédie méthodique.
Galiote. Dictionnaire d'Histoire naturelle, par M. Valmont de Bomare.
Séba. I. Tab. 89, fig. 2; tab. 93, fig. 2; tab. 95, fig. 3, 4. Tome II,
tab. 76, fig. 5.
Iguana Calotes, 73. Laurenti specimen medicum.
Iguana chalcidica, 69. Idem, ibidem.
Lacerta Calotes, 27. Linn., Amphib. rept.
Edwards, av. 74, t. 245.

assez semblable par là à celle du caméléon ; les yeux sont gros ; les ouvertures des oreilles grandes ; la gorge est un peu renflée, ce qui lui donne un petit trait de ressemblance avec l'iguane ; les pates sont assez longues, ainsi que les doigts qui sont très-séparés les uns des autres ; le dos des ongles est noir. La queue est effilée et plus de trois fois aussi longue que le corps. L'individu que nous avons décrit, et qui est conservé au Cabinet du Roi, a trois pouces dix lignes, depuis le bout du museau jusqu'à l'anus ; la queue a quatorze pouces de longueur. Quelquefois la couleur du dos est azurée, et celle du ventre blanchâtre.

Le galéote se trouve dans les contrées chaudes de l'Asie, particulièrement dans l'île de Ceylan, en Arabie, en Espagne, etc., il court dans les maisons et sur les toits, où il donne la chasse aux araignées : on prétend même qu'il est assez fort pour faire sa proie de petits rats, contre les dents desquels il pourrait être un peu défendu par ses écailles aiguës et par la crête qui règne le long de son dos. Ce qui est bien certain, c'est que ses longs doigts très-divisés doivent lui donner beaucoup de facilité pour se cramponner sur les toits, et y poursuivre les rats et les araignées. Il se bat contre les petits serpents, ainsi que le lézard vert et plusieurs autres lézards.

L'AGAME[1].

Calotes (*Agama*) *colonorum*, Merr., Fitz; *Agama colonorum*, Daud.; *Lacerta Agama*, Linn.; l'AGAME DES COLONS, Cuv.

ON trouve en Amérique un lézard qui a beaucoup de rapports avec le galéote. Le derrière de la tête et le cou sont garnis d'écailles aiguës. Celles qui couvrent le dessus du corps, et surtout celles qui revêtent la queue, sont relevées en carêne et terminées par une épine, ce qui donne une forme anguleuse à la queue, qui d'ailleurs est menue et longue. Le dos présente, vers sa partie antérieure, une crête composée d'écailles droites, plates et aiguës. Le dessous de la gueule est couvert d'une peau lâche, en forme de petit fanon. Ce qui le distingue principalement du galéote, avec lequel il est aisé de le confondre, c'est que ses couleurs paraissent plus pâles, que son ventre semble moins strié, et que les écailles qui garnissent le derrière de la tête sont comme renversées et tournées vers le museau. Le mâle ne

---

(1) L'Agame. M. Daubenton, Encyclopédie méthodique.
Lacerta Agama, 28. Linn., Amphib. rept.
Gronov. Zooph. 13, N. 54.
Séba. Tome 1, planche 107, fig. 3.
Iguana cordylina, 67 ; et *Iguana salamandrina*, 68. Laurenti specimen medicum.

diffère de la femelle qu'en ce que sa crête est composée d'écailles plus grandes, et se prolonge davantage sur le dos. D'ailleurs il n'y a point d'épines latérales sur le cou de la femelle; mais on en voit de très-petites sur les côtés du corps, et celles qui défendent la queue et les parties antérieures du dos sont plus aiguës que sur le mâle. Suivant Séba, ce lézard se plaît au milieu des eaux. Nous présumons que c'est à cette espèce qu'il faut rapporter le lézard représenté dans l'ouvrage de Sloane, *planche* 273, *figure* 2 (1), ainsi que celui que Browne a dit être commun à la Jamaïque, et dont il fait une cinquième espèce (2). Nous croyons devoir encore regarder, comme un Agame, le lézard bleu d'Edwards (3); et ces trois

---

(1) *Lacertus major è viridi cinereus, dorso crista breviori donato.* Ce lézard se trouve en très-grand nombre dans les bois de la Jamaïque; il diffère très-peu du *Guana* (Iguane); mais il est plus petit, sa couleur est plus verte, et il a, le long du dos, une crête plus courte. Il pond des œufs moins gros que les œufs de pigeon. Sloane, vol. II, page 333.

(2) *Lacerta, 5 minor viridis cauda squamis erectis cristata.* The Guana lizard; and blue lizard of Edwards. Ce lézard est très-commun à la Jamaïque; il paraît en général d'un beau vert; mais sa couleur change suivant sa position, ainsi que celle des animaux de son genre; il semble même qu'elle est plus variable que celle des autres lézards, et qu'elle prend plutôt les différentes nuances qu'elle présente, suivant l'endroit où il se trouve. Son corps est couvert d'écailles légères; mais celles qui sont au-dessus de la queue, sont relevées et forment une petite crête qui a quelques rapports avec celle du *Guana* (Iguane); sa longueur excède rarement neuf ou dix pouces; il est très-doux. Browne, page 463.

(3) « Le lézard bleu est fort particulier, à cause de la structure de ses « doigts, qui ont de petites membranes qui s'étendent de chaque côté, « non pas de la nature de celles que les oiseaux aquatiques ont aux pates;

lézards ne nous paraissent être tout au plus que des variétés de celui dont il est question dans cet article.

« mais plutôt comme certaines sortes de mouches en ont, qui agissent par « voie de succion : ainsi, je conçois que cès membranes leur servent à se « tenir et à marcher sur la surface unie des grandes feuilles des arbres « et des plantes : il a une petite élévation sur le dos, en forme de sillon « qui règne tout du long, jusqu'à la queue, où elle devient dentelée : « tout le déssus du corps est bleuâtre, varié transversalement de nuances « plus claires et plus foncées : le dessous en est d'une couleur de chair « pâle. » Glanures d'Histoire naturelle, par Edwards, page 74, pl. 245. Le lézard, décrit par Edwards, ayant été apporté dans de l'esprit-de-vin, de l'île de Nevis, dans les Indes occidentales, il ne serait pas surprenant que sa couleur eût été altérée, et de verte fût devenue bleue; j'ai vu souvent la couleur de plusieurs lézards conservés dans de l'esprit-de-vin, changer ainsi du vert au bleu.

TROISIÈME DIVISION.

LÉZARDS

DONT LA QUEUE EST RONDE, QUI ONT CINQ DOIGTS AUX PIEDS DE DEVANT, ET DES BANDES ÉCAILLEUSES SOUS LE VENTRE.

LE LÉZARD GRIS[1].

Lacerta agilis, Linn., Cuv., Merr.; *L. agilis* et *stirpium*, Daud.

LE lézard gris paraît être le plus doux, le plus innocent et l'un des plus utiles des lézards. Ce

[1] *Lagartija* et *Sargantana*, en Espagne.

Langrola, aux environs de Montpellier.

Le lézard gris. M. Daubenton, Encyclopédie méthodique.

Le lézard gris, le lézard ordinaire ou commun, *Lacerta terrestris*. M. Valmont de Bomare, Dictionnaire d'Histoire naturelle.

Lacerta agilis, 15. Linn., Amphib. rept.

George Edwards. Glanures d'Histoire naturelle, Londres, 1764. Seconde partie, chapitre XV, planche 225. *The little Browne lizard.*

Séba, 2. Table 79, figure 5.

Lacerta agilis. Ichthyologia cum amphibiis regni Borussici, à Joh. Christ. Wulff.

Seps Argus 105, *Seps muralis* 106, *Seps terrestris* 107, *Seps cærulescens* 109. Laurenti specimen medicum.

joli petit animal, si commun dans le pays où nous écrivons, et avec lequel tant de personnes ont joué dans leur enfance, n'a pas reçu de la nature un vêtement aussi éclatant que plusieurs autres quadrupèdes ovipares ; mais elle lui a donné une parure élégante ; sa petite taille est svelte ; son mouvement, agile ; sa course si prompte, qu'il échappe à l'œil aussi rapidement que l'oiseau qui vole. Il aime à recevoir la chaleur du soleil ; ayant besoin d'une température douce, il cherche les abris ; et lorsque, dans un beau jour de printemps, une lumière pure éclaire vivement un gazon en pente ou une muraille qui augmente la chaleur en la réfléchissant, on le voit s'étendre sur ce mur ou sur l'herbe nouvelle avec une espèce de volupté. Il se pénètre avec délices de cette chaleur bienfaisante ; il marque son plaisir par de molles ondulations de sa queue déliée ; il fait briller ses yeux vifs et animés ; il se précipite comme un trait pour saisir une petite proie, ou pour trouver un abri plus commode. Bien loin de s'enfuir à l'approche de l'homme, il paraît le regarder avec complaisance : mais, au moindre bruit qui l'effraie, à la chute seule d'une feuille, il se roule, tombe et demeure pendant quelques instants comme étourdi par sa chute ; ou bien, il s'élance, disparaît, se trouble, revient, se cache de nouveau, reparaît encore, décrit en un instant plusieurs circuits tortueux que l'œil a de la peine à suivre, se replie plusieurs fois sur lui-même, et se retire enfin dans quelque asile jusqu'à ce que sa crainte soit dissipée (1).

Sa tête est triangulaire et aplatie; le dessus est couvert de grandes écailles, dont deux sont situées au-dessus des yeux, de manière à représenter quelquefois des paupières fermées. Son petit museau arrondi présente un contour gracieux; les ouvertures des oreilles sont assez grandes; les deux mâchoires égales et garnies de larges écailles; les dents fines, un peu crochues, et tournées vers le gosier.

Il a à chaque pied cinq doigts déliés et garnis d'ongles recourbés, qui lui servent à grimper aisément sur les arbres et à courir avec agilité le long des murs; et ce qui ajoute à la vitesse avec laquelle il s'élance, même en montant, c'est que les pates de derrière, ainsi que dans tous les lézards, sont un peu plus longues que celles de devant. Le long de l'intérieur des cuisses règne un petit cordon de tubercules, semblables, par leur forme, à ceux que nous avons remarqués sur l'iguane : le nombre de ces petites éminences varie, et on en compte quelquefois plus de vingt.

Tout est délicat et doux à la vue dans ce petit lézard. La couleur grise que présente le dessus de son corps est variée par un grand nombre de taches blanchâtres et par trois bandes presque

______

(1) C'est principalement dans les pays chauds que le lézard gris est très-agile, et qu'il exécute les divers mouvements que nous venons de décrire.

noires qui parcourent la longueur du dos; celle
du milieu est plus étroite que les deux autres.
Son ventre est peint de vert, changeant en bleu;
il n'est aucune de ses écailles dont le reflet ne
soit agréable; et pour ajouter à cette simple mais
riante parure, le dessous du cou est garni d'un
collier composé d'écailles, ordinairement au nombre de sept, un peu plus grandes que les voisines,
et qui réunissent l'éclat et la couleur de l'or. Au
reste, dans ce lézard, comme dans tous les autres, les teintes et la distribution des couleurs
sont sujettes à varier suivant l'âge, le sexe et le
pays : mais le fond de ces couleurs reste à-peu-
près le même (1). Le ventre est couvert d'écailles
beaucoup plus grandes que celles qui sont au-
dessus du corps; elles y forment des bandes transversales, ainsi que dans tous les lézards que nous
avons compris dans la troisième division.

Il a ordinairement cinq ou six pouces de long
et un demi-pouce de large : et quelle différence
entre ce petit animal et l'énorme crocodile! Aussi
ce prodigieux quadrupède ovipare n'est-il presque
jamais aperçu qu'avec effroi, tandis qu'on voit
avec intérêt le petit lézard gris jouer innocemment parmi les fleurs avec ceux de son espèce,
et, par la rapidité de ses agréables évolutions,
mériter le nom d'agile que Linnée lui a donné.
On ne craint point ce lézard doux et paisible; on

____

(1) Nous avons décrit le lézard gris, d'après des individus vivants.

l'observe de près ; il échappe communément avec rapidité lorsqu'on veut le saisir ; mais lorsqu'on l'a pris, on le manie sans qu'il cherche à mordre ; les enfants en font un jouet ; et, par une suite de la grande douceur de son caractère, il devient familier avec eux. On dirait qu'il cherche à leur rendre caresse pour caresse ; il approche innocemment sa bouche de leur bouche, il suce leur salive avec avidité, les anciens l'ont appelé l'*Ami de l'homme*, il aurait fallu l'appeler l'ami de l'enfance : mais cette enfance, souvent ingrate ou du moins trop inconstante, ne rend pas toujours le bien pour le bien à ce faible animal ; elle le mutile ; elle lui fait perdre une partie de sa queue très-fragile, et dont les tendres vertèbres peuvent aisément se séparer (1).

(1) « M. Marchand a remarqué, dans les Mémoires de l'Académie « royale des Sciences, année 1718, que ces animaux avaient quelquefois « deux queues, et c'est ce que Pline et plusieurs autres avaient déja ob- « servé avant lui. On en trouve quelquefois de tels en Portugal ; mais « comme rien n'est plus commun, dans ce pays-là, que de voir les enfants « les tourmenter de toutes sortes de façons, peut-être arrive-t-il que « leur ayant fendu la queue suivant sa longueur, chacune des portions « s'arrondit, et devient une queue complète ; car il est très-ordinaire « que si toute leur queue, ou seulement une partie se perd par quelque « accident, elle recroisse d'elle-même ; j'en ai vu une infinité d'exemples ; « et c'est là une perte à laquelle ils sont exposés tous les jours, lors même « qu'ils ne font que jouer entre eux ; car les petites vertèbres osseuses, « qui forment leur queue, sont très-fragiles, et se séparent aisément les « unes des autres : aussi voit-on très-souvent des queues de toutes sortes de « longueurs à des lézards, qui sont d'ailleurs de même taille. Au reste, « M. Marchand nous apprend qu'ayant voulu être témoin de cette pro- « duction, l'expérience ne lui a pas réussi, sans qu'il ait pu découvrir à

Cette queue qui va toujours en diminuant de grosseur, et qui se termine en pointe, est à-peu-près deux fois aussi longue que le corps : elle est tachetée de blanc et d'un noir peu foncé, et les petites écailles qui la couvrent forment des anneaux assez sensibles, souvent au nombre de quatre-vingts. Lorsqu'elle a été brisée par quelque accident, elle repousse quelquefois ; et suivant qu'elle a été divisée en plus ou moins de parties, elle est remplacée par deux et même quelquefois par trois queues plus ou moins parfaites, dont une seule renferme des vertèbres ; les autres ne contiennent qu'un tendon (1).

Le tabac en poudre est presque toujours mortel pour le lézard gris : si l'on en met dans sa bouche, il tombe en convulsion et le plus souvent il meurt bientôt après. Utile autant qu'agréable, il se nourrit de mouches, de grillons, de sauterelles, de vers de terre, de presque tous les insectes qui détruisent nos fruits et nos grains ; aussi serait-il très-avantageux que l'espèce en fût plus multipliée ; à mesure que le nombre des lézards gris s'accroîtrait, nous verrions diminuer les ennemis de nos jardins ; ce serait alors qu'on aurait raison

---

« quoi il en tenait. Suivant lui, cette nouvelle queue est une espèce de « tendon, et n'est point formée par des vertèbres cartilagineuses, comme « la vieille. » Nouvelles observations microscopiques, par M. Needham, page 141.

(1) Continuation de la matière médicale de Geoffroi, tome XII, pages 78 et suiv. Mémoire de M. Marchand, dans ceux de l'Académie des Sciences, année 1718.

de les regarder, ainsi que certains Indiens les con-
sidèrent, comme des animaux d'heureux augure,
et comme des signes assurés d'une bonne fortune.

Pour saisir les insectes dont ils se nourrissent,
les lézards gris dardent avec vitesse une langue
rougeâtre, assez large, fourchue et garnie de petites aspérités à peine sensibles, mais qui suffisent
pour les aider à retenir leur proie ailée (1). Comme
les autres quadrupèdes ovipares, ils peuvent vivre
beaucoup de temps sans manger, et on en a gardé
pendant six mois dans une bouteille, sans leur
donner aucune nourriture, mais aussi sans leur
voir rendre aucun excrément (2).

Plus il fait chaud, et plus les mouvements du
lézard gris sont rapides : à peine les premiers
beaux jours du printemps viennent-ils réchauffer
l'atmosphère, que le lézard gris, sortant de la
torpeur profonde que le grand froid lui fait éprouver, et renaissant, pour ainsi dire, à la vie avec
les zéphirs et les fleurs, reprend son agilité et
recommence ses espèces de joutes, auxquelles il
allie des jeux amoureux. Dès la fin d'avril, il
cherche sa femelle : ils s'unissent ensemble par
des embrassements si étroits, qu'on a peine à les
distinguer l'un de l'autre ; et s'il faut juger de
l'amour par la vivacité de son expression, le lézard gris doit être un des plus ardents des quadrupèdes ovipares.

____

(1) Needham, observations microscopiques.
(2) Séba, vol. II, page 84.

La femelle ne couve pas ses œufs qui sont presque ronds, et n'ont pas quelquefois plus de cinq lignes de diamètre. Mais comme ils sont pondus dans le temps où la température commence à être très-douce, ils éclosent par la seule chaleur de l'atmosphère, avec d'autant plus de facilité, que la femelle a le soin de les déposer dans les abris les plus chauds, et, par exemple, au pied d'une muraille tournée vers le midi.

Avant de se livrer à l'amour et de chercher sa femelle, le lézard gris se dépouille comme les autres lézards; ce n'est que revêtu d'une parure plus agréable et d'une force nouvelle, qu'il va satisfaire les désirs que lui inspire le printemps. Il se dépouille aussi lorsque l'hiver arrive; il passe tristement cette saison du froid dans des trous d'arbres ou de muraille, ou dans quelques creux sous terre : il y éprouve un engourdissement plus ou moins grand, suivant le climat qu'il habite et la rigueur de la saison; et il ne quitte communément cette retraite que lorsque le printemps ramène la chaleur. Cet animal ne conserve cependant pas toujours la douceur de ses habitudes. M. Edwards rapporte, dans son Histoire naturelle, qu'il surprit un jour un lézard gris attaquant un petit oiseau qui réchauffait dans son nid des petits nouvellement éclos. C'était contre un mur que le nid était placé. L'approche de M. Edwards fit cesser l'espèce de combat que l'oiseau soutenait pour défendre sa jeune famille; l'oiseau s'envola; le lézard se laissa tomber; il aurait peut-être, dit M. Edwards, dévoré les petits, s'il avait pu les tirer de leur nid (1). Mais ne nous pressons pas d'attribuer une méchanceté qui peut n'être qu'un défaut individuel, et ne dépendre que de circontances passagères, à une espèce faible que l'on a reconnue pour innocente et douce.

On a fait usage des lézards gris en médecine; on les a employés aux environs de Madrid dans des maladies graves (2): la Société royale a reçu des individus de l'espèce dont se servent les médecins espagnols; ils ont été examinés par MM. Daubenton et Mauduit (3), et un de ces lézards a été déposé au Cabinet du Roi : il ne diffère du lézard gris de nos provinces, que par des nuances de couleur très-légère, et qui sont la suite presque nécessaire de la diversité des climats de la France et de l'Espagne.

Il paraît qu'on doit regarder comme une variété du lézard gris, un petit lézard très-agile, et qui lui ressemble par la conformation générale du corps, par celle de la queue, par des écailles disposées sous la gorge en forme de collier, et par des tubercules placés sur la face intérieure

---

(1) Glanures d'Hist. nat., par George Edwards, chap. XV.

(2) On a vanté les propriétés des lézards gris, principalement contre les maladies de la peau, les cancers, les maux qui demandent que le sang soit épuré, etc. Voyez, à ce sujet, les avis et instructions publiés par la Société royale de Médecine de Paris.

(3) Histoire de la Société royale de Médecine, pour les années 1780 et 1781.

des cuisses. M. Pallas l'a appelé lézard *véloce* dans
le supplément latin du Voyage qu'il a publié en
langue russe. Ce petit lézard est d'une couleur
cendrée, rayée longitudinalement, semée de points
roux sur le dos, et bleuâtres sur les côtés, où
l'on voit aussi des taches noires. On le rencontre
parmi les pierres, auprès du lac d'Ind'erskoi, et
dans les lieux les plus déserts et les plus chauds;
il s'élance, suivant M. Pallas, avec la rapidité d'une
flèche.

ADDITION A L'ARTICLE DU LÉZARD GRIS.

M. de Sept-Fontaines, que nous avons déja cité
plusieurs fois, et qui ne cesse de concourir à
l'avancement de l'histoire naturelle, nous a communiqué l'observation suivante, relativement à la
reproduction des lézards gris. Le 17 juillet 1783,
il partagea un de ces animaux avec un instrument
de fer; c'était une femelle, et à l'instant il sortit
de son corps sept jeunes lézards, longs depuis
onze jusqu'à treize lignes, entièrement formés,
et qui coururent avec autant d'agilité que les lézards adultes. La portée était de douze; mais cinq
petits lézards avaient été blessés par l'instrument
de fer, et ne donnèrent que de légers signes de
vie.

M. de Sept-Fontaines avait bien voulu joindre
à sa lettre un lézard de l'espèce de la femelle sur

laquelle il avait fait son observation, et cet individu ne différait en rien des lézards gris que nous avons décrits.

On peut donc croire qu'il en est des lézards gris comme des salamandres terrestres; que quelquefois les femelles pondent leurs œufs, et les déposent dans des endroits abrités, ainsi que l'ont écrit plusieurs naturalistes, et que d'autres fois les petits éclosent dans le ventre de la mère.

LE LÉZARD VERT[1].

Lacerta ocellata, Merr., Cuv.; *L. viridis*, Bonn.; *L. viridis*, var. A., Latr.

LA nature, en formant le lézard vert, paraît avoir suivi les mêmes proportions que pour le

---

(1) Σαυρος Χλωρος, en grec.

Krauthun, aux environs de Vienne en Autriche.

Lagarto et *Fardacho*, en Espagne.

Lazer, aux environs de Montpellier.

Lézard Vert. M. Daubenton, Encyclopédie méthodique.

Rai, Synopsis Animalium Quadrupedum, page 264. *Lacertus viridis.* The green lizard.

Aldrov., Quadr. 634. *Lacertus viridis.*

Lacerta agilis (varietas B). Linn., Systema naturæ amphib. reptil. (Linnéus ne regarde le lézard Vert que comme une variété du lézard Gris; mais, indépendamment d'autres raisons, la grande différence qui se trouve entre les dimensions de ces deux lézards, et les observations

lézard gris; mais elle a travaillé d'après un module plus considérable. Elle n'a fait, pour ainsi dire, qu'agrandir le lézard gris, et le revêtir d'une parure plus belle.

C'est dans les premiers jours du printemps, que le lézard vert brille de tout son éclat, lorsque ayant quitté sa vieille peau, il expose au soleil son corps émaillé des plus vives couleurs. Les rayons qui rejaillissent de dessus ses écailles, les dorent par reflets ondoyants; elles étincellent du feu de l'émeraude; et si elles ne sont pas diaphanes comme les cristaux, la réflexion d'un beau ciel qui se peint sur ces lames luisantes et polies, compense l'effet de la transparence par un nouveau jeu de lumière. L'œil ne cesse d'être réjoui par le vert qu'offre le lézard dont nous écrivons l'histoire. Il se remplit, pour ainsi dire, de son éclat, sans jamais en être ébloui : autant la couleur de cet animal attire la vue par la beauté de ses reflets, autant elle l'attache par leur douceur. On dirait qu'elle se répand sur l'air qui l'environne, et qu'en s'y dégradant par des nuances insensibles, elle se fond de manière à ne jamais blesser, et à toujours enchanter par une variété

que nous avons faites plusieurs fois sur ces animaux vivants, ne nous permettent pas de les rapporter à la même espèce.

Lacertus viridis. Gesner, de Quadrup. ovip., page 35.

Séba, tome II, planche 4, fig. 4 et 5.

Lacerta viridis, Lacerta viridis punctis albis. Ichthyologia cum amphibiis regni Borussici, a Joh. Wulff.

Seps varius 110, *Seps viridis* 111. Laurenti specimen medicum.

agréable; séduisant également, soit qu'elle res-
plendisse avec mollesse au milieu de grands flots
de lumière, ou que ne renvoyant qu'une faible
clarté, elle présente des teintes aussi suaves que
délicates.

Le dessus du corps de ce lézard est d'un vert
plus ou moins mêlé de jaune, de gris, de brun,
et même quelquefois de rouge; le dessous est toujours plus blanchâtre. Les teintes de ce quadrupède ovipare sont sujettes à varier; elles pâlissent
dans certains temps de l'année, et surtout après
la mort de l'animal; mais c'est principalement dans
les climats chauds qu'il se montre avec l'éclat de
l'or et des pierreries; c'est-là qu'une lumière plus
vive anime ses couleurs et les multiplie. C'est
aussi dans ces pays moins éloignés de la zone
torride, qu'il est plus grand, et qu'il parvient
quelquefois jusqu'à la longueur de trente pouces (1). L'individu que nous avons décrit, et qui
a été envoyé de Provence au Cabinet du Roi, a
vingt pouces de longueur, en y comprenant celle
de la queue qui est presque égale à celle du corps
et de la tête; le diamètre du corps est de deux
pouces dans l'endroit le plus gros. Le dessus de
la tête, comme dans le lézard gris, est couvert
de grandes écailles arrangées symétriquement et
placées à côté l'une de l'autre. Les bords des mâ-

______

(1) Note communiquée par M. de la Tour d'Aygue, président à mor-
tier au parlement de Provence, et dont les lumières sont aussi connues
que son zèle pour l'avancement des sciences.

choires sont garnis d'un double rang de grandes écailles. Les ouvertures des oreilles sont ovales ; leur grand diamètre est de quatre lignes, et elles laissent apercevoir la membrane du tympan. L'espèce de collier qu'a le lézard vert, ainsi que le lézard gris, est formé dans l'individu envoyé de Provence au Cabinet du Roi, par onze grandes écailles. Celles qui couvrent le dos sont les plus petites de toutes ; elles sont hexagones, mais les angles en étant peu sensibles, elles paraissent presque rondes ; les écailles qui sont sur le ventre sont grandes, hexagones, beaucoup plus allongées, et forment trente demi-anneaux ou bandes tranversales.

Treize tubercules s'étendent le long de la face intérieure de chaque cuisse ; ils sont creux, et nous avons vu à leur extrémité un mamelon très-apparent, et qui s'élève au-dessus des bords de la petite cavité du tubercule dont il paraît sortir (1). La fente qui forme l'anus occupe une très-grande partie de la largeur du corps. La queue diminue de grosseur depuis l'origine jusqu'à la pointe ; elle est couverte d'écailles plus longues que larges, plus grandes que celles du dos, et qui forment ordinairement plus de quatre-vingt-dix anneaux.

La beauté du lézard vert fixe les regards de tous ceux qui l'aperçoivent ; mais il semble rendre attention pour attention ; il s'arrête lorsqu'il

---

(1) Voyez, à ce sujet, les ouvrages de **M.** Duvernay.

voit l'homme; on dirait qu'il l'observe avec complaisance, et qu'au milieu des forêts qu'il habite, il a une sorte de plaisir à faire briller à ses yeux, ses couleurs dorées, comme dans nos jardins le paon étale avec orgueil l'émail de ses belles plumes. Les lézards verts jouent avec les enfants, ainsi que les gris; lorsqu'ils sont pris, et qu'on les excite les uns contre les autres, ils s'attaquent et se mordent quelquefois avec acharnement (1).

Plus fort que le lézard gris, le vert se bat contre les serpents; il est rarement vainqueur; l'agitation qu'il éprouve et le bruit qu'il fait lorsqu'il en voit approcher, ne viennent que de sa crainte; mais on s'est plu à tout ennoblir dans cet être distingué par la beauté de ses couleurs; on a regardé ses mouvements comme une marque d'attention et d'attachement; et l'on a dit qu'il avertissait l'homme de la présence des serpents qui pouvaient lui nuire. Il recherche les vers et les insectes; il se jette avec une sorte d'avidité sur la salive qu'on vient de cracher, et Gesner a vu un lézard vert boire de l'urine des enfants. Il se nourrit aussi d'œufs de petits oiseaux, qu'il va chercher au haut des arbres où il grimpe avec assez de vitesse.

Quoique plus bas sur ses pattes que le lézard gris, il court cependant avec agilité, et part avec assez de promptitude pour donner un premier

---

(1) Gesner, Quadrup. ovipar., page 36.

mouvement de surprise et d'effroi, lorsqu'il s'é-
lance au milieu des broussailles ou des feuilles
sèches. Il saute très-haut; et comme il est plus
fort, il est aussi plus hardi que le lézard gris; il
se défend contre les chiens qui l'attaquent. L'habitude de saisir par l'endroit le plus sensible, et
par conséquent par les narines, les diverses espèces de serpents avec lesquelles il est souvent en
guerre, fait qu'il se jette au museau des chiens;
et il les y mord avec tant d'obstination, qu'il se
laisse emporter et même tuer plutôt que de des-
serrer les dents; mais il paraît qu'il ne faut point
le regarder comme venimeux, au moins dans les
pays tempérés, et qu'on lui a attribué faussement
des blessures mortelles ou dangereuses (1).

---

(1) « Un lézard vert (le lézard dont parle ici M. Laurenti, et qu'il a
« distingué par le nom latin de *Seps varius*, n'est qu'une variété du lé-
« zard vert) saisit un petit oiseau auprès de la gorge, et non seulement
« l'y blessa, mais même faillit à l'étouffer; l'oiseau guérit de lui-même,
« et le lendemain chanta comme à l'ordinaire.

« Le même animal mordit un pigeon avec beaucoup de colère; le sang
« coula de chacune des petites blessures que firent les dents du lézard;
« cependant le pigeon n'en mourut pas, quoiqu'il parût souffrir pendant
« quelques heures.

« Le lendemain, il mordit le même pigeon à la cuisse, emporta la
« peau, et fit une blessure assez grande; la plaie fut guérie et la peau
« revenue au bout de peu de jours.

« J'enlevai la peau de la cuisse d'un chien et d'un chat, je les fis
« mordre par le même lézard à l'endroit découvert; l'animal fit pénétrer
« son écume dans la blessure; le chien et le chat s'efforçaient de s'échap-
« per, et donnaient des signes de douleur; mais ils ne présentèrent
« d'ailleurs aucune marque d'incommodité, et leurs plaies ayant été
« cousues, furent bientôt guéries.

« Un lézard vert ordinaire mordit un pigeon à la cuisse droite, avec

Ses habitudes sont d'ailleurs assez semblables à celles du lézard gris; et ses œufs sont ordinairement plus gros que ceux de ce dernier.

Les Africains se nourrissent de la chair des lézards verts (1); mais ce n'est pas seulement dans les pays chauds des deux continents qu'on trouve ces lézards; ils habitent aussi les contrées très-tempérées, et même un peu septentrionales, quoiqu'ils y soient moins nombreux et moins grands (2). Ils ne sont point étrangers aux parties méridionales de la Suède (3), non plus qu'au Kamschatka, où malgré leur beauté, un préjugé superstitieux fait qu'ils inspirent l'effroi. Les Kamschadales les regardent comme des envoyés des puissances infernales; aussi s'empressent-ils, lorsqu'ils en rencontrent, de les couper par morceaux (4); et s'ils les laissent échapper, ils redoutent si fort le pouvoir des divinités dont ils les regardent comme les représentants, qu'à chaque instant ils croient

---

« tant de force qu'il emporta la peau, il saisit ensuite avec acharnement « les muscles mis à nu et ne les lâcha qu'avec peine. La peau fut cousue, « et le pigeon guérit aisément après avoir boité pendant un jour.

« Ce lézard vert mordit un jeune chien au bas-ventre; le sang ne coula « pas, et l'on ne remarqua pas d'ouverture à la peau; mais le chien poussa « d'horribles cris, et n'éprouva aucune incommodité. » Extrait des expériences faites en Autriche, au mois d'août, par M. Laurenti, Specimen medicum. Viennæ, 1768.

(1) Gesner, de Quadrup. ovip., page 37.

(2) Rai, à l'endroit déja cité.

(3) M. Linnée.

(4) Troisième Voyage du capitaine Cook; traduit de l'anglais. Paris, 1782, page 478.

qu'ils vont mourir, et meurent même quelque-fois, disent quelques voyageurs, à force de le craindre.

On trouve, aux environs de Paris, une variété du lézard vert, distinguée par une bande qui règne depuis le sommet de la tête jusqu'à l'extrémité de la queue, et qui s'étend un peu au-dessus des pates, surtout de celles de derrière. Cette bande est d'un gris-fauve, tachetée d'un brun foncé, parsemée de points jaunâtres, et bordée d'une petite ligne blanchâtre. Nous avons examiné deux individus vivants de cette variété; ils paraissaient jeunes, et cependant ils étaient déja de la taille des lézards gris qui ont atteint presque tout leur développement.

En Italie, on a donné au lézard vert le nom de *Stellion*, que l'on a aussi attribué à la salamandre terrestre, ainsi qu'à d'autres lézards. C'est à cause des taches de couleurs plus ou moins vives, dont est parsemé le dessus du corps de ces animaux, et qui les font paraître comme étoilés, qu'on leur a transporté un nom que nous réservons uniquement avec M. Linnée, et le plus grand nombre des naturalistes, à un lézard d'Afrique, très-différent du lézard vert, et qui a toujours été appelé *Stellion* (1).

____

(1) On trouve, dans la description du muséum de Kircher, une notice et une figure relatives à un lézard pris dans un bois des Alpes, et appelé *Stellion d'Italie*, qui nous paraît être une variété du lézard vert. Rerum naturalium Historia, existentium in musæo Kirkeriano, Rome, 1773, page 40. *Stellion d'Italie.*

Nous plaçons ici la notice d'un lézard (1) que l'on rencontre en Amérique, et qui a quelques rapports avec le lézard vert. Catesby en a parlé sous le nom de lézard vert de la Caroline; Rochefort, et après lui Rai, l'ont désigné par celui de Gobe-mouche. Ce joli petit animal n'a guère que cinq pouces de long (2); quelques individus même de cette espèce, et les femelles surtout, n'ont que la longueur et la grosseur du doigt; mais, s'il est inférieur par sa taille à notre lézard vert, il ne lui cède pas en beauté. La plupart de ces gobe-mouches sont d'un vert très-vif; il y en a qui paraissent éclatants d'or et d'argent; d'autres sont d'un vert doré, ou peints de diverses couleurs aussi brillantes qu'agréables. Ils deviennent très-utiles en délivrant les habitations des mouches, des ravets et des autres insectes nuisibles. Rien n'approche de l'industrie, de la dextérité, de l'agilité avec lesquelles ils les cherchent, les poursuivent et les saisissent. Aucun animal n'est plus patient que ces charmants petits lézards : ils

---

(1) *Oulla ouna*, par les Caraïbes *.

Rochefort, Histoire des Antilles. Gobe-mouche.

Rai, Synopsis Quadrupedum, page 269.

Catesby, Histoire naturelle de la Caroline, vol. II, page 65. *Lacertus viridis carolinensis.*

Voyez, dans le Dictionnaire de M. de Bomare, l'article du Lézard Gobe-mouche.

(2) Catesby, à l'endroit déja cité.

* Selon Daudin, l'*Oulla ouna* des Caraïbes ou *Gobe-mouche* des colons, n'est autre que l'*Anolis principalis* ou le *bullaris*. Voyez ci-avant le *Large-doigt*, page 251. DESM. 1827.

demeurent quelquefois immobiles pendant une demi-journée, en attendant leur proie; dès qu'ils la voient, ils s'élancent comme un trait, du haut des arbres, où ils se plaisent à grimper. Les œufs qu'ils pondent sont de la grosseur d'un pois; ils les couvrent d'un peu de terre, et la chaleur du soleil les fait éclore. Ils sont si familiers, qu'ils entrent hardiment dans les appartements; ils courent même partout si librement, et sont si peu craintifs, qu'ils montent sur les tables pendant les repas; et s'ils aperçoivent quelque insecte, ils sautent sur lui, et passent, pour l'atteindre, jusque sur les habits des convives; mais ils sont si propres et si jolis, qu'on les voit sans peine traverser les plats et toucher les mets (1). Rien ne manque donc au lézard gobe-mouche pour plaire; parure, beauté, agilité, utilité, patience, industrie, il a tout reçu pour charmer l'œil et intéresser en sa faveur. Mais il est aussi délicat que richement coloré; il ne se montre que pendant l'été aux latitudes un peu élevées, et il y passe la saison de l'hiver dans des crevasses et des trous d'arbres où il s'engourdit (2). Les jours chauds et sereins qui brillent quelquefois pendant l'hiver, le raniment au point de le faire sortir de sa retraite; mais le froid revenant tout d'un coup le rend si faible, qu'il n'a pas la force de rentrer dans son asile, et qu'il succombe

(1) Rai, à l'endroit déja cité.
(2) Catesby, à l'endroit déja cité.

à la rigueur de la saison. Quelque agile qu'il soit, il n'échappe, qu'avec beaucoup de peine, à la poursuite des chats et des oiseaux de proie. Sa peau ne peut cacher entièrement les altérations intérieures qu'il subit ; sa couleur change comme celle du caméléon, suivant l'état où il se trouve, ou, pour mieux dire, suivant la température qu'il éprouve. Dans un jour chaud, il est d'un vert brillant ; et, si le lendemain il fait froid, il paraît d'une couleur brune. Aussi, lorsqu'il est mort, l'éclat et la fraîcheur de ses couleurs disparaissent, et sa peau devient pâle et livide (1).

Les couleurs se ternissent et changent ainsi dans plusieurs autres espèces de lézards ; c'est ce qui produit cette grande diversité dans les descriptions des auteurs qui se sont trop attachés aux couleurs des quadrupèdes ovipares, et c'est ce qui a répandu une grande confusion dans la nomenclature de ces animaux. Il y a quelque ressemblance entre les habitudes du gobe-mouche, et celles d'un autre petit lézard du Nouveau-Monde, auquel on a donné le nom d'*Anolis*, qu'on a appliqué aussi à beaucoup d'autres lézards. Nous rapportons ce dernier au goîtreux qui vit dans les mêmes contrées (2). Comme nous n'avons pas vu le gobe-mouche, nous ne savons si l'on ne devrait pas le regarder de même, comme

---

(1) Catesby, à l'endroit déja cité.
(2) Voyez l'article *du Goîtreux*.

de la même espèce que le goîtreux, au lieu de le considérer comme une variété du lézard vert.

M. François Cetti, dans son Histoire des amphibies et des poissons de la Sardaigne, parle d'un lézard vert très-commun dans cette île, et qu'on y nomme, en certains endroits, *Tiliguerta* et *Caliscertula* : il ne ressemble entièrement ni au lézard vert de cet article, ni à l'améiva, dont nous allons traiter (1). M. Cetti présume que ce tili-

---

(1) « Les habitants de la Sardaigne donnent, à un même lézard, le
« nom de *Tiliguerta* et celui de *Caliscertula*.... Il paraît être une espèce
« de lézard vert, car il est comme ce dernier lézard, d'un vert éclatant,
« mais relevé par des taches noires, et par des raies de la même couleur,
« qui s'étendent le long du dos.... La face intérieure des cuisses présente
« une rangée de tubercules, ainsi que dans le lézard vert ; il a cinq doigts
« et cinq ongles à chaque pied. Une différence remarquable le distingue
« cependant d'avec le lézard vert décrit par les auteurs ; ils attribuent à
« ce dernier lézard une queue de la longueur du corps, mais le tiliguerta
« a la queue bien plus étendue ; elle est deux fois aussi longue que le
« corps de l'animal ; et c'est ce que j'ai trouvé dans tous les lézards de
« cette espèce que j'ai mesurés. A la vérité, les lézards verts ont, pour
« ainsi dire, une grande vertu productrice dans leur queue ; s'ils la per-
« dent, elle se renouvelle, et si elle est partagée par quelque accident,
« chaque portion devient bientôt une queue entière. Il se pourrait donc
« que l'excès de la queue du tiliguerta sur celle du lézard vert ordinaire,
« ne fût pas une marque d'une diversité d'espèce, et dût être seulement
« attribué à l'influence du climat de la Sardaigne. Mais, d'un autre côté,
« comment regarder la longueur de la queue du tiliguerta comme un
« attribut accidentel, puisque les naturalistes font entrer dans les carac-
« tères spécifiques des différents lézards, la diverse longueur de la
« queue relativement à celle du corps ? Ceux qui ont décrit, par exemple,
« le lézard vert d'Europe, l'ont caractérisé, ainsi que nous l'avons vu,
« en disant que sa queue est aussi longue que le corps ; et ceux qui dé-
« crivent un lézard d'Amérique, nommé *Améiva* par Linnée, le carac-
« térisent par la longueur de sa queue, trois fois plus considérable que

guerta est une espèce nouvelle (1), intermédiaire

« celle du corps du lézard.... Le tiliguerta n'est donc pas un lézard
« vert, quoiqu'il lui ressemble beaucoup ; et ceux qui voudront le dé-
« crire, devront le désigner par la phrase suivante, *lézard à queue me-*
« *nue deux fois plus longue que le corps.* L'améiva a été désigné par les
« mêmes expressions dans les Aménités Académiques.... L'on pourrait
« donc soupçonner que le tiliguerta de Sardaigne est de la même espèce
« que l'améiva du Nouveau-Monde : il ne serait pas surprenant en effet
« de rencontrer, en Europe, un animal qu'on a cru particulier au con-
« tinent de l'Amérique.... Mais, outre que l'on peut soupçonner, d'après
« la description de Gronovius, l'exactitude de celle que l'on trouve dans
« les Aménités Académiques, on ne doit pas croire le tiliguerta de la
« même espèce que l'améiva, si l'on considère le nombre des bandes
« écailleuses qui garnissent le ventre de ce dernier lézard, ainsi que celui
« du tiliguerta. Le nombre de ces bandes n'est pas en effet le même dans
« ces deux animaux. Le tiliguerta ressemble donc beaucoup à l'améiva,
« ainsi qu'au lézard vert, quoiqu'il ne soit ni l'un ni l'autre : c'est une
« espèce particulière dont il convient d'augmenter la liste des lézards, et
« qu'il faut placer parmi ceux que M. Linnée a désignés par le caractère
« d'avoir la queue verticillée (*cauda verticillata*).

« Le tilliguerta est aussi innocent que le lézard vert ; il habite parmi les
« gazons, ainsi que sur les murailles que l'on trouve dans la campagne....
« Il est très-commun en Sardaigne ; et il y est même en beaucoup plus
« grand nombre que le lézard vert en Italie. » Extrait de l'Histoire naturelle des amphibies et des poissons de la Sardaigne, par M. François
Cetti. Sassari, 1777, page 15.

Il est important d'observer que la longueur de la queue des lézards, sa
forme étagée ou verticillée, ainsi que le nombre des bandes écailleuses qui
recouvrent le ventre de ces animaux, sont des caractères variables ou
sans précision ; nous nous en sommes convaincus par l'inspection d'un
grand nombre d'individus de plusieurs espèces ; aussi n'avons-nous pas
cru devoir les employer pour distinguer les divisions des lézards l'une
d'avec l'autre ; nous ne nous en sommes servis pour la distinction des
espèces, que lorsqu'ils ont indiqué des différences très-considérables ; et
d'ailleurs nous n'avons jamais assigné à la rigueur telle ou telle proportion, ni tel ou tel nombre pour une marque constante d'une diversité
d'espèce, et nous avons déterminé au contraire rigoureusement et avec
précision, la forme et l'arrangement des écailles de la queue.

(1) L'opinion de M. Cuvier est que ce reptile n'est que le lézard vert

entre ces deux lézards; il nous paraît cependant, d'après ce qu'en dit cet habile naturaliste, qu'on pourrait le regarder comme une variété du lézard vert, s'il a, au-dessous du cou, une espèce de demi-collier composé de grandes écailles, ou comme une variété de l'améiva, s'il n'a point ce demi-collier.

LE CORDYLE[1].

Zonurus Cordylus, Merr.; *Lacerta Cordylus*, Linn., Fitz; *Cordylus verus*, Laur.; le Cordyle, Cuv.

ON trouve en Afrique et en Asie, un lézard auquel Linnée a appliqué exclusivement le nom de Cordyle, qui lui a été donné par quelques voyageurs, mais dont on s'est aussi servi pour désigner la dragonne, ainsi que nous l'avons dit.

de Sardaigne, mal décrit. Il pense aussi que le *Tiliguerta* de Daudin est un mélange d'un améiva d'Amérique avec le lézard vert de Sardaigne.

Néanmoins M. Merrem conserve cette espèce dans sa classification des reptiles, sous le nom de *Lacerta Tiliguerta*. DESM. 1827.

(1) Le Cordyle. M. Daubenton, Encyclopédie méthodique.

Lacerta Cordylus, 9. Linn., Amph. rept.

Cordylus, Gronovi. musæum 2, page 79, n° 55.

Rai, Synopsis Quadr., page 263. *Cordylus seu caudi-verbera.*

Séba, mus. I. Table 84, fig. 3 et 4, et II, 62, fig. 2.

Cordylus verus. Laurenti specimen medicum.

Il paraît qu'il habite quelquefois dans l'Europe méridionale, et Rai dit l'avoir rencontré auprès de Montpellier (1). Nous allons le décrire d'après les individus conservés au Cabinet du Roi.

La tête est très-aplatie, élargie par derrière, et triangulaire; de grandes écailles en revêtent le dessus et les côtés; les deux mâchoires sont couvertes d'un double rang d'autres grandes écailles, et armées de très-petites dents égales, fortes et aiguës.

Les trous des narines sont petits; les ouvertures des oreilles étroites, et situées aux deux bouts de la base du triangle, dont le museau est la pointe.

Le corps est très-aplati; le ventre est revêtu d'écailles presque carrées, et assez grandes, qui y forment des demi-anneaux ou des bandes transversales; les écailles du dos sont aussi presque carrées; mais plus grandes; celles des côtés étant relevées en carène, font paraître les flancs hérissés d'aiguillons.

La queue est d'une longueur à-peu-près égale à celle du corps; les écailles qui la revêtent présentent une arête saillante, qui se termine en forme d'épine allongée et garnie des deux côtés d'un très-petit aiguillon : ces écailles étant longues et très-relevées par le bout, forment des anneaux très-sensibles, festonnés, assez éloignés les uns

____

(1) Rai, Synopsis Quadrupedum, page 263.

des autres, et qui font paraître la queue comme étagée. Nous en avons compté dix-neuf sur un individu femelle, dont la queue était entière.

Les écailles des pates sont aiguës, et relevées par une arête. Il y a cinq doigts garnis d'ongles aux pieds de devant et à ceux de derrière.

La couleur des écailles est bleue, et plus ou moins mêlée de châtain, par taches ou par bandes.

Linnée dit que le corps du Cordyle n'est point hérissé (*corpore lævigato*) : cela ne doit s'entendre que du dos et du ventre, qui en effet ne le paraissent pas, lorsqu'on les compare avec les pates, les côtés, et surtout avec la queue. Le long de l'intérieur des cuisses, règnent des tubercules comme dans l'iguane, le lézard gris, le lézard vert, etc.; une variété de cette espèce a les écailles du corps beaucoup plus petites que celles des autres cordyles.

L'HEXAGONE[1].

Calotes (Agama) angulata, Merr.; *Agama angulata*, Daud.;
Stellio hexagonus, Latr.

Linnée a fait connaître ce lézard, qui habite
en Amérique. Ce qui forme un des caractères distinctifs de l'Hexagone, c'est que sa queue, plus
longue de moitié que le corps, est comprimée
de manière à présenter six côtés et six arêtes
très-vives. Il est aussi fort reconnaissable par sa
tête, qui paraît comme tronquée par derrière, et
dont la peau forme plusieurs rides. Les écailles
dont son corps est revêtu, sont pointues et relevées en forme de carêne, excepté celles du ventre : il les redresse à volonté, et il paraît alors
hérissé de petites pointes ou d'aiguillons; sous sa
gueule sont deux grandes écailles rondes; sa couleur tire sur le roux. Nous n'avons pas vu ce lézard, et nous pouvons seulement présumer que
son ventre est couvert de bandes transversales et
écailleuses : si cela n'est point, il faudra le placer
parmi les lézards de la division suivante.

---

(1) L'Exagonal. M. Daubenton, Encyclopédie méthodique.
Lacerta angulata, 19. Linn., Amph. rept. systema nat.
Lacerta cauda exagona longa, squamis carinatis mucronatis. Idem, ib.

L'AMÉIVA[1].

Teius Ameiva, Merr.; *Lacerta Ameiva*, Linn.; *Seps surina-
mensis* et *zeylanicus*, Laur.; *Lacerta graphica* et *gutturosa*,
Daud.; l'AMÉIVA le plus connu, et l'*Ameiva lateristriga*,
Cuv.; *Ameiva Argus*, Fitz.

C'EST un des quadrupèdes ovipares dont l'histoire a été le plus obscurcie : premièrement, parce
que ce nom d'*Améiva* ou d'*Améira*, a été donné
à des lézards d'espèces différentes de celle dont il
s'agit ici : secondement, parce que le vrai améiva

---

(1) Améiva. M. Daubenton, Encyclopédie méthodique.

Lacerta Ameiva, 14. Linn., Amph. rept.

*Lacerta cauda verticillata longa, scutis abdominis triginta, collari
subtus ruga duplici.*

Amœn. Acad. 1, pages 127, 293. *Lacerta cauda tereti corpore duplo
longiore, pedibus pentadactylis, crista nulla, scutis abdominalibus* 30.

Mus. Ad. Fr. 1, page 45. *Lacerta eadem.*

Gron. mus. 2, page 80, t. 56. *Lacerta cauda tereti corpore triplo
longiore, squamis lævissimis, abdominalibus oblongo quadratis.*

Clus. exot. 115. *Lacertus indicus.*

Edw. av. 202, t. 202, 203. *Lacertus major viridis.*

Worm. mus. 313, f. 313.

Rai, Quadr. 270. *Lacertus indicus.*

Seb. mus. 1, t. 86, f. 4 et 5; t. 88, f. 1 et 2.

Sloan. jam. 2, page 333, t. 273, f. 3. *Lacertus major cinereus maculatus.*

Seps surinamensis, 98. Laurenti specimen medicum.

The large spotted ground lizard. Browne, page 462.

a été nommé diversement en différentes contrées; il a été appelé tantôt *Témapara*, tantôt *Taletec*, tantôt *Tamacolin*, noms qui ont été en même temps attribués à des espèces différentes de l'améiva, particulièrement à l'iguane : et troisièmement enfin, parce que cet animal étant très-sujet à varier par ses couleurs, suivant les saisons, l'âge et le pays, divers individus de cette espèce ont été regardés comme formant autant d'espèces distinctes. Pour répandre de la clarté dans ce qui concerne cet animal, nous conservons uniquement ce nom d'*Améiva* à un lézard qui se trouve dans l'Amérique, tant septentrionale que méridionale, et qui a beaucoup de rapports avec les lézards gris et les lézards verts de nos contrées tempérées : on peut même, au premier coup-d'œil, le confondre avec ces derniers; mais, pour peu qu'on l'examine, il est aisé de l'en distinguer. Il en diffère en ce qu'il n'a point au-dessous du cou cette espèce de demi-collier, formé de grandes écailles, et qu'ont tous les lézards gris ainsi que les lézards verts; au contraire, la peau revêtue de très-petites écailles, y forme un ou deux plis. Ce caractère a été fort bien saisi par Linnée; mais nous devons ajouter à cette différence celles que nous avons remarquées dans les divers individus que nous avons vus, et qui sont conservés au Cabinet du Roi.

La tête de l'améiva est en général plus allongée et plus comprimée par les côtés, le dessus en est plus étroit, et le museau plus pointu. Secondement, la queue est ordinairement plus longue en proportion du corps. Les améiva parviennent d'ailleurs à une taille presque aussi considérable que les lézards verts de nos provinces méridionales. L'individu que nous décrivons, et qui a été envoyé de Cayenne par M. Léchevin, a vingt-un pouces de longueur totale, c'est-à-dire depuis le bout du museau jusqu'à l'extrémité de la queue, dont la longueur est d'un pied six lignes; la circonférence du corps à l'endroit le plus gros, est de quatre pouces neuf lignes; les mâchoires sont fendues jusque derrière les yeux, garnies d'un double rang de grandes écailles, comme dans le lézard vert, et armées d'un grand nombre de dents très-fines, dont les plus petites sont placées vers le bout du museau, et qui ressemblent un peu à celles de l'iguane. Le dessus de la tête est couvert de grandes lames, comme dans les lézards verts et dans les lézards gris.

Le dessus du corps et des pates est garni d'écailles à peine sensibles; mais celles qui revêtent le dessous du corps sont grandes, carrées, et rangées en bandes transversales. La queue est entourée d'anneaux composés d'écailles, dont la figure est celle d'un carré long. Le dessous des cuisses présente un rang de tubercules. Les doigts longs, et séparés les uns des autres, sont garnis d'ongles assez forts.

La couleur de l'améiva varie beaucoup suivant

le sexe, le pays, l'âge et la température de l'atmosphère, ainsi que nous l'avons dit; mais il paraît que le fond en est toujours vert ou grisâtre, plus ou moins diversifié par des taches ou des raies de couleurs plus vives, et qui, étant quelquefois arrondies de manière à le faire paraître œillé, ont fait donner le nom d'*Argus* à l'améiva, ainsi qu'au lézard vert. Peut-être l'améiva forme-t-il, comme les lézards de nos contrées, une petite famille, dans laquelle on devrait distinguer les gris d'avec les verts : mais on n'a point encore fait assez d'observations pour que nous puissions rien établir à ce sujet.

Rai (1) et Rochefort (2) ont parlé de lézards, qu'ils ont appelés *Anolis* ou *Anoles*, qui, pendant le jour, sont dans un mouvement continuel, et se retirent pendant la nuit dans des creux, d'où ils font entendre une strideur plus forte et plus insupportable que celle des cigales. Comme ce nom d'*Anolis* ou d'*Anoles* a été donné à plusieurs sortes

---

(1) Synopsis animalium, page 268.

(2) « Les anolis sont fort communs dans toutes les habitations. Ils sont « de la grosseur et de la longueur des lézards qu'on voit en France : mais « ils ont *la tête plus longuette*, la peau jaunâtre, et sur le dos ils ont des « lignes rayées de bleu, de vert et de gris, qui prennent depuis le dessus « de la tête jusqu'au bout de la queue. Ils font leur retraite dans les « trous de la terre, et c'est de là que, pendant la nuit, ils font un bruit « beaucoup plus pénétrant que celui des cigales. Le jour, ils sont en per- « pétuelle action, et ils ne font que rôder aux environs des cases, pour « chercher de quoi se nourrir. » Rochefort, Histoire des Antilles, tome I, page 300.

de lézards, et que Rai ni Rochefort n'ont point décrit de manière à ôter toute équivoque ceux dont ils ont fait mention, nous invitons les voyageurs à observer ces animaux, sur l'espèce desquels on ne peut encore rien dire. Nous devons ajouter seulement que Gronovius a décrit, sous le nom d'*Anolis*, un lézard de Surinam, évidemment de la même espèce que l'améiva de Cayenne, dont nous venons de donner la description.

L'améiva se trouve non seulement en Amérique, mais encore dans l'ancien continent. J'ai vu un individu de cette espèce, qui avait été apporté des grandes Indes par M. le Cor, et dont la couleur était d'un très-beau vert plus ou moins mêlé de jaune.

LE LION[1].

Tcius lemniscatus, var. β, Merr.; *Lacerta sex-lineata*, Linn., Fitz.

Voici l'emblème de la force appliqué à la faiblesse, et le nom du roi des animaux donné à un bien petit lézard : on peut cependant le lui conserver, parce que ce nom est aussi souvent pris

[1] Le Lion. M. Daubenton, Encyclopédie méthodique. *Lacerta sex-lineata*, 18. Linn., Amph. rept.

pour le signe de la fierté que pour celui de la puissance. Le Lézard-Lion redresse presque toujours sa queue en la tournant en rond; il a l'air de la hardiesse, et c'est apparemment ce qui lui a fait donner par les Anglais le surnom de Lion, que plusieurs naturalistes lui ont conservé (1). Il se trouve dans la Caroline : son espèce ne diffère pas beaucoup de celle de notre lézard gris : trois lignes blanches, et autant de lignes noires, règnent de chaque côté du dos, dont le milieu est blanchâtre; il a deux rides sous le cou; le dessous des cuisses est garni d'un rang de petits tubercules, comme dans l'iguane, le lézard gris, le lézard vert, l'améiva, etc.; la queue se termine insensiblement en pointe.

Le lézard-lion n'est point dangereux; il se tient souvent dans des creux de rochers, sur le bord de la mer; ce n'est pas seulement dans la Caroline qu'on le rencontre, mais encore à Cuba, à Saint-Domingue, et dans d'autres îles voisines. Ayant les jambes allongées, il est très-agile, comme le lézard gris, et court avec une très-grande vitesse; mais ce joli et innocent lézard n'en est pas moins la proie des grands oiseaux de mer, à la poursuite desquels la rapidité de sa course ne peut le dérober.

---

(1) Catesby, Histoire naturelle de la Caroline, page 68.

LE GALONNÉ [1].

Teius lemniscatus, var. α, Merr.; *Lacerta lemniscata*, Linn.;
Seps cæruleus et *lemniscatus*, Laur.

CE lézard habite dans l'ancien continent, où on
le trouve aux Indes et en Guinée. Il est aussi en
Amérique; et il y a, au Cabinet du Roi, deux individus de cette espèce, qui ont été envoyés de la
Martinique. C'est avec raison que Linnée assure
que le Galonné a un grand nombre de rapports
avec l'améiva; il est beaucoup moins grand, mais
les écailles qui revêtent le dessous du corps, forment également des bandes transversales dans ces
deux lézards. Le dessous des cuisses est garni d'un
rang de tubercules, comme dans l'iguane, le lézard
gris, le lézard vert, le cordyle, l'améiva, etc.; il a
la queue menue et plus longue que le corps. Il est
d'un vert plus ou moins foncé; et le long de
son dos s'étendent huit raies blanchâtres, suivant
Linnée. Nous en avons compté neuf sur les deux

---

(1) Le Galonné. M. Daubenton, Encyclopédie méthodique.
Lacerta lemniscata, 39. Linn., Amph. rept.
Lacerta eadem, mus. ad. fr. 1, page 47.
Séba, mus. I, planche 53, fig. 9, et planche 92, fig. 4; II, planche 9,
fig. 5.
Seps lemniscatus, 103. Laurenti specimen medicum.

individus qui sont au Cabinet du Roi. Les pates sont mouchetées de blanc.

Il paraît que ce lézard est sujet à varier par le nombre et la disposition des raies qui règnent le long du dos. M. d'Antic a eu la bonté de nous faire voir un petit quadrupède ovipare, qui lui a été envoyé de Saint-Domingue, et qui est une variété du galonné. Ce lézard est d'une couleur très-foncée. Il a sur le dos onze raies d'un jaune blanchâtre, qui se réunissent de manière à n'en former que sept du côté de la tête, et dix vers l'origine de la queue, sur laquelle ces raies se perdent insensiblement. Ce sont là les seules différences qui le distinguent du galonné. Sa longueur totale est de six pouces, et celle de la queue de quatre pouces une ligne.

LA TÊTE-ROUGE[1].

Lacerta erythrocephala, Daud.; *Lacerta viridis*, Cuv.

Cette espèce de lézard se trouve dans l'île de Saint-Christophe, et c'est M. Badier qui a bien voulu nous en communiquer la description; la Tête-Rouge a cinq doigts à chaque pied, et le dessous du ventre garni de demi-anneaux écailleux, et par conséquent elle doit être comprise dans la troisième division du genre des lézards (2). Elle est d'un vert très-foncé et mêlé de brun; les côtés et une partie du dessus de la tête sont rouges, ainsi que les côtés du cou; la gorge est blanche; la poitrine noire; le dos présente plusieurs raies noires transversales et ondées; sur les côtés du corps s'étend une bande longitudinale composée de plusieurs lignes noires transversales. Le ventre est coloré par bandes longitudinales en noir, en bleu et en blanchâtre.

Le dessus de la tête est couvert d'écailles plus grandes que celles qui garnissent le dos; on voit

---

(1) Pilori, Tête-Rouge.

Anolis de terre. Ce nom d'Anolis a été donné, en Amérique, à plusieurs lézards, ainsi que nous l'avons vu précédemment.

(2) Voyez notre Table méthodique des Quadrupèdes ovipares.

sous les cuisses une rangée de petits tubercules, comme sur le lézard gris et plusieurs autres lézards.

L'individu décrit par M. Badier, avait un pouce de diamètre dans l'endroit le plus gros du corps, et un pouce onze lignes de longueur totale; la queue était entourée d'anneaux écailleux, et longue de sept pouces huit lignes; les jambes de derrière, mesurées jusqu'au premier article des doigts, avaient deux pouces une ligne de longueur.

Suivant M. Badier, la tête-rouge parvient à une grandeur trois fois plus considérable; elle se nourrit d'insectes.

QUATRIÈME DIVISION.

LÉZARDS

QUI ONT CINQ DOIGTS AUX PIEDS DE DEVANT, SANS BANDES
TRANSVERSALES SOUS LE CORPS.

LE CAMÉLÉON[1].

Chamæleon calcaratus, Merr.; *Lacerta Chamæleon* et *africana,*
Linn., Gmel.; *Chamæleon senegalensis,* Daud., Fitz; le CA-
MÉLÉON ORDINAIRE, Cuv.

LE nom du Caméléon est fameux. On l'emploie
métaphoriquement, depuis long-temps, pour dé-

---

(1) Χαμαιλεων, en grec.

Chamæleo, en latin.

Taitah ou *Bouiah,* en Barbarie, suivant M. Shaw.

Caméléon. M. Daubenton, Encyclopédie méthodique.

Conraldi Gesneri Historiæ animalium, liber secundus de Quadr. ovip.
Chamæleo.

Rai, Synopsis Quadr., page 276. *Chamæleo, the Chameleon.*

Browne, page 464. *Chamæleon,* en anglais, *the largegrey Chameleon*[*].

Lacerta Chamæleon, 20. Linn., Amph. rept.

Séba, 1. Tab, 82, fig. 1, 2, 3, 4, 5; tab. 83, fig. 4 et 5.

Chamæleo mexicanus, 59. *Chamæleo parisiensium,* 60. *Chamæleo*

---

[*] Tous les caméléons connus appartenant à l'ancien continent, cette citation ne peut
qu'être inexacte. Dess. 1827.

signer la vile flatterie. Peu de gens savent cependant que le caméléon est un lézard ; et moins de personnes encore connaissent les traits qu'il présente, et les qualités qui le distinguent. On a dit que le caméléon changeait souvent de forme ; qu'il n'avait point de couleur en propre ; qu'il prenait celle de tous les objets dont il approchait ; qu'il en était par-là une sorte de miroir fidèle ; qu'il ne se nourrissait que d'air. Les Anciens se sont plu à le répéter : ils ont cru voir, dans cet être qui n'était pas le caméléon, mais un animal fantastique, produit et embelli par l'erreur, une image assez ressemblante de plusieurs de ceux qui fréquentent les coûrs : ils s'en sont servis comme d'un objet de comparaison, pour peindre ces hommes bas et rampants, qui, n'ayant jamais d'avis à eux, sachant se plier à toutes les formes, embrasser toutes les opinions, ne se repaissent que de fumée et de vains projets. Les poètes surtout se sont emparés de toutes les images fournies

---

zeylanicus, 61. *Chamæleo africanus*, 62. *Chamæleo candidus*, 63. *Chamæleo Bonæ-spei*, 64. Laurenti specimen medicum *.

Gron. mus. 2, page 76, n° 50. *Chamæleon.*

Olear. mus. 9, t. 8, f. 3. *Chamæleon.*

Belon. itin., livre II, chapitre 60. *Chamæleon.*

Valent. mus., livre III, chapitre 31. *Chamæleon.*

Kircher. mus. 275, t. 293, f. 44. *Chamæleon.*

Jonst. Quadr., t. 79. *Chamæleon.*

Ald. Quadr. 670. *Chamæleon.*

* Cette citation se rapporte à plusieurs espèces très-différentes de celle qui est l'objet de cet article. DESM. 1827.

par des rapports qui, n'ayant rien de réel, pouvaient être aisément étendus: ils ont paré des charmes d'une imagination vive, les diverses comparaisons tirées d'un animal qu'ils ont regardé comme faisant par crainte, ce que l'on dit que tant de courtisans font par goût. Ces images agréables ont été copiées, multipliées, animées par les beaux génies des siècles les plus éclairés. Aucun animal ne réunit, sans doute, les propriétés imaginaires auxquelles nous devons tant d'idées riantes. Mais une fiction spirituelle ne peut qu'ajouter au charme des ouvrages où sont répandues ces peintures gracieuses. Le caméléon des poètes n'a point existé pour la nature; mais il pourra exister à jamais pour le génie et pour l'imagination.

Lorsque cependant nous aurons écarté les qualités fabuleuses attribuées au caméléon, et lorsque nous l'aurons peint tel qu'il est, on devra le regarder encore comme un des animaux les plus intéressants aux yeux des naturalistes, par la singulière conformation de ses diverses parties, par les habitudes remarquables qui en dépendent, et même par des propriétés, qui ne sont pas très-différentes de celles qu'on lui a faussement attribuées (1).

On trouve des caméléons de plusieurs tailles

---

(1) On peut voir dans Pline, livre XXVIII, chapitre 29, les vertus chimériques que les anciens attribuaient au caméléon. On trouvera aussi dans Gesner, livre II, tous les contes ridicules qu'ils ont publiés, au sujet de cet animal.

assez différentes les unes des autres. Les plus grands n'ont guère plus de quatorze pouces de longueur totale. L'individu que nous avons décrit, et qui est conservé avec beaucoup d'autres au Cabinet du Roi, a un pied deux pouces trois lignes, depuis le bout du museau jusqu'à l'extrémité de la queue, dont la longueur est de sept pouces. Celle des pates, y compris les doigts, est de trois pouces.

La tête aplatie par dessus, l'est aussi par les côtés; deux arêtes élevées partent du museau, passent presque immédiatement au-dessus des yeux, en suivent à-peu-près la courbure, et vont se réunir en pointe derrière la tête; elles y rencontrent une troisième saillie qui part du sommet de la tête, et deux autres qui viennent des coins de la gueule; elles forment, toutes cinq ensemble, une sorte de capuchon, ou, pour mieux dire, de pyramide à cinq faces, dont la pointe est tournée en arrière. Le cou est très-court. Le dessous de la tête et la gorge sont comme gonflés, et représentent une espèce de poche, mais moins grande de beaucoup que celle de l'iguane.

La peau du caméléon est parsemée de petites éminences comme le chagrin : elles sont très-lisses, plus marquées sur la tête, et environnées de grains presque imperceptibles : un rang de petites pointes coniques règne en forme de dentelure sur les saillies de la tête, sur le dos, sur une partie de la queue et au-dessous du corps, depuis le museau jusqu'à l'anus.

Sur le bout du museau, qui est un peu arrondi,
sont placées les narines qui doivent servir beaucoup à la respiration de l'animal; car il a souvent
la bouche fermée si exactement, qu'on a peine à
distinguer la séparation des deux lèvres. Le cerveau est très-petit, et n'a qu'une ligne ou deux
de diamètre. La tête du caméléon ne présente aucune ouverture particulière pour les oreilles, et
MM. de l'Académie des Sciences (1), qui disséquèrent cet animal, crurent qu'il était privé de
l'organe de l'ouïe, qu'ils n'aperçurent point dans
ce lézard (2), mais que M. Camper vient d'y découvrir (3). C'est une nouvelle preuve de la faiblesse de l'ouïe dans les quadrupèdes ovipares,
et vraisemblablement c'est une des causes qui con-
courent à produire l'espèce de stupidité que l'on
a attribuée au caméléon.

Les deux mâchoires sont composées d'un os
dentelé qui tient lieu de véritables dents (4). Presque tout est particulier dans le caméléon : les lèvres sont fendues même au-delà des mâchoires,

---

(1) Le caméléon, disséqué par les membres de l'Académie des Sciences,
appartenait à l'espèce appelée, par M. Merrem, *Chamæleon carinatus*,
laquelle est le *Ch. parisiensium* de Laurenti. DESM. 1827.

(2) Mémoires pour servir à l'Histoire naturelle des animaux, article *du
Caméléon*.

(3) Note communiquée par M. Camper.

(4) Nous nous sommes assurés de l'existence de cet os dentelé, par
l'inspection des squelettes de caméléon, que l'on a au Cabinet du Roi.
Prosper Alpin a nié, en quelque sorte, l'existence de cet os. Voyez son
Histoire naturelle de l'Égypte, tome I, chapitre 5.

où leur ouverture se prolonge en bas : les yeux sont gros et très-saillants; et ce qui les distingue de ceux des autres quadrupèdes, c'est qu'au lieu d'une paupière qui puisse être levée et baissée à volonté, ils sont recouverts par une membrane chagrinée, attachée à l'œil, et qui en suit tous les mouvements. Cette membrane est divisée par une fente horizontale, au travers de laquelle on aperçoit une prunelle vive, brillante, et comme bordée de couleur d'or.

Les lézards, et tous les quadrupèdes ovipares en général, ont les yeux très-bons. Le sens de la vue, ainsi que nous l'avons dit, paraît être le premier de tous dans ces animaux, de même que dans les oiseaux. Mais les caméléons doivent jouir par excellence de cette vue exquise : il semble que leur sens de la vue est si fin et si délicat, que sans la membrane qui revêt leurs yeux, ils seraient vivement offensés par la lumière éclatante qui brille dans les climats qu'ils habitent. Cette précaution, qu'on dirait que la nature a prise pour eux, ressemble à celle des Lappons et d'autres habitants du Nord, qui portent au-devant de leurs yeux une petite planche de sapin fendue, pour se garantir de l'éclat éblouissant de la lumière fortement réfléchie par les neiges de leurs campagnes; ou plutôt ce n'est point pour conserver la finesse de leur vue qu'il leur a été donné des membranes, mais c'est parce qu'ils ont reçu ces membranes préservatrices, que leurs yeux moins usés, moins vivement ébranlés, doivent avoir une force plus grande et plus durable.

Non seulement le caméléon a les yeux enveloppés d'une manière qui lui est particulière, mais ils sont mobiles indépendamment l'un de l'autre; quelquefois il les tourne de manière que l'un regarde en arrière, et l'autre en avant; ou bien de l'un il voit les objets placés au-dessus de lui, tandis que de l'autre il aperçoit ceux qui sont situés au-dessous(1). Il peut par-là considérer à-la-fois un plus grand espace; et, sans cette propriété singulière, il serait presque privé de la vue malgré la bonté de ses yeux, sa prunelle pouvant uniquement admettre les rayons lumineux qui passent par la fente très-courte et très-étroite que présente la membrane chagrinée.

Le caméléon est donc unique dans son ordre, par plusieurs caractères très-remarquables : mais ceux dont nous venons de parler ne sont pas les seuls qu'il présente : sa langue, dont on a comparé la forme à celle d'un ver de terre, est ronde, longue communément de cinq ou six pouces, terminée par une sorte de gros nœud, creuse, attachée à une espèce de stilet cartilagineux qui entre dans sa cavité, et sur lequel l'animal peut la retirer, et enduite d'une sorte de vernis visqueux qui sert au caméléon à retenir les mouches, les scarabées, les sauterelles, les fourmis, et autres

----

(1) Le Bruyn. Voyage au Levant.

insectes dont il se nourrit, et qui ne peuvent lui échapper, tant il la darde et la retire avec vitesse (1).

Le caméléon est plus élevé sur ses jambes que le plus grand nombre des lézards; il a moins l'air de ramper lorsqu'il marche : Aristote et Pline l'avaient remarqué. Il a à chaque pied cinq doigts très-longs, presque égaux et garnis d'ongles forts et crochus; mais la peau des jambes s'étend jusqu'au bout des doigts, et les réunit d'une manière qui est encore particulière à ce lézard. Non seulement cette peau attache les doigts les uns aux autres, mais elle les enveloppe, et en forme comme deux paquets, l'un de trois doigts, et l'autre de deux : et il y a cette différence entre les pieds de devant et ceux de derrière, que, dans les premiers, le paquet extérieur est celui qui ne contient que deux doigts, tandis que c'est l'opposé dans les pieds de derrière (2).

---

(1) « Quand les caméléons veulent manger, ils tirent leur langue longue, « quasi d'un demi-pied, ronde comme la langue d'un oiseau nommé Poi- « vert, semblable à un ver de terre; et à l'extrémité d'icelle ont un gros « nœud spongieux, tenant comme glu, duquel ils attachent les insectes « savoir est sauterelles, chenilles et mouches, et les attirent en la gueule. « Ils poussent hors leurs langues, les dardant de roideur aussi vitement « qu'une arbalête ou un arc fait le traict. » Bélon, observations, etc., livre II, chapitre 34.

(2) Quelques auteurs ont écrit qu'il y avait des espèces de caméléon, dont les cinq doigts de chaque pied étaient séparés les uns des autres; ils auront certainement pris pour des caméléons d'autres lézards, et, par exemple, des *Tapayes*, dont la tête ressemble en effet un peu à celle du caméléon.

Nous avons vu à l'article de la Dragonne combien une membrane de moins entre les doigts, influait sur les mœurs de ce lézard, et, en lui donnant la facilité de grimper sur les arbres, rendait ses habitudes différentes de celles du crocodile, qui a les pieds palmés. Nous avons observé en général, qu'un léger changement dans la conformation des pieds devrait produire de très-grandes dissemblances entre les mœurs des divers quadrupèdes. Si l'on considère, d'après cela, les pieds du caméléon, réunis d'une manière particulière, recouverts par une continuation de la peau des jambes, et divisés en deux paquets, où les doigts sont rapprochés et collés, pour ainsi dire, les uns contre les autres, on ne sera pas étonné de l'extrême différence qu'il y a entre les habitudes naturelles du caméléon et celles de plusieurs lézards. Les pieds du caméléon ne pouvant guère lui servir de rames, ce n'est pas dans l'eau qu'il se plaît, mais les deux paquets de doigts allongés qu'ils présentent sont placés de manière à pouvoir saisir aisément les branches sur lesquelles il aime à se percher : il peut empoigner ces rameaux, en tenant un paquet de doigts devant et l'autre derrière, de même que les pics, les coucous, les perroquets, et d'autres oiseaux, saisissent les branches qui les soutiennent en mettant deux doigts devant et deux derrière. Ces deux paquets de doigts, placés comme nous venons de le dire, ne fournissent pas au caméléon un point d'appui

bien stable lorsqu'il marche sur la terre : c'est ce
qui fait qu'il habite de préférence sur les arbres,
où il a d'autant plus de facilité à grimper et à se
tenir, que sa queue est longue et douée d'une assez grande force. Il la replie ainsi que les sapajous; il en entoure les petites branches, et s'en
sert comme d'une cinquième main pour s'empêcher de tomber, ou passer avec facilité d'un endroit à un autre (1). Bélon prétend que les caméléons se tiennent ainsi perchés sur les haies pour
échapper aux vipères et aux cérastes, qui les avalent tout entiers lorsqu'ils peuvent les atteindre.
Mais ils ne peuvent pas se dérober de même à la
mangouste, et aux oiseaux de proie qui les recherchent.

Voilà donc le caméléon, que l'on peut regarder
comme l'analogue du sapajou, dans les quadrupèdes ovipares. Mais si sa conformation lui donne
une habitation semblable à celle de ce léger animal, s'il passe de même sa vie au milieu des forêts et sur les sommets des arbres, il n'en a ni
l'élégante agilité, ni l'activité pétulante. On ne
le voit pas s'élancer comme un trait de branche
en branche, et imiter, par la vitesse de sa course
et la grandeur de ses sauts, la rapidité du vol

---

(1) « Les haies qui sont des jardinages auprès du Caire, sont en tous
« lieux couvertes de caméléons, et principalement le long des rivages du
« Nil, en sorte qu'en peu de temps nous en vîmes grand nombre : car
« les vipères et les cérastes les avalent entiers, quand elles les peuvent
« prendre. » Bélon, observations, etc., livre II, chapitre 34.

des oiseaux ; mais c'est toujours avec lenteur qu'il va d'un rameau à un autre, et il est plutôt dans les bois en embuscade sous les feuilles, pour retenir les insectes ailés qui peuvent tomber sur sa langue gluante, qu'en mouvement de chasse pour aller les surprendre (1).

La facilité avec laquelle il les saisit le rend utile aux Indiens, qui voient avec grand plaisir dans leurs maisons cet innocent lézard. Il est en effet si doux, qu'on peut, suivant Alpin, lui mettre le doigt dans la bouche, et l'enfoncer très-avant, sans qu'il cherche à mordre (2), et M. Desfontaines, savant professeur du Jardin du Roi, qui a observé les caméléons en Afrique, et qui en a nourri chez lui, leur attribue la même douceur qu'Alpin.

Soit que le caméléon grimpe le long des arbres, soit que caché sous les feuilles il y attende paisiblement les insectes dont il se nourrit, soit enfin qu'il marche sur la terre, il paraît toujours assez laid : il n'offre pour plaire à la vue, ni proportions agréables, ni taille svelte, ni mouvements rapides. Ce n'est qu'avec une sorte de circonspection qu'il ose se remuer. S'il ne peut pas embrasser les branches sur lesquelles il veut grimper, il s'assure, à chaque pas qu'il fait, que ses ongles sont bien entrés dans les fentes de l'écorce ; s'il

(1) Hasselquist a trouvé, dans l'estomac d'un caméléon, des restes de papillons et d'autres insectes. Hasselquist, Voyage en Palestine, page 349.

(2) Prosper Alpin, tome I, chapitre 5, page 215.

est à terre il tâtonne; il ne lève un pied que lorsqu'il est sûr du point d'appui des autres trois; par toutes ces précautions, il donne à sa démarche une sorte de gravité, pour ainsi dire ridicule, tant elle contraste avec la petitesse de sa taille et l'agilité qu'on croit trouver dans un animal assez semblable à des lézards fort lestes. Ce petit animal, dont l'enveloppe et la mobilité des yeux, la forme des pieds, et presque toute la conformation, méritent l'attention des physiciens, n'arrêterait donc les regards de ceux qui ne jettent qu'un coup-d'œil superficiel, que pour faire naître le rire et une sorte de mépris : il aurait été bien éloigné d'être l'objet chéri de tant de voyageurs et de tant de poètes; son nom n'aurait pas été répété par tant de bouches; et, perdu sous les rameaux où il se cache, il n'aurait été connu que des naturalistes, si la faculté de présenter, suivant ses différents états, des couleurs plus ou moins variées, n'avait attiré sur lui, depuis long-temps, une attention particulière.

Ces diverses teintes changent en effet avec autant de fréquence que de rapidité; elles paraissent d'ailleurs dépendre du climat, de l'âge ou du sexe; il est donc assez difficile d'assigner quelle est la couleur naturelle du caméléon. Il paraît cependant qu'en général ce lézard est d'un gris plus ou moins foncé (1), ou plus ou moins livide.

____

(1) Le Bruyn. Voyages au Levant.

Lorsqu'il est à l'ombre, et en repos depuis quelque temps, les petits grains de sa peau sont quelquefois d'un rouge pâle, et le dessous de ses pates est d'un blanc un peu jaunâtre. Mais, lorsqu'il est exposé à la lumière du soleil, sa couleur change; la partie de son corps qui est éclairée, devient souvent d'un gris plus brun, et la partie sur laquelle les rayons du soleil ne tombent point directement, offrent des couleurs plus éclatantes, et des taches qui paraissent isabelles par le mélange du jaune pâle que présentent alors les petites éminences, et du rouge clair du fond de la peau. Dans les intervalles des taches, les grains offrent du gris mêlé de verdâtre et de bleu; et le fond de la peau est rougeâtre. D'autres fois le caméléon est d'un beau vert tacheté de jaune; lorsqu'on le touche il paraît souvent couvert tout d'un coup de taches noirâtres assez grandes, mêlées d'un peu de vert: lorsqu'on l'enveloppe dans un linge, ou dans une étoffe de quelque couleur qu'elle soit, il devient quelquefois plus blanc qu'à l'ordinaire; mais il est démontré, par les observations les plus exactes, qu'il ne prend point la couleur des objets qui l'environnent, que celles qu'il montre accidentellement ne sont point répandues sur tout son corps, comme le pensait Aristote, et qu'il peut offrir la couleur blanche, ce qui est contraire à l'opinion de Plutarque et de Solin (1).

---

(1) Mémoires pour servir à l'Hist. naturelle des animaux, art. du *Caméléon*, pages 31 et suivantes.

Il n'a reçu presque aucune arme pour se défendre ; ne marchant que très-lentement, ne pouvant point échapper par la fuite à la poursuite de ses ennemis, il est la proie de presque tous les animaux qui cherchent à le dévorer ; il doit par conséquent être très-timide, se troubler aisément, éprouver souvent des agitations intérieures plus ou moins considérables. On croyait, du temps de Pline, qu'aucun animal n'était aussi craintif que le caméléon, et que c'était à cause de sa crainte habituelle qu'il changeait souvent de couleur. Ce trouble et cette crainte peuvent en effet se manifester par les taches dont il paraît tout d'un coup couvert à l'approche des objets nouveaux ; sa peau n'est point revêtue d'écailles, comme celle de beaucoup d'autres lézards ; elle est transparente, quoique garnie des petits grains dont nous avons parlé ; elle peut aisément transmettre à l'extérieur, par des taches brunes, et par une couleur jaune ou verdâtre, l'expression des divers mouvements que la présence des objets étrangers doit imprimer au sang et aux humeurs du caméléon. Hasselquist, qui l'a observé en Égypte, et qui l'a disséqué avec soin, dit que le changement de la couleur de ce lézard provient d'une sorte de maladie, d'une *jaunisse*, que cet animal éprouve fréquemment, surtout lorsqu'il est irrité. De là vient, suivant le même auteur, qu'il faut presque toujours que le caméléon soit en colère, pour que ses teintes changent du noir au jaune ou au vert. Il présente alors la couleur de sa bile, que l'on peut apercevoir ai-

sément lorsqu'elle est très-répandue dans le corps,
à cause de la ténuité des muscles, et de la transparence de la peau (1). Il paraît d'ailleurs que c'est
au plus ou moins de chaleur dont il est pénétré,
qu'il doit les changements de couleur qu'il éprouve
de temps en temps (2). En général, ses couleurs
sont plus vives lorsqu'il est en mouvement, lorsqu'on le manie, lorsqu'il est exposé à la lumière
du soleil très-chaud dans les climats qu'il habite :
elles deviennent au contraire plus faibles lorsqu'il
est à l'ombre, c'est-à-dire privé de l'influence des
rayons solaires, lorsqu'il est en repos, etc. Si ces
couleurs se ternissent quelquefois lorsqu'on l'enveloppe dans du linge ou quelque étoffe, c'est peut-
être parce qu'il est refroidi par les linges ou par
l'étoffe dans lesquels on le plie. Il pâlit toutes les
nuits, parce que toutes les nuits sont plus ou
moins fraîches, surtout en France, où ce phénomène a été observé par M. Perrault. Il blanchit
enfin lorsqu'il est mort, parce qu'alors toute chaleur intérieure est éteinte.

La crainte, la colère et la chaleur qu'éprouve
le caméléon, nous paraissent donc les causes des
diverses couleurs qu'il présente, et qui ont été le
sujet de tant de fables (3).

---

(1) Hasselquist. Voyage en Palestine, page 349.

(2) « Chamæleonis color verus cinereus est, sed juxta animi affectus
« quandoque cum calore colorem mutat, ut et ratione calidioris vel fri-
« gidioris acris, non vero subjecti, ut quidam volunt. » Wormi. mus.
de Pedestribus, cap. XXII, fol. 316.

(3) Mémoires pour servir à l'Hist. naturelle des animaux ; art. du *Caméléon*, pages 18 et suiv.

Il jouit, à un degré très-éminent, du pouvoir d'enfler les différentes parties de son corps, de leur donner par là un volume plus considérable, et d'arrondir ainsi celles qui seraient naturellement comprimées.

C'est par des mouvements lents et irréguliers, et non point par des oscillations régulières et fréquentes, que le caméléon se gonfle : il se remplit d'air au point de doubler son diamètre ; son enflure s'étend jusque dans les pates et dans la queue : il demeure dans cet état quelquefois pendant deux heures, se désenflant un peu de temps en temps, et se renflant de nouveau ; mais sa dilatation est toujours plus soudaine que sa compression.

Le caméléon peut aussi demeurer très-longtemps désenflé ; il paraît alors dans un état de maigreur si considérable, que l'on peut compter ses côtes, et que l'on distingue les tendons de ses pates et toutes les parties de l'épine du dos.

C'est du caméléon dans cet état, que l'on a eu raison de dire qu'il ressemblait à une peau vivante (1) ; car en effet il paraît alors n'être qu'un sac de peau, dans lequel quelques os seraient renfermés ; et c'est surtout lorsqu'il se retourne, qu'il a cette apparence.

Mais il en est de cette propriété de s'enfler et de se désenfler, comme de toutes les propriétés des animaux, des végétaux, et même de la matière

____

(1) Tertullien.

brute; aucune qualité n'a été, à la rigueur, accordée exclusivement à une substance; ce n'est que faute d'observations que l'on a cru voir des animaux, des végétaux ou des minéraux, présenter des phénomènes que d'autres n'offraient point. Quelque propriété qu'on remarque dans un être, on doit s'attendre à la trouver dans un autre, quoique, à la vérité, à un degré plus haut ou plus bas; toutes les qualités, tous les effets se dégradent ainsi par des nuances successives, s'évanouissent, ou se changent en qualités et en effets opposés. Et, pour ne parler que de la propriété de se gonfler, presque tous les quadrupèdes ovipares, et particulièrement les grenouilles, ont la faculté de s'enfler et de se désenfler à volonté; mais aucun ne la possède comme le caméléon. M. Perrault paraît penser qu'elle dépend du pouvoir qu'a ce lézard de faire sortir de ses poumons l'air qu'il respire, et de le faire glisser entre les muscles et la peau (1). Cette propriété de filtrer ainsi l'air de l'atmosphère au travers de ses poumons, et ce gonflement de tout son corps, que le caméléon peut produire à volonté, doivent le rendre beaucoup plus léger, en ajoutant à son volume sans augmenter sa masse. Il peut plus facilement, par-là, s'élever sur les arbres, et y grimper de branche en branche : et ce pouvoir de faire passer

____

(1) Mémoires pour servir à l'Histoire naturelle des animaux, article *du Caméléon*, page 3o.

de l'air dans quelques parties de son corps, qui lui est commun avec les oiseaux, ne doit pas avoir peu contribué à déterminer son séjour au milieu des forêts. Les caméléons gonflent aussi leurs poumons, qui sont composés de plusieurs vésicules, ainsi que ceux d'autres quadrupèdes ovipares. Cette conformation explique les contradictions des auteurs qui ont disséqué ces animaux, et qui leur ont attribué les uns de petits et d'autres de grands poumons, comme Pline et Bélon. Lorsque ces viscères sont flasques, plusieurs vésicules peuvent échapper ou paraître très-petites aux observateurs, et elles occupent au contraire un si grand espace, lorsqu'elles sont soufflées, qu'elles couvrent presque entièrement toutes les parties intérieures (1).

Le battement du cœur du caméléon est si faible, que souvent on ne peut le sentir qu'en mettant la main au-dessus de ce viscère (2).

Cet animal, ainsi que les autres lézards, peut vivre près d'un an sans manger; et c'est vraisemblablement ce qui a fait dire qu'il ne se nourrissait que d'air (3). Sa conformation ne lui permet pas de pousser de véritables cris; mais lorsqu'il est sur le point d'être surpris, il ouvre la gueule, et siffle comme plusieurs autres quadrupèdes ovipares et les serpents.

---

(1) Rai, Synopsis Quadrupedum, page 282.
(2) Mémoires pour servir à l'Hist. nat. des animaux, art. *du Caméléon*.
(3) Bélon.

Le caméléon se retire dans des trous de rochers, ou d'autres abris, où il se tient caché pendant l'hiver, au moins dans les pays un peu tempérés, et où il y a apparence qu'il s'engourdit. Ce fait était connu d'Aristote et de Pline.

La ponte de cet animal est de neuf à douze œufs : nous en avons compté dix dans le ventre d'une femelle envoyée du Mexique au Cabinet du Roi : ils sont ovales, revêtus d'une membrane mollasse comme ceux des tortues marines, des iguanes, etc.; ils ont à-peu-près sept ou huit lignes dans leur plus grand diamètre.

Lorsqu'on transporte le caméléon, en vie, dans les pays un peu froids, il refuse presque toute nourriture, il se tient immobile sur une branche, tournant seulement les yeux de temps en temps; et il périt bientôt (1).

On trouve le caméléon dans tous les climats chauds, tant de l'ancien que du nouveau continent, au Mexique, en Afrique (2), au cap de Bonne-Espérance, dans l'île de Ceylan, dans celle

---

(1) Séba, vol. I.

M. Bomare, article du *Caméléon*.

(2) « Ceux qui ont l'œil bon découvrent des *Taitak*, *Bouiah* ou camé-« léons sur toutes les haies. La langue du caméléon est longue de quatre « pouces, elle a la figure d'un pilon; cet animal la lance avec une rapidité « surprenante, sur les mouches ou autres insectes qu'il y accroche avec « une espèce de glu qui sort à point nommé du bout de sa langue. Les « Maures et les Arabes, après en avoir séché la peau, la portent au cou, « dans la persuasion que cet amulette les garantit contre les influences « d'un œil malin. » Voyage de Shaw, dans plusieurs provinces de la Barbarie et du Levant, à La Haye, 1743, volume I, page 323.

d'Amboine, etc. La destinée de cet animal paraît avoir été d'intéresser de toutes les manières. Objet, dans les pays anciennement policés, de contes ridicules, de fables agréables, de superstitions absurdes et burlesques, il jouit de beaucoup de vénération sur le bord du Sénégal et de la Gambie. La religion des nègres du cap de Monté, leur défend de tuer les caméléons, et les oblige à les secourir, lorsque ces petits animaux, tremblants le long des rochers dont ils cherchent à descendre, s'attachent avec peine par leurs ongles, se retiennent avec la queue, et s'épuisent, pour ainsi dire, en vains efforts; mais quand ces animaux sont morts, ces mêmes nègres font sécher leur chair et la mangent.

Il y a au Cabinet du Roi, deux caméléons, l'un du Sénégal, et l'autre du cap de Bonne-Espérance, qui n'ont pas sur le derrière de la tête cette élévation triangulaire, cette sorte de casque, qui distingue non seulement les caméléons d'Égypte et des grandes Indes, mais encore ceux du Mexique : les caméléons diffèrent aussi quelquefois les uns des autres, par le plus ou le moins de prolongation de la petite dentelure qui s'étend le long du dos et du dessous du corps; on a, d'après cela, voulu séparer les uns des autres, comme autant d'espèces distinctes, les caméléons d'Égypte, ceux d'Arabie, ceux du Mexique (1), ceux de Ceylan,

______

(1) Voyez Bélon et Jo. Faber Lynceus, dans son exposition des animaux de la Nouvelle-Espagne.

ceux du cap de Bonne-Espérance, etc.; mais ces légères différences, qui ne changent rien aux caractères d'après lesquels il est aisé de reconnaître les caméléons, non plus qu'à leurs habitudes, ne doivent pas nous empêcher de regarder l'espèce du caméléon comme la même dans les diverses contrées qu'il fréquente, quoiqu'elle soit quelquefois un peu altérée par l'influence du climat, ou par d'autres circonstances, et qu'elle se montre avec quelque variété dans sa forme ou dans sa grandeur, suivant l'âge et le sexe des individus.

M. Parsons a donné dans les Transactions philosophiques la figure et la description d'un caméléon qui avait été apporté à un de ses amis, parmi d'autres objets d'histoire naturelle, et dont il ignorait le pays natal (1). Cet animal ne différait d'une manière remarquable des autres caméléons, tant de l'ancien que du Nouveau-Monde, que par la forme du casque que nous avons décrit. Cette partie saillante ne s'étendait pas seulement sur le derrière de la tête dans le caméléon de M. Parsons, mais elle se divisait par devant en deux protubérances crénélées qui s'élevaient obliquement et s'avançaient jusqu'au-dessus des narines. Ce ne sera qu'après de nouvelles observations sur des individus semblables, que l'on pourra déterminer si le caméléon très-bien décrit par M. Parsons, appartenait à une race constante, ou ne formait qu'une variété individuelle.

____

(1) Transactions philosophiques, année 1768, tome LVIII, page 192.

LA QUEUE-BLEUE[1].

Scincus quinquelineatus , var. β , Merr. ; *Lacerta fasciata* ,
Linn. ; *Mabuya quinquelineata* , Fitz.

———

La Queue-Bleue habite principalement la Caroline. Ce lézard se retire souvent dans les creux des arbres. Il n'a qu'environ six pouces de longueur. Il est brun ; son dos présente cinq raies jaunâtres ou longitudinales ; et ce qui sert surtout à le distinguer, c'est la couleur bleue de sa queue menue et communément plus longue que le corps. Catesby dit que plusieurs habitants de la Caroline prétendent qu'il est venimeux ; mais il assure n'avoir été témoin d'aucun fait qui pût le prouver.

On devrait peut-être rapporter à cette espèce un lézard du Brésil, dont Rai parle d'après Marcgrave, et qui se nomme *Americima* (2). Suivant

———

(1) La Queue-Bleue. M. Daubenton, Encyclopédie méthodique.
Lacerta fasciata, 40. Linn. , Amph. rept.
Catesby, Carol. 2 , t. 67. *Lacerta cauda cærulea.*
Pet. Gaz. 1 , t. 1 , f. 1. *Lacertus marianus min. cauda cærulea.*

(2) Americima Brasiliensibus Margr. « Lacertulus 3 digitis longus et
« pennam olorinam crassus, crura et pedes senembi. Corpus fere qua-
« dratum. Videtur totum dorsum squamis leucophæis ; latera caput , et
« crura fuscis, cauda vero cæruleis. Omnes americinæ splendent , et ad

la description que Rai en donne, il est long de deux pouces; son dos est couvert d'écailles grises cendrées; sa tête, ses côtés, ses cuisses le sont d'écailles jaunes; et sa queue l'est d'écailles bleues; les Brasiliens le regardent comme venimeux.

L'AZURÉ[1].

Calotes (Uromastyx) azureus, Merr.; *Lacerta azurea*, Linn.;
Stellio brevi-caudatus, Latr.

L'Azuré se trouve en Afrique; ses écailles pointues le font paraître hérissé de petits piquants : un caractère d'après lequel il est aisé de le reconnaître, et qui lui a fait donner le nom qu'il porte, est la couleur bleue dont le dessus de son corps est peint, et qui forme une espèce de manteau azuré. Sa queue est courte.

« tactum apprimè sunt læves. Digit. in pedibus, instar setarum porci-
« narum. Venenosum animal censetur. » Rai, Synopsis animalium,
page 267.

(1) L'Azuré. M. Daubenton, Encyclopédie méthodique.
Lacerta azurea, 12. Linn., Amph. rept.
Séba, mus. 2, tab. 62, fig. 6.

LE GRISON[1].

Gekko turcicus, Latr.; *Lacerta turcica*, Linn.

Il est aisé de distinguer ce lézard, qui se trouve dans les contrées orientales, par des verrues qui sont distribuées, sans aucun ordre, sur son corps; par sa couleur grise tachetée de roussâtre, et par sa queue à peine plus longue que le corps, et que des bandes disposées avec une sorte d'irrégularité rendent inégalement étagée.

L'UMBRE[2].

Calotes (Agama) Umbra, Merr.; *Lacerta Umbra*, Linn.;
Ophryessa Umbra, Fitz.

L'Umbre, qui se trouve dans plusieurs contrées chaudes de l'Amérique, a la tête très-arrondie;

(1) Le Grison. M. Daubenton, Encyclopédie méthodique.
Lacerta turcica, 13. Linn., Amphib. rept.
Edw. av. 204, tab. 204. *Lacerta minor cinerea maculata asiatica.*
(2) L'Umbre. M. Daubenton, Encyclopédie méthodique.
Lacerta Umbra, 29. Linn., Amph. rept.

l'occiput est chargé d'une callosité assez grande et dénuée d'écailles. La peau qui est sur la gorge forme un pli profond : la couleur du corps est nébuleuse; les écailles étant relevées en arête, et leur sommet étant aigu, le dos paraît strié. La queue est ordinairement plus longue que le corps.

LE PLISSÉ[1].

Calotes (Agama) Plica, Merr.; *Lacerta Plica*, Linn.; *Iguana chalcidica*, Laur.; *Iguana Umbra* et *Stellio Plica*, Latr.; *Agama Plica* et *Umbra*, Daud.; *Ecphymotes Plica*, Fitz.

Le Plissé a l'occiput calleux comme l'umbre; mais la peau qui est sur la gorge forme deux plis au lieu d'un. Il diffère encore de l'umbre par plusieurs traits : des écailles coniques font paraître sa peau chagrinée; le dessus des yeux est comme à demi crénelé; derrière les oreilles sont deux verrues garnies de pointes. Sur la partie antérieure du dos règne une petite dentelure formée par des écailles plus grandes que les voisines, et qui lie le plissé avec le galéote et l'agame. Une ride élevée s'étend de chaque côté du cou jusque sur les pates de devant, et se replie sur le milieu

---

(1) Le Plissé. M. Daubenton, Encyclopédie méthodique. *Lacerta Plica*, 3o. Linn., Amphib. rept.

du dos. Les doigts sont allongés, garnis d'ongles aplatis, et couverts par dessous d'écailles aiguës. La queue est ronde, et ordinairement plus longue que le corps. Le plissé se trouve dans les Indes.

C'est à ce lézard qu'il paraît qu'on doit rapporter celui que M. Pallas a nommé *Hélioscope*, dans le supplément latin de son voyage en différentes parties de l'empire de Russie. Il habite les provinces les moins froides de ce vaste empire; on le trouve communément sur les collines dont la température est la plus chaude, exposé aux rayons du soleil, la tête élevée, et souvent tournée vers cet astre; sa course est très-rapide.

L'ALGIRE[1].

Tropidosaura algira, Fitz; *Scincus algirus*, Latr.; *Lacerta algira*, Linn.

Il n'est souvent que de la longueur du doigt; les écailles du dos relevées en carêne, le font paraître un peu hérissé. Sa queue diminue de grosseur jusqu'à l'extrémité qui se termine en pointe. Il est jaune sous le corps, et d'une couleur plus

---

(1) L'Algire. M. Daubenton, Encyclopédie méthodique. *Lacerta algira*, 16. Linn., Amph. rept.

sombre sur le dos, le long duquel s'étendent quatre raies jaunes. Il n'a point sous le ventre de bandes transversales.

L'espèce de l'algire n'est pas réduite à ses petites dimensions par défaut de chaleur, puisque c'est dans la Mauritanie et dans la Barbarie qu'il habite. C'est de ces contrées de l'Afrique qu'il fut envoyé par M. Brander à M. Linnée, qui l'a fait connaître; et l'on ne peut pas dire que les côtes septentrionales de l'Afrique étant plus échauffées qu'humides, l'ardente sécheresse des contrées où l'on trouve l'algire influe sur son volume, et qu'il n'a une très-petite taille que parce qu'il manque de cette humidité si nécessaire à plusieurs quadrupèdes ovipares, puisque l'on conserve au Cabinet du Roi un algire entièrement semblable aux lézards de son espèce, et qui cependant a été envoyé de la Louisiane, où l'humidité est aussi grande que la chaleur est vive.

M. Shaw a écrit que l'on trouve très-fréquemment en Barbarie, sur les haies et dans les grands chemins, un lézard nommé *Zermouméah*; il n'indique point la grandeur de cet animal; il dit seulement que sa queue est longue et menue; que le fond de sa couleur est d'un brun clair; qu'il est rayé d'un bout à l'autre, et qu'il présente particulièrement trois ou quatre raies jaunes (1). Peut-être ce lézard est-il un algire.

____

(1) Voyage de M. Shaw, dans plusieurs provinces de la Barbarie et du Levant, à La Haye, 1743, vol. I, page 324.

Au reste, il paraît que l'algire se trouve aussi dans les contrées méridionales de l'empire de Russie, et que l'on doit regarder comme une variété de ce lézard, celui que M. Pallas a nommé *Lézard ensanglanté* ou *couleur de sang* (1), qui ressemble presque en tout à l'algire, et qui a quatre raies blanches sur le dos, mais dont la queue cendrée par dessus et blanchâtre à l'extrémité, est par dessous d'un rouge d'écarlate.

LE STELLION[2].

Calotes (Agama) cordylea, Merr.; *Lacerta Stellio*, Linn.; *Stellio vulgaris*, Daud., Latr., Fitz.

LA queue de ce lézard est communément assez courte, et diminue de grosseur jusqu'à l'extrémité. Les écailles qui la couvrent sont aiguës, et

(1) Supplément au Voyage de M. Pallas.

(2) *Stellione tarentole*, en plusieurs endroits d'Italie.

Pistilloni, en plusieurs autres endroits du même pays.

Tapayaxin, en Afrique.

Le Stellion. M. Daubenton, Encyclopédie méthodique.

Lacerta Stellio, 10. Linn., Amphib. rept.

Hasselquist itin. 301. *Lacerta Stellio*.

Tournefort, Voyag. 1, page 119, t. 120. *Cossordilos*.

Séba, mus. 2, tab. 8, fig. 6 et 7.

Cordylus Stellio, 80. Laurenti specimen medicum.

disposées par anneaux. D'autres écailles, petites et pointues, revêtent le dessus et le dessous du corps, qui d'ailleurs est garni, ainsi que la tête, de tubercules aigus ou de piquants plus ou moins grands; bien loin d'avoir une forme agréable, le Stellion ressemble un peu au crapaud, surtout par la tête, de même que le tapaye avec lequel il a beaucoup de rapports, et dont quelques auteurs lui ont donné les divers noms. Mais si ses proportions déplaisent, ses couleurs charment ordinairement la vue. Il présente le plus souvent un doux mélange de blanc, de noir, de gris, et quelquefois de vert, dont il est comme marbré.

Il habite l'Afrique, et il n'y est pas confiné dans les régions les plus chaudes, puisqu'il est également au cap de Bonne-Espérance et en Égypte (1). On le rencontre aussi dans les contrées orientales et dans les îles de l'Archipel, ainsi qu'en Judée et en Syrie, où il paraît, d'après Bélon, qu'il devient très-grand (2). M. François Cetti dit qu'il est assez commun en Sardaigne, et qu'il y habite dans les maisons; on l'y nomme *Tarentole*, ainsi que dans plusieurs provinces d'Italie (3); et c'est une

---

(1) L'individu, que nous avons décrit, a été apporté d'Égypte, au Cabinet du Roi.

(2) « Il y a une manière de lézards noirs, nommés Stellions, quasi « aussi gros qu'est une petite belette, leur ventre fort enflé et la tête « grosse, desquels le pays de Judée et de Syrie est bien garni. » Bélon. Observations, etc. Édit. de Paris, 1554, livre II, chap. 79, page 139.

(3) Histoire naturelle des amphibies et des poissons de la Sardaigne. Sassari, 1777, page 20.

nouvelle preuve de l'emploi qu'on a fait pour plusieurs espèces de lézards de ce nom de *Tarentole*, donné, ainsi que nous l'avons dit, à une variété du lézard vert. Mais c'est surtout aux environs du Nil, que les stellions sont en grand nombre. On en trouve beaucoup autour des pyramides et des anciens tombeaux qui subsistent encore sur l'antique terre d'Égypte. Ils s'y logent dans les intervalles que laissent les différents lits de pierres, et ils s'y nourrissent de mouches et d'insectes ailés.

On dirait que ces pyramides, ces éternels monuments de la puissance et de la vanité humaines, ont été destinées à présenter des objets extraordinaires en plus d'un genre ; c'est en effet dans ces vastes mausolées qu'on va recueillir avec soin les excréments du petit lézard dont nous traitons dans cet article. Les anciens, qui en faisaient usage ainsi que les Orientaux modernes, leur donnaient le nom de *Crocodilea* (1), apparemment parce qu'ils pensaient qu'ils venaient du crocodile (2); et peut-être ces excréments n'auraient-ils pas été aussi recherchés, si l'on avait su que l'animal qui les produit n'était ni le plus grand ni le plus petit des lézards, tant il est vrai

---

(1) « Nous trouvions aussi des stellions, desquels les Arabes recueillent « les excréments, qu'ils portent vendre au Caire, nommés en grec *Crocodilea*. De là, les marchands nous les apportent vendre. » Bélon, livre II, chap. 68, page 132.

(2) « Stercore fucatus crocodili. » Horace.

que les extrêmes en imposent presque toujours à ceux dont les regards ne peuvent pas embrasser la chaîne entière des objets.

Les modernes, mieux instruits, ont rapporté ces excréments au stellion, à un lézard qui n'a rien de très-remarquable; mais déja le sort de cette matière abjecte était décidé, et sa valeur vraie ou fausse était établie. Les Turcs en ont fait une grande consommation, ils s'en fardaient le visage; et il faut que les stellions aient été bien nombreux en Égypte, puisque pendant long-temps on trouvait presque partout, et en très-grande abondance, cette matière que l'on nommait *Stercus lacerti*, ainsi que *Crocodilea*.

LE SCINQUE[1].

Scincus officinalis, Laur., Daud., Merr.; *Lacerta Scincus*,
Hasselq., Linn.

Ce lézard est fameux, depuis long-temps, par
la vertu remarquable qu'on lui a attribuée. On a
prétendu que pris intérieurement, il pouvait ra-
nimer des forces éteintes, et rallumer les feux de
l'amour malgré les glaces de l'âge et les suites funestes des excès. Aussi lui a-t-on déclaré en plusieurs endroits, et lui fait-on encore une guerre
cruelle. Les paysans d'Égypte prennent un grand
nombre de Scinques, qu'ils portent au Caire et à
Alexandrie, d'où on les répand dans différentes
contrées de l'Asie. Lorsqu'ils viennent d'être tués,

---

(1) Σκίγκος ou σκίγγος, en grec.
Scincus, en latin.
Rai, Synopsis animalium, page 271. *Scincus*.
Le Scinque. M. Daubenton, Encyclopédie méthodique.
Lacerta Scincus, 22. Linn., Amphib. rept.
Gron. mus. 2, 76, n° 49. *Scincus*.
Séb. mus. 2, fol. 112, tab. 105, fig. 3.
Imperat. nat., 906. *Lacerta Lybia*.
Olear. mus. 9, tab. 8, fig. 1.
Aldr. ovip., livre I, chap. 12. *Lacertus cyprius Scincoides*.
Hasselq. itin. 309, n° 58.
Scincus officinalis, 87. Laurenti specimen medicum.

on en tire une sorte de jus dont on se sert dans les maladies; et, quand ils ont été desséchés, on les réduit en poudre, qu'on emploie dans les mêmes vues que les sucs de leur chair. Ce n'est pas seulement en Asie, mais même en Europe, qu'on a eu recours à ces moyens désavoués par la nature, de suppléer par des apparences trompeuses à des forces qu'elle refuse, de hâter le dépérissement plutôt que de le retarder, et de remplacer par des jouissances vaines, des plaisirs qui ne valent que par un sentiment que tous les secours d'un art mensonger ne peuvent faire naître (1).

Il n'est pas surprenant que ceux qui n'ont vu le scinque que de loin et qui l'ont aperçu sur le bord des eaux, l'aient pris pour un poisson; il en a un peu l'apparence par sa tête qui semble tenir immédiatement au corps, et par ses écailles assez grandes, lisses, d'une forme semblable tant au-dessus qu'au-dessous du corps, et qui se recouvrent comme les ardoises sur les toits. La mâchoire de dessus est plus avancée que celle de dessous : la queue est courte et comprimée par le bout.

La couleur du scinque est d'un roux plus ou moins foncé, blanchâtre sous le corps, et traversée

---

(1) Hasselquist dit que l'on rapporte les scinques de l'Égypte supérieure et de l'Arabie à Alexandrie, d'où on les envoie à Venise et à Marseille, et de là dans les différents endroits de l'Europe. Hasselquist, Voyage en Palestine, page 361.

sur le dos par des bandes brunes. Mais il en est de ce lézard, comme de tous les autres animaux dont la couverture est trop faible ou trop mince pour ne point participer aux différentes altérations que l'intérieur de l'animal éprouve. Les couleurs du scinque se ternissent et blanchissent lorsqu'il est mort; et, dans l'état de dessiccation et d'une sorte de salaison où on l'apporte en Europe, il paraît d'un jaune-blanchâtre et comme argenté. Au reste, les couleurs de ce lézard, ainsi que celles du plus grand nombre des animaux, sont toujours plus vives dans les pays chauds que dans les pays tempérés; et leur éclat ne doit-il pas augmenter en effet avec l'abondance de la lumière, la vraie et l'unique source première de toute sorte de couleurs?

Linnée a écrit que les scinques n'avaient point d'ongles : tous les individus que nous avons examinés paraissaient en avoir : mais, comme ces animaux étaient desséchés, nous ne pouvons rien assurer à ce sujet. Au reste, notre présomption se trouve confirmée par celle d'un bon observateur, M. François Cetti (1).

On trouve le scinque dans presque toutes les contrées de l'Afrique, en Égypte, en Arabie, en Lybie, où on dit qu'il est plus grand qu'ailleurs, dans les Indes, et peut-être même dans la plupart des pays très-chauds de l'Europe. Non seulement

---

(1) Histoire naturelle des amphibies et des poissons de la Sardaigne.

son habitation de choix doit être déterminée par la chaleur du climat, mais encore par l'abondance des plantes aromatiques dont on dit qu'il se nourrit. C'est peut-être à cet aliment plus exalté, et par conséquent plus actif, qu'il doit cette vertu stimulante qu'on aurait pu sans doute employer pour soulager quelques maux (1), mais dont il ne fallait pas se servir pour dégrader le noble feu que la nature fait naître, en s'efforçant en vain de le rallumer, lorsqu'une passion imprudente l'a éteint pour toujours.

Le scinque vit dans l'eau, ainsi qu'à terre. On l'a cependant appelé *Crocodile terrestre*, et certainement c'est un grand abus des dénominations que l'application du nom de cet énorme animal à un petit lézard, qui n'a que sept ou huit pouces de longueur. Aussi Prosper Alpin pense-t-il que le scinque des modernes n'est pas le lézard désigné sous le nom de *Crocodile terrestre* par les anciens, particulièrement par Hérodote, Pausanias, Dioscoride, et célébré pour ses vertus actives et stimulantes. Il croit qu'ils avaient en vue un plus grand lézard que l'on trouve, ajoute-t-il, au-dessus de Memphis, dans les lieux secs, et dont il donne la figure. Mais cette figure ni le texte n'indiquant point de caractère très-précis, nous ne pouvons

---

(1) Pline dit que le scinque a été regardé comme un remède contre les blessures faites par des flèches empoisonnées, livre XXVIII, chapitre 30.

23.

rien déterminer au sujet de ce lézard mentionné par Alpin (1). Au reste, la forme et la brièveté de sa queue empêchent qu'on ne le regarde comme de la même espèce que la dragonne, ou le tupinambis, ou l'iguane.

LE MABOUYA[2].

Mabuya dominicensis, Fitz; *Lacerta Mabouya*, Shaw.

Le lézard, dont il est ici question, a une très-grande ressemblance avec le scinque ; il n'en diffère bien sensiblement à l'extérieur que parce que ses pates sont plus courtes en proportion du corps, et parce que sa mâchoire supérieure ne recouvre pas la mâchoire inférieure comme celle du scinque. Il n'est point le seul quadrupède ovipare auquel le nom de Mabouya ait été donné. Les voyageurs ont appelé de même un assez grand lézard, dont nous parlerons sous le nom de *Doré*,

(1) Prosper Alpin, tome I, chap. 5. De animalibus lacertosis in Ægypto viventibus.

(2) Sloane, vol. II, planche 273, fig. 7 et 8. Salamandra minima fusca maculis albis notata.

Dutertre. Hist. naturelle des Antilles, vol. II, page 315. *Mabouya.*

Rochefort, page 147. *Mabouya.*

Tiligugu et *Tilingoni*, en Sardaigne.

et qui a aussi beaucoup de ressemblance avec le
scinque, mais qui est distingué de notre mabouya,
en ce que sa queue est plus longue que le corps,
tandis qu'elle est beaucoup plus courte dans le
lézard dont nous traitons.

Le mabouya paraît être d'ailleurs plus petit que
le doré; leurs habitudes diffèrent à beaucoup
d'égards; et comme ils habitent dans le même
pays, on ne peut pas les regarder comme deux
variétés dépendantes du climat; nous les considérerons donc comme deux espèces distinctes,
jusqu'à ce que de nouvelles observations détruisent notre opinion à ce sujet. Ce nom de *Mabouya*,
tiré de la langue des Sauvages de l'Amérique
septentrionale, désigne tout objet qui inspire du
dégoût ou de l'horreur; et à moins qu'il ne soit
relatif aux habitudes du lézard dont il est ici
question, ainsi qu'à celles du doré, il ne nous
paraît pas devoir convenir à ces animaux, leur
conformation ne présentant rien qui doive rappeler des images très-désagréables. Nous l'adop-
tons cependant, parce que sa vraie signification
peut être regardée comme nulle, peu de gens
sachant la langue des Sauvages d'où il a été tiré,
et parce qu'il faut éviter avec soin de multiplier
sans nécessité les noms donnés aux animaux. Nous
le conservons de préférence au lézard dont nous
parlons, parce qu'il n'en a jamais reçu d'autre, et
que le grand mabouya a été nommé le *Doré* par
Linnée et par d'autres naturalistes.

La tête du mabouya paraît tenir immédiatement au corps, dont la grosseur diminue insensiblement du côté de la tête et de celui de la queue. Il est tout couvert par dessus et par dessous d'écailles rhomboïdales, semblables à celles des poissons ; le fond de leur couleur est d'un jaune doré ; plusieurs de celles qui garnissent le dos sont quelquefois d'une couleur très-foncée, avec une petite ligne blanche au milieu. Des écailles noirâtres forment, de chaque côté du corps, une bande longitudinale ; la couleur du fond s'éclaircit le long du côté intérieur de ces deux bandes, et on y voit régner deux autres bandes presque blanches. Au reste, la couleur de ces écailles varie suivant l'habitation des mabouya : ceux qui demeurent au milieu des bois pourris, dans les endroits marécageux, ainsi que dans les vallées profondes et ombragées, où les rayons du soleil ne peuvent point parvenir, sont presque noirs ; et peut-être leurs couleurs justifient-elles alors, jusqu'à un certain point, ce qu'on a dit de leur aspect, que l'on a voulu trouver hideux ; leurs écailles paraissent enduites d'huile, ou d'une sorte de vernis (1).

_____

(1) « Tertiam speciem *Mabouyas* appellat. Colore different qui in ar-
« boribus putridis, in locis palustribus, aut vallibus profundioribus quò
« radii solares non penetrant, degunt. Nigri sunt et aspectu horridi ; unde
« *Mabouyas*, id est diabolorum nomen ab indis iis impositum. Pollicem
« circiter, aut paulo plus crassi sunt ; sex aut septem pollices longi. Pellis
« velut oleo inuncta videtur. » Rai, Synopsis Quadrupedum , page 268.

Le museau des mabouya est obtus; les ouvertures des oreilles sont assez grandes; les ongles
crochus; la queue est grosse, émoussée, et très-
courte. L'individu conservé au Cabinet du Roi,
a huit pouces de long. Les mabouya décrits par
Sloane étaient beaucoup plus petits, parce qu'ils
n'avaient pas encore atteint leur entier développe-
pement.

Les mabouya grimpent sur les arbres, ainsi que
sur le faîte et les chevrons des cases des Nègres
et des Indiens; mais ils se logent communément
dans les crevasses des vieux bois pourris; ce n'est
ordinairement que pendant la chaleur qu'ils en
sortent. Lorsque le temps menace de la plûie, on
les entend faire beaucoup de bruit, et on les voit
même quelquefois quitter leurs habitations. Sloane
pense que l'humidité qui règne dans l'air, aux
approches de la pluie, gonfle les bois, et en diminue par conséquent les intervalles au point
d'incommoder les mabouya, et de les obliger à
sortir. Indépendamment de cette raison, que rien
ne force à rejeter, ne pourrait-on pas dire que
ces animaux sont naturellement sensibles à l'humidité ou à la sécheresse, de même que les grenouilles, avec lesquelles la plupart des lézards ont
de grands rapports; et que ce sont les impressions
que les mabouya reçoivent de l'état de l'atmosphère, qu'ils expriment par leurs mouvements et
par le bruit qu'ils font? Les Américains les croient
venimeux, ainsi que le *Doré*, avec lequel il doit

être aisé, au premier coup-d'œil, de les confondre; mais cependant Sloane et Browne disent qu'ils
n'ont jamais pu avoir une preuve certaine de
l'existence de leur venin (1). Il arrive seulement
quelquefois qu'ils se jettent avec hardiesse sur
ceux qui les irritent, et qu'ils s'y attachent assez
fortement pour qu'on ait de la peine à s'en dé-
barrasser.

C'est principalement aux Antilles qu'on les rencontre. Lorsqu'ils sont très-petits, ils deviennent
quelquefois la proie d'animaux qui ne paraissent
pas au premier coup-d'œil devoir être bien dangereux pour eux. Sloane prétend en avoir vu un
à demi dévoré par une de ces grosses araignées,
qui sont si communes dans les contrées chaudes
de l'Amérique (2). On trouve aussi le mabouya
dans l'ancien monde : il est très-commun dans
l'île de Sardaigne, où il a été observé par M. François Cetti, qui ne l'a désigné que par les noms
sardes de *Tiligugu* et *Tilingoni*; ce naturaliste a
fort bien saisi ses traits de ressemblance et de
différence avec le scinque (3), et comme il ne
connaissait point le mabouya d'Amérique mentionné dans Sloane, Rochefort et Dutertre, et qui
est entièrement semblable au lézard de Sardaigne,
qu'il a comparé au scinque, il n'est pas surprenant

---

(1) Sloane, à l'endroit déja cité.

(2) Idem, ibid.

(3) Histoire naturelle des Amphibies et des Poissons de la Sardaigne.
Sassari, 1777, 21.

qu'il ait pensé que son lézard n'avait pas encore été indiqué par aucun auteur.

M. Thunberg, savant professeur d'Upsal, vient de donner la description d'un lézard qu'il a vu dans l'île de Java, et qu'il compare, avec raison, au doré, ainsi qu'au scinque, en disant cependant qu'il diffère de l'un et de l'autre, et surtout du premier dont il est distingué par la grosseur et la brièveté de sa queue. Cet animal ne nous paraît être qu'une variété du mabouya, qui, dès lors, se trouve en Asie, ainsi qu'en Europe et en Amérique. L'individu, vu par M. Thunberg, était gris cendré sur le dos, qui présentait quatre rangs de taches noires, mêlées de taches blanches, et de chaque côté duquel s'étendait une raie noire. M. Afzelius, autre savant suédois, a vu dans la collection de M. Bættiger, à Vesteras, un lézard qui ne différait de celui que M. Thunberg a décrit, que parce qu'il n'avait pas de taches sur le dos, et que les raies latérales étaient plus noires et plus égales (1).

---

(1) Mémoires de l'Académie de Stockolm, trimestre d'avril, de l'année 1787, page 123.

Description du lézard appelé, par M. Thunberg, *Lacerta lateralis*.

LE DORÉ[1].

Scincus Cepedii, Merr.

C'est Linnée qui a donné à ce lézard le nom que nous lui conservons ici; ce quadrupède ovi-

---

[1] Le Doré. M. Daubenton, Encyclopédie méthodique.

Lacerta aurata, 35. Linn., Amphibia reptilia.

Scincus maximus fuscus. Sloane, Histoire naturelle de la Jamaïque, vol. II, planche 273, fig. 9. Dans la planche de Sloane, le Doré est représenté avec la queue beaucoup plus courte que le corps; si la figure est exacte, ce ne doit être qu'une variété individuelle, les autres dorés, mentionnés par les divers naturalistes, ayant tous la queue plus longue que le corps, ainsi que les individus conservés au Cabinet du Roi, et particulièrement celui qui a servi pour la description contenue dans cet article. Browne dit d'ailleurs positivement (page 463) que le lézard que nous nommons le Doré, a la queue plus longue qu'elle n'est généralement représentée dans les figures.

A Galliwasp, en anglais (voyez Sloane, ibid.).

Dutertre, page 314. *Mabouya* ou Scinque de terre.

Rochefort, page 149. Brochet de terre.

Browne, Voyage aux Antilles, page 463. *Lacerta media squamosa, corpore et cauda oblongo-subquadratis, auribus majoribus nudis.* The Galley-Wasp.

Séba, tome II, planche 10, fig. 4 et 5. Scinque marin. Le lézard représenté dans le même volume, au n° 6 de la planche 12, paraît être le doré. Séba le croyait d'Afrique. Au reste, il est bon d'observer que le n° de Séba, indiqué à l'article du Doré, dans la treizième édition de Linnée, représente un tout autre lézard.

Gron. mus. 2, planche 75, n° 48. *Scincus.*

paré est très-commun en Amérique, où il a été appelé, par Rochefort, *Brochet de terre*, et où il a aussi été nommé *Mabouya* : mais comme le premier de ces noms présente une idée fausse, et que le second a été donné à un autre lézard dont nous avons déja parlé (1), et auquel il a été attribué plus généralement, nous préférons la dénomination employée par Linnée. Le doré a beaucoup de rapports, par sa conformation, avec le scinque, et surtout avec le mabouya ; il a de même le cou aussi gros que le derrière de la tête ; mais il est ordinairement plus grand, et sa queue est beaucoup plus longue que le corps, au lieu qu'elle est plus courte dans le scinque et dans le mabouya : d'ailleurs la mâchoire supérieure n'est pas plus avancée que l'inférieure, comme dans le scinque ; les ouvertures des oreilles sont très-grandes et garnies à l'intérieur de petites écailles qui les font paraître un peu festonnées. Ces caractères réunis le séparent de l'espèce du scinque et de celle du mabouya ; mais il leur ressemble cependant assez pour avoir été comparé à un poisson, comme ces derniers lézards, et particulièrement pour avoir reçu le nom de *Brochet de terre*, ainsi que nous venons de le dire. Il est couvert par dessus et par dessous de petites écailles arrondies, striées et brillantes : ses doigts sont armés d'ongles assez forts ; la couleur de son corps est

______

(1) Article du *Mabouya*.

d'un gris argenté, tacheté d'orange, et qui blanchit vers les côtés (1). Comme celles de tout animal, la vivacité de ses couleurs s'efface lorsqu'il est mort; mais, tandis que la chaleur de la vie les anime, elles brillent d'un éclat très-vif qui donne une couleur d'or au roux dont il est peint; et c'est de là que vient son nom. Ses couleurs paraissent d'autant plus brillantes que son corps est enduit d'une humeur visqueuse qui fait l'effet d'un vernis luisant. Cette sorte de vernis, joint à la nature de son habitation, l'ont fait appeler *Salamandre;* mais nous ne regardons, comme de vraies salamandres, que les lézards qui n'ont pas plus de quatre doigts aux pieds de devant. M. Linnée a écrit qu'on le trouvait dans l'île de Jersey, près les côtes d'Angleterre; à la vérité, il cite, à ce sujet, Edwards (*tab.* 247), et le lézard qui y est représenté, est très-différent du doré. Il vit dans l'île de Chypre : mais c'est principalement en Amérique et aux Antilles qu'il est répandu. Il habite les endroits marécageux (2); on le rencontre aussi dans les bois (3); ses pates sont si courtes qu'il ne s'en sert, pour ainsi dire, que pour se traîner, et qu'il rampe comme les serpents, plutôt qu'il ne marche comme les quadrupèdes (4).

---

(1) Suivant Browne, sa couleur est souvent sale et rayée transversalement. Voyez l'endroit déja cité.

(2) Sloane, vol. II.

(3) Browne, à l'endroit déja cité.

(4) Rai, Synopsis animalium Quadrupedum , page 269.

Aussi les lézards dorés déplaisent-ils par leur démarche et par tous leurs mouvements, quoiqu'ils attirent les yeux par l'éclat de leurs écailles et la richesse de leurs couleurs. Mais on les rencontre rarement, ils ne se montrent guère que le soir, temps apparemment où ils cherchent leur proie : ils se tiennent presque toujours cachés dans le fond des cavernes et dans les creux des rochers, d'où ils font entendre, pendant la nuit, une sorte de coassement plus fort et plus incommode que celui des crapauds et des grenouilles (1). Les plus grands ont à-peu-près quinze pouces de long (2). Browne dit qu'il y en a de deux pieds (3). L'individu que nous avons décrit, et qui est conservé au Cabinet du Roi, a quinze pouces huit lignes de longueur, depuis le bout du museau jusqu'à l'extrémité de la queue, qui est longue de onze pouces une ligne. Les jambes de derrière ont un pouce onze lignes de long ; celles de devant sont plus courtes, comme dans les autres lézards.

Suivant Sloane, la morsure du doré est regardée comme très-venimeuse, et on rapporta à ce naturaliste, que quelqu'un qui avait été mordu par ce lézard, était mort le lendemain. Les habitants des Antilles dirent généralement à Browne, qu'il n'y avait point d'animal qui pût échapper à la mort, après avoir été mordu par le doré ; mais

---

(1) Rai, Synopsis animalium Quadrupedum, page 269.
(2) Rai, ibid.
(3) Browne, à l'endroit déja cité.

aucun fait positif, à ce sujet, ne lui fut communiqué par une personne digne de foi (1). Peut-être est-ce le nom de *Salamandre* qui a valu au doré, comme au scinque, la réputation d'être venimeux, d'autant plus qu'il a un peu les habitudes des vraies salamandres, vivant, ainsi que ces lézards, sur terre et dans l'eau. Cette réputation l'aura fait poursuivre avec acharnement, et c'est de la guerre qu'on lui aura faite, que sera venue la crainte qui l'oblige à fuir devant l'homme. Il paraît aimer les viandes un peu corrompues; il recherche communément les petites espèces de crabes de mer; et la dureté de la croûte qui revêt ces crabes, ne doit pas l'empêcher de s'en nourrir, son estomac étant entièrement musculeux. En tout, cet animal bien plus nuisible qu'avantageux, qui fatigue l'oreille par ses sons, lorsqu'il ne blesse pas les yeux par ses mouvements désagréables, n'a pour lui qu'une vaine richesse de couleurs qu'il dérobe, même aux regards, en se tenant dans des retraites obscures, et en ne se montrant que lorsque le jour s'enfuit.

---

(1) « Ces animaux, continue Browne, ont les dents courtes, égales « et immobiles. » Ce qui lui fait penser que leur poison, si réellement ils sont venimeux, est dans leur salive. Browne, à l'endroit déja cité.

LE TAPAYE[1].

Tapaya orbicularis, Fitz.; *Calotes (Agama) orbicularis*, Merr.;
Lacerta hispida et *orbicularis*, Linn.; *Cordylus hispidus* et
orbicularis, Laur.; *Stellio orbicularis*, Latr.; *Agama orbicularis*, Daud.

Nous conservons à ce lézard le nom de Tapaye
que M. Daubenton lui a donné, par contraction
du nom *Tapayaxin*, par lequel on le désigne au
Mexique et dans la Nouvelle-Espagne. Cet animal,
qui a de grands rapports avec le stellion, est remarquable par les pointes aiguës dont son dos
est hérissé : son corps que l'on croirait gonflé, est
presque aussi large que long ; et c'est ce qui lui a
fait conserver par Linnée le nom *d'orbiculaire*.
Il n'a point de bandes transversales sous le ventre ;
la queue est courte ; les doigts sont recouverts
d'écailles par dessus et par dessous ; le fond de la
couleur est d'un gris blanc plus ou moins tacheté
de brun ou de jaunâtre. Il y a, dans cette espèce,

---

(1) Le Tapaye. M. Daubenton, Encyclopédie méthodique.

Lac. orbicularis, 23. Linn., Amphib. rept. *Lacerta cauda tereti me-
diocri, vertice trimuricato abdomine subrotundo.*

Rai, Synopsis Quadrupedum, page 263. *Tapayaxin, seu Lacertus orbicularis.*

Séba, mus. 1, planche 109, fig. 6.

Cordylus hispidus, 79. Laurenti specimen medicum.

une variété distinguée par la forme triangulaire de la tête, assez semblable à celle du caméléon, et par une sorte de bouclier qui en couvre le dessus (1). On a donné aussi le nom de Tapaxin au stellion qui habite en Afrique; et comme le stellion et le tapaye ont des piquants plus ou moins grands et plus ou moins aigus, il n'est pas surprenant que des voyageurs aient, à la première vue, donné le même nom à deux animaux assez différents cependant par leur conformation, pour constituer deux espèces distinctes. Le tapaye n'est point agréable à voir; il a, par la grosseur et presque toutes les proportions de son corps, une assez grande ressemblance avec un crapaud qui aurait une queue, et qui serait armé d'aiguillons. Aussi Séba lui en a-t-il donné le nom : mais sa douceur fait oublier sa difformité, dont l'effet est d'ailleurs diminué par la beauté de ses couleurs. Il semble n'avoir de piquants que pour se défendre; il devient familier; on peut le manier sans qu'il cherche à mordre; il a même l'air de désirer les caresses; et l'on dirait qu'il se plaît à être tourné et retourné. Il est très-sensible dans certaines parties de son corps, comme vers les narines et les yeux, et les voyageurs assurent que, pour peu qu'on le touche dans ces endroits, on y fait

____

(1) « B. Lacerta cauda tereti brevi, trunco subgloboso supra muricato. » Linn. , Amphibia reptilia 122 , 23.

Séba, mus. 1, planche 83, figures, 1, 2.

Cordylus orbicularis, 78. Laurenti specimen medicum.

couler le sang. Il habite dans les montagnes. Cet animal, qui ne fait point de mal pendant sa vie, est utile après sa mort; on l'emploie avec succès en médecine, séché et réduit en poudre (1).

LE STRIÉ [2].

Mabuya quinquelineata, Fitz; *Scincus quinquelineatus*, Schneid., Daud., Latr., Merr.

LINNÉE a le premier parlé de ce lézard, que l'on trouve à la Caroline, et qui lui avait été envoyé par M. le docteur Garden. La tête de ce quadrupède ovipare est marquée de six raies jaunes; deux entre les yeux, une de chaque côté sur l'œil, et une également de chaque côté au-dessous. Le dos est noirâtre; cinq raies jaunes ou blanchâtres s'étendent depuis la tête jusqu'au milieu de la queue; le ventre est garni d'écailles, qui se recouvrent comme les tuiles des toits, et forment des stries. La queue est une fois et demie plus longue que le corps, et n'est point étagée.

---

(1) Rai, Synopsis Quadrupedum, page 263.
(2) Le Strié. M. Daubenton, Encyclopédie méthodique.
Lacerta quinque-lineata, 24. Linn., Systema naturæ, edit. 13.

LE MARBRÉ[1].

Polychrus marmoratus, Merr., Fitz; *Lacerta marmorata*, Latr.;
Agama marmorata, Daud.; le Marbré de la Guyane, Cuv.

LE Marbré se trouve en Espagne, en Afrique et
dans les grandes Indes. Il est aussi très-commun
en Amérique; on l'y a nommé très-souvent *Temapara*, nom qui a été donné dans le même continent à plusieurs espèces de lézards, ainsi que
nous l'avons déja-vu, et que nous ne conservons
à aucune, pour ne pas obscurcir la nomenclature.
Il paraît que, dans les deux continents, le voisinage de la zone torride lui est très-favorable; sa
tête est couverte de grandes écailles; il a sous la
gorge une rangée d'autres écailles plus petites, et
relevées en forme de dents, qui s'étend jusque
vers la poitrine, et forme une sorte de crête plus
sensible dans le mâle que dans la femelle. Le
ventre n'est point couvert de bandes transversales; le dessous des cuisses est garni d'un rang
de huit ou dix tubercules disposés longitudinale-

(1) Le Marbré. M. Daubenton, Encyclopédie méthodique.
Lacerta marmorata, 31. Linn., Amphib. rept.
Séba, mus. 1, planche 88, fig. 4. *Temapara*, et 2, planche 76, fig. 4.
Edwards av., tabula 245, fig. 2.

ment, mais moins marqués dans la femelle que dans le mâle. Le marbré a le dessus des ongles noir, ainsi que le galéote. Un de ses caractères distinctifs, est d'avoir la queue beaucoup plus longue en proportion du corps qu'aucun autre lézard. Un individu de cette espèce, envoyé des grandes Indes au Cabinet du Roi par M. Sonnerat a la queue quatre fois plus longue que le corps et la tête. Les écailles dont la queue du marbré est couverte, la font paraître relevée par neuf arêtes longitudinales.

La couleur du marbré est verdâtre sur la tête, grisâtre, et rayée transversalement de blanc et de noir sur le dessus du corps; elle devient rousse sur les cuisses et les côtés du bas-ventre, où elle est marbrée de blanc et de brun; et l'on voit sur la queue des taches évidées et roussâtres, qui la font paraître tigrée.

L'on devrait peut-être rapporter au marbré le lézard d'Afrique, appelé *Warral* par Shaw, et *Guaral* par Léon. Suivant le premier de ces auteurs, le warral a quelquefois trente pouces de long (apparemment en y comprenant la queue): sa couleur est ordinairement d'un rouge fort vif, avec des taches noirâtres. Ce rouge n'est pas très-différent du roux que présente le marbré; d'ailleurs la couleur de ce dernier ressemble bien plus à celle qu'indique Shaw, que celle des autres lézards d'Afrique. Shaw dit qu'il a observé que toutes les fois que le *Warral* s'arrête, il frappe contre terre avec sa queue. Cette habitude peut très-bien convenir au marbré, qui a la queue extrêmement longue et déliée, et qui, par conséquent, peut l'agiter avec facilité. Les Arabes, continue Shaw, racontent fort gravement que toutes les femmes qui sont touchées par le battement de la quéue du warral, deviennent stériles. Combien de merveilles n'a-t-on pas attribuées dans tous les pays aux quadrupèdes ovipares (1)!

LE ROQUET[2].

Anolis Cepedii, Merr., Fitz; l'ANOLIS DES ANTILLES OU ROQUET, Cuv.

Nous appelons ainsi un lézard de la Martinique qui a été envoyé au Cabinet du Roi, sóus le nom d'Anolis et de Lézard de jardin. Il n'est point le vrai anolis de Rochefort et de Rai, que nous avons cru devoir regarder comme une variété de

---

(1) Voyage de Shaw, dans plusieurs provinces de la Barbarie et du Levant, à La Haye, 1743, vol. I, pages 323 et suivantes.

(2) Dutertre, vol. II, page 313. Roquet.

Rochefort, Histoire des Antilles, page 147. Roquet.

Rai, Synopsis Quadrupedum, page 268.

Sloane, vol. II, planche 273, fig. 4.

Lacertus cinereus minor, en anglais, *the least light browne, or grey Lizard.*

l'améiva. Ce nom d'Anolis a été plus d'une fois attribué à des espèces différentes l'une de l'autre. Mais si le lézard, dont il est question dans cet article, n'a point les caractères distinctifs du véritable anolis ou de l'améiva, il a beaucoup de rapports avec ce dernier animal.

Il est semblable au lézard décrit sous le nom de Roquet, par Dutertre et par Rochefort, qui connaissaient bien le vrai anolis, et qui avaient observé l'un et l'autre en vie dans leur pays natal. Nous avons donc cru devoir adopter l'opinion de ces deux voyageurs; et c'est ce qui nous a engagé à lui conserver le nom de *Roquet*, que Rai lui a aussi donné.

Il se rapproche beaucoup, par sa conformation, du lézard gris; mais il en diffère principalement, en ce que le dessous de son corps n'est point garni d'écailles plus grandes que les autres, et disposées en bandes transversales. Il ne devient jamais fort grand; celui qui est au Cabinet du Roi a deux pouces et demi de long, sans compter la queue, qui est une fois plus longue que le corps (1). Il est d'une couleur de feuille morte, tachetée de jaune et de noirâtre : les yeux sont brillants, et l'ouverture des narines est assez grande; il a, presque en tout, les habitudes du lézard gris. Il vit comme lui dans les jardins; il est d'autant plus

---

(1) Le Roquet, que Sloane a décrit, était beaucoup plus petit. Le corps n'avait qu'un pouce de long, et la queue un pouce et demi.

agile, que ses pates de devant sont longues, et en élevant son corps, augmentent sa légèreté. Il a d'ailleurs les ongles longs et crochus, et par conséquent il doit grimper aisément. Il joint à la rapidité des mouvements, l'habitude de tenir toujours la tête haute. Cette attitude distinguée ajoute à la grace de sa démarche, ou plutôt à l'agrément de sa course, car il ne cesse, pour ainsi dire, de s'élancer avec tant de promptitude, que l'on a comparé la vivacité de ces petits bonds, à la vitesse du vol des oiseaux (1). Il aime les lieux humides; on le trouve souvent parmi les pierres, où il se plaît à sauter de l'une sur l'autre (2). Soit qu'il coure ou qu'il s'arrête, il tient sa queue presque toujours relevée au-dessus de son dos, comme le lézard de la Caroline, auquel nous avons conservé le nom de Lézard-lion. Il replie même cette queue, qui est très-déliée, de manière à ce qu'elle forme une espèce de cercle. Malgré sa pétulance, son caractère est doux : il aime la compagnie de l'homme, comme le lézard gris et le lézard vert· Lorsque ses courses répétées l'ont fatigué, et qu'il a trop chaud, il ouvre la gueule, tire sa langue, qui est très-large et fendue à l'extrémité, et demeure pendant quelque temps haletant comme les petits chiens. C'est apparemment cette habitude, qui, jointe à sa queue retroussée, et à sa

____

(1) Rai, Synopsis animalium, page 268.
(2) Sloane, a l'endroit déja cité.

tête relevée, aura déterminé les voyageurs à lui donner le nom de *Lézard Roquet*. Il détruit un grand nombre d'insectes; il s'enfonce aisément dans les petit trous des terrains qu'il fréquente, et lorsqu'il y rencontre de petits œufs de lézards ou de tortues, qui, n'étant revêtus que d'une membrane molle, n'opposent pas une grande résistance à sa dent, on a prétendu qu'il s'en nourrissait (1). Nous avons déja vu quelque chose de semblable dans l'histoire du lézard gris; et si le roquet présente une plus grande avidité que ce dernier animal, ne doit-on pas penser qu'elle vient de la vivacité de la chaleur bien plus forte aux Antilles, où il a été observé, que dans les différentes contrées de l'Europe, où l'on a étudié les mœurs du lézard gris?

------

(1) Voyez, dans le Dictionnaire d'Histoire naturelle de M. Bomare, l'article du *Lézard-Roquet*.

LE ROUGE-GORGE[1].

Anolis bullaris, Merr., Fitz; ANOLIS DE LA CAROLINE, Cuv.;
Iguana bullaris, Latr.; *Anolis punctatus*, Daud.

LE Rouge-Gorge, que l'on voit à la Jamaïque, dans les haies et dans les bois, est ordinairement long de six pouces, et de couleur verte ; il a au-dessous du cou une vésicule globuleuse qu'il gonfle très-souvent, particulièrement lorsqu'on l'attaque ou qu'on l'effraie, et qui paraît alors rouge ou couleur de rose. Il n'a point de bandes transversales sur le ventre : la queue est ronde et longue. Sa parure est, comme l'on voit, assez jolie ; et c'est avec plaisir qu'on doit regarder l'agréable mélange du beau vert du dessus de son corps avec le rose de sa gorge.

---

(1) Le Rouge-Gorge. M. Daubenton, Encyclopédie méthodique.
Lacerta bullaris, 32. Linn., Amph. rept.
Catesby, Car. 2, tabula 66. *Lacerta viridis jamaicensis.*

LE GOITREUX[1].

Anolis lineatus, Daud., Merr.; ANOLIS RAYÉ, Cuv.

LE Goîtreux, qui habite au Mexique et dans l'Amérique méridionale, présente de belles couleurs, mais moins agréables et moins vives que celles du *Rouge-Gorge*. Il est d'un gris pâle, relevé sur le corps par des taches brunes, et sur le ventre par des bandes d'un gris foncé. La queue est ronde, longue, annelée, d'une couleur livide et verdâtre à son origine. Il a vers la poitrine, une espèce de goître dont la surface est couverte de petits grains rougeâtres, et qui s'étend en avant en s'arrondissant, et en formant une très-grande bosse.

Ce lézard est fort vif, très-leste, et si familier, qu'il se promène sans crainte dans les appartements, sur les tables, et même sur les convives. Son attitude est gracieuse, son regard fixe; il examine tout avec une sorte d'attention; on croirait qu'il écoute ce que l'on dit. Il se nourrit de mouches, d'araignées et d'autres insectes, qu'il avale

---

(1) Le Goîtreux. M. Daubenton, Encyclopédie méthodique.
Lacerta strumosa, Linn, Amphïbia reptilia.
Séba, mus. 2 , tabula 20, fig. 4. *Salamandra mexicana strumosa.*

tout entiers. Les goîtreux grimpent aisément sur les arbres; ils s'y battent souvent les uns contre les autres. Lorsque deux de ces animaux s'attaquent, c'est toujours avec hardiesse; ils s'avancent avec fierté; ils semblent se menacer en agitant rapidement leurs têtes; leur gorge s'enfle; leurs yeux étincellent; ils se saisissent ensuite avec fureur, et se battent avec acharnement. D'autres goîtreux sont ordinairement spectateurs de leurs combats, et peut-être ces témoins de leurs efforts sont-ils les femelles qui doivent en être le prix. Le plus faible prend la fuite : son ennemi le poursuit vivement, et le dévore s'il l'atteint; mais quelquefois il ne peut le saisir que par la queue, qui se rompt dans sa gueule, et qu'il avale, ce qui donne au lézard vaincu le temps de s'échapper.

On rencontre plusieurs goîtreux privés de queue; il semble que le défaut de cette partie influe sur leur courage, et même sur leur force : ils sont timides, faibles et languissants; il paraît que la queue ne repousse pas toujours, et qu'il se forme un calus à l'endroit où elle a été coupée.

Le P. Nicolson, qui a donné plusieurs détails relatifs à l'histoire naturelle du goîtreux, l'appelle *Anolis,* nom que l'on a donné à l'améiva et à notre roquet : mais la figure que le P. Nicolson a publiée, prouve que le lézard dont il a parlé, est celui dont il est question dans cet article (1).

---

(1) Essai sur l'Histoire naturelle de Saint-Domingue, par le P. Nicolson, Paris, 1776, section 3, page 350.

LE TÉGUIXIN[1].

Teius Monitor, Merr.; *Monitor Teguixin,* Fitz; *Lacerta Teguixin,* Linn.; *Seps marmoratus,* Laur.; *Tupinambis Monitor,* Daud.; le SAUVEGARDE D'AMÉRIQUE, Cuv.

La couleur de ce lézard est blanchâtre, tirant sur le bleu, diversifiée par des bandes d'un gris sombre, et semée de points blancs et ovales. Son corps présente un très-grand nombre de stries. La queue se termine en pointe; elle est beaucoup plus longue que le corps; les écailles qui la couvrent forment des bandes transversales de deux sortes, placées alternativement. Les unes s'étendent en arc sur la partie supérieure de la queue, que les autres bandes entourent en entier. Mais ce qui distingue particulièrement le Téguixin, c'est que plusieurs plis obtus et relevés règnent de chaque côté du corps, depuis la tête jusqu'aux cuisses : on voit aussi trois plis sous la gorge.

---

(1) Le Téguixin. M. Daubenton, Encyclopédie méthodique.
Lacerta Teguixin, 34. Linn., Amphib. rept.
Séba 1, tab. 98, figure 3. Linnée a indiqué la première figure de la planche 96 du même volume, comme représentant le Téguixin : mais elle représente évidemment le *Tupinambis*, que l'on a aussi appelé *Téguixin.*

C'est au Brésil, suivant l'article de Séba, indiqué par Linnée, qu'on trouve ce lézard, dont le nom *Téguixin* a été donné au *Tupinambis* par quelques auteurs (1).

LE TRIANGULAIRE[2].

Varanus Dracœna, Merr.; *Varanus niloticus*, Fitz; *Lacerta nilotica*, Hasselq., Linn.; *Tupinambis niloticus*, Daud.; *Stellio Salvaguarda* et *thalassinus*, Laur. (du sous-genre MONITOR de M. Cuv.).

C'EST dans l'Égypte qu'habite le lézard à queue triangulaire : ce qui le distingue des autres, c'est la forme de pyramide à trois faces que sa longue queue présente à son extrémité. Le long de son dos s'étend une bande formée par quatre rangées d'écailles, qui diffèrent par leur figure de celles qui les avoisinent. Ces détails suffiront pour faire reconnaître ce lézard par ceux qui l'auront sous leurs yeux. Il vit dans des endroits marécageux et voisins du Nil. Il a beaucoup de rapports dans sa conformation avec le scinque. C'est M. Hasselquist qui en a parlé le premier.

---

(1) Séba, vol. I, page 15o.
(2) Le Triangulaire. M. Daubenton, Encyclopédie méthodique.
Nilotica, 37. Linn., Amphib. rept.
Hasselquist. Itin. 311, n° 59.

Les Égyptiens ont imaginé un conte bien absurde à l'occasion du Triangulaire : ils ont dit que les œufs du crocodile renfermaient de vrais crocodiles lorsqu'ils étaient déposés dans l'eau, et qu'ils produisaient les petits lézards dont il est question dans cet article, lorsqu'au contraire ils étaient pondus sur un terrain sec (1).

LA DOUBLE-RAIE[2].

Scincus punctatus, Schneid., Merr.; *Lacerta punctata*, Linn.; *Stellio punctatus*, Laur.; *Scincus bilineatus*, Latr.; *Lacerta bilineata*, Succow.

Ce lézard, que l'on rencontre en Asie, est communément très-petit ; la queue est très-longue, relativement au corps ; deux raies d'un jaune sale s'étendent de chaque côté du dos, qui présente d'ailleurs six rangées longitudinales de points noirâtres. Ces points sont aussi répandus sur les pieds et sur la queue, et ils forment six autres lignes sur les côtés : le corps est arrondi et épais. Séba avait reçu de Ceylan un individu de cette espèce : suivant cet auteur, les œufs de ce lézard sont de la grosseur d'un petit pois (3).

(1) Hasselquist. Voyage déja cité.

(2) La Double-Raie. M. Daubenton, Encyclopédie méthodique.

Lac. punctata, 38. Linn., Amphib. reptilia.

Séba, tome II, planche 2, fig. 9.

Stellio punctatus, 96. Laurenti specimen medicum.

(3) Séba, à l'endroit déja cité.

LE SPUTATEUR[1].

Gekko Sputator, Latr., Merr.; *Lacerta Sputator*, Sparm., *Stellio Sputator*, Schneid.; *Anolis Sputator*, Daúd.

Nous avons décrit ce lézard d'après un individu envoyé de Saint-Domingue à M. d'Antic, et que ce naturaliste a bien voulu nous communiquer. Sa longueur totale est de deux pouces, et celle de la queue d'un pouce. Il n'a point de demi-anneaux sous le corps; toutes ses écailles sont luisantes; la couleur en est blanchâtre sous le ventre, et d'un gris varié de brun foncé sur le corps. Quatre bandes transversales d'un brun presque noir règnent sur la tête et sur le dos; une autre petite bande de la même couleur borde la mâchoire supérieure, et six autres bandes semblables forment comme autant d'anneaux autour de la queue. Il n'y a pas d'ouverture apparente pour les oreilles; la langue est plate, large et un peu fendue à l'extrémité. Le sommet de la tête et le dessus du museau sont blanchâtres, tachetés de noir; les pates variées de gris, de noir et

---

(1) *Lacerta Sputator*. M. Sparman, Mémoires de l'Académie des Sciences de Stockholm, année 1784, second trimestre, fol. 164.

de blanc; il y a à chaque pied cinq doigts, qui sont garnis par dessous de petites écailles, et terminés par une espèce de pelote ou de petite plaque écailleuse, sans ongle sensible.

M. Sparman a déja fait connaître cette espèce de lézard, dont il a trouvé plusieurs individus dans le cabinet d'histoire naturelle de M. le baron de Géer, donné à l'Académie de Stockholm (1). Ces individus ne diffèrent que très-légèrement les uns des autres, par la disposition de leurs taches ou de leurs bandes. Ils avaient été envoyés, en 1755, à M. de Géer par M. Acrelius, qui demeurait à Philadelphie, et qui les avait reçus de Saint-Eustache.

M. Acrelius écrivit à M. de Géer que le Sputateur habite dans les contrées chaudes de l'Amérique; on l'y rencontre dans les maisons, et parmi les bois de charpente : on l'y nomme *Wood-Slave*. Ce lézard ne nuit à personne lorsqu'il n'est point inquiété; mais il ne faut l'observer qu'avec précaution, parce qu'on l'irrite aisément. Il court le long des murs; et si quelqu'un, en s'arrêtant pour le regarder, lui inspire quelque crainte, il s'approche autant qu'il peut de celui qu'il prend pour son ennemi, il le considère avec attention, et lance contre lui une espèce de crachat noir assez venimeux, pour qu'une petite goutte fasse enfler la partie du corps sur laquelle elle tombe. On

____

(1) Mémoires de l'Académie de Stockholm, à l'endroit déja cité.

guérit cette enflure par le moyen de l'esprit-de-vin ou de l'eau-de-vie du sucre, mêlés de camphre, dont on se sert aussi en Amérique contre la piqûre des scorpions. Lorsque l'animal s'irrite, on voit quelquefois le crachat noir se ramasser dans les coins de sa bouche. C'est de la faculté qu'a ce lézard de lancer par sa gueule une humeur venimeuse, que M. Sparman a tiré le nom de *Sputator* qu'il lui a donné, et qui signifie *cracheur*. Nous avons cru ne devoir pas le traduire, mais le remplacer par le mot *Sputateur* qui le rappelle. Ce lézard ne sort ordinairement de son trou que pendant le jour. M. Sparman a fait dessiner de très-petits œufs cendrés, tachetés de brun et de noir, qu'il a regardés comme ceux du sputateur, parce qu'il les a trouvés dans le même bocal que les individus de cette espèce, qui faisaient partie de la collection de M. le baron de Géer.

Nous croyons devoir parler ici d'un petit lézard semblable au sputateur par la grandeur et par la forme. Nous présumons qu'il n'en est qu'une variété, peut-être même dépendante du sexe. Nous l'avons décrit d'après un individu envoyé de Saint-Domingue à M. d'Antic avec le sputateur; et ce qui peut faire croire que ces deux lézards habitent presque toujours ensemble, c'est que M. Sparman l'a trouvé dans le même bocal que les sputateurs de la collection de M. de Géer (1): aussi ce savant

____

(1) Mémoires de l'Académie des Sciences de Stockholm, année 1784 second trimestre.

naturaliste pense-t-il comme nous, qu'il n'en est peut-être qu'une variété. L'individu que nous avons décrit a deux pouces deux lignes de longueur totale, et la queue quatorze lignes ; il a, ainsi que le sputateur, le bout des doigts garni de pelotes écailleuses, que nous n'avons remarquées dans aucun autre lézard. Sa couleur, qui est le seul caractère par lequel il diffère du sputateur, est assez uniforme ; le dessous du corps est d'un gris sale, mêlé de couleur de chair, et le dessus d'un gris un peu plus foncé, varié par de très-petites ondes d'un brun noirâtre, qui forment des raies longitudinales. L'individu décrit par M. Sparman, différait de celui que nous avons vu, en ce que le bout de la queue était dénué d'écailles, apparemment par une suite de quelque accident.

LE LÉZARD QUETZ-PALÉO.

Calotes (*Uromastyx*) *cyclurus*, Merr. ; *Cordylus brasiliensis*, Laur. ; *Stellio Quetz-paleo*, Daud. ; le FOUETTE-QUEUE D'ÉGYPTE, Cuv. (1).

Tel est le nom que porte au Brésil cette espèce

---

(1) M. Cuvier remarque que le nom de *Quetz-paleo*, paraît corrompu du mexicain. Il pense aussi que le reptile ainsi nommé par Séba, est l'un de ses Fouette-queues, qu'il appelle *Fouette-queue à collier ;* et que celui que M. de Lacépède décrit, se rapporte à une seconde espèce du même genre, le *Fouette-queue d'Égypte*. DESM. 1827.

de lézard, dont M. l'abbé Nollin, directeur des
pépinières du Roi, a bien voulu m'envoyer un
individu. Ce quadrupède ovipare est représenté
dans Séba (*vol. I, pl.* 97, *fig.* 4), et M. Laurenti en
a fait mention sous le nom de *Cordyle du Brésil*
(*page* 52); mais nous n'avons pas voulu en parler
avant d'en avoir vu un individu, et d'avoir pu
déterminer nous-même s'il formait une espèce
ou une variété distincte du Cordyle, avec lequel
il a beaucoup de rapports, particulièrement par
la conformation de sa queue. Nous sommes assuré maintenant qu'il appartient à une espèce très-
différente de celle du cordyle; il n'a point le dos
garni d'écailles grandes et carrées, comme le cordyle, ni le ventre couvert de demi-anneaux écailleux; il doit donc être compris dans la quatrième
division des Lézards, tandis que l'espèce du cordyle fait partie de la troisième. Sa tête est aplatie
par dessus, comprimée par les côtés, d'une forme
un peu triangulaire, et revêtue de petites écailles (1); celles du dos et du dessus des jambes sont
encore plus petites, et comme elles sont placées
à côté les unes des autres, elles font paraître la
peau chagrinée. Le ventre et le dessous des pates
présentent des écailles un peu plus grandes, mais
placées de la même manière et assez dures. Plus
de quinze tubercules percés à leur extrémité gar-

---

(1) Les dents du Quetz-Paléo sont plus petites à mesure qu'elles sont
plus près du museau; j'en ai compté plus de trente à chaque mâchoire;
elles sont assez serrées.

nissent le dessous des cuisses; d'autres tubercules plus élevés, très-forts, très-pointus, et de grandeurs très-inégales, sont répandus sur la face extérieure des jambes de derrière; on en voit aussi quelques-uns très-durs, mais moins hauts, le long des reins de l'animal et sur les jambes de devant auprès des pieds.

La queue de ce lézard est revêtue de très-grandes écailles relevées par une arête, très-pointues, très-piquantes, et disposées en anneaux larges et très-distincts les uns des autres. Cette forme, qui lui est commune avec le cordyle, jointe à celle des écailles qui revêtent le dessus et le dessous de son corps, suffisent pour le faire distinguer d'avec les autres lézards déja connus. L'individu que M. l'abbé Nollin m'a fait parvenir avait plus d'un pied cinq pouces de longueur totale, et sa queue était longue de plus de huit pouces. Le dessus de son corps était gris; le dessous blanchâtre, et la queue d'un brun très-foncé.

CINQUIÈME DIVISION.

LÉZARDS

DONT LES DOIGTS SONT GARNIS PAR DESSOUS DE GRANDES ÉCAILLES,
QUI SE RECOUVRENT COMME LES ARDOISES DES TOITS [1].

LE GECKO [2].

Gekko verus, Merr.; *Lacerta Gekko*, Linn.; *Gekko verticillatus* et *teres*, Laur.; *G. guttatus*, Daud.; *Lacerta guttata*,
Herm.

De tous les quadrupèdes ovipares, dont nous
publions l'histoire, voici le premier qui paraisse

---

(1) On peut voir, dans la planche qui représente le Gecko, l'arrangement de ces écailles au-dessous des doigts.

(2) *Tockaie*, par les Siamois.

Le Gecko. M. Daubenton, Encyclopédie méthodique.

Lacerta Gecko, 21. Linn., Amphib. rept.

Séba, 1, tab. 108, fig. 2, 5, 8 et 9.

Gekko teres, 57. Laurenti specimen medicum.

Hasselq. Iter. 306. *Lacerta Gecko.*

Gron. mus. 2, page 78, n° 53. *Salamandra.*

Bont. jav., lib. II, cap. 5, fol. 57. *Salamandra indica.*

Jobi Ludolphi alias Leut-Holf dicti, Historia Æthiopica, lib. I, caput 13,
sect. 5. Ejusdem commentarius, fol. 167.

renfermer un poison mortel. Nous n'avons vu, en quelque sorte, jusqu'ici les animaux se développer, leurs propriétés augmenter et leurs forces s'accroître, que pour ajouter au nombre des êtres vivants, pour contrebalancer l'action destructive des éléments et du temps; ici la nature paraît au contraire agir contre elle-même; elle exalte dans un lézard, dont l'espèce n'est que trop féconde, une liqueur corrosive au point de porter la corruption et le dépérissement dans tous les animaux que pénètre cette humeur active; au lieu de sources de reproduction et de vie, on dirait qu'elle ne prépare dans le Gecko que des principes de mort et d'anéantissement.

Ce lézard funeste, et qui mérite toute notre attention par ses qualités dangereuses, a quelque ressemblance avec le caméléon; sa tête, presque triangulaire, est grande en comparaison du corps; les yeux sont gros; la langue est plate, revêtue de petites écailles, et le bout en est échancré. Les dents sont aiguës, et si fortes, suivant Bontius, qu'elles peuvent faire impression sur des corps très-durs, et même sur l'acier. Le gecko est presque entièrement couvert de petites verrues plus ou moins saillantes; le dessous des cuisses est garni d'un rang de tubercules élevés et creux, comme dans l'iguane, le lézard gris, le lézard vert, l'améiva, le cordyle, le marbré, le galonné, etc. Les pieds sont remarquables par des écailles ovales plus ou moins échancrées dans le milieu, aussi larges que la surface inférieure de ces mêmes doigts, et disposées régulièrement au‑dessus les unes des autres comme les ardoises ou les tuiles des toits ; elles revêtent le dessous des doigts, dont les côtés sont garnis d'une petite membrane, qui en augmente la largeur, sans cependant les réunir. Linnée dit que le gecko n'a point d'ongles, mais dans tous les individus conservés au Cabinet du Roi, nous avons vu le second, le troisième, le quatrième et le cinquième doigt de chaque pied, garnis d'un ongle très‑aigu, très‑court et très‑recourbé, ce qui s'accorde fort bien avec l'habitude de grimper qu'a le gecko, ainsi qu'avec la force avec laquelle il s'attache aux divers corps qu'il touche.

Il en est donc des lézards comme d'autres animaux bien différents, et par exemple des oiseaux. Les uns ont les doigts des pieds entièrement divisés ; d'autres les ont réunis par une peau plus ou moins lâche ; d'autres ramassés en deux paquets, et d'autres enfin ont leurs doigts libres, mais cependant garnis d'une membrane qui en augmente la surface.

La queue du gecko est communément un peu plus longue que le corps ; quelquefois cependant elle est plus courte : elle est ronde, menue, et couverte d'anneaux ou de bandes circulaires très‑sensibles ; chacune de ces bandes est composée de plusieurs rangs de très‑petites écailles dans le nombre et dans l'arrangement desquelles on n'ob‑

serve aucune régularité, ainsi que nous nous en sommes assurés par la comparaison de plusieurs individus; c'est ce qui explique les différences qu'on a remarquées dans les descriptions des naturalistes qui avaient compté trop exactement dans un seul individu, les rangs et le nombre de ces très-petites écailles.

Suivant Bontius, la couleur du gecko est d'un vert clair, tacheté d'un rouge très-éclatant. Ce même observateur dit qu'on appelle *Gecko* le lézard dont nous nous occupons, parce que ce mot imite le cri qu'il jette, lorsqu'il doit pleuvoir, surtout vers la fin du jour. On le trouve en Égypte, dans l'Inde, à Amboine, aux autres îles Moluques, etc. Il se tient de préférence dans les creux des arbres à demi pourris, ainsi que dans les endroits humides; on le rencontre aussi quelquefois dans les maisons, où il inspire une grande frayeur, et où on s'empresse de le faire périr. Bontius a écrit en effet que sa morsure est venimeuse, au point que si la partie affectée n'est pas retranchée ou brûlée, on meurt avant peu d'heures. L'attouchement seul des pieds du gecko est même très-dangereux, et empoisonne, suivant plusieurs voyageurs, les viandes sur lesquelles il marche : l'on a cru qu'il les infectait par son urine, que Bontius regarde comme un poison des plus corrosifs; mais ne serait-ce pas aussi par l'humeur qui peut suinter des tubercules creux placés sur la face inférieure de ses cuisses? Son sang et sa salive, ou plutôt une sorte d'écume, une liqueur épaisse et jaune, qui s'épanche de sa bouche lorsqu'il est irrité, ou lorsqu'il éprouve quelque affection violente, sont regardés de même comme des venins mortels, et Bontius, ainsi que Valentyn, rapportent que les habitants de Java s'en servaient pour empoisonner leurs flèches.

Hasselquist assure aussi que les doigts du gecko répandent un poison; que ce lézard recherche les corps imprégnés de sel marin, et qu'en courant dessus, il laisse après lui un venin très-dangereux. Il vit, au Caire, trois femmes près de mourir pour avoir mangé du fromage récemment salé, et sur lequel un gecko avait déposé son poison. Il se convainquit de l'âcreté des exhalaisons des pieds du gecko, en voyant un de ces lézards courir sur la main de quelqu'un qui voulait le prendre : toute la partie sur laquelle le gecko avait passé, fut couverte de petites pustules, accompagnées de rougeur, de chaleur, et d'un peu de douleur, comme celles qu'on éprouve quand on a touché des orties. Ce témoignage formel vient à l'appui de ce que Bontius dit avoir vu. Il paraît donc que, dans les contrées chaudes de l'Inde et de l'Égypte, les geckos contiennent un poison dangereux, et souvent mortel; il n'est donc pas surprenant qu'on fuie leur approche, qu'on ne les découvre qu'avec horreur, et qu'on s'efforce de les éloigner ou de les détruire. Il se pourrait cependant que leurs qualités malfaisantes variassent suivant les pays, les saisons, la nourriture, la force, et l'état des individus (1).

Le gecko, selon Hasselquist, rend un son singulier, qui ressemble un peu à celui de la grenouille, et qu'il est surtout facile d'entendre pendant la nuit. Il est heureux que ce lézard, dont le venin est si redoutable, ne soit pas silencieux, comme plusieurs autres quadrupèdes ovipares, et que ses cris très-distincts et particuliers puissent avertir de son approche, et faire éviter ses dangereux poisons. Dès qu'il a plu, il sort de sa retraite; sa démarche est assez lente : il va à la chasse des fourmis et des vers. C'est à tort que Wurfbainius a prétendu, dans son livre intitulé *Salamandrologia*, que les geckos ne pondaient point. Leurs œufs sont ovales, et communément de la grosseur d'une noisette. On peut en voir la figure dans la planche de Séba, déja citée. Les femelles ont soin de les couvrir d'un peu de terre, après les avoir déposés; et la chaleur du soleil les fait éclore.

Les mathématiciens jésuites, envoyés dans les Indes orientales par Louis XIV, ont décrit et figuré un lézard du royaume de Siam, nommé *Tockaie*, et qui est évidemment le même que le gecko. L'individu qu'ils ont examiné, avait un pied six lignes de long, depuis le bout du museau jusqu'à

---

(1) Les Indiens prétendent que la racine de Curcuma (terre mérite ou safran indien) est un très-bon remède contre la morsure du Gecko. Bontius, à l'endroit déja cité.

l'extrémité de la queue (1). Les Siamois appellent ce lézard *Tockaie*, pour imiter le cri qu'il jette ; ce qui prouve que le cri de ce quadrupède ovipare est composé de deux sons proférés durement, difficiles à rendre, et que l'on a cherché à exprimer, tantôt par *Tockaie*, tantôt par *Gecko*.

LE GECKOTTE[2].

Gekko Stellio, Merr. ; *Lacerta mauritanica*, Linn. ; *Gekko muricatus*, Laur. ; *G. fascicularis*, Daud. ; le GEKKO DES MURAILLES, Cuv. ; *Ascalabotes fascicularis*, Fitz.

Nous conservons ce nom à un lézard qui a une si grande ressemblance avec le gecko, qu'il est très-difficile de ne pas les confondre l'un avec l'autre, quand on ne les examine pas de près. Les naturalistes n'ont même indiqué encore aucun des vrais caractères qui les distinguent. Linnée seulement a dit que ces deux lézards ont le même port et la même forme, mais que le Geckotte,

(1) Mémoires pour servir à l'Histoire naturelle des animaux, tome III, article du *Tockaïe*.

(2) Le Geckotte. M. Daubenton, Encyclopédie méthodique.
Lacerta mauritanica, 11. Linn., Amphib. reptilia.
Séba, mus. 1, tab. 108, fig. 1, 3, 4, 6 et 7.
Gecko verticillatus, 56. *Gecko muricatus*, 58. Laurenti specimen medicum.

qu'il appelle le *Mauritanique*, a la queue étagée, et que le gecko ne l'a point. Cette différence n'est réelle que pendant la jeunesse du geckotte; lorsqu'il est un peu âgé, sa queue est au contraire beaucoup moins étagée que celle du gecko.

Ces deux quadrupèdes ovipares se ressemblent surtout par la conformation de leurs pieds. Les doigts du geckotte sont, comme ceux du gecko, garnis de membranes, qui ne les réunissent pas, mais qui en élargissent la surface; ils sont également revêtus par dessous d'un rang d'écailles ovales, larges, plus ou moins échancrées, et qui se recouvrent comme les ardoises des toits. Mais, en examinant attentivement un grand nombre de geckos et de geckottes de divers pays, conservés au Cabinet du Roi, nous avons vu que ces deux espèces différaient constamment l'une de l'autre par trois caractères très-sensibles. Premièrement, le geckotte a le corps plus court et plus épais que le gecko; secondement, il n'a point au-dessous des cuisses un rang de tubercules comme le gecko; et troisièmement, sa queue est plus courte et plus grosse. Tant qu'il est encore jeune, elle est recouverte d'écailles chargées chacune d'un tubercule en forme d'aiguillon, et qui, par leurs dispositions, la font paraître garnie d'anneaux écailleux : mais à mesure que l'animal grandit, les anneaux les plus voisins de l'extrémité de la queue disparaissent; bientôt il n'en reste plus que quelques-

uns près de son origine, qui s'oblitèrent enfin
comme les autres, de telle sorte que quand l'animal est parvenu à-peu-près à son entier développement, on n'en voit plus aucun autour de la queue:
elle est alors beaucoup plus grosse et plus courte
en proportion que dans le premier âge; et elle
n'est plus couverte que de très-petites écailles,
qui ne présentent aucune apparence d'anneaux.
Le geckotte est le seul lézard dans lequel on ait
remarqué ce changement successif dans les écailles
de la queue. Les tubercules ou aiguillons qui la
revêtent pendant qu'il est jeune, se retrouvent
sur le corps de ce lézard, ainsi que sur les pates;
ils sont plus ou moins saillants, et sur certaines
parties, telles que le derrière de la tête, le cou,
et les côtés du corps, ils sont ronds, pointus,
entourés de tubercules plus petits, et disposés en
forme de rosette.

Le geckotte habite presque les mêmes pays que
le gecko, ce qui empêche de regarder ces deux
animaux comme deux variétés de la même espèce,
produites par une différence de climat. On le
trouve dans l'île d'Amboine, dans les Indes, et en
Barbarie, d'où M. Brander l'a envoyé à Linnée. L'on
peut voir au Cabinet du Roi, un très-petit quadrupède ovipare, qui y a été adressé sous le nom de
lézard de Saint-Domingue; c'est évidemment un
geckotte; et peut-être cette espèce se trouve-t-elle
en effet dans le Nouveau-Monde. On la rencontre

vers les contrées tempérées, jusques dans la partie méridionale de la Provence, où elle est très-commune (1).

On l'y appelle *Tarente,* nom qui a été donné au stellion, et à une variété du lézard vert, ainsi que nous l'avons vu. On le trouve dans les masures, et dans les vieilles maisons, où il fuit les endroits frais, bas, et humides, et où il se tient communément sous les toits. Il se plaît à une exposition chaude; il aime le soleil : il passe l'hiver dans des fentes et dans des crevasses, sous les tuiles, sans y éprouver cependant un engourdissement parfait; car, lorsqu'on le découvre, il cherche à se sauver en marchant lourdement. Dès les premiers jours du printemps, il sort de sa retraite, et va se réchauffer au soleil; mais il ne s'écarte pas beaucoup de son trou, et il y rentre au moindre bruit : dans les fortes chaleurs il se meut fort vite, quoiqu'il n'ait jamais l'agilité de plusieurs autres lézards. Il se nourrit principalement d'insectes. Il se cramponne facilement, par le moyen de ses ongles crochus, et des écailles qu'il a sous les pieds; aussi peut-il courir, non seulement le long des murs, mais encore au-dessous des planchers, et M. Olivier, que nous venons de citer, l'a vu demeurer immobile pendant très-long-temps sous la voûte d'une église.

---

(1) Note communiquée par M. Olivier, qui a bien voulu nous faire part des observations qu'il a faites sur les habitudes de cette espèce de lézard.

Il ressemble donc au gecko, par ses habitudes autant que par sa forme. On a dit qu'il était venimeux, peut-être à cause de tous ses rapports avec ce dernier quadrupède ovipare, qui, suivant un très-grand nombre de voyageurs, répand un poison mortel. M. Olivier assure cependant qu'aucune observation ne le prouve, et que ce lézard cherche toujours à s'échapper lorsqu'on le saisit.

Les geckottes ne sortent point de leur trou lorsqu'il doit pleuvoir; mais jamais ils n'annoncent la pluie par quelques cris, ainsi qu'on l'a dit des geckos; et M. Olivier en a souvent pris avec des pinces, sans qu'ils fissent entendre aucun son.

LA TÊTE-PLATE.

Uroplatus fimbriatus, Fitz; *Gecko fimbriatus*, Latr., Merr.; *Stellio fimbriatus*, Schneid.; *Lacerta omalocephala*, Suckow.

Nous nommons ainsi un lézard qui n'a encore été indiqué par aucun naturaliste. Peu de quadrupèdes ovipares sont aussi remarquables par la singularité de leur conformation. Il paraît faire la nuance entre plusieurs espèces de lézards : il semble particulièrement tenir le milieu entre le caméléon, le gecko et la salamandre aquatique; il a les principaux caractères de ces trois espèces.

Sa tête, sa peau, et la forme générale de son corps ressemblent à celles du caméléon; sa queue à celle de la salamandre aquatique, et ses pieds à ceux du gecko : aussi aucun lézard n'est-il plus aisé à reconnaître, à cause de la réunion de ces trois caractères saillants; il en a d'ailleurs de très-marqués, qui lui sont particuliers.

Sa tête, dont la forme nous a suggéré le nom que nous donnons à ce lézard, est très-aplatie; le dessous en est entièrement plat; l'ouverture de la gueule s'étend jusqu'au-delà des yeux; les dents sont très-petites et en très-grand nombre; la langue est plate, fendue, et assez semblable à celle du gecko. La mâchoire inférieure est si mince, qu'au premier coup-d'œil on serait tenté de croire que l'animal a perdu une portion de sa tête, et que cette mâchoire lui manque. La tête est d'ailleurs triangulaire, comme celle du caméléon; mais le triangle qu'elle forme est très-allongé, et elle ne présente point l'espèce de casque, ni les dentelures qu'on remarque sur cette dernière. Elle est articulée avec le corps, de manière à former en dessous un angle obtus, ce qui ne se retrouve pas dans la plupart des autres quadrupèdes ovipares. Elle est très grande; sa longueur est à-peu-près la moitié de celle du corps; les yeux sont très-gros et très-proéminents; la cornée laisse apercevoir fort distinctement l'iris, dont la prunelle consiste en une fente verticale, comme celle des yeux du gecko, et qui doit être très-susceptible de se dilater ou de se contracter, pour recevoir ou repousser la lumière. Les narines sont placées presque au bout du museau, qui est mousse, et qui fait le sommet de l'espèce de triangle allongé, formé par la tête. Les ouvertures des oreilles sont très-petites; elles occupent les deux autres angles du triangle, et sont placées auprès des coins de la gueule; la peau du dessous du cou forme des plis : le dessous du corps est entièrement plat.

Les quatre pieds du lézard à tête-plate sont chacun divisés en cinq doigts; ces doigts sont réunis à leur origine par la peau des jambes qui les recouvre par dessus et par dessous; mais ils sont ensuite très-divisés, surtout ceux de derrière, dont le doigt intérieur est séparé des autres, comme dans beaucoup de lézards, de manière à représenter une sorte de pouce. Vers leur extrémité ils sont garnis d'une membrane qui les élargit, comme ceux du gecko et du geckotte; et à cette même extrémité, ils sont revêtus par dessous de lames ou écailles qui se recouvrent comme les ardoises des toits; elles sont communément au nombre de vingt, et placées sur deux rangs qui s'écartent un peu l'un de l'autre au bout du doigt; le petit intervalle qui sépare ces deux rangs, renferme un ongle très-crochu, très-fort, et replié en dessous.

La queue est menue, et beaucoup plus courte que le corps; elle paraît très-large et très-aplatie, parce qu'elle est revêtue d'une membrane qui s'étend de chaque côté, et lui donne la forme d'une sorte de rame. Il est aisé cependant de distinguer la véritable queue que cette membrane recouvre, et qui présente par dessus et par dessous une petite saillie longitudinale. Cette partie membraneuse n'est point comme dans la salamandre aquatique, placée verticalement, mais elle forme des deux côtés une large bande horizontale.

La peau qui revêt la tête, le corps, les pates et la queue du lézard à tête-plate, tant dessus que dessous, est garnie d'un très-grand nombre de petits points saillants plus ou moins apparents, qui se touchent et la font paraître chagrinée; et ce qui constitue un caractère jusqu'à présent particulier au lézard à tête plate, c'est que la partie supérieure de tout le corps est distinguée de la partie inférieure par une prolongation de la peau qui règne en forme de membrane frangée, depuis le bout du museau jusqu'à l'origine de la queue, et qui s'étend également sur les quatre pates, dont elle distingue de même le dessus d'avec le dessous.

Ce lézard n'a encore été trouvé qu'en Afrique; il paraît fort commun à Madagascar, puisque l'on peut voir, dans la collection du Cabinet du Roi, quatre individus de cette espèce envoyés de cette île. Cette collection en renferme aussi un cinquième, que M. Adanson a rapporté du Sénégal;

et c'est sur ces cinq individus, dont la conformation est parfaitement semblable, que j'ai fait la
description que l'on vient de lire. Le plus grand
a de longueur totale huit pouces six lignes, et la
queue a deux pouces quatre lignes de longueur.
Aucun naturaliste n'a encore rien écrit touchant
cet animal ; mais il a été vu à Madagascar par
M. Bruyères, de la Société royale de Montpellier,
qui a bien voulu me communiquer ses observations au sujet de ce quadrupède ovipare. La couleur du lézard à tête-plate n'est point fixe, ainsi
que celle de plusieurs autres lézards ; mais elle
varie comme celle du caméléon, et présente successivement ou tout à la fois plusieurs nuances de
rouge, de jaune, de vert et de bleu. Ces effets,
observés par M. Bruyères, nous paraissent dépendre des différents états de l'animal, ainsi que dans
le caméléon ; et ce qui nous le persuade, c'est que
la peau du lézard à tête-plate est presque entièrement semblable à celle du caméléon. Mais, dans
ce dernier, les variations de couleur s'étendent sur
la peau du ventre, au lieu que dans le lézard dont
il est ici question, tout le dessous du corps, depuis l'extrémité des mâchoires jusqu'au bout de
la queue, présente toujours une couleur jaune et
brillante.

M. Bruyères pense, avec toute raison, que le
lézard que nous nommons *Tête-plate*, est le même
que celui que Flaccourt a désigné par le nom de
Famo-cantrata, et que ce voyageur a vu dans

l'île de Madagascar (1) : c'est aussi le Famo-can-traton dont Dapper a parlé (2).

Les Madégasses ne regardent le lézard à tête plate qu'avec une espèce d'horreur; dès qu'ils l'aperçoivent ils se détournent, se couvrent même les yeux, et fuient avec précipitation. Flaccourt dit qu'il est très-dangereux, qu'il s'élance sur les nègres, et qu'il s'attache si fortement à leur poitrine (3), par le moyen de la membrane frangée qui règne de chaque côté de son corps, qu'on ne peut l'en séparer qu'avec un rasoir. M. Bruyères n'a rien vu de semblable; il assure que les lézards à tête-plate ne sont point venimeux; il en a souvent pris à la main; ils lui serraient les doigts avec leurs mâchoires, sans que jamais il lui soit survenu aucun accident. Il est tenté de croire que la peur que cet animal inspire aux nègres, vient de ce que le lézard ne fuit point à leur approche, et qu'au contraire il va toujours au-devant d'eux la gueule béante, quelque bruit que l'on fasse pour le détourner; c'est ce qui l'a fait nommer par des matelots français le *Sourd;* nom que l'on a donné aussi dans quelques provinces de France à la salamandre terrestre. Ce lézard vit ordinai-

---

(1) Histoire de Madagascar, par Flaccourt, chapitre **XXXVIII**, page 155.

Dictionnaire d'Histoire naturelle de M. Bomare, article du *Famo-cantraton.*

(2) Dapper, description de l'Afrique, page 458.

(3) Le nom de *Famo-cantrata,* que l'on a donné à ce lézard dans l'île de Madagascar, signifie *qui saute à la poitrine.*

rement sur les arbres, ainsi que le caméléon; il s'y retire dans des trous, d'où il ne sort que la nuit; et, dans les temps pluvieux, on le voit alors sauter de branche en branche avec agilité, sa queue lui sert à se soutenir, quoique courte il la replie autour des petits rameaux; s'il tombe à terre, il ne peut plus s'élancer; il se traîne jusqu'à l'arbre qui est le plus à sa portée; il y grimpe, et y recommence à sauter de branche en branche. Il marche avec peine, ainsi que le caméléon; et ce qui nous paraît devoir ajouter à la difficulté avec laquelle il se meut quand il est à terre, c'est que ses pates de devant sont plus courtes que celles de derrière, ainsi que dans les autres lézards, et que cependant sa tête forme par dessous un angle avec le corps, de telle sorte qu'à chaque pas qu'il fait il doit donner du nez contre terre. Cette conformation lui est au contraire favorable lorsqu'il s'élance sur les arbres, sa tête pouvant alors se trouver très-souvent dans un plan horizontal. Le lézard à tête-plate ne se nourrit que d'insectes; il a presque toujours la gueule ouverte pour les saisir, et elle est intérieurement enduite d'une matière visqueuse, qui les empêche de s'échapper.

Séba a donné la figure d'un lézard qu'il dit fort rare, qui suivant lui se trouve en Égypte et en Arabie, et qui doit avoir beaucoup de rapports avec notre lézard à tête plate : mais si la description et le dessin en sont exacts, ils appartiennent à deux espèces différentes. On s'en convaincra, en comparant la description que nous venons de donner avec celle de Séba (1). En effet, son lézard a comme le nôtre les doigts garnis de membranes, ainsi que les deux côtés de la queue; mais il en diffère en ce que sa tête et son corps ne sont point aplatis; qu'il n'a point la membrane frangée dont nous avons parlé; que les pieds de derrière sont presque entièrement palmés; que la queue est ronde, beaucoup plus longue que le corps; et que la membrane qui en garnit les côtés, est assez profondément festonnée.

(1) Séba, vol. II, planche 103, fig. 2.

SIXIÈME DIVISION.

LÉZARDS

QUI N'ONT QUE TROIS DOIGTS AUX PIEDS DE DEVANT
ET AUX PIEDS DE DERRIÈRE.

LE SEPS[1].

Zygnis chalcidicus, Fitz; *Seps chalcidica*, Merr.; *Lacerta Chalcides*, Linn.; *Chalcides tetradactyla*, Laur.; *Chamœsaura Chalcis*, Schneid.; *Chalcides Seps*, Latr.; *Seps tridactylus*, Daud.

LE Seps doit être considéré de près, pour n'être pas confondu avec les serpents. Ce qui en effet distingue principalement ces derniers d'avec les lézards, c'est le défaut de pates et d'ouvertures pour les oreilles : mais on ne peut remarquer que difficilement l'ouverture des oreilles du seps; et ses pates sont presque invisibles par leur extrême

---

[1] *La Cicigna*, en Sardaigne.
Le Seps. M. Daubenton, Encyclopédie méthodique.
Lacerta Seps, 17. Linn., Amphib. rept.

petitesse. Lorsqu'on le regarde, on croirait voir un serpent qui, par une espèce de monstruosité, serait né avec deux petites pates auprès de la tête, et deux autres très-éloignées, situées auprès de l'origine de la queue. On le croirait d'autant plus, que le seps a le corps très-long et très-menu, et qu'il a l'habitude de se rouler sur lui-même comme les serpents (1). A une certaine distance, on serait même tenté de ne prendre ses pieds que pour des appendices informes. Le seps fait donc une des nuances qui lient d'assez près les quadrupèdes ovipares avec les vrais reptiles. Sa forme peu prononcée, son caractère ambigu, doivent contribuer à le faire reconnaître. Ses yeux sont très-petits, les ouvertures des oreilles bien moins sensibles que dans la plupart des lézards : la queue finit par une pointe très-aiguë; elle est communément très-courte; cependant elle était aussi longue que le corps dans l'individu décrit par Linnée, et qui faisait partie de la collection du prince Adolphe. Le seps est couvert d'écailles quadrangulaires, qui forment en tous sens des espèces de stries.

La couleur de ce lézard est en général moins foncée sous le ventre que sur le dos, le long duquel s'étendent deux bandes, dont la teinte est plus ou moins claire, et qui sont bordées de chaque côté d'une petite raie noire.

---

(1) Histoire naturelle de la Sardaigne, par M. François Cetti.

La grandeur des seps, ainsi que celle des autres lézards, varie suivant la température qu'ils éprouvent, la nourriture qu'ils trouvent, et la tranquillité dont ils jouissent. C'est donc avec raison que la plupart des naturalistes ont cru ne devoir pas assigner une grandeur déterminée, comme un caractère rigoureux et distinctif de chaque espèce; mais il n'en est pas moins intéressant d'indiquer les limites, qui, dans les diverses espèces, circonscrivent la grandeur, et surtout d'en marquer les rapports, autant qu'il est possible, avec les différentes contrées, les habitudes, la chaleur, etc. Les seps, qui ne parviennent quelquefois en Provence, et dans les autres provinces méridionales de France, qu'à la longueur de cinq ou six pouces, sont longs de douze ou quinze dans des pays plus conformes à leur nature. Il y en a un au Cabinet du Roi, dont la longueur totale est de neuf pouces neuf lignes; sa circonférence est de dix-huit lignes, à l'endroit le plus gros du corps; les pates ont deux lignes de longueur, et la queue est longue de trois pouces trois lignes. Celui que M. François Cetti a décrit en Sardaigne, avait douze pouces trois lignes de long (apparemment mesure sarde).

Les pates du seps sont si courtes, qu'elles n'ont quelquefois que deux lignes de long, quoique le corps ait plus de douze pouces de longueur (1).

______

(1) Histoire naturelle de la Sardaigne, pages 28 et suiv.

A peine paraissent-elles pouvoir toucher à terre,
et cependant le seps les remue avec vitesse, et
semble s'en servir avec beaucoup d'avantage lorsqu'il marche (1). Les pieds sont divisés en trois
doigts à peine visibles, et garnis d'ongles, comme
ceux de la plupart des autres lézards. Linnée
a compté cinq doigts dans le Seps qui faisait partie de la collection du prince Adolphe de Suède;
mais nous n'en avons jamais trouvé que trois dans
les individus de différents pays que nous avons
décrits, et qui sont au Cabinet du Roi, avec quelque attention que nous les ayons considérés, et
quoique nous nous soyons servis de très-fortes
loupes.

C'est au seps que l'on doit rapporter le lézard
indiqué par Rai, sous le nom de *Seps*, ou de *Lézard
Chalcide*; Linnée nous paraît s'être trompé (2)
en appelant ce dernier lézard *Chalcide*, et en le
séparant du Seps (3). La description que l'on
trouve dans Rai convient très-bien à ce dernier
animal; les raies noires le long du dos, et la forme
rhomboïdale des écailles, que Rai attribue à son
lézard, sont en effet des caractères distinctifs du
seps (4). Le lézard désigné par Columna, sous le

---

(1) Histoire naturelle de la Sardaigne, pages 28 et suiv.

(2) Voyez, dans cette Histoire naturelle, l'article du *Chalcide*.

(3) Systema naturæ Amphib. reptilia. Lacerta, editio 13.

(4) « Seps serpens pedatus potius est quàm Lacerta. Parvus erat, ro-
« tundus, lineis nigris in dorso parallelis secundum longitudinem ductis
« distinctus.... in acutam caudam desinebat.... Squamæ reticulatæ,
« rhomboides. » Rai, Synopsis Animalium, fol. 272.

nom de Seps ou de Chalcide (1), séparé du seps par Linnée, et appelé Chalcide par ce grand naturaliste, est aussi une simple variété du seps, assez voisine de celle que l'on trouve aux environs de Rome, ainsi qu'en Provence, et dont on conserve un individu au Cabinet du Roi. Le lézard de Columna avait, à la vérité, deux pieds de long, tandis que le seps des environs de Rome, que l'on peut voir au Cabinet du Roi, n'a que sept pouces huit lignes de longueur; mais il présentait les caractères qui distinguent les véritables seps.

L'animal que Linnée a rangé parmi les serpents, qu'il a appelé *Anguis Quadrupède*, et qu'il dit habiter dans l'île de Java (2), est de même un véritable seps; tous les caractères rapportés par Linnée conviennent à ce dernier lézard, excepté le défaut d'ouvertures pour les oreilles, et les cinq doigts de chaque pied; mais Linnée ajoutant que ces doigts sont si petits, qu'on a bien de la peine à les apercevoir, on peut croire que l'on en aura aisément compté deux de trop. D'ailleurs les ouvertures des oreilles du seps sont quelquefois si petites, qu'il paraît en manquer absolument.

C'est également au seps qu'il faut rapporter les lézards nommés vers serpentiformes d'Afrique, et dont Linnée a fait une espèce particulière

---

(1) Fabii Columnæ ecphra. *Seps , Lacerta chalcidica , seu Chalcides.*
(2) Systema naturæ amphib., editio ı3 , tom. 1 , fol. 3go.

sous le nom d'*Anguina*. Il suffit, pour s'en con-
vaincre, de jeter les yeux sur la planche de Séba,
citée par le naturaliste suédois; la forme de la
tête, la longueur du corps, la disposition des
écailles, la position et la brièveté des quatre pates, se retrouvent dans ces prétendus vers comme
dans le seps (1); et ce n'est que parce qu'on ne
les a pas regardés d'assez près, qu'on a attribué
des pieds non-divisés à ces animaux, que Linnée
s'est cru obligé par là de séparer des autres lézards. Suivant Séba, les Grecs ont connu ces quadrupèdes; ils ont même cru être informés de leurs
habitudes en certaines contrées, puisqu'ils les ont
nommés *Acheloi* et *Elyoi*, pour désigner leur séjour au milieu des eaux troubles et bourbeuses.
On les rencontre au cap de Bonne-Espérance,
vers la baie de la Table, parmi les rochers qui
bordent la rivière. Suivant la figure de Séba, ces
seps du cap de Bonne-Espérance ont la queue
beaucoup plus longue que le corps (2).

Columna, en disséquant un seps femelle, en
tira quinze fœtus vivants, dont les uns étaient
déja sortis de leurs membranes, et les autres étaient
encore enveloppés dans une pellicule diaphane,
et renfermés dans leurs œufs comme les petits des
vipères. Nous remarquerons une manière semblable de venir au jour dans les petits de la sala-

---

(1) Systema naturæ amphibia reptilia, edit. 13, vol. 1, page 371.
(2) Séba 2, planche 68, fig. 7 et 8.

mandre terrestre ; et ainsi, non seulement les diverses espèces de lézards ont entre elles de nouvelles analogies, mais l'ordre entier des quadrupèdes ovipares se lie de nouveau avec les serpents, avec les poissons cartilagineux et d'autres poissons de différents genres, parmi lesquels les petits de plusieurs espèces sortent aussi de leurs œufs dans le ventre même de leur mère.

Plusieurs naturalistes ont crû que le seps était une espèce de Salamandre. On a accusé la salamandre d'être venimeuse ; on a dit que le seps l'était aussi. Il y a même long-temps que l'on a regardé ce lézard comme un animal malfaisant ; le nom de Seps que les anciens lui ont appliqué, ainsi qu'au chalcide, ayant été aussi attribué par ces mêmes anciens, à des serpents très-venimeux, à des mille-pieds et à d'autres bêtes dangereuses. Ce mot Seps, dérivé de σήπω (*Sepo, je corromps*), peut être regardé comme un nom générique que les anciens donnaient à la plupart des animaux dont ils redoutaient les poisons, à quelque ordre d'ailleurs qu'ils les rapportassent. On peut croire aussi qu'ils ont très-souvent confondu, ainsi que le plus grand nombre des naturalistes venus après eux, le chalcide et le seps, qu'ils ont appelés tous deux non seulement du nom générique de Seps, mais encore du nom particulier de chalcide (1).

Quoi qu'il en soit, les observations de M. Sau-

____

(1) Conradi Gesneri, Hist. anim., lib. II. De Quadrup. ovip., fol. 1.

vage paraissent prouver que le seps n'est point venimeux dans les provinces méridionales de France. Suivant ce naturaliste, la morsure des seps n'a jamais été suivie d'aucun accident : il rapporte en avoir vu manger par une poule, sans qu'elle en ait été incommodée. Il ajoute que la poule ayant avalé un petit seps par la tête sans l'écraser, il vit ce lézard s'échapper du corps de la poule, comme les vers de terre de celui des canards. La poule le saisit de nouveau; il s'échappa de même, mais à la troisième fois elle le coupa en deux. M. Sauvage conclut même, de la facilité avec laquelle ce petit lézard se glisse dans les intestins, qu'il produirait un meilleur effet dans certaines maladies, que le plomb et le vif argent (1). M. François Cetti dit aussi que, dans toute la Sardaigne, il n'a jamais entendu parler d'aucun accident causé par la morsure du seps, que tout le monde y regarde comme un animal innocent. Seulement, ajoute-t-il, lorsque les bœufs ou les chevaux en ont avalé avec l'herbe qu'ils paissent, leur ventre s'enfle, et ils sont en danger de mourir si on ne leur fait pas prendre une boisson préparée avec de l'huile, du vinaigre et du soufre (2).

Le seps paraît craindre le froid plus que les tortues terrestres, et plusieurs autres quadrupèdes

---

(1) Mémoire sur la nature des animaux venimeux, couronné par l'Académie de Rouen, en 1754.

(2) M. François Cetti, à l'endroit déjà cité.

ovipares ; il se cache plutôt dans la terre aux approches de l'hiver. Il disparaît, en Sardaigne, dès le commencement d'octobre, et on ne le trouve plus que dans des creux souterrains ; il en sort au printemps pour aller dans les endroits garnis d'herbe, où il se tient encore pendant l'été, quoique l'ardeur du soleil l'ait desséchée (1).

M. Thunberg a donné, dans les Mémoires de l'Académie de Suède (2), la description d'un lézard qu'il nomme *Abdominal*, qui se trouve à Java et à Amboine, qui a les plus grands rapports avec le seps, et qui n'en diffère que par la très-grande brièveté de sa queue et le nombre de ses doigts. Mais comme il paraît que M. Thunberg n'a pas vu cet animal vivant, et que, dans la description qu'il en donne, il dit que l'extrémité de la queue était nue et sans écailles, on peut croire que l'individu observé par ce savant professeur, avait perdu une partie de sa queue par quelque accident. D'ailleurs nous nous sommes assurés que la longueur de la queue des seps était en général très-variable. D'un autre côté, M. Thunberg avoue qu'on ne peut, à l'œil nu, distinguer qu'avec beaucoup de peine les doigts de son lézard abdominal. Il pourrait donc se faire que l'animal eût été altéré après sa mort, de manière à présenter l'apparence de cinq petits doigts à chaque pied,

---

(1) M. François Cetti, à l'endroit déja cité.

(2) Mémoires de l'Académie de Stockholm, trimestre d'avril 1787.

quoique réellement il n'y en ait que trois, ainsi que dans les seps, auxquels il faudrait dès-lors le rapporter. Si au contraire le lézard abdominal a véritablement cinq doigts à chaque pied, il faudra le regarder comme une espèce distincte du seps, et le comprendre dans la quatrième division où il pourrait être placé à la suite du sputateur. Au reste, personne ne peut mieux éclaircir ce point d'histoire naturelle que M. Thunberg.

LE CHALCIDE.

Chalcis Cophias, Merr.; *Chalcides flavescens*, Bonn.; *Chamæsaura Cophias*, Schneid.; *Chalcides tridactylus*, Daud.

Le seps n'est pas le seul lézard qui, par la petitesse de ses pates à peine visibles, et la grande distance qui sépare celles de devant de celles de derrière, fasse la nuance entre les lézards et les serpents; le Chalcide est également remarquable par la brièveté et la position de ses pates, de même que par l'allongement de son corps. Linnée, et plusieurs autres naturalistes, ont regardé, ainsi que nous, le chalcide comme différent du seps, et ils ont dit que ces deux lézards sont distingués l'un de l'autre, en ce que le seps a la queue *verticillée*, tandis que le chalcide l'a ronde, et plus longue que le corps. Quelque sens qu'on attache

à cette expression *verticillée*, elle ne peut jamais
représenter qu'un caractère vague et peu sensible.
D'un autre côté, il n'y a rien de si variable que
les longueurs des queues des lézards, et par conséquent toute distinction spécifique fondée sur ces
longueurs, doit être regardée comme nulle, à
moins que leurs différences ne soient très-grandes.
Nous avons pensé d'après cela que le lézard, appelé Chalcide par Linnée, pourrait bien n'être
qu'une variété du seps, dont plusieurs individus
ont la queue à-peu-près aussi longue que le corps.
Nous l'avons pensé d'autant plus qu'il paraît que
Linnée n'a point vu le lézard qu'il nomme Chalcide (1). Nous avons en conséquence examiné les
divers passages des auteurs cités par Linnée, relativement à ce quadrupède ovipare. Nous avons
comparé ce qu'ont écrit à ce sujet Aldrovande,
Columna, Gronovius, Rai et Imperati : nous avons
vu que tout ce que rapportent ces auteurs, tant
dans leurs descriptions que dans la partie historique, pouvait s'appliquer au véritable seps (2). Il
paraît donc qu'on doit réduire à une seule espèce
les deux lézards connus sous le nom de seps et de
chalcide. Mais il y a, au Cabinet du Roi, un lézard qui ressemble au seps par l'alongement de

----

(1) *L. Chalcides*, 41. Linn., Amphib. rept.
Le Chalcide. M. Daubenton, Encyclopédie méthodique.
(2) Aldrov. de Quadrup. digit. ovipar., lib. I, fol. 638.
Column. ecphr. 1, fol. 35, t. 36.
Gronov. Zooph. 43.
Rai, Quadr. 272.
Imperat. nat. 917.

son corps, la petitesse de ses pates, le nombre de ses doigts, qui est cependant d'une espèce différente de celle du seps, ainsi que nous allons le prouver. Ce lézard n'a vraisemblablement été connu d'aucun des naturalistes modernes qui ont écrit sur le chalcide : c'est, en quelque sorte, une espèce nouvelle que nous présentons, et à laquelle nous appliquons ce nom de Chalcide, qui n'a été donné par Linnée et les naturalistes modernes qu'à une variété du seps.

Notre chalcide, le seul que nous nommerons ainsi, diffère du seps par un caractère qui doit empêcher de les confondre dans toutes les circonstances. Le dessus et le dessous du corps et de la queue sont garnis dans le seps de petites écailles, placées les unes sur les autres comme les ardoises qui couvrent nos toits ; tandis que, dans le chalcide, les écailles forment des anneaux circulaires très-sensibles, séparés les uns des autres par des espèces de sillons, et qui revêtent non seulement le corps, mais encore la queue.

Le corps de l'individu conservé au Cabinet du Roi, a deux pouces six lignes de longueur ; il est plus court que la queue, et entouré de quarante-huit anneaux. La tête est assez semblable à celle du seps, ainsi que nous l'avons dit, mais il n'y a aucune ouverture pour les oreilles, ce qui donne au chalcide un rapport de plus avec les serpents. Les pates sont encore plus courtes que celles du seps, en proportion de la longueur du corps ; elles n'ont qu'une ligne de longueur. Celles de devant sont situées très-près de la tête.

Ce lézard n'a que trois doigts à chaque pied, ainsi que le seps. Il est d'une couleur sombre, qui peut-être est l'effet de l'esprit-de-vin dans lequel il a été conservé, mais qui approche de la couleur de l'airain, que les Grecs ont désignée par le nom de *Chalcis*, (dérivé de χαλκος *airain*) lorsqu'ils ont appliqué ce nom à un lézard.

Cet animal, qui doit habiter les contrées chaudes, a, par la conformation de ses écailles et leurs disposition en anneaux, d'assez grands rapports avec le serpent *Orvet*, et les autres serpents, que Linnée a compris sous la dénomination générique d'*Anguis*. Il en a aussi par là avec plusieurs espèces de vers, et surtout avec un reptile, dont nous donnons l'histoire à la suite de celle des quadrupèdes ovipares, et qui lie l'ordre de ces derniers avec celui des serpents encore de plus près que le seps et le chalcide.

Mais si les espèces de lézards, dont nous traitons maintenant, présentent, en quelque sorte, une conformation intermédiaire entre celle des quadrupèdes ovipares, et celle des vrais reptiles, l'espèce suivante donne à ces mêmes quadrupèdes ovipares de nouveaux rapports avec des animaux bien mieux organisés, et particulièrement avec l'ordre des oiseaux, par les espèces d'ailes dont elle a été pourvue.

SEPTIÈME DIVISION.

LÉZARDS

QUI ONT DES MEMBRANES EN FORME D'AILES.

LE DRAGON[1].

Draco viridis, Daud.; Merr.; *Draco volans* et *præpos*, Linn.;
Draco major et *minor*, Laur.

A ce nom de *Dragon*, l'on conçoit toujours une
idée extraordinaire. La mémoire rappelle, avec
promptitude, tout ce qu'on a lu, tout ce qu'on a
ouï dire sur ce monstre fameux; l'imagination

---

(1) Le Dragon. M. Daubenton, Encyclopédie méthodique.
Draco volans, 1. Linn., Amphib. rept.
Bont. jav., lib. V, cap. 1, fol. 59. *Lacertus volans seu dracunculus
indica*. The flying indian lizard.
Rai, Synopsis Quadrupedum, fol. 275. *Lacerta volans.*
Brad. nat. t. 9, fol. 5. *Lacerta volans.*
Grim. *Lacerta volans.*
Séba, 1, tab. 86, fig. 3.
Draco major, 76. Laurenti specimen medicum.

s'enflamme par le souvenir des grandes images qu'il a présentées au génie poétique : une sorte de frayeur saisit les cœurs timides ; et la curiosité s'empare de tous les esprits. Les anciens, les modernes ont tous parlé du Dragon. Consacré par la religion des premiers peuples, devenu l'objet de leur mythologie, ministre des volontés des dieux, gardien de leurs trésors, servant leur amour et leur haine, soumis au pouvoir des enchanteurs, vaincu par les demi-dieux des temps antiques, entrant même dans les allégories sacrées du plus saint des recueils, il a été chanté par les premiers poètes, et représenté avec toutes les couleurs qui pouvaient en embellir l'image : principal ornement des fables pieuses, imaginées dans des temps plus récents, dompté par les héros, et même par les jeunes héroïnes, qui combattaient pour une loi divine ; adopté par une seconde mythologie, qui plaça les fées sur le trône des anciennes enchanteresses ; devenu l'emblême des actions éclatantes des vaillants chevaliers, il a vivifié la poésie moderne, ainsi qu'il avait animé l'ancienne : proclamé par la voix sévère de l'histoire, partout décrit, partout célébré, partout redouté, montré sous toutes les formes, toujours revêtu de la plus grande puissance, immolant ses victimes par son regard, se transportant au milieu des nuées, avec la rapidité de l'éclair, frappant comme la foudre, dissipant l'obscurité des nuits par l'éclat de ses yeux étincelants, réunissant l'agilité de l'aigle,

la force du lion, la grandeur du serpent (1), présentant même quelquefois une figure humaine,
doué d'une intelligence presque divine, et adoré
de nos jours dans de grands empires de l'Orient,
le dragon a été tout, et s'est trouvé partout, hors
dans la nature. Il vivra cependant toujours, cet
être fabuleux, dans les heureux produits d'une
imagination féconde. Il embellira long-temps les
images hardies d'une poésie enchanteresse : le
récit de sa puissance merveilleuse charmera les
loisirs de ceux qui ont besoin d'être quelquefois
transportés au milieu des chimères, et qui désirent
de voir la vérité parée des ornements d'une fiction
agréable : mais à la place de cet être fantastique,
que trouvons-nous dans la réalité? Un animal,
aussi petit que faible, un lézard innocent et tranquille, un des moins armés de tous les quadrupèdes ovipares, et qui, par une conformation
particulière, a la facilité de se transporter avec
agilité, et de voltiger de branche en branche dans
les forêts qu'il habite. Les espèces d'ailes dont il
a été pourvu, son corps de lézard, et tous ses
rapports avec les serpents, ont fait trouver quelque sorte de ressemblance éloignée entre ce petit
animal et le monstre imaginaire dont nous avons
parlé, et lui ont fait donner le nom de *Dragon*
par les naturalistes.

Ces ailes sont composées de six espèces de

______

(1) Il y a des serpents qui ont plus de quarante pieds de long.

rayons cartilagineux, situés horizontalement de chaque côté de l'épine du dos, et auprès des jambes de devant. Ces rayons sont courbés en arrière ; ils soutiennent une membrane, qui s'étend le long du rayon le plus antérieur jusqu'à son extrémité, et va ensuite se rattacher, en s'arrondissant un peu, auprès des jambes de derrière. Chaque aile représente ainsi un triangle, dont la base s'appuie sur l'épine du dos ; du sommet d'un triangle à celui de l'autre, il y a à-peu-près la même distance que des pates de devant à celles de derrière. La membrane qui recouvre les rayons est garnie d'écailles, ainsi que le corps du lézard, que l'on ne peut bien voir qu'en regardant au-dessous des ailes, et dont on ne distingue par-dessus que la partie la plus élevée du dos. Ces ailes sont conformées comme les nageoires des poissons, surtout comme celles dont les poissons volants se servent pour se soutenir en l'air. Elles ne ressemblént pas aux ailes dont les chauves-souris sont pourvues, et qui sont composées d'une membrane placée entre les doigts très-longs de leurs pieds de devant ; elles diffèrent encore plus de celles des oiseaux formées de membres, que l'on a appelés leurs bras : elles ont plus de rapport avec les membranes qui s'étendent des jambes de devant à celles de derrière dans le polatouche et dans le taguan, et qui leur servent à voltiger. Voilà donc le dragon, qui placé, comme tous les lézards, entre les poissons et les quadrupèdes vivipares, se rapproche des uns par ses rapports avec les poissons volants, et des autres, par ses ressemblances avec les polatouches et les écureuils, dont il est l'analogue dans son ordre.

Le dragon est aussi remarquable, par trois espèces de poches allongées et pointues, qui garnissent le dessous de sa gorge, et qu'il peut enfler à volonté pour augmenter son volume, se rendre plus léger, et voler plus facilement. C'est ainsi qu'il peut un peu compenser l'infériorité de ses ailes, relativement à celles des oiseaux, et la facilité avec laquelle ces derniers, lorsqu'ils veulent s'alléger, font parvenir l'air de leurs poumons dans diverses parties de leur corps.

Si l'on ôtait au dragon ses ailes et les espèces de poches qu'il porte sous son gosier, il serait très-semblable à la plupart des lézards. Sa gueule est très-ouverte, et garnie de dents nombreuses et aiguës. Il a sur le dos trois rangées longitudinales de tubercules plus ou moins saillants, dont le nombre varie suivant les individus. Les deux rangées extérieures forment une ligne courbe, dont la convexité est en dehors. Les jambes sont assez longues; les doigts, au nombre de cinq à chaque pied, sont longs, séparés, et garnis d'ongles crochus. La queue est ordinairement très-déliée, deux fois plus longue que le corps, et couverte d'écailles un peu relevées en carène. La longueur totale du dragon n'excède guère un pied. Le plus grand des individus de cette espèce conservés au

Cabinet du Roi, a huit pouces deux lignes de long, depuis le bout du museau jusqu'à l'extrémité de la queue, qui est longue de quatre pouces dix lignes.

Bien différent du dragon de la fable, il passe innocemment sa vie sur les arbres, où il vole de branche en branche, cherchant les fourmis, les mouches, les papillons, et les autres insectes dont il fait sa nourriture. Lorsqu'il s'élance d'un arbre à un autre, il frappe l'air avec ses ailes, de mánière à produire un bruit assez sensible, et il franchit quelquefois un espace de trente pas. Il habite en Asie (1), en Afrique et en Amérique; il peut varier, suivant les différents climats, par la teinte de ses écailles; mais il présente souvent un agréable mélange de couleurs noire, brune, presque blanche ou légèrement bleuâtre, formant des taches ou des raies.

Quoiqu'il ait les doigts très-séparés les uns des autres, il n'est point réduit à habiter la terre sèche

---

(1) « Dans une petite île voisine de celle de Java, La Barbinais vit des « lézards qui volaient d'arbres en arbres, comme des cigales. Il en tua un, « dont les couleurs lui causèrent de l'étonnement par leur variété. Cet « animal était long d'un pied; il avait quatre pates comme les lézards « ordinaires. Sa tête était plate, *et si bien percée au milieu, qu'on y aurait* « *pu passer une aiguille sans le blesser.* Ses ailes étaient fort déliées, et res- « semblaient à celles du poisson volant. Il avait, autour du cou, une « espèce de fraise semblable à celle que les coqs ont au-desous du gosier. « On prit quelques soins pour conserver un animal aussi rare; mais la « chaleur le corrompit avant la fin du jour. » Voyage de La Barbinais le Gentil autour du monde. Histoire générale des Voyages, tome XLIV, in-12.

et le sommet des arbres ; ses poches qu'il développe et ses ailes qu'il étend, replie et contourne à volonté, lui servent non seulement pour s'élancer avec vitesse, mais encore pour nager avec facilité. Les membranes qui composent ses ailes, peuvent lui tenir lieu de nageoires puissantes, parce qu'elles sont fort grandes à proportion de son corps ; et les poches qu'il a sous la gorge doivent, lorsqu'elles sont gonflées, le rendre plus léger que l'eau. Cet animal privilégié a donc reçu tout ce qui peut être nécessaire pour grimper sur les arbres, pour marcher avec facilité, pour voler avec vitesse, pour nager avec force : la terre, les forêts, l'air, les eaux lui appartiennent également ; sa petite proie ne peut lui échapper ; d'ailleurs aucun asile ne lui est fermé ; aucun abri ne lui est interdit ; s'il est poursuivi sur la terre, il s'enfuit au haut des branches, ou se réfugie au fond des rivières ; il jouit donc d'un sort tranquille et d'une destinée heureuse, car il peut encore, en s'élevant dans l'air, échapper aux animaux que l'eau n'arrête pas.

Linnée a compté deux espèces de lézards volants. Il a placé, dans la première, ceux de l'ancien monde, dont les ailes ne tiennent pas aux pates de devant, et dans la seconde, ceux d'Amérique dont les ailes y sont attachées (1). Cette dif-

____

(1) *Draco præpos*, Linn., Amphib. rept.

Draco minor, 77. Laurenti specimen medicum.

férence ne nous paraît pas suffire pour constituer une espèce distincte; d'ailleurs ce n'est que sur l'autorité de Séba (1) dont les figures ne sont pas toujours exactes, que Linnée a admis l'existence de lézards volants, dont les jambes de devant servent de premier rayon aux ailes; il n'en a jamais vu ainsi conformés; nous n'en avons jamais vu non plus; et nous n'avons rien trouvé qui y eût rapport, dans aucun auteur, excepté Séba. Nous croyons donc ne devoir admettre qu'une espèce dans les lézards volants, jusqu'à ce que de nouvelles observations nous obligent à en reconnaître deux (2).

---

(1) Séba, 1, tab. 102, fig. 2.

(2) M. Daubenton n'a compté, comme nous, qu'une espèce de lézard volant. Histoire naturelle des Quadrupèdes ovipares, Encyclopédie méthodique.

HUITIÈME DIVISION.

LÉZARDS

QUI ONT TROIS OU QUATRE DOÏGTS AUX PIEDS DE DEVANT
ET QUATRE OU CINQ AUX PIEDS DE DERRIÈRE.

LA SALAMANDRE TERRESTRE[1].

Salamandra maculata, Merr.; *Lacerta Salamandra*, Linn.;
Salamandra maculosa, Laur.

IL semble que plus les objets de la curiosité de
l'homme sont éloignés de lui, et plus il se plaît à

---

(1) En grec, Σαλαμάνδρα.
En latin, *Salamandra*.
En Espagne, *Salamanguesa* et *Salamantegua*.
Samabras ou *Saambras*, par les Arabes.
Dans plusieurs provinces de France, *le Sourd*.
Dans le Languedoc et la Provence, *Blande*.
En Dauphiné, *Pluvine*.
Dans le Lyonnais, *Laverne*.
En Bourgogne, *Suisse*.
Dans le Poitou, *Mirtil*.

leur attribuer des qualités merveilleuses, ou du moins à supposer à des degrés trop élevés, celles dont ces êtres, rarement bien connus, jouissent réellement. L'imagination a besoin, pour ainsi dire, d'être de temps en temps secouée par des merveilles ; l'homme veut exercer sa croyance dans toute sa plénitude ; il lui semble qu'il n'en jouit pas d'une manière assez libre, quand il la soumet aux lois de la raison : ce n'est que par les excès qu'il croit en user ; et il ne s'en regarde comme véritablement le maître, que lorsqu'il la refuse capricieusement à la réalité, ou qu'il l'accorde aux êtres les plus chimériques. Mais il ne peut exercer cet empire de sa fantaisie, que lorsque la lumière de la vérité ne tombe que de loin sur les objets de cette croyance arbitraire ; que lorsque l'espace,

---

Dans plusieurs autres provinces de France, *Alebrenne* ou *Arrassade.*

En Normandie, *Mouron.*

En Flandres, *Salemander.*

En quelques endroits d'Allemagne, *Punter-Maal.*

Le Sourd. M. Daubenton, Encyclopédie méthodique.

Lacerta Salamandra, 47. Linn., Amphibia rept.

Rai, Synopsis Quadrupedum, folio 273. *Salamandra terrestris.*

Matthi. dioscor. 274, fol. 274. *Salamandra.*

Aldrov. quadr. 641. *Salamandra terrestris.*

Jonst. Quadrup., t. 77, fol. 10.

Imperat. nat. 918.

Olear. mus. t. 8, fig. 4.

Wurfbainius. Salamandrologia, Norib. 1683.

Salamandra. Conrad Gesner, de Quadrup. ovip.

Salamandra maculosa, 4. Laurenti specimen medicum.

Séba, 2, tab. 12, fig. 5.

le temps ou leur nature les séparent de nous ; et
voilà pourquoi, parmi tous les ordres d'animaux,
il n'en est peut-être aucun qui ait donné lieu à
tant de fables que celui des lézards. Nous avons
déja vu des propriétés aussi absurdes qu'imaginaires accordées à plusieurs espèces de ces quadrupèdes ovipares ; mais nous voici maintenant à
l'histoire d'un lézard pour lequel l'imagination
humaine s'est surpassée ; on lui a attribué la plus
merveilleuse de toutes les propriétés. Tandis que
les corps les plus durs ne peuvent échapper à la
force de l'élément du feu, on a voulu qu'un petit
lézard non seulement ne fût pas consumé par les
flammes, mais parvînt même à les éteindre. Et
comme les fables agréables s'accréditent aisément,
l'on s'est empressé d'accueillir celle d'un petit
animal si privilégié, si supérieur à l'agent le plus
actif de la nature, et qui devait fournir tant
d'objets de comparaison à la poésie, tant d'em-
blèmes galants à l'amour, tant de brillantes devises
à la valeur. Les anciens ont cru à cette propriété
de la salamandre ; désirant que son origine fût
aussi surprenante que sa puissance, et voulant
réaliser les fictions ingénieuses des poètes, ils ont
écrit qu'elle devait son existence au plus pur des
éléments, qui ne pouvait la consumer, et ils l'ont
dite fille du feu (1), en lui donnant cependant un

---

(1) Conrad Gesner, de Quadrupedibus oviparis. De Salamandra,
fol. 79.

corps de glace. Les modernes ont adopté les fables ridicules des anciens; et, comme on ne peut jamais s'arrêter quand on a dépassé les bornes de la vraisemblance, on est allé jusqu'à penser que le feu le plus violent pouvait être éteint par la salamandre terrestre. Des charlatans vendaient ce petit lézard, qui, jeté dans le plus grand incendie, devait, disaient-ils, en arrêter les progrès. Il a fallu que des physiciens, que des philosophes prissent la peine de prouver par le fait ce que la raison seule aurait dû démontrer; et ce n'est que lorsque les lumières de la science ont été très-répandues, qu'on a cessé de croire à la propriété de la salamandre.

Ce lézard, qui se trouve dans tant de pays de l'ancien monde, et même à de très-hautes latitudes (1), a été cependant très-peu observé, parce qu'on le voit rarement hors de son trou, et parce qu'il a, pendant long-temps, inspiré une assez grande frayeur: Aristote même ne paraît en parler que comme d'un animal qu'il ne connaissait presque point.

Il est aisé à distinguer de tous ceux dont nous nous sommes occupés, par la conformation particulière de ses pieds de devant, où il n'a que quatre doigts, tandis qu'il en a cinq à ceux de derrière. Un des plus grands individus de cette

---

(1) « Aussi trouvâmes au rivage du Pont des salamandres que nous « nommons *Sourds*, *Pluvines*, *Mirtils*, sont quasi communs en tous « lieux. » Bélon, ouvrage déja cité, livre III, chapitre 51, page 210.

espèce, conservés au Cabinet du Roi, a sept pouces cinq lignes de longueur depuis le bout du museau jusqu'à l'origine de la queue, qui est longue de trois pouces huit lignes. La peau n'est revêtue d'aucune écaille sensible ; mais elle est garnie d'une grande quantité de mamelons, et percée d'un grand nombre de petits trous, dont plusieurs sont très-sensibles à la vue simple, et par lesquels découle une sorte de lait, qui se répand ordinairement de manière à former un vernis transparent au-dessus de la peau naturellement sèche de ce quadrupède ovipare.

Les yeux de la Salamandre sont placés à la partie supérieure de la tête, qui est un peu aplatie ; leur orbite est saillante dans l'intérieur du palais, et elle y est presque entourée d'un rang de très-petites dents, semblables à celles qui garnissent les mâchoires (1). Ces dents établissent un nouveau rapport entre les lézards et les poissons, dont plusieurs espèces ont de même plusieurs dents placées dans le fond de la gueule.

La couleur de ce lézard est très-foncée ; elle prend une teinte bleuâtre sur le ventre, et présente des taches jaunes assez grandes, irrégulières, et qui s'étendent sur tout le corps, même sur les pieds et sur les paupières. Quelques-unes de ces taches sont parsemées de petits points noirs, et

---

(1) Mémoires pour servir à l'Histoire des animaux, article de la *Salamandre.*

celles qui sont sur le dos se touchent souvent sans interruption, et forment deux longues bandes jaunes. La figure de ces taches a fait donner le nom de *Stellion* à la salamandre, ainsi qu'au lézard vert, au véritable stellion et au geckotte. Au reste, la couleur des salamandres terrestres doit être sujette à varier, et il paraît qu'on en trouve dans les bois humides d'Allemagne, qui sont toutes noires par dessus et jaunes par dessous (1). C'est à cette variété qu'il faut rapporter, ce me semble, la salamandre noire que M. Laurenti a trouvée dans les Alpes, qu'il a regardée comme une espèce distincte, et qui me paraît trop ressembler par sa forme à la salamandre ordinaire pour en être séparée (2).

La queue, presque cylindrique, paraît divisée en anneaux par des renflements d'une substance très-molle.

La salamandre terrestre n'a point de côtes, non plus que les grenouilles, auxquelles elle ressemble d'ailleurs par la forme générale de la partie antérieure du corps. Lorsqu'on la touche, elle se couvre promptement de cette espèce d'enduit dont nous avons parlé ; et elle peut également faire passer très-rapidement sa peau de cet état humide à celui de sécheresse. Le lait qui sort par les petits trous que l'on voit sur sa surface, est

----

(1) Matthiole.

(2) *Salamandra atra*. Laurenti specimen medicum. Vienne, 1768, page 149.

très-âcre; lorsqu'on en a mis sur la langue, on croit sentir une sorte de cicatrice à l'endroit où il a touché. Ce lait, qui est regardé comme un excellent dépilatoire (1), ressemble un peu à celui qui découle des plantes appelées tithymales et des euphorbes. Quand on écrase, ou seulement quand on presse la salamandre, elle répand d'ailleurs une mauvaise odeur qui lui est particulière.

Les salamandres terrestres aiment les lieux humides et froids, les ombres épaisses, les bois touffus des hautes montagnes, les bords des fontaines qui coulent dans les prés; elles se retirent quelquefois en grand nombre dans les creux des arbres, dans les haies, au-dessous des vieilles souches pourries; et elles passent l'hiver des contrées trop élevées en latitude, dans des espèces de terriers où on les trouve rassemblées, et entortillées plusieurs ensemble (2).

La salamandre étant dépourvue d'ongles, n'ayant que quatre doigts aux pieds de devant, et aucun avantage de conformation ne remplaçant ce qui lui manque, ses mœurs doivent être et sont en effet très-différentes de celles de la plupart des lézards : elle est très-lente dans sa marche; bien loin de pouvoir grimper avec vitesse sur les arbres, elle paraît le plus souvent se traîner avec peine à la surface de la terre. Elle ne s'éloigne

---

(1) Gesner, de Quadrupedibus oviparis, de Salamandra, page 79.
(2) Idem, ibid.

que peu des abris qu'elle a choisis. Elle passe sa
vie sous terre, souvent au pied des vieilles murailles ; pendant l'été, elle craint l'ardeur du soleil, qui la dessécherait ; et ce n'est ordinairement
que lorsque la pluie est prête à tomber, qu'elle
sort de son asyle secret, comme par une sorte de
besoin de se baigner et de s'imbiber d'un élément
qui lui est analogue. Peut-être aussi trouve-t-elle
alors avec plus de facilité les insectes dont elle
se nourrit. Elle vit de mouches, de scarabées, de
limaçons et de vers de terre. Lorsqu'elle est en
repos, elle se replie souvent sur elle-même comme
les serpents (1). Elle peut rester quelque temps
dans l'eau sans y périr ; elle s'y dépouille d'une
pellicule mince d'un cendré-verdâtre. On a même
conservé des salamandres pendant plus de six
mois dans de l'eau de puits ; on ne leur donnait
aucune nourriture ; on avait seulement le soin de
changer souvent l'eau.

On observe que toutes les fois qu'on plonge
une salamandre terrestre dans l'eau, elle s'efforce
d'élever ses narines au-dessus de la surface, comme
si elle cherchait l'air de l'atmosphère, ce qui est
une nouvelle preuve du besoin qu'ont tous les
quadrupèdes ovipares de respirer pendant tout
le temps où ils ne sont point engourdis (2). La
salamandre terrestre n'a point d'oreilles appa-

---

(1) Laurenti specimen medicum, page 153.
(2) Voyez le Discours sur la nature des Quadrupèdes ovipares.

rentes; et en ceci elle ressemble aux serpents. On a prétendu qu'elle n'entendait point, et c'est ce qui lui a fait donner le nom de *Sourd* dans certaines provinces de France : on pourrait le présumer, parce qu'on ne lui a jamais entendu jeter aucun cri, et qu'en général le silence est lié avec la surdité.

Ayant donc peut-être un sens de moins, et privée de la faculté de communiquer ses sensations aux animaux de son espèce, même par des sons imparfaits, elle doit être réduite à un bien moindre degré d'instinct; aussi est-elle stupide, et non pas courageuse comme on l'a écrit; elle ne brave pas le danger, ainsi qu'on l'a prétendu, mais elle ne l'aperçoit point; quelques gestes qu'on fasse pour l'effrayer, elle s'avance toujours sans se détourner de sa route; cependant, comme aucun animal n'est privé du sentiment nécessaire à sa conservation, elle comprime, dit-on, rapidement sa peau lorsqu'on la tourmente, et fait rejaillir contre ceux qui l'attaquent le lait âcre que cette peau recouvre. Si on la frappe, elle commence par dresser sa queue; elle devient ensuite immobile, comme si elle était saisie par une sorte de paralysie; car il ne faut pas, avec quelques naturalistes, attribuer à un animal si dénué d'instinct, assez de finesse et de ruse pour contrefaire la morte, ainsi qu'ils l'ont écrit. Au reste, il est difficile de la tuer, elle est très-vivace; mais, trempée dans du vinaigre ou entourée de sel en poudre, elle périt bientôt dans des convulsions, ainsi que plusieurs autres lézards et les vers.

Il semble que l'on ne peut accorder à un être une qualité chimérique, sans lui refuser en même temps une propriété réelle. On a regardé la froide salamandre comme un animal doué du pouvoir miraculeux de résister aux flammes, et même de les éteindre; mais en même temps on l'a rabaissée autant qu'on l'avait élevée par ce privilège unique. On en a fait le plus funeste des animaux; les anciens, et même Pline, l'ont dévouée à une sorte d'anathème, en la considérant comme celui dont le poison était le plus dangereux (1). Ils ont écrit qu'en infectant de son venin presque tous les végétaux d'une vaste contrée, elle pourrait donner la mort à des *nations entières*. Les modernes ont aussi cru pendant long-temps au poison de la salamandre; on a dit que sa morsure était mortelle, comme celle de la vipère (2) : on a cherché et prescrit des remèdes contre son venin; mais enfin on a eu recours aux observations par lesquelles on aurait dû commencer. Le fameux Bacon avait voulu engager les physiciens à s'assurer de l'existence du venin de la Salamandre; Gesner prouva par l'expérience qu'elle ne mordait point, de quelque manière qu'on cherchât à l'irriter; et Wurf-bainus fit voir qu'on pouvait impunément la tou-

---

(1) Pline, livre XXIX, chap. 4.
(2) Matthiole, liv. VI, chap. 4.

cher, ainsi que boire de l'eau des fontaines qu'elle habite. M. de Maupertuis s'est aussi occupé de ce lézard (1): en recherchant ce que pouvait être son prétendu poison, il a démontré, par l'expérience, l'action des flammes sur la salamandre, comme sur les autres animaux. Il a remarqué qu'à peine elle est sur le feu, qu'elle paraît couverte de gouttes de son lait qui, raréfié par la chaleur, s'échappe par tous les pores de la peau, sort en plus grande quantité sur la tête ainsi que sur les mamelons, et se durcit sur-le-champ. Mais on n'a certainement pas besoin de dire que ce lait n'est jamais assez abondant pour éteindre le moindre feu.

M. de Maupertuis, dans le cours de ses expériences, irrita en vain plusieurs salamandres; jamais aucune n'ouvrit la bouche; il fallut la leur ouvrir par force.

Comme les dents de ces lézards sont très-petites, on eut beaucoup de peine à trouver un animal dont la peau fût assez fine pour être entamée par ces dents. Il essaya inutilement de les faire pénétrer dans la chair d'un poulet déplumé; il pressa en vain les dents contre la peau, elles se dérangèrent plutôt que de l'entamer; il parvint enfin à faire mordre par une salamandre la cuisse d'un poulet dont il avait enlevé la peau. Il fit mordre aussi par des salamandres récemment prises, la langue et les

---

(1) Mémoires de l'Académie des Sciences, année 1727.

lèvres d'un chien, ainsi que la langue d'un coq d'Inde : aucun de ces animaux n'éprouva le moindre accident. M. de Maupertuis fit avaler ensuite des salamandres entières ou coupées par morceaux à un coq d'Inde et à un chien, qui ne parurent pas en souffrir.

M. Laurenti a fait depuis des expériences dans les mêmes vues; il a forcé des lézards gris à mordre des salamandres, et il leur en a fait avaler du lait : les lézards sont morts très-promptement (1). Le lait de la salamandre pris intérieurement pourrait donc être très-funeste et même mortel à certains animaux, surtout aux plus petits, mais il ne paraît pas nuisible aux grands animaux.

On a cru pendant long-temps que les salamandres n'avaient point de sexe, et que chaque individu était en état d'engendrer seul son semblable, comme dans plusieurs espèces de vers (2). Ce n'est pas la fable la plus absurde qu'on ait imaginée au sujet des salamandres; mais si la manière dont elles viennent à la lumière n'est pas aussi merveilleuse qu'on l'a écrit, elle est remarquable en ce qu'elle diffère de celle dont naissent presque tous les autres lézards, et en ce qu'elle est analogue à celles dont voient le jour les seps ou chalcides, ainsi que les vipères et plusieurs espèces de serpents. La salamandre mérite par là

(1) Joseph Nicol. Laurenti specimen medicum. Viennæ 1768, fol. 158.
(2) Georg. Agricola.
Conrad Gesner, de Quadrup. ovip., de Salamandrâ.

l'attention des naturalistes, bien plus que par la fausse et brillante réputation dont elle a joui si long-temps. M. de Maupertuis ayant ouvert quelques salamandres, y trouva des œufs, et en même temps des petits tout formés; les œufs étaient divisés en deux grappes allongées; et les petits étaient renfermés dans deux espèces de tuyaux transparents; ils étaient aussi bien conformés, et bien plus agiles que les salamandres adultes. La salamandre met donc bas des petits venus d'un œuf éclos dans son ventre, ainsi que ceux des vipères (1). Mais d'ailleurs on a écrit qu'elle pond, comme les salamandres aquatiques, des œufs elliptiques, d'où sortent de petites salamandres sous la forme de *Têtard* (2). Nous avons souvent vérifié le premier fait, qui d'ailleurs est bien connu depuis long-temps (3); mais nous n'avons pas été à même de vérifier le second. Il serait intéressant de constater que le même quadrupède produit ses petits, en quelque sorte, de deux manières différentes; qu'il y a des œufs que la mère pond, et d'autres dont le fœtus sort dans le ventre de la salamandre, pour demeurer ensuite renfermé avec plusieurs autres fœtus dans une espèce de membrane transparente, jusqu'au moment où il vient à la lumière. Si cela était, on devrait disséquer des salamandres à différentes époques très-rappro-

---

(1) Rai, Synopsis Quadrupedum, page 274.
(2) Wurfbainus et Impérati.
(3) Conrad Gesner, de Quad. ovip., de Salamandrâ, page 79.

chées, depuis le moment où elles s'accouplent, jusqu'à celui où elles mettent bas leurs petits; l'on suivrait avec soin l'accroissement successif de ces petits venus à la lumière tout formés; on le comparerait avec le développement de ceux qui sortiraient de l'œuf hors du ventre de leur mère, etc. Quoi qu'il en soit, la salamandre femelle met bas des petits tout formés, et sa fécondité est très-grande : les naturalistes ont écrit depuis long-temps qu'elle faisait quarante ou cinquante petits (1); et M. de Maupertuis a trouvé quarante - deux petites salamandres dans le corps d'une femelle, et cinquante-quatre dans une autre.

Les petites salamandres sont souvent d'une couleur noire, presque sans taches, qu'elles conservent quelquefois pendant toute leur vie, dans certaines contrées où on les a prises alors pour une espèce particulière, ainsi que nous l'avons dit.

M. Thunberg a donné, dans les Mémoires de l'académie de Suède (2), la description d'un lézard qu'il nomme *Lézard du Japon*, et qui ne paraît différer de notre salamandre terrestre que par l'arrangement de ses couleurs (3). Cet animal est presque noir, avec plusieurs taches blanchâtres et irrégulières, tant au-dessus du corps, qu'au-dessus

---

(1) Gesner, de Quadrup. ovip., de Salamandrâ, page 79.

(2) Mémoires de l'Académie de Stockholm, trimestre d'avril, 1787.

(3) Ce reptile constitue une espèce particulière de molge que M. Merem appelle *Molge striata*. DESM. 1827.

des pates. Le dos présente une bande d'un blanc sale, divisée en deux vers la tête, et qui s'étend ensuite irrégulièrement et en se rétrécissant jusqu'à l'extrémité de la queue. Cette bande blanchâtre est semée de très-petits points, ce qui forme un des caractères distinctifs de notre salamandre terrestre. Nous croyons donc devoir considérer le lézard du Japon, décrit par M. Thunberg, comme une variété constante de notre salamandre terrestre, dont l'espèce aura pu être modifiée par le climat du Japon : c'est dans la plus grande île de cet empire, nommée *Niphon*, que l'on trouve cette variété; elle y habite dans les montagnes et dans les endroits pierreux, ce qui indique que ses habitudes sont semblables à celles de la salamandre terrestre, et confirme notre conjecture au sujet de l'identité d'espèce de ces deux animaux. Les Japonais lui attribuent les mêmes propriétés dont on a cru pendant long-temps que le scinque était doué, ainsi qu'on les a attribuées en Europe à la salamandre à queue plate; ils la regardent comme un puissant stimulant et un remède très-actif; aussi trouve-t-on aux environs de Jédo un grand nombre de ces salamandres de Japon, séchées et suspendues aux planchers des boutiques.

ADDITION

A L'ARTICLE DE LA SALAMANDRE TERRESTRE.

Nous plaçons ici un extrait d'une lettre qui nous a été adressée par dom Saint-Julien, bénédictin de la congrégation de Cluni. On y trouvera des observations intéressantes relativement à la manière dont les salamandres terrestres viennent au jour.

« Je trouvai à la fin du printemps de l'année
« dernière 1787, une superbe salamandre terrestre
« (de l'espèce appelée *Scorpion* dans la basse
« Guienne, et qu'on y confond même quelquefois
« avec cet insecte)....... Elle avait un peu plus de
« huit pouces depuis le bout du museau jusqu'à
« l'extrémité de la queue. La grosseur de son ven-
« tre me fit espérer de trouver quelque éclaircis-
« sement sur la génération de ce reptile ; en con-
« séquence je procédai à sa dissection, que je
« commençai par l'anus. Dès que j'eus fait une
« ouverture d'environ un demi-pouce, je vis sortir
« une espèce de sac, que je pris d'abord pour un
« boyau, mais j'aperçus bientôt un mouvement
« très-sensible dans l'intérieur ; je vis même à tra-
« vers la membrane fort mince, de petits corps
« mouvants ; je ne doutai point alors que ce ne
« fût des êtres animés, en un mot les petits de
« l'animal. Je continuai à faire sortir cette poche,
« jusqu'à ce que je trouvai un étranglement ; alors

« j'ouvris la membrane dans le sens de sa longueur;
« je la trouvai pleine d'une espèce de sanie dans
« laquelle les petits étaient pliés en double, pré-
« cisément dans la forme que M. l'abbé Spallan-
« zani attribue aux petits de la salamandre aqua-
« tique, lorsqu'ils sont encore renfermés dans
« l'amnios. Bientôt cette sanie se répandit, les
« petits s'allongèrent, sautèrent sur la table, et
« parurent animés d'un mouvement très-vif. Ils
« étaient au nombre de sept ou huit. Je les exa-
« minai à la vue simple, et un avec le secours de
« la loupe; et je leurs reconnus très-bien la forme
« de petits poissons avec deux sortes de nageoires
« assez longues du côté de la tête, qui était grosse
« par rapport au corps, et dont les yeux, qui pa-
« raissaient très-vifs, étaient très-saillants; il n'y
« avait rien à la place des pieds de derrière. Comme
« la mère avait été prise dans l'eau, et paraissait
« très-proche de son terme, je pensai que l'eau
« était l'élément qui convenait à ces nouveau-
« nés, ce qui d'ailleurs se trouvait confirmé par
« leur état pisciforme; c'est pourquoi je me pressai
« de les faire tomber dans une jatte pleine d'eau,
« où ils nagèrent très-bien. J'agrandis encore l'ou-
« verture de la mère, et je fis sortir une seconde
« et puis une troisième poche, semblables à la
« première, et séparées par des étranglements. Ces
« poches ouvertes me donnèrent des êtres sem-
« blables aux premiers et à-peu-près aussi bien
« formés; ils s'y trouvaient renfermés par huit ou

« dix en pelotons, sans aucune séparation ou dia-
« phragme, au moins sensible. Une quatrième
« poche pareille me donna des êtres de la même
« nature, mais moins formés; ils étaient presque
« tous chargés sur le côté droit, vers le milieu du
« corps, d'une espèce de tumeur ou protubérance
« d'un jaune foncé paraissant un peu sanguino-
« lent; ils avaient néanmoins leurs mouvements
« libres, pas assez pour sauter d'eux-mêmes; il
« fallut les retirer de leurs bourses avec des pin-
« ces. Enfin une cinquième poche pareille me
« fournit des êtres semblables, dont il ne parais-
« sait que la moitié du corps depuis le milieu jus-
« qu'au bout de la queue; l'autre partie consistait
« seulement en un segment de cette matière jaune
« dont je viens de parler : la partie formée avait
« un mouvement sensible. Je retirai ainsi vingt-
« huit ou trente petits tout formés, qui nagèrent
« dans l'eau, et qui y vécurent dans mon appar-
« tement pendant vingt-quatre heures. Les avor-
« tons informes se précipitèrent au fond, et ne
« donnèrent plus aucun signe de vie. La mère vi-
« vait encore après que j'en eus tiré tous ses pe-
« tits, formés ou informes. J'achevai de l'ouvrir,
« et à la suite de cette espèce de matrice, qui parais-
« sait n'être qu'un boyau étranglé de distance en
« distance, je trouvai deux grappes d'œufs de forme
« sensiblement sphérique, d'environ une ligne de
« diamètre, et d'une matière semblable à celle que
« j'avais vue adhérente aux deux différentes espèces

« d'avortons. Je ne comptai pas le nombre de ces
« œufs, mais j'appelle leurs collections *Grappes,*
« parce que réellement elles représentaient une
« grappe de raisin. Leur tige était attachée à l'épine
« dorsale, derrière une bourse flottante située un
« peu au-dessous du bras, de couleur brune fon-
« cée : je reconnus cette bourse pour l'estomac
« du reptile, parce que l'ayant ouverte, j'y trou-
« vai de petits limaçons, quelques scarabées, et du
« sable noirâtre. »

LA SALAMANDRE

A QUEUE PLATE[1].

Genus *Triton*, Laur.; *Molge*, Merr. (2).

CE lézard, ainsi que la salamandre terrestre, peut vivre également sur la terre et dans l'eau:

---

(1) En grec, Σαῦρος ἔνυδρος.

En vieux français, Tassot.

En italien, *Marasandola*.

En Écosse, *Ask*.

Salamandre à queue plate. M. Daubenton, Encyclopédie méthodique.

Lacerta palustris, 44. Linn., Amphib. rept.

Rai, Synopsis Quadrupedum, page 273. *Salamadra aquatica*, *the water eft.*

Lacertus aquaticus. Conrad Gesner, de Quadrup. ovip.

Séba, mus. 1, planche 14, fig. 2, le mâle, et fig. 3, la femelle. Lézards amphibies d'Afrique, idem, tab. 89, fig. 4 et 5, volume II, planche 12, fig. 7.

Gronovius, mus. 2, page 77, n° 51.

Triton cristatus, Laurenti specimen medicum.

(L'animal que Bélon a appelé Cordule, est la Salamandre à queue plate, un peu défigurée : Gesner lui-même l'avait reconnu). Conrad Gesner, de Quadr., Appendix, page 26.

Lacerta aquatica. Scotia illustrata, Edimburgi, 1684.

Lacerta aquatica. Wulf. Ichthiologia cum amphibiis regni Borussici.

(2) Plusieurs espèces distinctes sont décrites dans cet article, sous le nom commun de salamandre à queue plate. Six d'entre elles habitent les

mais il préfère ce dernier élément pour son habitation, au lieu qu'on rencontre presque toujours la salamandre terrestre dans des trous de murailles, ou dans de petites cavités souterraines; et de là vient qu'on a donné à la salamandre à queue plate, le nom de Salamandre aquatique, et que Linnée l'a appelée *Lézard des marais*. Elle ressemble à la salamandre dont nous venons de parler, en ce qu'elle a le corps dépourvu d'écailles sensibles, ainsi que les doigts dégarnis d'ongles, et qu'on ne compte que quatre doigts à ses pieds

---

eaux des contrées tempérées de l'Europe; parmi elles nous remarquerons :

La Salamandre marbrée, *S. Marmorata*, Latr. *Molge alpestris*, Merr., à peau chagrinée, vert pâle en dessus, à grandes taches irrégulières brunes; brune pointillée de blanc en dessous. Peu aquatique.

La Salamandre crêtée, *S. Cristata*, Latr. *Molge palustris*, Merr. (qu'on croit être le mâle de la précédente), à peau chagrinée, brune en dessus avec des taches rondes noirâtres; fauve en dessous et tachée de même; les côtés pointillés de blanc, et la crête découpée en dentelures aiguës.

La Salamandre ponctuée, *S. punctata*, *Molge punctata*, Merr., à peau lisse; dessus, brun clair; dessous, pâle ou rouge avec des taches noires et rondes partout; des raies noires sur la tête; la crête du mâle festonnée; ses doigts un peu élargis.

La Salamandre palmipède, *S. palmata*, Latr., *Molge palmata*, Merr., à dos brun; avec le dessus de la tête vermiculé de brun et de noirâtre; les flancs plus clairs, marqués de taches rondes noirâtres, et le ventre blanc sans taches. Le mâle a trois petites crêtes sur le dos, et les doigts palmés et dilatés.

Plusieurs auteurs, et notamment MM. Daudin et Latreille, ont ajouté d'autres espèces à celles dont nous venons d'exposer les caractères; mais ces espèces étant en général assez peu distinctes des autres, nous nous abstiendrons d'en faire ici mention. Desm. 1827.

de devant ; mais elle en diffère surtout par la forme de sa queue. Elle varie beaucoup par ses couleurs, suivant l'âge et le sexe. Il paraît d'ailleurs qu'on doit admettre dans cette espèce de salamandre à queue plate, plusieurs variétés plus ou moins constantes, qui ne sont distinguées que par la grandeur et par les couleurs, et qui doivent dépendre de la différence des pays, ou même seulement de la nourriture (1). Mais nous ne croyons pas devoir compter, avec M. Dufay, trois espèces de salamandre à queue plate ; et, si on lit avec attention son mémoire, on se convaincra sans peine, d'après tout ce que nous avons dit dans cette Histoire, que les différences qu'il rapporte pour établir des diversités d'espèces, constituent tout au plus des variétés constantes (2).

Les plus grandes salamandres à queue plate n'excèdent guère la longueur de six à sept pouces. La tête est aplatie ; la langue large et courte ; la peau est dure, et répand une espèce de lait quand on la blesse. Le corps est couvert de très-petites verrues saillantes et blanchâtres : la couleur générale, plus ou moins brune sur le dos, s'éclaircit sous le ventre, et y devient d'un jaune tirant sur

---

(1) Conrad Gesner, de Quadrup. ovip., page 28.

Lettre de M. David Erskine Baker, au président de la Société royale. Transactions philosophiques, Londres, 1747, in-4°, n° 483.

(2) Mémoires de M. Dufay, dans ceux de l'Académie des Sciences, année 1729.

blanc. Elle présente de petites taches, souvent rondes, foncées, ordinairement plus brunes dans le mâle, bleuâtres, et diversement placées dans certaines variétés.

Ce qui distingue principalement le mâle, c'est une sorte de crête membraneuse et découpée, qui s'étend le long du dos, depuis le milieu de la tête jusqu'à l'extrémité de la queue, sur laquelle ordinairement les découpures s'effacent, ou deviennent moins sensibles. Le dessous de la queue est aussi garni dans toute sa longueur d'une membrane en forme de bande, placée verticalement, qui a une blancheur éclatante, et qui fait paraître plate la queue de la salamandre (1).

La femelle n'a pas de crête sur le dos, où l'on voit au contraire un enfoncement qui s'étend depuis la tête jusqu'à l'origine de la queue. Cependant lorsqu'elle est maigre, l'épine du dos forme quelquefois une petite éminence; elle a sur le bord supérieur de la queue, une sorte de crête membraneuse et entière, et le bord inférieur de cette même queue est garni de la bande très-blanche qu'on remarque dans le mâle. En général, les couleurs sont plus pâles et plus égales dans la femelle; elles sont aussi moins foncées dans les jeunes salamandres.

La salamandre à queue plate aime les eaux li-

---

(1) Cette description a été faite d'après plusieurs individus conservés au Cabinet du Roi.

moneuses, où elle se plaît à se cacher sous les pierres; on la trouve dans les vieux fossés, dans les marais, dans les étangs; on ne la rencontre presque jamais dans les eaux courantes : l'hiver, elle se retire quelquefois dans les souterrains humides.

Lorsqu'elle va à terre, elle ne marche qu'avec peine et très-lentement. Quelquefois, lorsqu'elle vient respirer au bord de l'eau, elle fait entendre un petit sifflement. Elle perd difficilement la vie, et comme elle n'est ni aussi sourde, ni aussi silencieuse que la salamandre terrestre, elle doit, à certains égards, avoir l'instinct moins borné.

Le conte ridicule qu'on a répété pendant tant de temps sur la salamandre terrestre, n'a pas été étendu jusqu'à la salamandre à queue plate. Mais, au lieu de lui attribuer le pouvoir fabuleux de vivre au milieu des flammes, on a reconnu dans cette salamandre une propriété réelle et opposée. Elle peut vivre assez long-temps, non seulement dans une eau très-froide, mais même au milieu de la glace (1). Elle est quelquefois saisie par les glaçons qui se forment dans les fossés, dans les étangs qu'elle habite; lorsque ces glaçons se fondent, elle sort de son engourdissement en même temps que sa prison se dissout, et elle reprend tous ses mouvements avec sa liberté.

On a même trouvé, pendant l'été, des sala-

____

(1) Voyez le Mémoire deja cité de M. Dufay.

mandres aquatiques renfermées dans des morceaux de glaces tirés des glacières, et où elles devaient avoir été sans mouvement et sans nourriture, depuis le moment où on avait ramassé l'eau gelée dans les marais pour en remplir ces mêmes glacières. Ce phénomène, en apparence très-surprenant, n'est qu'une suite des propriétés que nous avons reconnues dans tous les lézards et dans tous les quadrupèdes ovipares (1).

La salamandre ne mord point, à moins qu'on ne lui fasse ouvrir la bouche par force; et ses dents sont presque imperceptibles : elle se nourrit de mouches, de divers insectes qu'elle peut trouver à la surface de l'eau, du frai des grenouilles, etc. Elle est aussi herbivore; car elle mange des lenticules, ou lentilles d'eau, qui flottent sur la surface des étangs qu'elle habite.

Un des faits qui méritent le plus d'être rapportés dans l'histoire de la salamandre à queue plate, est la manière dont ses petits se développent (2); elle n'est point vivipare, comme la terrestre; elle pond, dans le mois d'avril ou de mai, des œufs qui, dans certaines variétés, sont ordinairement au nombre de vingt, forment deux cordons, et sont joints ensemble par une matière visqueuse, dont ils sont également revêtus lorsqu'ils sont détachés les uns des autres. Ils se

(1) Voyez le Discours sur la nature des Quadrupèdes ovipares.
(2) Mémoire de M. Dufay, déja cité.

chargent de cette matière gluante dans deux canaux blancs et très-plissés, qui s'étendent depuis
les pates de devant jusque vers l'origine de la
queue, un de chaque côté de l'épine du dos, et
dans lesquels ils entrent en sortant des deux
ovaires. On aperçoit, attachés aux parois de ces
ovaires, une multitude de très-petits œufs jaunâtres; ils grossissent insensiblement à l'approche
du printemps, et ceux qui sont parvenus à leur
maturité dans la saison des amours, descendent
dans les tuyaux blancs et plissés, dont nous venons de parler, et où ils doivent être fécondés (1).

Lorsqu'ils sont pondus, ils tombent au fond de
l'eau, d'où ils se relèvent quelquefois jusqu'à la
surface des marais, parce qu'il se forme, dans la
matière visqueuse qui les entoure, des bulles
d'air qui les rendent très-légers; mais ces bulles
se dissipent, et ils retombent sur la vase.

A mesure qu'ils grossissent, l'on distingue au
travers de la matière visqueuse, et de la membrane transparente qui en est enduite, la petite
salamandre repliée dans la liqueur que contient
cette membrane. Cet embryon s'y développe insensiblement; bientôt il s'y meut, et s'y retourne
avec une très-grande agilité; et enfin au bout de
huit ou dix jours, suivant la chaleur du climat et
celle de la saison, il déchire, par de petits coups

---

(1) OEuvres de M. l'abbé Spallanzani, traduction de M. Sennebier,
vol. III , page 60.

réitérés, la membrane qui est, pour ainsi dire, la coque de son œuf (1).

Lorsque la jeune salamandre aquatique vient d'éclore, elle a, ainsi que les grenouilles, un peu de conformité avec les poissons. Pendant que ses pates sont encore très-courtes, on voit de chaque côté, un peu au-dessus de ses pieds de devant, de petites houppes frangées, qui se tiennent droites dans l'eau, qu'on a comparées à de petites nageoires, et qui ressemblent assez à une plume garnie de barbes. Ces houppes tiennent à des espèces de demi-anneaux cartilagineux et dentelés, au nombre de quatre de chaque côté, et qui sont analogues à l'organe des poissons, que l'on a appelé *ouïes*. Ils communiquent tous à la même cavité; ils sont séparés les uns des autres, et recouverts de chaque côté par un panneau qui laisse passer les houppes frangées. A mesure que l'animal grandit, ces espèces d'aigrettes diminuent et disparaissent; les panneaux s'attachent à la peau sans laisser d'ouverture; les demi-anneaux se réunissent par une membrane cartilagineuse, et la salamandre perd l'organe particulier qu'elle avait étant jeune. Il paraît qu'elle s'en sert, comme les poissons des *ouïes*, pour filtrer l'air que l'eau peut contenir, puisque

(1) C'est cette membrane que M. l'abbé Spallanzani a appelée l'*amnios* de la jeune salamandre, ce grand observateur ne voulant pas regarder les salamandres aquatiques comme venant d'un véritable œuf. Voyez l'ouvrage déja cité de ce naturaliste.

quand elle en est privée, elle vient plus souvent respirer à la surface des étangs.

Nous avons vu que les lézards changent de peau une ou deux fois dans l'année : la salamandre aquatique éprouve dans sa peau des changements bien plus fréquents ; et en ceci elle a un nouveau rapport avec les grenouilles, qui se dépouillent très-souvent, ainsi que nous le verrons. Étant douée de plus d'activité dans l'été, et même dans le printemps, elle doit consommer et réparer en moins de temps une plus grande quantité de forces et de substance ; elle quitte alors sa peau tous les quatre ou cinq jours, suivant certains auteurs (1), et tous les quinze jours ou trois semaines, suivant d'autres naturalistes (2), dont l'observation doit être aussi exacte que celle des premiers, la fréquence des dépouillements de la salamandre à queue plate devant tenir à la température, à la nature des aliments, et à plusieurs autres causes accidentelles.

Un ou deux jours avant que l'animal change de peau, il est plus paresseux qu'à l'ordinaire. Il ne paraît faire aucune attention aux vers et aux insectes qui peuvent être à sa portée, et qu'il avale avec avidité dans tout autre temps. Sa peau est comme détachée du corps en plusieurs endroits, et sa couleur se ternit. L'animal se sert

---

(1) M. Dufay, Mémoire déja cité.

(2) Lettre de M. Baker déja citée.

de ses pieds de devant pour faire une ouverture à sa peau, autour de ses mâchoires; il la repousse ensuite successivement au-dessus de sa tête, jusqu'à ce qu'il puisse dégager ses deux pates, qu'il retire l'une après l'autre. Il continue de la rejeter en arrière, aussi loin que ses pates de devant peuvent atteindre; mais il est obligé de se frotter contre les pierres et les graviers, pour sortir à demi de sa vieille enveloppe, qui bientôt est retournée, et couvre le derrière du corps et la queue. La salamandre aquatique saisissant alors sa peau avec sa gueule, et en dégageant l'une après l'autre les pates de derrière, achève de se dépouiller.

Si l'on examine la vieille peau, on la trouve tournée à l'envers, mais elle n'est déchirée en aucun endroit. La partie qui revêtait les pates de derrière, paraît comme un gant retourné, dont les doigts sont entiers et bien marqués; celle qui couvrait les pates de devant est renfermée dans l'espèce de sac que forme la dépouille; mais on ne retrouve pas la partie de la peau qui recouvrait les yeux, comme dans la vieille enveloppe de plusieurs espèces de serpents : on voit deux trous à la place, ce qui prouve que les yeux de la salamandre ne se dépouillent pas. Après cette opération, qui dure ordinairement une heure et demie, la salamandre aquatique paraît pleine de vigueur, et sa peau est lisse et très-colorée. Au reste, il est facile d'observer toutes les circon-

stances du dépouillement des salamandres aquatiques, qui a été très-bien décrit par M. Baker (1),
en regardant ces lézards dans des vases de verre
remplis d'eau.

M. Dufay a vu sortir par l'anus de quelques
salamandres, une espèce de tube rond, d'environ
une ligne de diamètre, et long à-peu-près comme
le corps de l'animal. La salamandre était un jour
entier à s'en délivrer, quoiqu'elle le tirât souvent
avec les pates et avec la gueule. Cette membrane,
vue au microscope, paraissait parsemée de petits
trous ronds, disposés très-régulièrement; l'un des
bouts contenait un petit os pointu, assez dur,
que la membrane entourait, et auquel elle était
attachée; l'autre bout présentait deux petits bou-
quets de poils, qui paraissaient au microscope
revêtus de petites franges, et qui sortaient par
deux trous voisins l'un de l'autre. Il me semble
que M. Dufay a conjecturé avec raison, que cette
membrane pouvait être la dépouille de quelque
viscère qui avait éprouvé, ainsi que l'a pensé
l'historien de l'Académie, une altération semblable
à celle que l'on observe tous les ans dans l'estomac des crustacées (2).

On trouve souvent la légère dépouille de la
salamandre aquatique flottante sur la surface des
marais; l'hiver sa peau éprouve, dans nos contrées,

______

(1) Voyez, dans les Transactions philosophiques, la lettre déja citée.
(2) Mémoires de l'Académie des Sciences, année 1703.

des altérations moins fréquentes; et ce n'est guère que tous les quinze jours, que cette salamandre quitte son enveloppe pour en reprendre une nouvelle; ayant moins de force pendant la saison du froid, il n'est pas surprenant que les changements qu'elle subit soient moins prompts, et par conséquent moins souvent répétés. Mais il suffit qu'elle quitte sa peau plus d'une fois pendant l'hiver, à des latitudes assez hautes, et par conséquent qu'elle y en refasse une nouvelle pendant cette saison rigoureuse, pour qu'on doive dire que la plupart des salamandres à queue plate ne s'engourdissent pas toujours pendant les grands froids de nos climats, et que, par une suite de la température un peu plus douce qu'elles peuvent trouver auprès des fontaines, et dans les différents abris qu'elles choisissent, il leur reste assez de mouvement intérieur, et de chaleur dans le sang, pour réparer, par de nouvelles productions, la perte des anciennes.

L'on ne doit pas être étonné que cette reproduction de la peau des salamandres à queue plate ait lieu si fréquemment. L'élément qu'elles habitent ne doit-il pas en effet ramollir leur peau, et contribuer à l'altérer?

M. Dufay dit, dans le mémoire dont nous avons déjà parlé, que quelquefois les salamandres aquatiques ne pouvant pas dépouiller entièrement une de leurs pates, la portion de peau qui y reste se corrompt et pourrit la pate, qui tombe en entier sans que l'animal en meure. Elles sont très-sujettes, suivant lui, à perdre ainsi quelques-uns de leurs doigts; et ces accidents arrivent plus souvent aux pates de devant qu'à celles de derrière.

L'accouplement des salamandres aquatiques ne se fait point ainsi que celui des tortues, et du plus grand nombre de lézards; il a lieu sans aucune intromission, comme celui des grenouilles(1); la liqueur prolifique parvient cependant jusques aux canaux dans lesquels entrent les œufs en sortant des ovaires de la femelle (2), de même qu'elle y pénètre dans les lézards. Les salamandres à queue plate réunissent donc les lézards et les grenouilles, par la manière dont elles se multiplient, ainsi que par leurs autres habitudes et leur conformation. Il arrive souvent que cet accouplement des salamandres à queue plate est précédé par une poursuite répétée plusieurs fois, et mêlée à une sorte de jeu. On dirait alors qu'elles tendent à augmenter les plaisirs de la jouissance par ceux de la recherche, et qu'elles connaissent la volupté des désirs. Elles préludent par de légères caresses à une union plus intime. Elles semblent s'éviter d'abord, pour avoir plus de plaisir à se rapprocher; et lorsque dans les beaux jours du printemps la nature allume le feu de l'amour, même au milieu des eaux, et que les êtres les plus froids

---

(1) OEuvres de M. l'abbé Spallanzani, traduction de M. Sennebier, vol. III, page 56.
(2) M. l'abbé Spallanzani, ouvrage déja cité.

ne peuvent se garantir de sa flamme, on voit quelquefois sur la vase couverte d'eau, qui borde les étangs, le mâle de la salamandre, pénétré de l'ardeur vivifiante de la saison nouvelle, chercher avec empressement sa femelle, jouer, courir avec elle, tantôt la poursuivre avec amour, tantôt la précéder, et lui fermer ensuite le passage, redresser sa crête, courber son corps, relever son dos, et former ainsi une espèce d'arcade, sous laquelle la femelle passe en courant comme pour lui échapper. Le mâle la poursuit; elle s'arrête : il la regarde fixement; il s'approche de très-près; il reprend la même posture; la femelle repasse sous l'espèce d'arcade qu'il forme, s'enfuit de nouveau pour s'arrêter encore. Ces jeux amoureux plusieurs fois répétés, se changent enfin en étroites caresses. La femelle, comme lassée d'échapper si souvent, s'arrête pour ne plus s'enfuir; le mâle se place à côté d'elle, approche sa tête, et éloigne son corps souvent jusqu'à un pouce de distance. Sa crête flotte nonchalamment; son anus est très-ouvert; il frappe de temps en temps sa compagne de sa queue, il se renverse même sur elle; mais reprenant sa première position, c'est alors que, malgré la petite distance qui les sépare, il lance la liqueur prolifique, et les vues de la nature sont remplies, sans qu'il y ait entre eux aucune union intime et immédiate. Cette liqueur active atteint la femelle qui devient immobile, et elle donne à l'eau une légère couleur bleuâtre : bientôt le mâle se réveille d'une espèce d'engourdissement dans lequel il était tombé ; il recommence ses caresses, lance une nouvelle liqueur, achève de féconder sa femelle, et se sépare d'elle (1).

Mais, loin de l'abandonner, il s'en rapproche souvent, jusqu'à ce que tous les œufs contenus dans les ovaires, et parvenus à l'état de grosseur convenable, soient entrés dans les canaux, où ils se chargent d'une humeur visqueuse, et qu'ils aient pu être tous fécondés. Ce temps d'amour et de jouissances dure plus ou moins, suivant la température, et quelquefois il est de trente jours (2).

Matthiole dit que, de son temps, on employait dans les pharmacies les salamandres aquatiques à la place des scinques d'Égypte, mais qu'elles ne devaient pas produire les mêmes effets (3).

Les salamandres aquatiques jetées sur du sel en poudre, y périssent comme les salamandres terrestres. Elles expriment de toutes les parties de leur corps le suc laiteux dont nous avons parlé. Elles tombent dans des convulsions, se roulent, et expirent au bout de trois minutes (4). Il paraît, d'après les expériences de M. Laurenti, qu'elles ne sont point venimeuses comme l'ont dit les anciens, et qu'elles ne sont dangereuses, ainsi que

---

(1) Observations faites par M. Demours, de l'Académie royale des Sciences.

(2) M. l'abbé Spallanzani, ouvrage déja cité.

(3) Matthiole, diosc.

(4) Mémoire de M. Dufay, déja cité.

la salamandre terrestre, que pour les petits lézards (1).

Les viscères de la salamandre aquatique ont été
fort bien décrits par M. Dufay.

Elle habite dans presque toutes les contrées,
non seulement de l'Asie et de l'Afrique (2), mais
encore du nouveau Continent. Elle ne craint même
pas la température des pays septentrionaux, puisqu'on la rencontre en Suède, où son séjour au
milieu des eaux doit la garantir des effets d'un
froid excessif. On aurait donc pu lui donner le
nom de lézard commun, ainsi qu'on l'a donné au
lézard gris, et à un autre lézard désigné sous le
nom de *Lézard vulgaire*, par Linnée (3), et qui
ne nous paraît être tout au plus qu'une variété
de la salamandre à queue - plate. Mais ce lézard,
que Linnée a nommé *Lézard vulgaire*, n'est pas
le seul que nous croyons devoir rapporter à la
Queue-plate. Le *Lézard aquatique*, du même naturaliste (4), nous paraît être aussi de la même
espèce. En effet, tous les caractères qu'il attribue
à ces deux lézards se retrouvent dans les variétés
de la salamandre à queue plate, tant mâle que
femelle, ainsi que nous nous en sommes assurés
en examinant les divers individus conservés au
Cabinet du Roi. On pourrait dire seulement que

---

(1) Laurenti specimen medicum.
(2) Jobi Ludolphi Æthopica.
(3) *Lacerta vulgaris*, 42. Linn., Amph. rept.
(4) *Lacerta aquatica*, 43, Linn., Amphib rept.

l'expression de cylindrique (*teres et teretiuscula*)
que Linnée emploie pour désigner la queue du
Lézard vulgaire, et celle du *Lézard aquatique*,
ne peut pas convenir à la *Salamandre à queue
plate*. Mais il est aisé de répondre à cette objec-
tion. 1° Il paraît que Linnée n'avait pas vu le
Lézard aquatique, et Gronovius, qu'il cite relativement à ce lézard, dit que cet animal est presque
entièrement semblable à celui que nous nommons
Queue-plate (1) ; il ajoute que la queue est un
peu épaisse et presque carrée. 2° La figure de Séba,
citée par Linnée, représente évidemment la *Queue-
plate* (2). D'ailleurs il y a plusieurs individus femelles dans l'espèce qui fait le sujet de cet article,
dont la queue paraît ronde, parce que les membranes qui la garnissent par dessus et par dessous
sont très-peu sensibles. Plusieurs mâles, lorsqu'ils
sont très-jeunes, manquent presque absolument
de ces membranes, et leur queue est comme cylindrique (3). A l'égard de la queue du lézard
vulgaire, Linnée ne renvoie qu'à Rai, qui, à la
vérité, distingue aussi ce lézard d'avec notre salamandre, mais dont cependant le texte convient
entièrement à cette dernière. Nous devons ajouter
que toutes les habitudes attribuées à ces deux
prétendues espèces de lézards, sont celles de notre
salamandre à queue plate. Tout concourt donc à

---

(1) Gronovius, musæum 2, page 78, n° 52.

(2) Séba, mus. 2. Tab. 12, fig. 7. *Salamandra ceylanica.*

(3) Mémoire déjà cité de M. Dufay.

prouver qu'elles n'en sont que des variétés, et ce qui achève de le montrer, c'est que Gronovius lui-même a trouvé une grande ressemblance entre notre salamandre et le lézard aquatique, et qu'enfin l'article et la figure de Gesner que Linnée a rapportés à ce prétendu lézard aquatique, ne peuvent convenir qu'à notre salamandre femelle.

C'est donc la femelle de notre salamandre à queue plate qui, très-différente en effet du mâle, ainsi que nous l'avons vu, aura été nommée lézard aquatique par Linnée, et regardée comme une espèce distincte par ce grand naturaliste, ainsi que par Gronovius. Quelques différences dans les couleurs de cette femelle, auront même fait croire à quelques naturalistes, et particulièrement à Petiver (1), qu'ils avaient reconnu le mâle et la femelle, ce qui aura confirmé l'erreur. Quelque autre variété dans ces mêmes couleurs ou dans la taille, aura fait établir une troisième espèce sous le nom de lézard vulgaire. Mais ce lézard vulgaire et ce lézard aquatique, ne sont que la même espèce, ainsi que Linnée lui-même l'avait soupçonné, puisqu'il se demande (2), si le dernier de ces animaux n'est pas le premier dans son jeune âge; et ces deux lézards ne sont que la femelle de notre salamandre, ce qui est mis hors de doute par les descriptions auxquelles Linnée renvoie, ainsi que par les figures qu'il cite, et surtout par celles

---

(1) Petiver, musæum. 18, n° 113.
(2) Systema naturæ, amphib. rept., editio 13.

de Séba (1) et de Gesner (2). Au reste, nous n'avons adopté l'opinion que nous exposons ici, qu'après avoir examiné un grand nombre de salamandres à queue plate, et comparé plusieurs variétés de cette espèce.

C'est peut-être à la salamandre à queue-plate qu'appartient l'animal aquatique, connu en Amérique, et particulièrement dans la Nouvelle-Espagne, sous le nom mexicain d'*Axolotl* (3), et sous le nom espagnol d'*Inguete de Agua*. Il a été pris pour un poisson, quoiqu'il ait quatre pates; mais nous avons vu que le scinque avait été regardé aussi comme un poisson, parce qu'il habite les eaux. L'axolotl a, dit-on, la peau fort unie, parsemée sous le ventre de petites taches, dont la grandeur diminue depuis le milieu du corps, jusqu'à la queue. Sa longueur et sa grosseur sont à-peu-près celles de la salamandre à queue-plate; ses pieds sont divisés en quatre doigts, *comme dans les grenouilles*, ce qui peut faire présumer que le cinquième doigt ne manque qu'aux pieds de devant, ainsi que dans ces mêmes grenouilles et dans la plupart des salamandres. Il a la tête grosse en proportion du corps, la gueule noire

____

(1) Séba, mus. 2, tab. 12, fig. 7.

(2) Gesner, de Quadr. ovip. *Lacertus aquaticus.*

(3) L'*Axolotl* est un animal très-différent des Salamandres aquatiques ou Tritons; c'est le *Siren pisciformis* de Shaw. M. Cuvier en a donné une description complète dans le Recueil d'*Observations zoologiques* de M. de Humboldt. DESM. 1827.

et presque toujours ouverte. On a débité un conte ridicule au sujet de ce lézard. On a prétendu que la femelle était sujette, comme les femmes, à un écoulement périodique. Cette erreur pourrait venir de ce qu'on l'a confondu avec les salamandres terrestres, qui mettent bas des petits tout formés. Et peut-être même appartient-il aux salamandres terrestres plutôt qu'aux aquatiques. Au reste, on dit que sa chair est bonne à manger et d'un goût qui approche de celui de l'anguille (1). Si cela était, il devrait former une espèce particulière, ou plutôt, on pourrait croire qu'on n'aurait vu à la place de ce prétendu lézard, qu'une grenouille qui n'était pas encore développée, et qui avait sa queue de têtard. C'est à l'observation à éclaircir ces doutes.

LA PONCTUÉE[2].

Salamandra punctata, Latr., Merr.; *Lacerta punctata*, Linn.; *Salamandra venenosa*, Daud.

ON trouve, dans la Caroline, une salamandre que nous appelons la Ponctuée, à cause de deux

(1) Voyez la description de la Nouvelle-Espagne, Histoire générale des Voyages, troisième partie, livre V.

(2) Le Ponctué. M. Daubenton, Encyclopédie méthodique.
Lacerta punctata, 45. Linn., Amphib. rept.
Catesby, Carolin. 3, p. 10, tab. 10, fig. 10. *Stellio.*

rangées de points blancs, qui varient la couleur sombre de son dos, et qui se réunissent en un seul rang. Ce lézard n'a que quatre doigts aux pieds de devant; tous ses doigts sont sans ongles, et sa queue est cylindrique.

LA QUATRE-RAIES [1].

Gymnophthalmus quadrilineatus, Merr.; *Salamandra? quadrilineata*, Latr. (2); *Scincus quadrilineatus*, Daud.

On rencontre, dans l'Amérique septentrionale, une salamandre dont le dessus du corps présente quatre lignes jaunes. L'algire a également quatre lignes jaunes sur le dos; mais on ne peut pas les confondre, parce que ce dernier a cinq doigts aux pieds de devant, et que la quatre-raies n'en a que quatre. La queue de la quatre-raies est longue et cylindrique : on remarque quelque apparence d'ongles au bout des doigts.

(1) Le Rayé. M. Daubenton, Encylopédie méthodique.
Lacerta 4 lineata, 46. Linn., Amphib. rept.
(2) Ce reptile ayant quelque apparence d'ongles, n'appartient certainement pas au genre Salamandre; il se rapproche des Lézards.

DESM. 1827.

LE SARROUBÉ.

Gekko tetradactylus, Merr.; *Stellio tetradactylus*, Schneid.; *Salamandra Sarube*, Bonn.; genre Sarruba, Fitz.

Nous devons entièrement la connaissance de cette nouvelle espèce de salamandre à M. Bruguière, de la Société royale de Montpellier, qui nous a communiqué la description qu'il en a faite, et ce qu'il a observé touchant cet animal dans l'île de Madagascar, où il l'a vu vivant, et où on le trouve en grand nombre. Aucun voyageur ni naturaliste n'ont encore fait mention de cette salamandre; elle est d'autant plus remarquable, qu'elle est plus grande que toutes celles que nous venons de décrire. Elle a d'ailleurs des écailles très-apparentes; et ses doigts sont garnis d'ongles, au lieu que, dans les quatre salamandres dont nous venons de parler, la peau ne présente que des mamelons à la place d'écailles sensibles, et ce n'est que dans la *Quatre-Raies* qu'on aperçoit quelque apparence d'ongle. Nous plaçons cependant le sarroubé à la suite de ces quatre salamandres, attendu qu'il n'a que quatre doigts aux pieds de devant, et qu'il présente par-là le caractère distinctif d'après lequel nous avons formé la division dans laquelle ces salamandres sont comprises.

Le sarroubé a ordinairement un pied de longueur totale ; son dos est couvert d'une peau brillante et grenue, qui ressemble au *Galuchat* ; elle est jaune et tigrée de vert ; un double rang d'écailles d'un jaune clair garnit le dessus du cou qui est très-large ; la tête est plate et allongée ; les mâchoires sont grandes, et s'étendent jusqu'au-delà des oreilles ; elles sont sans dents, mais crénelées ; la langue est enduite d'une humeur visqueuse, qui retient les petits insectes dont le sarroubé fait sa proie. Les yeux sont gros ; l'iris est ovale et fendu verticalement. La peau du ventre est couverte de petites écailles rondes et jaunes ; les bouts des doigts sont garnis de chaque côté d'une petite membrane, et par dessous d'un ongle crochu, placé entre un double rang d'écailles, qui se recouvrent comme les ardoises des toits, ainsi que dans le lézard à tête-plate, qui vit aussi à Madagascar, et avec lequel le sarroubé a de très-grands rapports. Ces deux derniers lézards se ressemblent encore, en ce qu'ils ont tous les deux la queue plate et ovale ; mais ils diffèrent l'un de l'autre, en ce que le sarroubé n'a point la membrane frangée qui s'étend tout autour du corps du lézard à tête-plate ; et d'ailleurs il n'a que quatre doigts aux pieds de devant, ainsi que nous l'avons dit.

Le nom de Sarroubé qui lui a été donné par

les habitants de Madagascar, paraît à M. Bruguière
dérivé du mot de leur langue *sarrout*, qui signifie *colère*. Ces mêmes habitants redoutent le
sarroubé autant que le lézard à tête-plate ; mais
M. Bruguière pense que c'est un animal très-
innocent, et qui n'a aucun moyen de nuire. Il
paraît craindre la trop grande chaleur ; on le rencontre plus souvent pendant la pluie que pendant
un temps sec ; et les Nègres de Madagascar dirent
à M. Bruguière qu'on le trouvait en bien plus
grand nombre dans les bois pendant la nuit que
pendant le jour.

LA TROIS-DOIGTS.

Molge tridactylus, Merr.; *Salamandra tridactyla*, Daud., Latr.

Nous nommons ainsi une nouvelle espèce de
salamandre, dont aucun auteur n'a encore parlé,
et qu'il est très-aisé de distinguer des autres par
plusieurs caractères remarquables. Elle n'est point
dépourvue de côtes, ainsi que les autres salamandres : elle n'a que trois doigts aux pieds de
devant, et quatre doigts aux pieds de derrière ;
sa tête est aplatie et arrondie par devant ; la queue
est déliée, plus longue que la tête et le corps ; et
l'animal la replie facilement. C'est à M. le comte

de Mailli, marquis de Nesle, que nous devons la connaissance de cette nouvelle espèce de salamandre, dont il a trouvé un individu sur le cratère même du Vésuve, environné des laves brûlantes que jette ce volcan. C'est une place remarquable pour une salamandre qu'un endroit entouré de matières ardentes vomies par un volcan; beaucoup de gens pourraient même regarder la proximité de ces matières comme une preuve du pouvoir de résister aux flammes, que l'on a attribué aux salamandres : nous n'y voyons cependant que la suite de quelque accident et de quelques circonstances particulières qui auront entraîné l'individu trouvé par M. le marquis de Nesle, auprès des laves enflammées du Vésuve. Leur ardeur aurait bientôt consumé la salamandre à trois-doigts, ainsi que tout autre animal, si elle n'avait pas été prise avant d'être exposée de trop près ou pendant trop long-temps à l'action de ces matières volcaniques, dont la chaleur éloignée aura nui d'autant moins à cette salamandre, que tous les quadrupèdes ovipares se plaisent au milieu de la température brûlante des contrées de la zone torride.

M. le marquis de Nesle a bien voulu nous envoyer la salamandre à trois-doigts qu'il a rencontrée sur le Vésuve; et nous saisissons cette occasion de lui témoigner notre reconnaissance pour les services qu'il rend journellement à l'Histoire naturelle. L'individu, apporté d'Italie par cet illustre amateur, était d'une couleur brune foncée, mêlée de roux sur la tête, les pieds, la queue et le dessous du corps. Il était desséché au point qu'on pouvait facilement compter au travers de la peau les vertèbres et les côtes; la tête avait trois lignes de longueur, le corps neuf lignes, et la queue seize lignes et demie.

DES QUADRUPÈDES

OVIPARES

QUI N'ONT POINT DE QUEUE.

Il ne nous reste, pour compléter l'Histoire des Quadrupèdes ovipares, qu'à parler de ceux de ces animaux qui n'ont point de queue. Le défaut de cette partie est un caractère constant et très-sensible, d'après lequel il est aisé de séparer cette seconde classe d'avec la première, dans laquelle nous avons compris les tortues et les lézards, qui tous ont une queue plus ou moins longue. Mais, indépendamment de cette différence, les quadrupèdes ovipares sans queue présentent des caractères d'après lesquels il est facile de les distinguer. Leur grandeur est toujours très-limitée en comparaison de celle de plusieurs lézards ou tortues : la longueur des plus grands n'excède guère huit ou dix pouces ; leur corps n'est point couvert d'écailles ; leur peau, plus ou moins dure, est garnie de verrues ou de tubercules, et enduite d'une humeur visqueuse.

La plupart n'ont que quatre doigts aux pieds de devant, et par ce caractère se lient avec les salamandres. Quelques-uns, au lieu de n'avoir que cinq doigts aux pieds de derrière comme le plus grand nombre des lézards, en ont six plus ou moins marqués : les doigts tant des pates de devant que de celles de derrière, sont séparés dans plusieurs de ces quadrupèdes ovipares, et réunis dans d'autres par une membrane, comme ceux des oiseaux à pieds palmés, tels que les oies, les canards, les mouettes, etc. Les pates de derrière sont, dans tous les quadrupèdes ovipares sans queue, beaucoup plus longues que celles de devant. Aussi ces animaux ne marchent-ils point, ne s'avancent jamais que par sauts, et ne se servent de leurs pates de derrière que comme d'un ressort qu'ils plient et qu'ils laissent se débander ensuite pour s'élancer à une distance et à une hauteur plus ou moins grandes. Ces pates de derrière sont remarquables, en ce que le tarse est presque toujours aussi long que la jambe proprement dite.

Tous les animaux, qui composent cette classe, ont d'ailleurs une charpente osseuse bien plus simple que ceux dont nous venons de parler. Ils n'ont point de côtes, non plus que la plupart des salamandres; ils n'ont pas même de vertèbres cervicales, ou du moins ils n'en ont qu'une ou deux; leur tête est attachée presque immédiatement au corps comme dans les poissons avec lesquels ils ont aussi de grands rapports par leurs habitudes, et surtout par la manière dont ils se multiplient (1). Ils n'ont aucun organe extérieur propre à la génération ; les fœtus ne sont pas fécondés dans le corps de la femelle ; mais à mesure qu'elle pond ses œufs, le mâle les arrose de sa liqueur prolifique, qu'il lance par l'anus : les petits paraissent pendant long-temps sous une espèce d'enveloppe étrangère, sous une forme particulière, à laquelle on a donné le nom de *Têtard*, et qui ressemble plus ou moins à celle des poissons ; et ce n'est qu'à mesure qu'ils se développent, qu'ils acquièrent la véritable forme de leur espèce.

Tels sont les faits généraux communs à tous les quadrupèdes ovipares sans queue. Mais, si on les examine de plus près, on verra qu'ils forment trois troupes bien distinctes, tant par leurs habitudes que par leur conformation.

Les premiers ont le corps allongé, ainsi que la tête ; l'un ou l'autre anguleux, et relevé en arêtes longitudinales ; le bas du ventre presque toujours délié, et les pates très-longues. Le plus souvent la longueur de celles de devant est double du diamètre du corps vers la poitrine ; et celles de derrière sont au moins de la longueur de la tête et du corps. Ils présentent des proportions agréables ; ils sautent avec agilité ; bien loin de craindre

---

(1) Les quadrupèdes ovipares sans queue manquent de vessie proprement dite, de même que les lézards, le vaisseau qui contient leur urine, différant des vessies proprement dites, non seulement par sa forme et par sa grandeur, mais encore par sa position, ainsi que par le nombre et la nature des canaux avec lesquels il communique.

la lumière du jour, ils aiment à s'imbiber des rayons du soleil.

Les seconds, plus petits en général que les premiers, et plus sveltes dans leurs proportions, ont leurs doigts garnis de petites pelotes visqueuses, à l'aide desquelles ils s'attachent, même sur la face inférieure des corps les plus polis. Pouvant d'ailleurs s'élancer avec beaucoup de force, ils poursuivent les insectes avec vivacité jusque sur les branches et les feuilles des arbres.

Les troisièmes ont, au contraire, le corps presque rond, la tête très-convexe, les pates de devant très-courtes; celles de derrière n'égalent pas quelquefois la longueur du corps et de la tête; ils ne s'élancent qu'avec peine; bien loin de rechercher les rayons du soleil, ils fuient toute lumière; et ce n'est que lorsque la nuit est venue qu'ils sortent de leur trou pour aller chercher leur proie. Leurs yeux sont aussi beaucoup mieux conformés que ceux des autres quadrupèdes ovipares sans queue, pour recevoir la plus faible clarté; et lorsqu'on les porte au grand jour, leur prunelle se contracte, et ne présente qu'une fente allongée. Ils diffèrent donc autant des premiers et des seconds, que les hiboux et les chouettes diffèrent des oiseaux de jour.

Nous avons donc cru devoir former trois genres différents des quadrupèdes ovipares sans queue.

Dans le premier, qui renferme la grenouille commune, nous plaçons douze espèces, qui toutes ont la tête et le corps allongés, et l'un ou l'autre anguleux.

Nous comprenons dans le second genre la petite grenouille d'arbre, connue, en France, sous le nom de *Raine* ou de *Rainette*, et six autres espèces qu'il sera aisé de distinguer par les pelotes visqueuses de leurs doigts.

Nous composons enfin le troisième genre, dans lequel se trouve le crapaud commun, de quatorze espèces, dont le corps ni la tête ne sont relevés en arêtes saillantes.

Ces trente-trois espèces, qui forment les trois genres des *Grenouilles*, des *Raines*, et des *Crapauds*, sont les seules que nous comptions dans la classe des quadrupèdes ovipares sans queue, et auxquelles nous avons cru, d'après la comparaison exacte des descriptions des auteurs, ainsi que d'après les individus conservés au Cabinet du Roi, devoir réduire toutes celles dont les naturalistes et les voyageurs ont fait mention.

QUADRUPÈDES OVIPARES SANS QUEUE, DONT LA TÊTE ET LE CORPS
SONT ALLONGÉS, ET L'UN OU L'AUTRE ANGULEUX.

GRENOUILLES.

LA GRENOUILLE COMMUNE[1].

Rana esculenta, Linn., Laur., Schneid., Latr., Merr.,
Cuv., Fitz.

C'EST un grand malheur qu'une grande ressemblance avec des êtres ignobles! Les grenouilles
communes sont en apparence si conformes aux
crapauds, qu'on ne peut aisément se représenter
les unes, sans penser aux autres; on est tenté de
les comprendre tous dans la disgrace à laquelle

(1) En grec, Βάτραχος ἕλειος.
La Grenouille mangeable. M. Daubenton, Encyclopédie méthodique.
Rana esculenta, 15. Linn., Amphib. rept.
Gesner, de Quadr. ovip., 41. *Rana aquatica.*
Roës. Ran., p. 51, t. 13. *Rana viridis aquatica.*
Rana esculenta, Laurenti specimen medicum.
Rana, Scotia illustrata, Edimburgi, 1684.
Rana esculenta, Wulff, Ichthyologia, cum amphib. regni Borussici.
Rana esculenta, British Zoology, volume III, Londres, 1776.

les crapauds ont été condamnés, et de rapporter aux premières les habitudes basses, les qualités dégoûtantes, les propriétés dangereuses des seconds. Nous aurons peut-être bien de la peine à donner à la grenouille commune la place qu'elle doit occuper dans l'esprit des lecteurs, comme dans la nature : mais il n'en est pas moins vrai que s'il n'avait point existé de crapauds, si l'on n'avait jamais eu devant les yeux ce vilain objet de comparaison qui enlaidit par sa ressemblance, autant qu'il salit par son approche, la grenouille nous paraîtrait aussi agréable par sa conformation, que distinguée par ses qualités, et intéressante par les phénomènes qu'elle présente dans les diverses époques de sa vie. Nous la verrions comme un animal utile dont nous n'avons rien à craindre, dont l'instinct est épuré, et qui joignant à une forme svelte des membres déliés et souples, est parée des couleurs qui plaisent le plus à la vue, et présente des nuances d'autant plus vives, qu'une humeur visqueuse enduit sa peau, et lui sert de vernis.

Lorsque les grenouilles communes sont hors de l'eau, bien loin d'avoir la face contre terre, et d'être bassement accroupies dans la fange comme les crapauds, elles ne vont que par sauts très-élevés ; leurs pates de derrière, en se pliant et en se débandant ensuite, leur servent de ressorts ; et elles y ont assez de force pour s'élancer souvent jusqu'à la hauteur de quelques pieds.

On dirait qu'elles cherchent l'élément de l'air comme le plus pur ; et lorsqu'elles se reposent à terre, c'est toujours la tête haute, leur corps relevé sur les pates de devant, et appuyé sur les pates de derrière, ce qui leur donne bien plutôt l'attitude droite d'un animal dont l'instinct a une certaine noblesse, que la position basse et horizontale d'un vil reptile.

La grenouille commune est si élastique et si sensible dans tous ses points, qu'on ne peut la toucher, et surtout la prendre par ses pates de derrière, sans que tout de suite son dos se courbe avec vitesse, et que toute sa surface montre, pour ainsi dire, les mouvements prompts d'un animal agile, qui cherche à s'échapper.

Son museau se termine en pointe ; les yeux sont gros, brillants et entourés d'un cercle couleur d'or ; les oreilles placées derrière les yeux, et recouvertes par une membrane ; les narines vers le sommet du museau, et la bouche est grande et sans dents ; le corps, rétréci par derrière, présente sur le dos des tubercules et des aspérités. Ces tubercules que nous avons remarqués si souvent sur les quadrupèdes ovipares, se trouvent donc non seulement sur les crocodiles et les très-grands lézards dont ils consolident les dures écailles, mais encore sur des quadrupèdes faibles, bien plus petits, qui ne présentent qu'une peau tendre, et n'ont pour défense que l'élément qu'ils habitent, et l'asile où ils vont se réfugier.

Le dessus du corps de la grenouille commune est d'un vert plus ou moins foncé ; le dessous est blanc : ces deux couleurs qui s'accordent très-bien, et forment un assortiment élégant, sont relevées par trois raies jaunes qui s'étendent le long du dos ; les deux des côtés forment une saillie, et celle du milieu présente au contraire une espèce de sillon. A ces couleurs jaune, verte et blanche, se mêlent des taches noires sur la partie inférieure du ventre ; et à mesure que l'animal grandit, ces taches s'étendent sur tout le dessous du corps, et même sur sa partie supérieure. Qu'est-ce qui pourrait donc faire regarder avec peine un être dont la taille est légère, le mouvement preste, l'attitude gracieuse ? Ne nous interdisons pas un plaisir de plus ; et, lorsque nous errons dans nos belles campagnes, ne soyons pas fâchés de voir les rives des ruisseaux embellies par les couleurs de ces animaux innocents, et animées par leurs sauts vifs et légers : contemplons leurs petites manœuvres ; suivons-les des yeux au milieu des étangs paisibles dont ils diminuent si souvent la solitude sans en troubler le calme ; voyons-les montrer sous les nappes d'eau les couleurs les plus agréables, fendre en nageant ces eaux tranquilles, souvent même sans en rider la surface, et présenter les douces teintes que donne la transparence des eaux.

Les grenouilles communes ont quatre doigts aux pieds de devant, comme la plupart des salamandres; les doigts des pieds de derrière sont au nombre de cinq, et réunis par une membrane; dans les quatre pieds, le doigt intérieur est écarté des autres, et le plus gros de tous.

Elles varient par la grandeur, suivant les pays qu'elles habitent, la nourriture qu'elles trouvent, la chaleur qu'elles éprouvent, etc. Dans les zones tempérées, la longueur ordinaire de ces animaux est de deux à trois pouces, depuis le museau jusqu'à l'anus. Les pates de derrière ont quatre pouces de longueur quand elles sont étendues, et celles de devant environ un pouce et demi.

Il n'y a qu'un ventricule dans le cœur de la grenouille commune, ainsi que dans celui des autres quadrupèdes ovipares; lorsque ce viscère a été arraché du corps de la grenouille, il conserve son battement pendant sept ou huit minutes, et même pendant plusieurs heures, suivant M. de Haller. Le mouvement du sang est inégal dans les grenouilles; il est poussé goutte à goutte, et à de fréquentes reprises; et lorsque ces animaux sont jeunes, ils ouvrent et ferment la bouche et les yeux à chaque fois que leur cœur bat. Les deux lobes des poumons sont composés d'un grand nombre de cellules membraneuses destinées à recevoir l'air, et faites à-peu-près comme les alvéoles des rayons de miel (1); l'animal peut les tendre

---

(1) Rai, Synopsis animalium, page 247, Londres. 1693.

pendant un temps assez long, et se rendre par là plus léger.

Sa vivacité, et la supériorité de son naturel sur celui des animaux qui lui ressemblent le plus, ne doivent-elles pas venir de ce que, malgré sa petite taille, elle est un des quadrupèdes ovipares les mieux partagés pour les sens extérieurs? Ses yeux sont en effet gros et saillants, ainsi que nous l'avons dit; sa peau molle, qui n'est recouverte ni d'écailles, ni d'enveloppes osseuses, est sans cesse abreuvée et maintenue dans sa souplesse par une humeur visqueuse qui suinte au travers de ses pores; elle doit donc avoir la vue très-bonne, et le toucher un peu délicat; et si ses oreilles sont recouvertes par une membrane, elle n'en a pas moins l'ouïe fine, puisque ces organes renferment dans leurs cavités une corde élastique que l'animal peut tendre à volonté, et qui doit lui communiquer avec assez de précision les vibrations de l'air agité par les corps sonores.

Cette supériorité dans la sensibilité des grenouilles les rend plus difficiles sur la nature de leur nourriture; elles rejettent tout ce qui pourrait présenter un commencement de décomposition. Si elles se nourrissent de vers, de sangsues, de petits limaçons, de scarabées et d'autres insectes tant ailés que non ailés, elles n'en prennent aucun qu'elles ne l'aient vu remuer, comme si elles voulaient s'assurer qu'il vit encore (1): elles demeurent

____

(1) Laurenti specimen medicum. Vienne, 1768, page 137. Dic-

immobiles jusqu'à ce que l'insecte soit assez près d'elles; elles fondent alors sur lui avec vivacité, s'élancent vers cette proie, quelquefois à la hauteur d'un ou deux pieds, et avancent, pour l'attraper, une langue enduite d'une mucosité si gluante, que les insectes qui y touchent y sont aisément empêtrés. Elles avalent aussi de très-petits limaçons tout entiers (1); leur œsophage a une grande capacité; leur estomac peut d'ailleurs recevoir, en se dilatant, un grand volume de nourriture; et tout cela joint à l'activité de leurs sens, qui doit donner plus de vivacité à leurs appétits, montre la cause de leur espèce de voracité : car non seulement elles se nourrissent des très-petits animaux dont nous venons de parler, mais encore elles avalent souvent des animaux plus considérables, tels que de jeunes souris, de petits oiseaux, et même de petits canards nouvellement éclos, lorsqu'elles peuvent les surprendre sur le bord des étangs qu'elles habitent.

La grenouille commune sort souvent de l'eau, non seulement pour chercher sa nourriture, mais encore pour s'imprégner des rayons du soleil. Bien loin d'être presque muette comme plusieurs quadrupèdes ovipares, et particulièrement comme la salamandre terrestre, avec laquelle elle a plu-

tionnaire d'Histoire naturelle de M. Valmont de Bomare, article des *Grenouilles.*

(1) Rai, Synopsis animalium, page 251.

sieurs rapports, on l'entend de très-loin, dès que la belle saison est arrivée, et qu'elle est pénétrée de la chaleur du printemps, jeter un cri qu'elle répète pendant assez long-temps, surtout lorsqu'il est nuit. On dirait qu'il y a quelque rapport de plaisir ou de peine entre la grenouille et l'humidité du serein ou de la rosée; et que c'est à cette cause qu'on doit attribuer ses longues clameurs. Ce rapport pourrait montrer pourquoi les cris des grenouilles sont, ainsi qu'on l'a prétendu, d'autant plus forts, que le temps est plus disposé à la pluie, et pourquoi ils peuvent par conséquent annoncer ce météore.

Le coassement des grenouilles, qui n'est composé que de sons rauques, de tons discordants et peu distincts les uns des autres, serait très-désagréable par lui-même, et quand on n'entendrait qu'une seule grenouille à-la-fois; mais c'est toujours en grand nombre qu'elles coassent; et c'est toujours de trop près qu'on entend ces sons confus, dont la monotonie fatigante est réunie à une rudesse propre à blesser l'oreille la moins délicate. Si les grenouilles doivent tenir un rang distingué parmi les quadrupèdes ovipares, ce n'est donc pas par leur voix : autant elles peuvent plaire par l'agilité de leurs mouvements et la beauté de leurs couleurs, autant elles importunent par leurs aigres coassements. Les mâles sont surtout ceux qui font le plus de bruit; les femelles n'ont qu'un grognement assez sourd qu'elles font entendre en enflant leur gorge; mais, lorsque les mâles coassent, ils gonflent de chaque côté du cou deux vessies qui, en se remplissant d'air, et en devenant pour eux comme deux instruments retentissants, augmentent le volume de leur voix. La nature, qui n'a pas voulu en faire les musiciens de nos campagnes, n'a donné à ces instruments que de la force, et les sons que forment les grenouilles mâles sans être plus agréables, sont seulement entendus de plus loin que ceux de leurs femelles.

Ils sont seulement plus propres à troubler ce calme des belles nuits de l'été, ce silence enchanteur qui règne dans une verte prairie, sur le bord d'un ruisseau tranquille, lorsque la lune éclaire de sa lumière paisible cet asile champêtre, où tout goûterait les charmes de la fraîcheur, du repos, des parfums des fleurs, et où tous les sens seraient tenus dans une douce extase, si celui de l'ouïe n'était désagréablement ébranlé par des cris aussi aigres que forts, et de rudes coassements sans cesse renouvelés.

Ce n'est pas seulement lorsque les grenouilles mâles coassent, que leurs vessies paraissent à l'extérieur; on peut, en pressant leur corps, comprimer l'air qu'il renferme, et qui, se portant alors dans ces vessies, en étend le volume et les rend saillantes. J'ai aussi vu gonfler ces mêmes vessies, lorsque j'ai mis des grenouilles mâles sous le récipient d'une machine pneumatique, et que j'ai commencé d'en pomper l'air.

Indépendamment des cris retentissants et long-temps prolongés que la grenouille mâle fait entendre si souvent, elle a d'ailleurs un son moins désagréable et moins fort, dont elle ne se sert que pour appeler sa femelle : ce dernier son est sourd et comme plaintif, tant il est vrai que l'accent de l'amour est toujours mêlé de quelque douceur.

Quoique les grenouilles communes se plaisent à des latitudes très-élevées, la chaleur leur est assez nécessaire, pour qu'elles perdent leurs mouvements, que leur sensibilité soit très-affaiblie, et qu'elles s'engourdissent dès que les froids de l'hiver sont venus. C'est communément dans quelque asile caché très-avant sous les eaux, dans les marais et dans les lacs, qu'elles tombent dans la torpeur à laquelle elles sont sujettes. Quelques-unes cependant passent la saison du froid dans des trous sous terre, soit que des circonstances locales les y déterminent, ou qu'elles soient sur-prises dans ces trous par le degré de froid qui les engourdit. Elles sont alimentées, pendant le temps de leur long sommeil, par une matière grais-seuse renfermée dans le tronc de la veine-porte (1). Cette graisse répare jusqu'à un certain point la substance du sang, et l'entretient de manière à ce qu'il puisse nourrir toutes les parties du corps qu'il arrose. Mais quelque sensibles que soient

---

(1) Malpighi.

les grenouilles au froid, celles qui habitent près des zones torrides doivent être exemptes de la torpeur de l'hiver, de même que les crocodiles et les lézards qui y sont sujets à des latitudes un peu élevées, ne s'engourdissent pas dans les climats très-chauds.

On tire les grenouilles de leur état d'engourdissement, en les portant dans quelque endroit échauffé, et en les exposant à une température artificielle, à-peu-près semblable à celle du printemps. On peut successivement et avec assez de promptitude les replonger dans cet état de torpeur, ou les rappeler à la vie par les divers degrés de froid ou de chaud qu'on leur fait subir. A la vérité, il paraît que l'activité qu'on leur donne avant le temps où elles sont accoutumées à la recevoir de la nature, devient pour ces animaux un grand effort qui les fait bientôt périr. Mais il est à présumer que si l'on réveillait ainsi des grenouilles apportées de climats très-chauds, où elles ne s'engourdissent jamais, bien loin de contrarier les habitudes de ces animaux, on ne ferait que les ramener à leur état naturel, et ils n'auraient rien à craindre de l'activité qu'on leur rendrait. On est même parvenu, par une chaleur artificielle, à remplacer assez la chaleur du printemps, pour que des grenouilles aient éprouvé, l'une auprès de l'autre, les désirs que leur donne le retour de la belle saison. Mais, soit par défaut de nourriture, soit par une suite des sensations qu'elles avaient éprouvées trop brusquement, et des efforts qu'elles avaient faits dans un temps où communément il leur reste à peine la plus faible existence, elles n'ont pas survécu long-temps à une jouissance trop hâtée (1).

Les grenouilles sont sujettes à quitter leur peau, de même que les autres quadrupèdes ovipares; mais cette peau est plus souple, plus constamment abreuvée par un élément qui la ramollit, plus sujette à être altérée par les causes extérieures; d'ailleurs les genouilles, plus voraces et mieux conformées dans les organes relatifs à la nutrition, prennent une nourriture plus abondante, plus substantielle, et qui, fournissant une plus grande quantité de nouveaux sucs, forme plus aisément une nouvelle peau au-dessous de l'ancienne. Il n'est donc pas surprenant que les grenouilles se dépouillent très-souvent de leur peau pendant la saison où elles ne sont pas engourdies, et qu'alors elles en produisent une nouvelle presque tous les huit jours : lorsque l'ancienne est séparée du corps de l'animal, elle ressemble à une mucosité délayée.

C'est surtout au retour des chaleurs que les grenouilles communes, ainsi que tous les quadrupèdes ovipares, cherchent à s'unir avec leurs femelles; il croît alors au pouce des pieds de devant de la grenouille mâle, une espèce de ver-

---

(1) Mémoires de M. Gleditsch, dans ceux de l'Académie de Prusse.

rue plus ou moins noire, et garnie de papilles (1).
Le mâle s'en sert pour retenir plus facilement sa
femelle (2); il monte sur son dos, et l'embrasse
d'une manière si étroite avec ses deux pates de
devant, dont les doigts s'entrelacent les uns dans
les autres, qu'il faut employer un peu de force
pour les séparer, et qu'on n'y parvient pas en
arrachant les pieds de derrière du mâle. M. l'abbé
Spallanzani a même écrit qu'ayant coupé la tête
à un mâle qui était accouplé, cet animal ne cessa
pas de féconder pendant quelque temps les œufs
de sa femelle, et ne mourut qu'au bout de quatre
heures (3). Quelque mouvement que fasse la femelle, le mâle la retient avec ses pates, et ne la
laisse pas échapper, même quand elle sort de
l'eau (4): ils nagent ainsi accouplés pendant un
nombre de jours d'autant plus grand, que la chaleur de l'atmosphère est moindre, et ils ne se
quittent point avant que la femelle ait pondu ses
œufs (5). C'est ainsi que nous avons vu les tortues de mer demeurer pendant long-temps inti-

---

(1) Roësel, page 54.

(2) Linnée, vraisemblablement d'après Frédéric Menzius, a été tenté
de regarder cette espèce de verrue, comme la partie sexuelle du mâle;
pour peu qu'il eût réfléchi à cette opinion, il aurait été le premier à la
rejeter. Linn., Systema nat., edit. 13, tome I, folio 355.

(3) Vol. III, page 86.

(4) Collection académ., tome V, page 549. Histoire de la Grenouille,
par Swammerdam.

(5) Swammerdam et Roësel.

mement unies, et voguer sur la surface des ondes, sans pouvoir être séparées l'une de l'autre.

Au bout de quelques jours, la femelle pond ses œufs, en faisant entendre quelquefois un coassement un peu sourd; ces œufs forment une espèce de cordon, étant collés ensemble par une matière glaireuse dont ils sont enduits; le mâle saisit le moment où ils sortent de l'anus de la femelle, pour les arroser de sa liqueur séminale, en répétant plusieurs fois un cri particulier (1); et il peut les féconder d'autant plus aisément, que son corps dépasse communément par le bas celui de sa compagne : il se sépare ensuite d'elle, et recommence à nager, ainsi qu'à remuer ses pates avec agilité, quoiqu'il ait passé la plus grande partie du temps de son union avec sa femelle dans une grande immobilité, et dans cette espèce de contraction qui accompagne quelquefois les sensations trop vives (2).

Dans les différentes observations que nous avons faites sur les œufs des grenouilles, et sur les changemens qu'elles subissent avant de devenir adultes, nous avons vu, dans les œufs nouvellement pondus, un petit globule, noir d'un côté et blanchâtre de l'autre, placé au centre d'un autre globule, dont la substance glutineuse et transparente doit servir de nourriture à l'embryon, et est contenue

---

(1) Laurenti specimen medicum. Vienne, 1767, page 138.
(2) Swammerdam, à l'endroit déja cité.

dans deux enveloppes membraneuses et concentriques : ce sont ces membranes qui représentent la coque de l'œuf (1).

Après un temps plus ou moins long, suivant la température, le globule noir d'un côté et blanchâtre de l'autre, se développe et prend le nom de *Têtard* (2) : cet embryon déchire alors les enveloppes dans lesquelles il était renfermé, et nage dans la liqueur glaireuse qui l'environne et qui s'étend et se délaye dans l'eau, où elle flotte sous l'apparence d'une matière nuageuse ; il conserve pendant quelque temps son cordon ombilical, qui est attaché à la tête au lieu de l'être au ventre, ainsi que dans la plupart des autres animaux ; il sort de temps en temps de la matière gluante, comme pour essayer ses forces ; mais il rentre souvent dans cette petite masse flottante qui peut le soutenir ; il y revient non seulement pour se reposer, mais encore pour prendre de la nourriture. Cependant il grossit toujours ; on distingue bientôt sa tête, sa poitrine, son ventre et sa queue, dont il se sert pour se mouvoir.

---

(1) M. l'abbé Spallanzani ne considérant la membrane intérieure qui enveloppe le têtard que comme un *amnios*, a proposé de séparer les grenouilles, les crapauds et les raines, des ovipares, pour les réunir avec les vivipares ; mais nous n'avons pas cru devoir adopter l'opinion de cet habile naturaliste. Comment éloigner en effet les grenouilles, les raines et les crapauds, des tortues et des lézards avec lesquels ils sont liés par tant de rapports, pour les rapprocher des vivipares, dont ils diffèrent par tant de caractères intérieurs ou extérieurs ? Voyez le troisième volume de M. l'abbé Spallanzani, page 76.

(2) M. l'abbé Spallanzani, ouvrage déjà cité, vol. III, page 13.

La bouche des tétards n'est point placée, comme dans la grenouille adulte, au-devant de la tête, mais en quelque sorte sur la poitrine; aussi lorsqu'ils veulent saisir quelque objet qui flotte à la surface de l'eau, ou chasser l'air renfermé dans leurs poumons, ils se renversent sur le dos, comme les poissons dont la bouche est située au-dessous du corps; et ils exécutent ce mouvement avec tant de vitesse que l'œil a de la peine à le suivre (1).

Au bout de quinze jours, les yeux paraissent quelquefois encore fermés, mais on découvre les premiers linéaments des pates de derrière (2). A mesure qu'elles croissent, la peau qui les revêt s'étend en proportion (3). Les endroits où seront les doigts sont marqués par de petits boutons; et, quoiqu'il n'y ait encore aucun os, la forme du pied est très-reconnaissable. Les pates de devant restent encore entièrement cachées sous l'enveloppe : plusieurs fois les pates de devant sont au, contraire les premières qui paraissent.

C'est ordinairement deux mois après qu'ils ont commencé de se développer, que les tétards quittent leur enveloppe pour prendre la vraie forme de grenouille. D'abord la peau extérieure se fend sur le dos, près de la véritable tête qui passe par la fente qui vient de se faire. Nous avons vu alors la membrane, qui servait de bouche au tétard,

---

(1) Swammerdam.
(2) Swammerdam, page 790, Leyde, 1738.
(3) Idem, page 791.

se retirer en arrière et faire partie de la dépouille. Les pates de devant commencent à sortir et à se déployer; et la dépouille toujours repoussée en arrière, laisse enfin à découvert le corps, les pates de derrière, et la queue qui, diminuant toujours de volume, finit par s'oblitérer et disparaître entièrement (1).

Cette manière de se développer est commune, à très-peu près, à tous les quadrupèdes ovipares sans queue : quelque éloignée qu'elle paraisse, au premier coup-d'œil, de celle des autres ovipares, on reconnaîtra aisément, si on l'examine avec attention, que ce qu'elle a de particulier se réduit à deux points.

Premièrement, l'embryon renfermé dans l'œuf, en sort beaucoup plus tôt que dans la plupart des autres ovipares, avant même que toutes ses parties soient développées, et que ses os et ses cartilages soient formés.

Secondement, cet embryon à demi développé est renfermé dans une membrane, et, pour ainsi dire, dans un second œuf très-souple et très-transparent, auquel il y a une ouverture qui peut donner passage à la nourriture. Mais de ces deux faits, le premier ne doit être considéré que comme un très-léger changement, et, pour ainsi dire,

_____

(1) Pline, Rondelet et plusieurs autres naturalistes ont prétendu que la queue de la jeune grenouille se fendait en deux, pour former les deux pates de derrière : cette opinion est contraire à l'observation la plus constante. Voyez Swammerdam.

une simple abréviation dans la durée des premières opérations nécessaires au développement des animaux qui viennent d'un œuf : cette manière particulière peut avoir lieu sans que le fœtus en souffre, parce que le têtard n'a presque pas besoin de force ni de membres pour les divers mouvements qu'il exécute dans l'eau qui le soutient, et autour de la substance transparente et glaireuse où il trouve à sa portée une nourriture analogue à la faiblesse de ses organes.

A l'égard de cette espèce de sac dans lequel la grenouille ainsi que la raine et le crapaud sont renfermés pendant les premiers temps de leur vie sous la forme de têtard, et qui présente une ouverture pour que la nourriture puisse parvenir au jeune animal, on doit, ce me semble, le considérer comme une espèce de second œuf, ou, pour mieux dire, de seconde enveloppe dont l'animal ne se dégage qu'au moment qui lui a été véritablement fixé pour éclore : ce n'est que lorsque la grenouille ou le crapaud font usage de tous leurs membres, que l'on doit les regarder comme véritablement éclos. Ils sont toujours dans un œuf tant qu'ils sont sous la forme de têtard; mais cet œuf est percé parce qu'il ne renferme point la nourriture nécessaire au fœtus, et parce que ce dernier est obligé d'aller chercher sa subsistance, soit dans l'eau, soit dans la substance glaireuse qui flotte avec l'apparence d'une matière nuageuse.

Le têtard, à le bien considérer, n'est donc qu'un œuf souple et mobile, qui peut se prêter à tous les mouvements de l'embryon. Il en serait de même de tous les œufs, et même de ceux de nos poules, si, au lieu d'être solides et formés d'une substance crétacée et dure, ils étaient composés d'une membrane très-molle, très-flexible et transparente. Le poulet qui y serait contenu, pourrait exécuter quelques mouvements quoique renfermé dans cette enveloppe, qui se prêterait à son action; il le pourrait surtout si ces mouvements n'étaient pas contrariés par les aspérités des surfaces, et les inégalités du terrain, et si au contraire ils avaient lieu au milieu de l'eau qui soutiendrait l'œuf et le fœtus, et ne leur opposerait qu'une faible résistance. Ces mouvements seraient comme ceux d'un petit animal qu'on renfermerait dans un sac d'une matière souple.

Que se passe-t-il donc réellement dans le développement des grenouilles, ainsi que des autres quadrupèdes ovipares sans queue? leurs œufs ont plusieurs enveloppes; les plus extérieures, qui environnent le globule noir et blanchâtre, ne subsistent que quelques jours; la plus intérieure, qui est très-molle et très-souple, peut se prêter à tous les mouvements d'un animal qui à chaque instant acquiert de nouvelles forces; elle s'étend à mesure qu'il grandit; elle est percée d'une ouverture que l'on n'aurait pas dû appeler bouche, car ce n'est pas précisément un organe particulier, mais un passage pour la nourriture nécessaire à la jeune grenouille, au jeune crapaud, ou à la jeune raine : et comme les œufs des grenouilles, des raines et des crapauds, sont communément pondus dans l'eau, qui, pendant le printemps et l'été, est moins chaude que la terre et l'air de l'atmosphère, ils éprouvent une chaleur moins considérable que ceux des lézards et des tortues qui sont déposés sur les rivages, de manière à être échauffés par les rayons du soleil : il n'est donc pas surprenant que, par exemple, les petites grenouilles soient renfermées dans leurs enveloppes pendant deux mois, ou environ, et que ce ne soit qu'au bout de ce temps qu'elles éclosent véritablement en quittant la forme de têtard, tandis que les lézards et les tortues sortent de leurs œufs après un assez petit nombre de jours.

A l'égard de la queue qui s'oblitère dans les grenouilles, dans les crapauds et dans les raines, ne doivent-ils pas perdre facilement une portion de leur corps qui n'est soutenue par aucune partie osseuse, et qui d'ailleurs, toutes les fois qu'ils nagent, oppose à l'eau le plus d'action et de résistance ? Au reste, cette sorte de tendance de la nature à donner une queue aux grenouilles, aux crapauds et aux raines, ainsi qu'aux lézards et aux tortues, est une nouvelle preuve des rapports qui les lient, et, en quelque sorte, de l'unité du modèle sur lequel les quadrupèdes ovipares ont été formés.

Les couleurs des grenouilles communes ne sont

jamais si vives qu'après leur accouplement; elles pâlissent plus ou moins ensuite, et deviennent quelquefois assez ternes et assez rousses pour avoir fait croire au peuple de plusieurs pays que, pendant l'été, les grenouilles se métamorphosent en crapauds.

Lorsqu'on ne blesse les grenouilles que dans une seule de leurs parties, il est très-rare que toute leur organisation s'en ressente, et que l'ensemble de leur mécanisme soit dérangé au point de les faire périr. Bien plus, lorsqu'on leur ouvre le corps, et qu'on en arrache le cœur et les entrailles, elles ne conservent pas moins pendant quelques moments leurs mouvements accoutumés (1): elles les conservent aussi pendant quelque temps lorsqu'elles ont perdu presque tout leur sang; et si dans cet état elles sont exposées à l'action engourdissante du froid, leur sensibilité s'éteint, mais se ranime quand le froid se dissipe très-promptement, et elles sortent de leur torpeur comme si elles n'avaient éprouvé aucun accident (2). Aussi, malgré le grand nombre de dangers auxquels elles sont exposées, doivent-elles communément vivre pendant un temps assez long relativement à leur volume.

Les grenouilles étant accoutumées à demeurer un peu de temps sous l'eau sans respirer, et leur

---

(1) Rai, Synopsis methodica animalium , Lond., 1693, page 248.

(2) Voyez à ce sujet les OEuvres de M. l'abbé Spallanzani. Traduction de M. Sennebier, vol. 1 , page 112.

cœur étant conformé de manière à pouvoir battre sans être mis en jeu par leurs poumons comme celui des animaux mieux organisés, il n'est pas surprenant qu'elles vivent aussi pendant un peu de temps dans un vase dont on a pompé l'air, ainsi que l'ont éprouvé plusieurs physiciens, et que je l'ai éprouvé souvent moi-même (1). On peut même croire que l'espèce de malaise ou de douleur qu'elles ressentent lorsqu'on commence à ôter l'air du récipient, tient plutôt à la dilatation subite et forcée de leurs vaisseaux, produite par la raréfaction de l'air / renfermé dans leur corps, qu'au défaut d'un nouvel air extérieur. Il n'est pas surprenant d'après cela, qu'elles vivent plus long-temps que beaucoup d'autres animaux, ainsi que les crapauds et les salamandres aquatiques, dans des vases dont l'air ne peut pas se renouveler (2).

Les grenouilles sont dévorées par les serpents d'eau, les anguilles, les brochets, les taupes, les putois, les loups (3), les oiseaux d'eau et de rivage, etc. Comme elles fournissent un aliment utile, et que même certaines parties de leur corps forment un mets très-agréable, on les recherche avec soin; on a plusieurs manières de les pêcher;

---

(1) Rédi, et Leçons de physique expérimentale par l'abbé Nollet, tome III, page 270.

(2) Voyez les OEuvres de M. l'abbé Spallanzani, traduction de M. Sennebier, vol. II, pages 160 et suiv.

(3) M. Daubenton en a trouvé dans l'estomac d'un loup.

on les prend avec des filets, à la clarté des flam-
beaux qui les effraient et les rendent souvent
comme immobiles; ou bien on les pêche à la
ligne avec des hameçons qu'on garnit de vers,
d'insectes, ou simplement d'un morceau d'étoffe
rouge ou couleur de chair; car, ainsi que nous
l'avons dit, les grenouilles sont goulues; elles saisissent avidement et retiennent avec obstination
tout ce qu'on leur présente (1). M. Bourgeois rapporte qu'en Suisse on les prend d'une manière
plus prompte par le moyen de grands rateaux
dont les dents sont longues et serrées : on enfonce
le rateau dans l'eau, et on ramène les grenouilles
à terre, en le retirant avec précipation (2).

On a employé avec succès en médecine les
différentes portions du corps de la grenouille,
ainsi que son frai auquel on fait subir différentes
préparations, tant pour conserver sa vertu pendant long-temps, que pour ajouter à l'efficacité
de ce remède (3).

La grenouille commune habite presque tous
les pays. On la trouve très-avant vers le nord, et
même dans la Lapponie Suédoise (4); elle vit dans

____

(1) Laurenti specimen medicum. Vienne, 1768, page 137.

(2) Dictionnaire d'Histoire naturelle, par M. Valmont de Bomare,
article des *Grenouilles*.

(3) Idem.

(4) Voyez, dans la continuation de l'Histoire générale des Voyages,
tome LXXVI, édition in-12, la description de la Lapponie suédoise,
par M. Pierre Hægeström, traduite par M. de Kéralio de Gourlay.

la Caroline et dans la Virginie, où elle est si agile,
au rapport de plusieurs voyageurs, qu'elle peut,
en sautant, franchir un intervalle de quinze à
dix-huit pieds.

Nous allons maintenant présenter rapidement
les détails relatifs aux grenouilles différentes de
la grenouille commune, et que l'on rencontre
dans nos contrées, ou dans les pays étrangers :
nous allons les considérer comme des espèces distinctes; peut-être des observations plus étendues
nous obligeront-elles, dans la suite, à en regarder
quelques-unes comme de simples variétés dépendantes du climat, ou tout au plus comme des races
constantes : nous nous contenterons de rapporter
les différences qui les séparent de la grenouille
commune, tant dans leur conformation que dans
leurs habitudes.

LA ROUSSE[1]

Rana temporaria, Linn., Schneid., Cuv., Daud., Merr., Fitz.

Il est aisé de distinguer cette grenouille d'avec les autres, par une tache noire qu'elle a entre les yeux et les pates de devant. Elle paraît, au premier coup-d'œil, n'être qu'une variété de la grenouille commune; mais comme elle habite dans le même pays, comme elle vit, pour ainsi dire, dans les mêmes étangs, et qu'elle en diffère cependant constamment par quelques-unes de ses habitudes et par ses couleurs, on ne peut pas rapporter ses caractères distinctifs à la différence

---

(1) *Batracos*, en grec.

La muette. M. Daubenton, Encyclopédie méthodique.

Rana temporaria, 14. Linn., Amphib. rept.

Rana muta, Laurenti specimen medicum.

Roësel, tab. 1 et 3, *Rana fusca terrestris*.

Gesner, de Quadr. ovip., fol. 58, *Rana gibbosa*.

Aldr. ovip., 89, *Rana*.

Jonst. Quadr., t. 75, f. 5, 6, 7, 8.

Rai, Synops. Quadr., 247, *Rana aquatica*.

Bradl. natur., tab 21, fig. 1.

Batracos, Aristote, Histoire des animaux, livre IV, chap. 9.

Frog common, British Zoology, vol. III. London, 1776.

Rana temporaria, Wulff: Ichthyologia, cum amphibiis regni Borussici.

Rana vespertina, Supplément au Voyage de M. Pallas.

du climat ou de la température, et l'on doit la considérer comme une espèce particulière. Elle a le dessus du corps d'un roux obscur, moins foncé quand elle a renouvelé sa peau, et qui devient comme marbré vers le milieu de l'été. Le ventre est blanc et tacheté de noir à mesure qu'elle vieillit. Les cuisses sont rayées de brun.

Elle a au bout de la langue une petite échancrure dont les deux pointes lui servent à saisir les insectes qu'elle retient, en même temps, par l'espèce de glu dont sa langue est enduite, et sur lesquels elle s'élance comme un trait, dès qu'elle les voit à sa portée. On l'a appelée la *Muette*, par comparaison avec la grenouille commune, dont les cris désagréables et souvent répétés, se font entendre de très-loin. Cependant, dans le temps de son accouplement ou lorsqu'on la tourmente, elle pousse un cri sourd, semblable à une sorte de grognement, et qui est plus fréquent et moins faible dans le mâle.

Les grenouilles rousses passent une grande partie de la belle saison à terre. Ce n'est que vers la fin de l'automne qu'elles regagnent les endroits marécageux; et, lorsque le froid devient plus vif, elles s'enfoncent dans le limon du fond des étangs, où elles demeurent engourdies jusqu'au retour du printemps. Mais, lorsque la chaleur est revenue, elles sont rendues à la vie et au mouvement. Les jeunes regagnent alors la terre pour y chercher leur nourriture : celles qui sont âgées de trois ou

quatre ans, et qui ont atteint le degré de développement nécessaire à la reproduction de leur
espèce, demeurent dans l'eau jusqu'à ce que la
saison des amours soit passée. Elles sont les premières grenouilles qui s'accouplent, comme les
premières ranimées. Elles demeurent unies pendant quatre jours ou environ.

Les grenouilles rousses éprouvent, avant d'être
adultes, les mêmes changements que les grenouilles
communes; mais il paraît qu'il leur faut plus de
temps pour les subir, et que ce n'est qu'à-peu-
près au bout de trois mois qu'elles ont la forme
qu'elles doivent conserver pendant toute leur vie.

Vers la fin de juillet, lorsque les petites grenouilles sont entièrement écloses, et ont quitté
leur état de têtard, elles vont rejoindre les autres
grenouilles rousses dans les bois et dans les campagnes. Elles partent le soir, voyagent toute la
nuit, et évitent d'être la proie des oiseaux voraces, en passant le jour sous les pierres et sous
les différents abris qu'elles rencontrent, et en ne
se remettant en chemin que lorsque les ténèbres
leur rendent la sûreté. Cependant, malgré cette
espèce de prudence, pour peu qu'il vienne à pleuvoir, elles sortent de leurs retraites pour s'imbiber de l'eau qui tombe.

Comme elles sont très-fécondes et qu'elles pondent ordinairement depuis six cents jusqu'à onze
cents œufs, il n'est pas surprenant qu'elles se
montrent quelquefois en si grand nombre, sur-

tout dans les bois et les terrains humides, que la terre en paraît toute couverte.

La multitude des grenouilles rousses qu'on voit sortir de leurs trous lorsqu'il pleut, a donné lieu à deux fables; l'on a dit non seulement qu'il pleuvait quelquefois des grenouilles, mais encore que le mélange de la pluie avec des grains de poussière pouvait les engendrer tout d'un coup. L'on ajoutait que ces grenouilles ainsi tombées des nues, ou produites d'une manière si rapide par un mélange si bizarre, s'en allaient aussi promptement qu'elles étaient venues, et qu'elles disparaissaient aux premiers rayons du soleil.

Pour peu qu'on eût voulu découvrir la vérité, on les aurait trouvées, avant la pluie, sous des tas de pierres et d'autres abris, où on les aurait vues cachées de nouveau après la pluie, pour se dérober à une lumière trop vive (1); mais on aurait eu deux fables de moins à raconter, et combien de gens dont tout le mérite disparaît avec les faits merveilleux!

On a prétendu que les grenouilles rousses étaient venimeuses; on les mange cependant dans quelques contrées d'Allemagne; et M. Laurenti ayant fait mordre une de ces grenouilles par de petits lézards gris, sur lesquels le moindre venin agit avec force, ils n'en furent point incommodés (2).

---

(1) Roësel, pages 13 et 14.
(2) Laurenti specimen medicum, page 134.

Elles sont en très-grand nombre dans l'île de Sardaigne (1), ainsi que dans presque toute l'Europe; il paraît qu'on les trouve dans l'Amérique septentrionale, et qu'il faut leur rapporter les grenouilles appelées *Grenouilles de terre* par Catesby (2), et qui habitent la Virginie et la Caroline. Ces dernières paraissent préférer, pour leur nourriture, les insectes qui ont la propriété de luire dans les ténèbres, soit que cet aliment leur convienne mieux, ou qu'elles puissent l'apercevoir et le saisir plus facilement lorsqu'elles cherchent leur pâture pendant la nuit. Catesby rapporte en effet qu'étant dans la Caroline, hors de sa maison, au commencement d'une nuit très-chaude, quelqu'un qui l'accompagnait laissa tomber de sa pipe un peu de tabac brûlant qui fut saisi et avalé par une grenouille de terre, tapie auprès d'eux, et dont l'humeur visqueuse dut amortir l'ardeur du tabac. Catesby essaya de lui présenter un petit

____

(1) Histoire naturelle des Amphibies et des Poissons de la Sardaigne, par M. François Cetti.

(2) « Le dos et le dessus de cette grenouille (la grenouille de terre), « sont gris et tachetés de marques d'un brun obscur, fort proches les unes « des autres : le ventre est d'un blanc sale et légèrement marqueté : l'iris « est rouge. Ces grenouilles varient quelquefois par rapport à la couleur, « les unes étant plus grises, et les autres penchant vers le brun; leurs « corps sont gros, et elles ressemblent plus à un crapaud qu'à une grenouille, cependant elles ne rampent pas comme les crapauds, mais elles « sautent. On en voit davantage dans les temps humides : elles sont cependant fort communes dans les terres élevées, et paraissent dans le « temps le plus chaud du jour. » Catesby, vol. II, page 69 *.

* Cette *Grenouille de terre* de Catesby paraît se rapporter à l'espèce du CRAPAUD CRIARD; *Bufo musicus*, Latr., Daud , Merr.   DESM. 1827.

charbon de bois allumé, qui fut avalé et éteint de
même. Il éprouva constamment que les grenouilles
terrestres saisissaient tous les petits corps enflam-
més qui étaient à leur portée, et il conjectura,
d'après cela, qu'elles devaient rechercher les vers
ou les insectes luisants qui brillent en grand nombre pendant les nuits d'été, dans la Caroline et
dans la Virginie (1).

LA PLUVIALE[2].

Bombinator igneus, Merr., Fitz.; *Rana bombina* et *variegata*,
Linn.; *Rana campanisona*, Laur.; *Bufo bombinus*, Latr.,
Daud.; *Rana ignea*, Shaw.

Cette grenouille est couverte de verrues, ce
qui sert à la distinguer d'avec les autres. La partie
postérieure du corps est obtuse et parsemée en
dessous de petits points. Elle a quatre doigts aux
pieds de devant, et cinq doigts un peu séparés
les uns des autres aux pieds de derrière. On la

(1) Catesby, au même endroit.
(2) La Pluviale. M. Daubenton, Encyclopédie méthodique.
Rana corpore verrucoso, ano obtuso subtus punctato, Faun. Suec., 276.
Rana rubeta, 4. Linn., Amphib. rept.
*Rana palmis tetradactylis fissis, plantis pentadactylis subpalmatis, ano
subtus punctato.*
Water Jack, British Zoology, vol. III, London, 1776.
Rana rubeta. Wulff. Ichthyologia, cum amphibiis regni Borussici.

trouve dans plusieurs contrées de l'Europe. Elle s'y montre souvent en grand nombre, après les pluies du printemps ou de l'été, ainsi que la grenouille rousse; et c'est de là qu'est tiré le nom de Pluviale, que M. Daubenton lui a donné, et que nous lui conservons. On a fait sur son apparition les mêmes contes ridicules que sur celle de la grenouille rousse.

LA SONNANTE[1].

Bombinator igneus, Merr., Fitz.; *Rana campanisona*, Laur.; *R. ignea*, Shaw.; *R. variegata* et *bombina*, Linn.; *Bufo bombinus*, Latr., Daud. (2).

ON trouve en Allemagne une grenouille qui, par sa forme, ressemble un peu plus que les autres au crapaud commun, mais qui est beaucoup plus petite que ce dernier. Un de ses caractères distinctifs est un pli transversal qu'elle a sous le cou. Le fond de sa couleur est noir : le dessus de son corps est couvert de points saillants, et le dessous

(1) La Sonnante. M. Daubenton, Encyclopédie méthodique.
Rana campanisona, Laurenti specimen medicum.
Gesner, pisc , 952.
Rana bombina, 6. Linn. , Amph. rept.
Rana variegata. Wulff. Ichthyologia , cum amphibiis regni Borussici.
(2) Cette grenouille ne diffère pas de la précédente.   DESM. 1827.

marbré de blanc et de noir. Les pieds de devant ont quatre doigts divisés, et ceux de derrière en ont cinq réunis par une membrane : on conserve au Cabinet du Roi plusieurs individus de cette espèce. On la nomme la Sonnante, à cause d'une ressemblance vague qu'on a trouvée entre son coassement et le son des cloches qu'on entendrait de loin. Sa forme et son habitation l'ont fait appeler quelquefois *Crapaud des marais*.

LA BORDÉE[1].

Rana marginata, Linn., Laur., Merr., Fitz.

Il est aisé de distinguer cette grenouille qui se trouve aux Indes, par la bordure que présentent ses côtés ; son corps est allongé ; les pieds de derrière ont cinq doigts divisés. Le dos est brun et lisse (2) ; le dessous du corps est d'une couleur pâle, et couvert d'un grand nombre de très-petites verrues qui se touchent.

---

(1) La Grenouille Bordée. M. Daubenton, Encyclopédie méthodique.
Rana marginata, Laurenti specimen medicum.
Rana marginata, Linn., Systema naturæ, editio 13.
Rana lateribus marginatis, musæum ad. fr., fol. 47.

(2) Suivant M. Laurenti, le dessus du corps est couvert d'aspérités, mais nous avons cru devoir suivre la description que Linnée a faite de cette grenouille, d'après un individu conservé dans le muséum du prince Adolphe.

LA RÉTICULAIRE[1].

Calamita boans, Schn., Merr.; *Hyla venulosa*, Daud., Latr.;
Rana meriana, Shaw.; *Hyla viridi-fusca*, Laur.

ON trouve encore dans les Indes une grenouille
dont le caractère distinctif est d'avoir le dessus
du corps veiné et tacheté de manière à présenter
l'apparence d'un réseau; elle a les doigts divisés.

LA PATE-D'OIE[2].

Calamita palmatus, Merr.; *Rana boans*, Linn.; *Rana maxima*,
Laur.; *Calamita maximus*, Schn.; *Hyla palmata*, Daud., Latr.

C'EST une grande et belle grenouille dont le corps
est veiné et panaché de différentes couleurs; le
sommet du dos présente des taches placées obliquement. Des bandes colorées, rapprochées par

---

(1) M. Daubenton, Encyclopédie méthodique. *La Grenouille réticulaire.*
Laurenti specimen medicum, *Rana venulosa.*
Séba, vol. I, planche 72, fig. 4.
(2) La Pate d'oie. M. Daubenton, Encyclopédie méthodique.
Rana maxima, Laurenti specimen medicum.
Séba, vol. I, tab. 72, fig. 3.

paires, règnent sur les pieds et les doigts. Ce qui la caractérise et ce qui lui a fait donner, par M. Daubenton, le nom de *Pate-d'oie* que nous lui conservons, c'est que les doigts des pieds de devant, ainsi que des pieds de derrière, sont réunis par des membranes : cette réunion suppose dans cette grenouille un séjour assez constant dans l'eau, et un rapport d'habitudes avec la grenouille commune. On la rencontre en Virginie, ainsi que la réticulaire avec laquelle elle a beaucoup de rapport, mais dont elle diffère en ce que ses doigts sont réunis, tandis qu'ils sont divisés dans la réticulaire.

L'ÉPAULE-ARMÉE[1].

Bufo marinus, Schneid. , Merr. ; *Bufo humeralis* et *bengalensis*, Daud. ; *Rana marina*, Linn. ; *Rana maxima* et *dubia*, Shaw.

On trouve en Amérique cette grenouille remarquable par sa grandeur ; elle a quelquefois huit pouces de longueur, depuis le bout du museau jusqu'à l'anus. On voit de chaque côté sur les

---

(1) L'Épaule armée. M. Daubenton, Encyclopédie méthodique.
Rana marina, 8. Linn., Amphib. reptilia.
Rana marina, 21. Laurenti specimen medicum.
Séba, vol. I, tab. 76, fig. 1. *Rana marina maxima*, *Rana Americana*.

épaules, une espèce de bouclier charnu, d'un cendré clair pointillé de noir, qui lui a fait donner, par M. Daubenton, le nom qu'elle porte; sa tête est rayée de roussâtre; les yeux sont grands et brillants; la langue est large; tout le reste du corps est cendré, parsemé de taches de différentes grandeurs, d'un gris clair ou d'une couleur jaunâtre. Le dos est très-anguleux; à la partie postérieure du corps, sont quatre excroissances charnues, en forme de gros boutons. Les pieds de devant sont fendus en quatre doigts garnis d'ongles larges et plats. Les pieds de derrière diffèrent de ceux de devant en ce qu'ils ont un cinquième doigt, et que tous les doigts en sont réunis par une petite membrane près de leur origine. Cette espèce, qui paraît habiter sur terre et dans l'eau, pourrait se rapprocher par ses habitudes de la grenouille rousse. L'épithète de *Marine*, qui lui a été donnée dans Séba, et conservée par MM. Linnée et Laurenti, paraît indiquer qu'elle vit près des rivages, dans les eaux de la mer : mais nous avons de la peine à le croire, les quadrupèdes ovipares sans queue ne recherchant communément que les eaux douces.

LA MUGISSANTE[1].

Rana ocellata, Linn., Merr., Shaw. ; *Rana pentadactyla*, Laur.

ON rencontre en Virginie un grande grenouille dont les yeux ovales sont gros, saillants et brillants; l'iris est rouge, bordé de jaune; tout le dessous du corps est d'un brun foncé, tacheté d'un brun plus obscur, avec des teintes d'un vert jaunâtre, particulièrement sur le devant de la tête:

[1] *Bull frog*, en anglais.

La Mugissante. M. Daubenton, Encyclopédie méthodique.

Bull frog, Grenouille Taureau, M. Smith, Voyage dans les États-Unis.

Rana ocellata, 10. Linn., Amphib. rept.

Rana pentadactyla, Laurenti specimen medicum.

Browne, Jamaïc. 466, planche 41, figure 4, *Rana maxima compressa miscella.*

Kalm, it. 3, page 45, *Rana halecina.*

Catesby, Car., 2, folio 72, tab. 72. *Rana maxima Americana aquatica.*

Séba, vol. I, tab. 75, fig. 1. Nous devons observer qu'il y a une faute d'impression dans la treizième édition de Linnée ; la *planche soixante-seizième*, *figure première du premier volume de Séba*, y est citée, au lieu de la *figure première*, *planche soixante-quinzième* du même volume. Cette faute d'impression a fait croire que la grenouille appelée par M. Laurenti la *Cinq-doigts*, *Rana pentadactyla*, était différente de la Mugissante, parce que M. Laurenti a cité pour sa grenouille *Cinq-doigts*, la *figure première*, *planche soixante-quinzième* de Séba, tandis que la Mugissante et la Cinq-doigts sont absolument le même animal.

les taches des côtés sont rondes, et font paraître la peau œillée. Le ventre est d'un blanc sale, nuancé de jaune, et légèrement tacheté. Les pieds de devant et de derrière ont communément cinq doigts, avec un tubercule sous chaque phalange.

Cette espèce est moins nombreuse que les autres espèces de grenouilles. La mugissante vit auprès des fontaines, qui se trouvent très-fréquemment sur les collines de la Virginie : ces sources forment de petits étangs, dont chacun est ordinairement habité par deux grenouilles mugissantes. Elles se tiennent à l'entrée du trou par lequel coule la source ; et, lorsqu'elles sont surprises, elles s'élancent et se cachent au fond de l'eau. Mais elles n'ont pas besoin de beaucoup de précautions ; le peuple de la Virginie imagine qu'elles purifient les eaux et entretiennent la propreté des fontaines ; il les épargne d'après cette opinion, qui pourrait être fondée sur la destruction qu'elles font des insectes, des vers, etc., mais qui se change en superstition, comme tant d'autres opinions du peuple ; car non seulement il ne les tue jamais, mais même il croirait avoir quelque malheur à redouter s'il les inquiétait. Cependant la crainte cède souvent à l'intérêt ; et comme la mugissante est très-vorace et très-friande des jeunes oisons, ou des petits canards, qu'elle avale d'autant plus facilement qu'elle est très-grande et que sa gueule est très-fendue, ceux qui élè-

vent ces oiseaux aquatiques, la font quelquefois
périr (1).

Sa grandeur et sa conformation modifient son
coassement et l'augmentent, de manière que lorsqu'il est réfléchi par les cavités voisines des lieux
qu'elle fréquente, il a quelque ressemblance avec
le mugissement d'un taureau qui serait très-éloigné,
et, dit Catesby, à un quart de mille (2). Son cri,
suivant M. Smith, est rude, éclatant et brusque;
il semble que l'animal forme quelquefois des sons
articulés. Un voyageur est bien étonné, continue
M. Smith, quand il entend le mugissement retentissant de la grenouille dont nous parlons, et
que cependant il ne peut découvrir d'où part ce
bruit extraordinaire; car les mugissantes ont tout
le corps caché dans l'eau, et ne tiennent leur
gueule élevée au-dessus de la surface que pour
faire entendre le coassement très-fort qui leur a
fait donner le nom de *Grenouille-taureau* (3).

L'espèce de la grenouille mugissante que M. Laurenti appelle la *Cinq-doigts* (*Rana pentadactyla*),
renferme, suivant ce naturaliste, une variété aisée
à distinguer par sa couleur brune, par la petitesse
du cinquième doigt des pieds de devant, et par
la naissance d'un sixième doigt aux pieds de derrière (4). Il y a, au Cabinet du Roi, une grande

---

(1) Catesby, à l'endroit déja cité.
(2) Idem, ibidem.
(3) M. Smith, Voyage aux États-Unis de l'Amérique.
(4) Laurenti specimen medicum, loco citato.

grenouille mugissante, qui paraît se rapprocher
de cette variété indiquée par M. Laurenti; elle a
des taches sur le corps; le cinquième doigt des
pieds de devant, et le sixième des pieds de derrière sont à peine sensibles; tous les doigts sont
séparés; elle a des tubercules sous les phalanges;
son museau est arrondi; ses yeux sont gros et
proéminents; les ouvertures des oreilles assez
grandes. La langue est large, plate, et attachée
par le bout au-devant de la mâchoire inférieure.
Cet individu a six pouces trois lignes, depuis le
museau jusqu'à l'anus. Les pates de derrière ont
dix pouces; celles de devant quatre pouces; et le
contour de la gueule a trois pouces sept lignes.

LA PERLÉE[1].

Bufo typhonius, Schneid., Merr.; *Bufo margaritifer*, Latr.,
Daud.; *Rana typhonia* et *margaritifera*, Linn., Laur.; *Lep-
todactylus typhonia*, Fitz.

On trouve au Brésil une grenouille dont le corps
est parsemé de petits grains d'un rouge clair, et
semblables à des perles. La tête est anguleuse,

(1) La Perlée. M. Daubenton, Encyclopédie méthodique.
Rana margaritifera, 15. Laurenti specimen medicum.
Séba, tom. 1, tab. 71, fig. 6 et 7.

33.

triangulaire, et conformée comme celle du caméléon. Le dos est d'un rouge-brun; les côtés sont
mouchetés de jaune : le ventre blanchâtre est
chargé de petites verrues ou petits grains d'un
bleu clair; les pieds sont velus, et ceux de devant n'ont que quatre doigts.

Une variété de cette espèce, si richement co-
lorée par la nature, a cinq doigts aux pieds de
devant, et la couleur de son corps est d'un jaune
clair (1).

L'on voit que, dans le continent de l'Amérique
méridionale, la nature n'a pas moins départi la
variété des couleurs aux quadrupèdes ovipares,
qu'elle paraît au premier coup-d'œil avoir dédai-
gnés, qu'à ces nombreuses troupes d'oiseaux de
différentes espèces sur le plumage desquels elle
s'est plu à répandre les nuances les plus vives,
et qui embellissent les rivages de ces contrées
chaudes et fécondes.

____

(1) Séba, tom. I, tab. 71, fig. 8.

LA JACKIE[1].

Rana paradoxa, Linn., Schn., Daud., Merr., Fitz; *Proteus raninus*, Laur.

CETTE grenouille se trouve en grand nombre à Surinam. Elle est d'une couleur jaune verdâtre qui devient quelquefois plus sombre. Le dos et les côtés sont mouchetés. Le ventre est d'une couleur pâle et nuageuse; les cuisses sont par derrière striées obliquement. Les pieds de derrière sont palmés; ceux de devant ont quatre doigts. Mademoiselle Mérian a rendu cette grenouille fameuse, en lui attribuant une métamorphose opposée à celle des grenouilles communes. Elle a prétendu qu'au lieu de passer par l'état de tétard pour devenir adulte, la Jackie perdait insensiblement ses pates au bout d'un certain temps, acquérait une queue, et devenait un véritable poisson. Cette métamorphose est plus qu'invraisemblable : nous n'en parlons ici que pour désigner l'espèce particulière de grenouille à laquelle mademoiselle Mérian l'a attribuée. L'on conserve au Cabinet du Roi, et l'on trouve dans presque toutes les

---

(1) La Jackie. M. Daubenton, Encyclopédie méthodique.

Rana paradoxa, 13. Linn., Amphib. rept.

Mus. ad fr., *Rana piscis*.

Séba, mus., tom. 1, tab. 78.

Mérian, Surinam, 71, tab. 71.

collections de l'Europe, plusieurs individus de cette grenouille fameuse, qui présentent les différents degrés de son développement, et de son passage par l'état de têtard, au lieu de montrer, comme on l'a cru faussement, les diverses nuances de son changement prétendu en poisson. La forme du têtard de la jackie, qui est assez grand, et qui ressemble plus ou moins à un poisson, comme tous les autres têtards, a pu donner lieu à cette erreur, dont on n'a parlé que trop souvent. D'ailleurs il paraît qu'il y a une espèce particulière de poisson, dont la forme extérieure est assez semblable à celle du têtard de la jackie, et que l'on a pu prendre pour le dernier état de cette grenouille d'Amérique.

LA GALONNÉE[1].

Rana virginica, Gmel.; Merr.; *Rana typhonia,* Daud.

ON trouve en Amérique cette grenouille dont Linnée a parlé le premier. Son dos présente quatre lignes relevées et longitudinales; il est d'ailleurs semé de points saillants et de taches noires. Les pieds de devant ont quatre doigts séparés; ceux de derrière en ont cinq réunis par une membrane;

---

(1) *Rana Typhonia,* 9. Linn., Amphib. rept.

le second est plus long que les autres et dépourvu de l'espèce d'ongle arrondi qu'ont plusieurs grenouilles.

Nous regardons comme une variété de cette espèce, jusqu'à ce qu'on ait recueilli de nouveaux faits, celle que M. Laurenti a appelée *Grenouille de Virginie* (1). Le corps de ce dernier animal, qu'on trouve en effet en Virginie, est d'une couleur cendrée, tachetée de rouge; le dos est relevé par cinq arêtes longitudinales, dont les intervalles sont d'une couleur pâle. Le ventre et les pieds sont jaunes.

LA GRENOUILLE ÉCAILLEUSE[2].

Rana squamigera, Gmel. (3).

On doit à M. Walbaum la description de cette espèce de grenouille. Il est d'autant plus intéressant de la connaître, qu'elle est un exemple de

---

(1) La Galonnée. M. Daubenton, Encyclopédie méthodique.

Rana virginica, Laurenti specimen medicum.

Séba, tom. I , t. 75 , f. 4.

(2) *Rana squamigera.* M. Walbaum, Mémoires des curieux de la nature de Berlin, an. 1784, tome V, page 221.

(3) MM. Latreille et Bory pensent que la grenouille écailleuse est un être imaginaire. MM. Cuvier, Merrem et les autres erpétologistes de notre époque, n'en font nulle mention. Desm. 1827.

ces conformations remarquables qui lient de très-près les divers genres d'animaux. Nous avons vu en effet, dans l'Histoire naturelle des Quadrupèdes ovipares, que presque toutes les espèces de lézards étaient couvertes d'écailles plus ou moins sensibles, et nous n'avons trouvé dans les grenouilles, les crapauds ni les raines, aucune espèce qui présentât quelque apparence de ces mêmes écailles; nous n'avons vu que des verrues ou des tubercules sur la peau des quadrupèdes ovipares sans queue. Voici maintenant une espèce de grenouille dont une partie du corps est revêtue d'écailles, ainsi que celui des lézards; et pendant que, d'un côté, la plupart des salamandres, qui toutes ont une queue comme ces mêmes lézards, et appartiennent au même genre que ces animaux, se rapprochent des quadrupèdes ovipares sans queue, non seulement par leur conformation intérieure et par leurs habitudes, mais encore par leur peau dénuée d'écailles sensibles, nous voyons, d'un autre côté, la grenouille décrite par M. Walbaum, établir un grand rapport entre son genre et celui des lézards par les écailles qu'elle a sur le dos. M. Walbaum n'a vu qu'un individu de cette espèce singulière qu'il a trouvé dans un Cabinet d'Histoire naturelle, et qui y était conservé dans de l'esprit-de-vin. Il n'a pas su d'où il avait été apporté. Il serait intéressant qu'on pût observer encore des individus de cette espèce, comparer ses habitudes avec celles des lézards et des grenouilles, et voir la liaison qui se trouve entre sa manière de vivre et sa conformation particulière.

La grenouille écailleuse est à-peu-près de la grosseur et de la forme de la grenouille commune; sa peau est comme plissée sur les côtés et sous la gorge; les pieds de devant ont quatre doigts à demi réunis par une membrane, et les pieds de derrière cinq doigts entièrement palmés; les ongles sont aplatis; mais ce qu'il faut surtout remarquer, c'est une bande écailleuse qui, partant de l'endroit des reins et s'étendant obliquement de chaque côté au-dessus des épaules, entoure par devant le dos de l'animal. Cette bande est composée de très-petites écailles à demi transparentes, présentant chacune un petit sillon longitudinal, placées sur quatre rangs, et se recouvrant les unes les autres comme les ardoises des toits. Il est évident, par cette forme et cette position, que ces pièces sont de véritables écailles semblables à celles des lézards, et qu'elles ne peuvent pas être confondues avec les verrues ou tubercules que l'on a observés sur le dos des quadrupèdes ovipares sans queue. M. Walbaum a vu aussi sur la pate gauche de derrière quelques portions garnies de petites écailles dont la forme était celle d'un carré long; et ce naturaliste conjecture avec raison qu'il en aurait trouvé également sur la pate droite, si l'animal n'avait pas été altéré par l'esprit-de-vin. Le dessous du ventre était garni de petites verrues très-rapprochées. L'individu décrit par M. Walbaum avait deux pouces neuf lignes de longueur, depuis le bout du museau jusqu'à l'anus ; sa couleur était grise, marbrée, tachetée et pointillée en divers endroits de brun et de marron plus ou moins foncé ; les taches étaient disposées en lignes tortueuses sur certaines places, comme, par exemple, sur le dos.

DEUXIÈME GENRE.

QUADRUPÈDES OVIPARES QUI N'ONT POINT DE QUEUE, ET QUI ONT,
SOUS CHAQUE DOIGT, UNE PETITE PELOTE VISQUEUSE.

RAINES.

LA RAINE VERTE ou COMMUNE[1].

Calamita arboreus, Schn., Merr.; *Hyla viridis*, Laur., Latr.;
Rana viridis et *arborea*, Linn.; la RAINETTE COMMUNE, Cuv.

Il est aisé de distinguer des grenouilles la Raine
verte, ainsi que toutes les autres raines, par des
espèces de petites plaques visqueuses qu'elle a
sous ses doigts, et qui lui servent à s'attacher

---

[1] Βατραχος δρυοπετης, en grec.

La Raine verte. M. Daubenton, Encyclopédie méthodique.

Rana arborea, 16. Linn., amphibia reptilia. (Des deux figures de
Séba, citées par Linnée, celle de la *planche soixante-treizième* du premier
volume doit être rapportée à la *Raine squelette*, et celle de la *planche
soixante-dixième* du second volume, à la *Raine bossue*.)

Gronov., mus. 2, p. 84, n° 63, *Rana*.

Gesner, de Quadup. ovip., page 55, *Ranunculus viridis*.

Rai, Synops. Quadrup., 251, *Rana arborea, seu Ranunculus viridis*.

Roësel, tab. 9, 10 et 11.

Hyla viridis, Laurenti specimen medicum.

Rana arborea, Wulff, Ichthyologia, cum amphibiis regni Borussici.

aux branches et aux feuilles des arbres. Tout ce
que nous avons dit de l'instinct, de la souplesse,
de l'agilité de la grenouille commune, appartient
encore davantage à la raine verte; et comme sa
taille est toujours beaucoup plus petite que celle
de la grenouille commune, elle joint plus de gentillesse à toutes les qualités de cette dernière. La
couleur du dessus de son corps est d'un beau
vert; le dessous, où l'on voit de petits tubercules,
est blanc. Une raie jaune, légèrement bordée de
violet, s'étend de chaque côté de la tête et du
dos, depuis le museau jusqu'aux pieds de derrière;
et une raie semblable règne depuis la mâchoire
supérieure jusqu'aux pieds de devant. La tête est
courte, aussi large que le corps, mais un peu ré-
trécie par devant; les mâchoires sont arrondies,
les yeux élevés. Le corps est court, presque triangulaire, très-élargi vers la tête, convexe par dessus et plat par dessous. Les pieds de devant, qui
n'ont que quatre doigts, sont assez courts et épais;
ceux de derrière, qui en ont cinq, sont au contraire déliés et très-longs; les ongles sont plats et
arrondis.

La raine verte saute avec plus d'agilité que les
grenouilles, parce qu'elle a les pates de derrière
plus longues en proportion de la grandeur du
corps. C'est au milieu des bois, c'est sur les branches des arbres, qu'elle passe presque toute la
belle saison; sa peau est si gluante, et ses pelotes
visqueuses se collent avec tant de facilité à tous

les corps, quelque polis qu'ils soient, que la raine n'a qu'à se poser sur la branche la plus unie, même sur la surface inférieure des feuilles, pour s'y attacher de manière à ne pas tomber. Catesby dit qu'elle a la faculté de rendre ces pelotes concaves, et de former par là un petit vide qui l'attache plus fortement à la surface qu'elle touche. Ce même auteur ajoute qu'elles franchissent quelquefois un intervalle de douze pieds. Ce fait est peut-être exagéré; mais, quoi qu'il en soit, les raines sont aussi agiles dans leurs mouvements que déliées dans leur forme.

Lorsque les beaux jours sont venus, on les voit s'élancer sur les insectes qui sont à leur portée; elles les saisissent et les retiennent avec leur langue, ainsi que les grenouilles; et sautant avec vitesse de rameau en rameau, elles y représentent jusqu'à un certain point les jeux et les petits vols des oiseaux, ces légers habitants des arbres élevés. Toutes les fois qu'aucun préjugé défavorable n'existera contre elles; qu'on examinera leurs couleurs vives qui se marient avec le vert des feuillages et l'émail des fleurs; qu'on remarquera leurs ruses et leurs embuscades; qu'on les suivra des yeux dans leurs petites chasses; qu'on les verra s'élancer à plusieurs pieds de distance, se tenir avec facilité sur les feuilles dans la situation la plus renversée et s'y placer d'une manière qui paraîtrait merveilleuse si l'on ne connaissait pas l'organe qui leur a été donné pour s'attacher aux corps les plus unis ; n'aura-t-on pas presque autant de plaisir à les observer qu'à considérer le plumage, les manœuvres et le vol de plusieurs espèces d'oiseaux ?

L'habitation des raines au sommet de nos arbres est une preuve de plus de cette analogie et de cette ressemblance d'habitudes que l'on trouve même entre les classes d'animaux qui paraissent les plus différentes les unes des autres. La dragonne, l'iguane, le basilic, le caméléon, et d'autres lézards très-grands, habitent au milieu des bois et même sur les arbres ; le lézard ailé s'y élance comme l'écureuil avec une facilité et à des distances qui ont fait prendre ses sauts pour une espèce de vol ; nous retrouvons encore sur ces mêmes arbres les raines, qui cependant sont pour le moins aussi aquatiques que terrestres, et qui paraissent si fort se rapprocher des poissons ; et tandis que ces raines, ces habitants si naturels de l'eau, vivent sur les rameaux de nos forêts, l'on voit, d'un autre côté, de grandes légions d'oiseaux presque entièrement dépourvus d'ailes, n'avoir que la mer pour patrie, et attachés, pour ainsi dire, à la surface de l'onde, passer leur vie à la sillonner ou à se plonger dans les flots.

Il en est des raines comme des grenouilles, leur entier développement ne s'effectue qu'avec lenteur ; et de même qu'elles demeurent long-temps dans leurs véritables œufs, c'est-à-dire sous l'enveloppe qui leur fait porter le nom de têtards,

elles ne deviennent qu'après un temps assez long
en état de perpétuer leur espèce : ce n'est qu'au
bout de trois ou quatre ans qu'elles s'accouplent.
Jusqu'à cette époque, elles sont presque muettes;
les mâles mêmes qui, dans tant d'espèces d'animaux, ont la voix plus forte que les femelles, ne
se font point entendre, comme si leurs cris n'é-
taient propres qu'à exprimer des désirs qu'ils ne
ressentent pas encore, et à appeler des compagnes
vers lesquelles ils ne sont point encore entraînés.

C'est ordinairement vers la fin du mois d'avril
que leurs amours commencent; mais ce n'est pas
sur les arbres qu'elles en goûtent les plaisirs; on
dirait qu'elles veulent se soustraire à tous les regards, et se mettre à l'abri de tous les dangers,
pour s'occuper plus pleinement sans distraction
et sans trouble de l'objet auquel elles vont s'unir;
ou bien il semble que leur première patrie étant
l'eau, c'est dans cet élément qu'elles reviennent
jouir dans toute son étendue d'une existence
qu'elles y ont reçue, et qu'elles sont poussées
par une sorte d'instinct à ne donner le jour à de
petits êtres semblables à elles, que dans les asiles
favorables où ils trouveront en naissant la nourriture et la sûreté qui leur ont été nécessaires à
elles-mêmes dans les premiers mois où elles ont
vécu; ou plutôt encore c'est à l'eau qu'elles retournent dans le temps de leurs amours, parce
que ce n'est que dans l'eau qu'elles peuvent s'unir
de la manière qui convient le mieux à leur organisation.

Les raines ne vivent dans les bois que pendant le temps de leurs chasses, car c'est aussi au fond des eaux et dans le limon des lieux marécageux, qu'elles se cachent pour passer le temps de l'hiver et de leur engourdissement.

On les trouve donc dans les étangs dès la fin du mois d'avril ou au commencement de mai; mais, comme si elles ne pouvaient pas renoncer, même pour un temps très-court, aux branches qu'elles ont habitées, peut-être parce qu'elles ont besoin d'y aller chercher l'aliment qui leur convient le plus lorsqu'elles sont entièrement développées, elles choisissent les endroits marécageux entourés d'arbres : c'est là que les mâles gonflant leur gorge, qui devient brune quand ils sont adultes, poussent leurs cris rauques et souvent répétés, avec encore plus de force que la grenouille commune. A peine l'un d'eux fait-il entendre son coassement retentissant, que tous les autres mêlent leurs sons discordants à sa voix; et leurs clameurs sont si bruyantes qu'on les prendrait de loin pour une meute de chiens qui aboient, et que, dans des nuits tranquilles, leurs coassements réunis sont quelquefois parvenus jusqu'à plus d'une lieue, surtout lorsque la pluie était prête à tomber.

Les raines s'accouplent comme les grenouilles; on aperçoit le mâle et la femelle descendre souvent au fond de l'eau pendant leur union, et y demeurer assez de temps; la femelle paraît agitée de mouvements convulsifs, surtout lorsque le moment de la ponte approche; et le mâle y répond en approchant plusieurs fois l'extrémité de son corps, de manière à féconder plus aisément les œufs à leur sortie.

Quelquefois les femelles sont délivrées, en peu d'heures, de tous les œufs qu'elles doivent pondre; d'autres fois elles ne s'en débarrassent que dans quarante-huit heures, et même quelquefois plus de temps, mais alors il arrive souvent que le mâle lassé, et peut-être épuisé de fatigue, perdant son amour avec ses désirs, abandonne sa femelle, qui ne pond plus que des œufs stériles.

La couleur des raines varie après leur accouplement; elle est d'abord rousse et devient grisâtre tachetée de roux; elle est ensuite bleue, et enfin verte.

Ce n'est ordinairement qu'après deux mois que les jeunes raines ont la forme qu'elles doivent conserver toute leur vie; mais, dès qu'elles ont atteint leur développement et qu'elles peuvent sauter et bondir avec facilité, elles quittent les eaux et gagnent les bois.

On fait vivre aisément la raine verte dans les maisons, en lui fournissant une température et une nourriture convenables. Comme sa couleur varie très-souvent, suivant l'âge, la saison et le climat, et comme, lorsque l'animal est mort, le vert du dessus de son corps se change souvent en bleu, nous présumons que l'on doit regarder comme une variété de cette raine, celle que

M. Boddaert a décrite sous le nom de grenouille à deux couleurs (1). Cette dernière raine faisait partie de la collection de M. Schlosser, et avait été apportée de Guinée ; ses pieds n'étaient pas palmés. Ses doigts étaient garnis de pelotes visqueuses ; elle en avait quatre aux pieds de devant et cinq aux pieds de derrière. La couleur du dessus de son corps était bleue, et le jaune régnait sur tout le dessous. Le museau était un peu avancé ; la tête plus large que le corps, et la lèvre supérieure un peu fendue (2).

On rencontre la raine verte en Europe (3), en Afrique et en Amérique (4) ; mais, indépendamment de cette espèce, les pays étrangers offrent d'autres quadrupèdes ovipares sans queue, et avec des plaques visqueuses sous les doigts. Nous allons présenter les caractères particuliers de ces diverses raines.

---

(1) *Rana bicolor*, Petri Boddaert , epist. de Rana bicolore. Ex museo Joan. Alb. Schlosser, Amst., 1772.

(2) Ce reptile constitue une espèce distincte : c'est le *Calamita bicolor*, Merr. ; l'*Hyla bicolor*, Latr., Daud. ; le *Rana bicolor* , Gmel., Shaw.

DESM. 1827.

(3) Elle est très-commune en Sardaigne. Histoire naturelle des Amphibies et des Poissons de la Sardaigne, par M. François Cetti, page 39.

(4) Catesby , Histoire naturelle de la Caroline.

M. Smith , Voyage dans les États-Unis de l'Amérique.

LA BOSSUE[1].

Calamita surinamensis, Merr., *Hyla surinamensis*, Daud.

Oɴ trouve, dans l'île de Lemnos, une raine qu'il est aisé de distinguer d'avec les autres, parce que sur son corps arrondi et plane s'élève une bosse bien sensible. Ses yeux sont saillants ; et les doigts de ses pieds, garnis de pelotes gluantes comme celles de la raine commune, sont en même temps réunis par une membrane. Elle est la proie des serpents. Il paraît que cette espèce qui appartient à l'ancien continent, se rencontre aussi à Surinam ; mais elle y a subi l'influence du climat, et y forme une variété distinguée par les taches que le dessus de son corps présente (2).

---

(1) La Bossue. M. Daubenton , Encyclopédie méthodique.
Hyla ranæformis, Laurenti specimen medicum.
Séba, tom. II, tab. i3, f. 2.
(2) *Hyla ranæformis*, Var. B., Laurenti specimen medicum.
Séba, tom. II, tab. 70, fig. 4.

34.

LA BRUNE[1].

Calamita tinctorius, var. β, Merr.; *Hyla fusca*, Laur.; *Hyla arborea* β, Linn.; la RAINETTE A TAPIRER, Cuv.

CETTE raine que M. Laurenti a le premier décrite sans indiquer son pays natal, mais qui nous paraît devoir appartenir à l'Europe, est distinguée d'avec les autres par sa couleur brune, et par des tubercules en quelque sorte déchiquetés qu'elle a sous les pieds.

La raine ou grenouille d'arbre dont parle Sloane sous le nom de *Rana arborea maxima*, et qui habite la Jamaïque, pourrait bien être une variété de la brune; sa couleur est foncée comme celle de la brune : à la vérité, elle est tachetée de vert, et elle a de chaque côté du cou une espèce de sac ou de vessie conique (2); mais les différences de cette raine qui vit en Amérique avec la brune, qui paraît habiter l'Europe, pourraient être rapportées à l'influence du climat, ou à celle de la saison des amours, qui, dans presque tous les animaux, rend plusieurs parties beaucoup plus apparentes.

---

(1) La Brune. M. Daubenton, Encyclopédie méthodique.
Hyla fusca, 27. Laurenti specimen medicum.
(2) Sloane, t. 2.

LA COULEUR DE LAIT [1].

Calamita palmatus, Merr.; *Rana boans*, Linn.; *Calamita maximus*, Schneid.; *Hyla palmata*, Latr., Daud. (2).

Elle habite en Amérique : sa couleur est d'un blanc de neige, avec des taches d'un blanc moins éclatant ; le bas-ventre présente des bandes d'une couleur cendrée pâle ; l'ouverture de la gueule est très-grande. Une variété de cette espèce, au lieu d'avoir le dessus du corps d'un blanc de neige, l'a d'une couleur bleuâtre un peu plombée.

---

(1) La Couleur de lait. M. Daubenton, Encyclopédie méthodique. *Hyla lactea*, 28. Laurenti specimen medicum.

(2) La rainette qui a servi pour cette description était une rainette beuglante ou la PATE D'OIE, Lacép. (*calamita palmatus*) décolorée. Il ne faut pas la confondre avec la rainette lactée de Daudin. Hist. nat. des Rainettes, in-4°, p. 30, pl. 10, fig. 2.   DESM. 1827.

LA FLUTEUSE[1].

Calamita tibicen, Merr.; *Hyla tibiatrix*, Laur., Daud.; *Hyla
aurantiaca*, Laur.; *Rana arborea*, var. η et *Rana boans*,
var. γ, Linn., Gmel. (2).

CETTE espèce a le corps d'un blanc de neige,
suivant M. Laurenti, de couleur jaune, suivant
Séba, et tacheté de rouge. Les pieds de derrière
sont palmés, et le mâle, en coassant, fait enfler
deux vessies qu'il a des deux côtés du cou, et que
l'on a comparées à des flûtes. Suivant Séba, elle
coasse *mélodieusement:* mais je crois qu'il ne faut
pas avoir l'oreille très-délicate pour se plaire à la
mélodie de la Flûteuse; cette raine se tait pendant les jours froids et pluvieux, et son cri annonce le beau temps; elle est opposée en cela à
la grenouille commune, dont le coassement est
au contraire un indice de pluie. Mais la sécheresse ne doit pas agir également sur les animaux
dans deux climats aussi différents que ceux de
l'Europe et de l'Amérique méridionale. Le mâle

---

(1) La Flûteuse. M. Daubenton, Encyclopédie méthodique.
Hyla tibiatrix, 30. Laurenti specimen medicum.
Séba, tom. I, tab. 71, fig. 1 et 2.
(2) Selon M. Merrem, cette rainette ne diffère pas spécifiquement de
la précédente. DESM. 1827.

de la raine couleur de lait ne pourrait-il pas avoir aussi deux vessies, qu'il n'enflerait et ne rendrait apparentes que dans le temps de ses amours, et dès lors la flûteuse ne devrait-elle pas être regardée comme une variété de la couleur de lait?

L'ORANGÉE[1].

Calamita tibicen, Merr.; *Hyla tibiatrix*, Laur., Daud.; *Hyla aurantiaca*, Laur.

Calamita ruber, Merr.; *Hyla rubra*, Laur., Daud.; *Hyla Sceleton*, Laur.

Le corps de cette raine est jaune, avec une teinte légère de roux, et son dos est comme circonscrit par une file de points roux plus ou moins foncés. Séba dit qu'elle ne diffère de la flûteuse que par le défaut des vessies de la gorge : elle vit à Surinam (2).

On rencontre au Brésil une raine dont le corps est d'un jaune tirant sur la couleur de l'or : son dos est à la vérité panaché de rouge, et on l'a vue d'une maigreur si grande, qu'on en a tiré le

---

(1) L'Orangée. M. Daubenton, Encyclopédie méthodique.

Hyla aurantiaca, 31. Laurenti specimen medicum.

Séba, tom. I, tab. 71, fig. 3.

(2) La Rainette orangée est en effet de la même espèce que la flûteuse; mais celle qui est décrite ci-après en doit être distinguée. Desm. 1827.

nom de raine squelette qu'on lui a donné (1). Mais les raines, ainsi que les grenouilles, sont sujettes à varier beaucoup par l'abondance ou le défaut de graisse, même dans un très-court espace de temps. Nous pensons donc que la raine squelette, vue dans d'autres moments que ceux où elle a été observée, n'aurait peut-être pas paru assez maigre pour former une espèce différente de l'orangée, mais simplement une variété dépendante du climat, ou d'autres circonstances.

LA ROUGE[2].

Calamita ruber, Merr.; *Hyla rubra*, Laur., Daud. (3).
Calamita tinctorius, Merr.; *Hyla tinctoria*, Latr., Daud.;
Rana tinctoria, Shaw. (4).

On la trouve en Amérique; elle a la tête grosse, l'ouverture de la gueule grande, et sa couleur est rouge.

---

(1) La Raine Squelette. M. Daubenton, Encyclopédie méthodique.
Hyla Sceleton, 33. Laurenti specimen medicum.
Séba, tom. I, t. 73, fig. 3.
(2) La Rouge. M. Daubenton, Encyclopédie méthodique.
Hyla rubra, 32. Laurenti specimen medicum.
Séba, tom. II, tab. 68, fig. 5.
(3) Celle-ci est de la même espèce que la Rainette décrite à la fin de l'article précédent. Desm. 1827.
(4) Cette seconde Rainette est la même que la brune décrite ci-avant, page 532. Desm. 1827.

M. le comte de Buffon a fait mention, dans l'Histoire des Perroquets appelés *Cricks*, d'un petit quadrupède ovipare sans queue de l'Amérique méridionale, dont se servent les Indiens pour donner aux plumes des perroquets une belle couleur rouge ou jaune, ce qu'ils appellent *tapirer*. Ils arrachent pour cela les plumes des jeunes cricks qu'ils ont enlevés dans leur nid; ils en frottent la place avec le sang de ce quadrupède ovipare; les plumes qui renaissent après cette opération, au lieu d'être vertes comme auparavant, sont jaunes ou rouges. Ce quadrupède ovipare sans queue vit communément dans les bois: il y a, au Cabinet du Roi, plusieurs individus de cette espèce, conservés dans l'esprit-de-vin, d'après lesquels il est aisé de voir qu'il est du genre des raines, puisqu'il a des plaques visqueuses au bout des doigts, ce qui s'accorde fort bien avec l'habitude qu'il a de demeurer au milieu des arbres. Il paraît que la couleur de cette raine tire sur le rouge; elle présente sur le dos deux bandes longitudinales, irrégulières, d'un blanc jaunâtre ou même couleur d'or. Il me semble qu'on doit regarder cette jolie et petite raine comme une variété de la rouge ou peut-être de l'orangée. Combien les grenouilles, les crapauds et les raines ne varient-ils pas, suivant l'âge, le sexe, la saison, et l'abondance ou la disette qu'ils éprouvent! La raine à tapirer a, comme la rouge, la tête grosse en proportion du corps, et l'ouverture de la gueule est grande.

Au reste, il est bon de remarquer que nous retrouvons sur les raines de l'Amérique méridionale les belles couleurs que la nature y a accordées aux grenouilles, et qu'elle y a prodiguées aussi avec tant de magnificence aux oiseaux, aux insectes et aux papillons.

TROISIÈME GENRE.

QUADRUPÈDES OVIPARES SANS QUEUE, QUI ONT LE CORPS RAMASSÉ ET ARRONDI.

CRAPAUDS.

LE CRAPAUD COMMUN[1].

Bufo cinereus, Schneid., Merr.; *Rana Bufo*, Linn.; *Bufo vulgaris*, Laur., Latr., Daud.; le CRAPAUD COMMUN, Cuv.

DEPUIS long-temps l'opinion a flétri cet animal dégoûtant, dont l'approche révolte tous les sens. L'espèce d'horreur avec laquelle on le découvre est produite même par l'image que le souvenir en

---

[1] Φρῦνος, en grec.

Bufo, en latin.

Toad, en anglais.

Le Crapaud commun. M. Daubenton, Encyclopédie méthodique.

Rana Bufo, 3. Linn., amphibia reptilia.

Bufo, Scotia illustrata, Edimburgi, 1684.

Rana Bufo, Wulff, Ichthyologia, cum amphibiis regni Borussici.

Phrunos, Arist., Hist. an., lib. IX, chap. 1, 40.

Toad, British Zoology, vol. III, London, 1776.

Rubeta, *seu Phrynum*, Gesner, pisc., 807.

Bradl., nat., t. 21, f. 2.

Bufo, *seu Rubeta*, Rai, Synops. Quadrup., 252.

retrace; beaucoup de gens ne se le représentent qu'en éprouvant une sorte de frémissement, et les personnes qui ont un tempérament faible et les nerfs délicats, ne peuvent en fixer l'idée sans croire sentir dans leurs veines le froid glacial que l'on a dit accompagner l'attouchement du crapaud. Tout en est vilain, jusqu'à son nom, qui est devenu le signe d'une basse difformité; on s'étonne toujours lorsqu'on le voit constituer une espèce constante d'autant plus répandue, que presque toutes les températures lui conviennent, et en quelque sorte d'autant plus durable, que plusieurs espèces voisines se réunissent pour former avec lui une famille nombreuse. On est tenté de prendre cet animal informe pour un produit fortuit de l'humidité et de la pourriture, pour un de ces jeux bizarres qui échappent à la nature; et on n'imagine pas comment cette mère commune, qui a réuni si souvent tant de belles proportions à tant de couleurs agréables, et qui même a donné aux grenouilles et aux raines une sorte de grace, de gentillesse et de parure, a pu imprimer au crapaud une forme si hideuse. Et que l'on ne croie pas que ce soit d'après des conventions arbitraires qu'on le regarde comme un des êtres les plus défavorablement traités : il paraît vicié dans toutes ses parties. S'il a des pates, elles n'élèvent pas son corps disproportionné au-dessus de la fange qu'il habite. S'il a des yeux, ce n'est point en quelque sorte pour recevoir une lumière qu'il fuit. Mangeant des herbes puantes ou vénéneuses, caché dans la vase, tapi sous des tas de pierres, retiré dans des trous de rochers, sale dans son habitation, dégoûtant par ses habitudes, difforme dans son corps, obscur dans ses couleurs, infect par son haleine, ne se soulevant qu'avec peine, ouvrant, lorsqu'on l'attaque, une gueule hideuse, n'ayant pour toute puissance qu'une grande résistance aux coups qui le frappent, que l'inertie de la matière, que l'opiniâtreté d'un être stupide, n'employant d'autre arme qu'une liqueur fétide qu'il lance, que paraît-il avoir de bon, si ce n'est de chercher, pour ainsi dire, à se dérober à tous les yeux, en fuyant la lumière du jour?

Cet être ignoble occupe cependant une assez grande place dans le plan de la nature : elle l'a répandu avec bien plus de profusion que beaucoup d'objets chéris de sa complaisance maternelle. Il semble qu'au physique comme au moral, ce qui est le plus mauvais est le plus facile à produire; et d'un autre côté, on dirait que la nature a voulu, par ce frappant contraste, relever la beauté de ses autres ouvrages. Donnons donc dans cette histoire une place assez étendue à ces êtres sur lesquels nous sommes forcés d'arrêter un moment l'attention. Ne cherchons même pas à ménager la délicatesse; ne craignons pas de blesser les regards; et tâchons de montrer le crapaud tel qu'il est.

Son corps, arrondi et ramassé, a plutôt l'air

d'un amas informe et pétri au hasard, que d'un
corps organisé, arrangé avec ordre, et fait sur un
modèle. Sa couleur est ordinairement d'un gris
livide, tacheté de brun et de jaunâtre; quelquefois, au commencement du printemps, elle est
d'un roux sale, qui devient ensuite, tantôt presque noir, tantôt olivâtre, et tantôt roussâtre. Il
est encore enlaidi par un grand nombre de verrues ou plutôt de pustules d'un vert noirâtre, ou
d'un rouge clair. Une éminence très-allongée, faite
en forme de rein, molle et percée de plusieurs
pores très-visibles, est placée au-dessus de chaque
oreille. Le conduit auditif est fermé par une lame
membraneuse. Une peau épaisse, dure, et très-
difficile à percer, couvre son dos aplati; son large
ventre paraît toujours enflé; ses pieds de devant
sont très-peu allongés, et divisés en quatre doigts,
tandis que ceux de derrière ont chacun six doigts
réunis par une membrane (1). Au lieu de se servir de cette large pate pour sauter avec agilité, il
ne l'emploie qu'à comprimer la vase humide sur
laquelle il repose; et au-devant de cette masse,
qu'est-ce qu'on distingue? Une tête un peu plus
grosse que le reste du corps, comme s'il manquait quelque chose à sa difformité : une grande
gueule garnie de mâchoires raboteuses, mais sans
dents; des paupières gonflées, et des yeux assez

____

(1) Le doigt intérieur est gros, mais très-court et peu sensible dans le
squelette.

gros, saillants, et qui révoltent par la colère qui paraît souvent les animer. On est tout étonné qu'un , animal qui ne semble pétri que d'une vile et froide boue, puisse sentir l'ardeur de la colère, comme si la nature avait permis ici aux extrêmes de se mêler, afin de réunir dans un seul être tout ce qui peut repousser l'intérêt. Il s'irrite avec force pour peu qu'on le touche ; il se gonfle, et tâche d'employer ainsi sa vaine puissance : il résiste long-temps aux poids avec lesquels on cherche à l'écraser ; et il faut que toutes ses parties et ses vaisseaux soient bien peu liés entre eux, puisqu'on a vu des crapauds qui, percés d'outre en outre avec un pieu, ont cependant vécu plusieurs jours, étant fichés contre terre.

Tout se ressent de la grossièreté de l'atmosphère ordinairement répandue autour du crapaud, et de la disproportion de ses membres : non seulement il ne peut point marcher, mais il ne saute qu'à une très-petite hauteur ; lorsqu'il se sent pressé, il lance contre ceux qui le poursuivent, les sucs fétides dont il est imbu ; il fait jaillir une liqueur limpide que l'on dit être son urine (1) et qui, dans certaines circonstances, est plus ou moins nuisible. Il transpire de tout son corps une humeur laiteuse, et il découle de sa bouche une bave, qui peuvent infecter les herbes et les fruits sur lesquels il passe, de manière à incommoder

______

(1) Voyez l'ouvrage déja cité de M. Laurenti.

ceux qui en mangent sans les laver. Cette bave et cette humeur laiteuse peuvent être un venin plus ou moins actif, ou un corrosif plus ou moins fort, suivant la température, la saison, et la nourriture des crapauds, l'espèce de l'animal sur lequel il agit, et la nature de la partie qu'il attaque. La trace du crapaud peut donc être, dans certaines circonstances, aussi funeste que son aspect est dégoûtant. Pourquoi donc laisser subsister un animal qui souille et la terre et les eaux, et même le regard? Mais comment anéantir une espèce aussi féconde, et répandue dans presque toutes les contrées?

Le crapaud habite pour l'ordinaire dans les fossés, surtout dans ceux où une eau fétide croupit depuis long-temps; on le trouve dans les fumiers, dans les caves, dans les antres profonds, dans les forêts, où il peut se dérober aisément à la clarté qui le blesse, en choisissant de préférence les endroits ombragés, sombres, solitaires, en s'enfonçant sous les décombres et sous les tas de pierres : et combien de fois n'a-t-on pas été saisi d'une espèce d'horreur, lorsque soulevant quelque gros caillou dans des bois humides, on a découvert un crapaud accroupi contre terre, animant ses gros yeux, et gonflant sa masse pustuleuse?

C'est dans ces divers asiles obscurs qu'il se tient renfermé pendant tout le jour, à moins que la pluie ne l'oblige à en sortir.

Il y a des pays où les crapauds sont si fort répandus, comme auprès de Carthagène, et de Porto-Bello en Amérique, que non seulement lorsqu'il pleut ils y couvrent les terres humides et marécageuses, mais encore les rues, les jardins et les cours, et que les habitants de ces provinces de Carthagène et de Porto-Bello, ont cru que chaque goutte de pluie était changée en crapaud. Ces animaux présentent même dans ces contrées du Nouveau-Monde, un volume considérable; les moins grands ont six pouces de longueur. Si c'est pendant la nuit que la pluie tombe, ils abandonnent presque tous leur retraite, et alors ils paraissent se toucher sur la surface de la terre, qu'on dirait qu'ils ont entièrement envahie. On ne peut sortir sans les fouler aux pieds, et on prétend même qu'ils y font des morsures d'autant plus dangereuses, qu'indépendamment de leur grosseur, ils sont, dit-on, très-venimeux (1). Il se pourrait en effet que l'ardeur de ces contrées, et la nourriture qu'ils y prennent, viciât encore davantage la nature de leurs humeurs.

Pendant l'hiver, les crapauds se réunissent plusieurs ensemble, dans les pays où la température devenant trop froide pour eux, les force à s'engourdir; ils se ramassent dans le même trou, apparemment pour augmenter et prolonger le peu

---

(1) Voyage de Don Antoine d'Ulloa, Histoire générale des Voyages, vol. LIII, page 339, édit. in-12.

de chaleur qui leur reste encore. C'est dans ce temps qu'on pourrait plus facilement les trouver, qu'ils ne pourraient fuir, et qu'il faudrait chercher à diminuer leur nombre.

Lorsque les crapauds sont réveillés de leur long assoupissement, ils choisissent la nuit pour errer et chercher leur nourriture; ils vivent, comme les grenouilles, d'insectes, de vers, de scarabées, de limaçons; mais on dit qu'ils mangent aussi de la sauge, dont ils aiment l'ombre, et qu'ils sont surtout avides de ciguë, que l'on a quelquefois appelée le *persil du crapaud* (1).

Lorsque les premiers jours chauds du printemps sont arrivés, on les entend, vers le coucher du soleil, jeter un cri assez doux : apparemment c'est leur cri d'amour; et faut-il que des êtres aussi hideux en éprouvent l'influence, et qu'ils paraissent même le ressentir plutôt que les autres quadrupèdes ovipares sans queue? Mais ne cessons jamais d'être historien fidèle; ne négligeons rien de ce qui peut diminuer l'espèce d'horreur avec laquelle on voit ces animaux; et, en rendant compte de la manière dont ils s'unissent, n'omettons aucuns des soins qu'ils se donnent, et qui paraîtraient supposer en eux des attentions particulières, et une sorte d'affection pour leurs femelles.

C'est en mars ou en avril que les crapauds s'ac-

______

(1) Matière médicale, cont. de Geoffroy, tome XII, page 148.

couplent : le plus souvent c'est dans l'eau que leur union a lieu, ainsi que celle des grenouilles et des raines. Mais le mâle saisit sa femelle souvent fort loin des ruisseaux ou des marais ; il se place sur son dos, l'embrasse étroitement, la serre avec force : la femelle, quoique surchargée du poids du mâle, est obligée quelquefois de le porter à des distances considérables ; mais ordinairement elle ne laisse échapper aucun œuf que lorsqu'elle a rencontré l'eau.

Ils sont accouplés pendant sept ou huit jours, et même pendant plus de vingt, lorsque la saison ou le climat sont froids (1) ; ils coassent tous deux presque sans cesse, et le mâle fait souvent entendre une sorte de grognement assez fort lorsqu'on veut l'arracher à sa femelle, ou lorsqu'il voit approcher quelque autre mâle, qu'il semble regarder avec colère, et qu'il tâche de repousser en allongeant ses pates de derrière. Quelque blessure qu'il éprouve, il ne la quitte pas : si on l'en sépare par force, il revient à elle dès qu'on le laisse libre, et il s'accouple de nouveau, quoique privé de plusieurs membres, et tout couvert de plaies sanglantes (2). Vers la fin de l'accouplement, la femelle pond ses œufs ; le mâle les ramasse quelquefois avec ses pates de derrière, et les entraîne au-dessous de son anus dont ils paraissent sortir ;

---

(1) OEuvres de M. l'abbé Spallanzani, vol. III, page 31.
(2) Idem, page 84.

il les féconde et les repousse ensuite. Ces œufs sont renfermés dans une liqueur transparente, visqueuse, où ils forment comme deux cordons toujours attachés à l'anus de la femelle. Le mâle et la femelle montent alors à la surface de l'eau pour respirer; au bout d'un quart d'heure ils s'enfoncent une seconde fois pour pondre ou féconder de nouveaux œufs; et ils paraissent ainsi à la surface des marais, et disparaissent plusieurs fois. A chaque nouvelle ponte, les cordons qui renferment les œufs s'allongent de quelques pouces : il y a ordinairement neuf ou dix pontes. Lorsque tous les œufs sont sortis et fécondés, ce qui n'arrive souvent qu'après douze heures, les cordons se détachent; ils ont alors quelquefois plus de quarante pieds de long (1); les œufs, dont la couleur est noire, y sont rangés en deux files, et placés de manière à occuper le plus petit espace possible : on a rencontré de ces œufs à sec dans le fond de bassins et de fossés dont l'eau s'était évaporée.

Les crapauds craignent autant la lumière dans le moment de leurs plaisirs que dans les autres instants de leur vie : aussi n'est-ce qu'à la pointe du jour, et même souvent pendant la nuit, qu'ils s'unissent à leurs femelles. Les besoins du mâle paraissent subsister quelquefois, après que ceux de la femelle ont été satisfaits, c'est-à-dire après

______

(1) OEuvres de M. l'abbé Spallanzani, vol. III, page 33.

la ponte des œufs. M. Roësel en a vu rester accouplés pendant plus d'un jour, quoique la femelle ni le mâle ne laissassent rien sortir de leur corps, et qu'en disséquant la femelle il ait vu ses ovaires vides (1). On retrouve donc, dans cette espèce, la force tyrannique du mâle, qui n'attend pas, pour s'unir de nouveau à sa femelle, qu'un besoin mutuel les rassemble par la voix d'un amour commun; mais qui la contraint à servir à ses jouissances, lors même que ses désirs ne sont plus partagés; et cet abus de la force qu'il peut exercer sur elle, ne paraît-il pas exister aussi dans la manière dont il s'en empare, pendant qu'ils sont encore éloignés du seul endroit où ses jouissances semblent pouvoir être communes à celle qu'il s'est soumise? Il se fait porter par elle, et commence ses plaisirs pendant qu'elle ne paraît ressentir encore que la peine de leur union.

Nous devons cependant convenir que, dans la ponte, les mâles des crapauds se donnent quelquefois plus de soins que ceux des grenouilles, non seulement pour féconder les œufs, mais encore pour les faire sortir du corps de leurs femelles, lorsqu'elles ne peuvent pas se défaire seules de ce fardeau. On ne peut guère en douter d'après les observations de M. Demours (2) sur un crapaud terrestre trouvé par cet académicien

---

(1) Roësel, Historia naturalis Ranarum, etc.
(2) Mém. de l'Académie des Sciences, année 1741.

dans le Jardin du Roi, surpris, troublé, sans être interrompu dans ses soins, et non seulement accouplé hors de l'eau, mais encore aidant avec ses pates de derrière la sortie des œufs que la femelle ne pouvait pas faciliter par les divers mouvements qu'elle exécute lorsqu'elle est dans l'eau (1).

Au reste, des œufs abandonnés à terre ne doivent pas éclore, à moins qu'ils ne tombent dans quelques endroits assez obscurs, assez couverts de vase, et assez pénétrés d'humidité, pour que les petits crapauds puissent s'y nourrir et s'y développer (2).

Les cordons augmentent de volume en même temps et en même proportion que les œufs qui, au bout de dix ou douze jours, ont le double de grosseur que lors de la ponte (3); les globules renfermés dans ces œufs, et qui d'abord sont noirs d'un côté, et blanchâtres de l'autre, se couvrent peu à peu de linéaments; au dix-septième ou dix-huitième jour on aperçoit le petit tétard; deux ou trois jours après il se dégage de la ma-

(1) M. Laurenti a fait une espèce particulière du crapaud observé par M. Demours; il lui a donné le nom de *Bufo obstetricans ;* mais nous ne voyons rien qui doive faire séparer cet animal du crapaud commun *.

(2) Les œufs des crapauds se développent, quoique la température de l'atmosphère ne soit qu'à six degrés au-dessus de zéro du thermomètre de Réaumnr. OEuvres de M. l'abbé Spallanzani, traduction de M. Sennebier, vol. I, page 88.

(3) M. l'abbé Spallanzani, ouvrage déja cité

* Ce reptile ou *Crapaud accoucheur* a été décrit et figuré comme formant réellement une espèce distincte dans le genre des Crapauds, par M. Brongniart. M. Merrem le place dans le genre Bombinator sous le nom de *Bombinator obstetricans.* DESM. 1827.

tière visqueuse qui enveloppait les œufs; il s'efforce alors de gagner la surface de l'eau, mais il retombe bientôt au fond; au bout de quelques jours il a de chaque côté du cou un organe qui a quelques rapports avec les ouïes des poissons, qui est divisé en cinq ou six appendices frangées, et qui disparaît tout-à-fait le vingt-troisième ou le vingt-quatrième jour. Il semble d'abord ne vivre que de la vase et des ordures qui nagent dans l'eau; mais, à mesure qu'il devient plus gros, il se nourrit de plantes aquatiques. Son développement se fait de la même manière que celui des jeunes grenouilles; et lorsqu'il est entièrement formé, il sort de l'eau, et va à terre chercher les endroits humides.

Il en est des crapauds communs comme des autres quadrupèdes ovipares; ils sont beaucoup plus grands et beaucoup plus venimeux à mesure qu'ils habitent des pays plus chauds et plus convenables à leur nature (1). Parmi les individus de cette espèce, qui sont conservés au Cabinet du Roi, il y en a un qui a quatre pouces et demi de longueur, depuis le museau jusqu'à l'anus. On en trouve sur la Côte-d'Or d'une grosseur si prodigieuse, que lorsqu'ils sont en repos, on les prendrait pour des tortues de terre; ils y sont ennemis mortels des serpents : Bosman a été souvent le témoin des combats que se livrent ces animaux.

---

(1) En Sardaigne, on regarde leur contact seul comme dangereux. Hist. nat. des Amph. et des Poiss. de cette île, par M. François Cetti, p. 40.

Il doit être curieux de voir le contraste de la lourde masse du crapaud, qui se gonfle et s'agite pesamment, avec les mouvements prestes et rapides des serpents, lorsque, irrités tous les deux, et leurs yeux en feu, l'un résiste par sa force et son inertie aux efforts que son ennemi fait pour l'étouffer au milieu des replis de son corps tortueux, et que tous deux cherchent à se donner la mort par leurs morsures et leur venin fétide, ou leurs liqueurs corrosives.

Ce n'est qu'au bout de quatre ans que le crapaud est en état de se reproduire. On a prétendu que sa vie ordinaire n'était que de quinze ou seize ans ; mais sur quoi l'a-t-on fondé ? Avait-on suivi avec soin le même crapaud dans ses retraites écartées ? Avait-on recueilli un assez grand nombre d'observations pour reconnaître la durée ordinaire de la vie des crapauds, indépendamment de tout accident et du défaut de nourriture ?

Nous avons au contraire un fait bien constaté, par lequel il est prouvé qu'un crapaud a vécu plus de trente-six ans : mais la manière dont il a passé sa longue vie va bien étonner; elle prouve jusqu'à quel point la domesticité peut influer sur quelque animal que ce soit, et surtout sur les êtres dont la nature est plus susceptible d'altération, et dans lesquels des ressorts moins compliqués peuvent plus aisément, sans se rompre ou se désunir, être pliés dans de nouveaux sens. Ce crapaud a vécu presque toujours dans une maison où

il a été, pour ainsi dire, élevé et apprivoisé (1).
Il n'y avait pas acquis sans doute cette sorte d'affection que l'on remarque dans quelques espèces d'animaux domestiques, et qui était trop incompatible avec son organisation et ses mœurs, mais il y était devenu familier ; la lumière des bougies avait été pendant long-temps pour lui le signal du moment où il allait recevoir sa nourriture ; aussi, non seulement il la voyait sans crainte, mais même il la recherchait : il était déja très-gros lorsqu'il fut remarqué pour la première fois ; il habitait sous un escalier qui était devant la porte de la maison ; il paraissait tous les soirs au moment où il apercevait de la lumière, et levait les yeux comme s'il eût attendu qu'on le prît, et qu'on le portât sur une table, où il trouvait des insectes, des cloportes, et surtout de petits vers qu'il préférait peut-être à cause de leur agitation continuelle ; il fixait sa proie ; tout d'un coup il lançait sa langue avec rapidité, et les insectes ou les vers y demeuraient attachés, à cause de l'humeur visqueuse dont l'extrémité de cette langue était enduite.

Comme on ne lui avait jamais fait de mal, il ne s'irritait point lorsqu'on le touchait ; il devint l'objet d'une curiosité générale, et les dames même demandèrent à voir le crapaud familier.

Il vécut plus de trente-six ans dans cette espèce

____

(1) Zoologie britannique, vol. III.

de domesticité; et il aurait vécu plus de temps peut-être si un corbeau, apprivoisé comme lui, ne l'eût attaqué à l'entrée de son trou, et ne lui eût crevé un œil, malgré tous les efforts qu'on fit pour le sauver. Il ne put plus attraper sa proie avec la même facilité, parce qu'il ne pouvait juger avec la même justesse de sa véritable place; aussi périt-il de langueur au bout d'un an.

Les différents faits observés relativement à ce crapaud, pendant sa domesticité, prouvent peut-être qu'on a exagéré la sorte de méchanceté et les goûts sales de son espèce. On pourrait dire cependant que ce crapaud habitait l'Angleterre, et par conséquent à une latitude assez élevée pour que toutes ses mauvaises habitudes fussent tempérées par le froid : d'ailleurs, trente-six ans de domesticité, de sûreté et d'abondance, peuvent bien changer les inclinations d'un animal tel que le crapaud, le naturel des quadrupèdes ovipares paraissant, pour ainsi dire, plus flexible que celui des animaux mieux organisés. Que l'on croie tout au plus qu'avec moins de dangers à courir, et une nourriture d'une qualité particulière, l'espèce du crapaud pourrait être perfectionnée comme tant d'autres espèces; mais ne faudra-t-il pas toujours reconnaître, dans les individus dont la nature seule aura pris soin, les vices de conformation et d'habitudes qu'on leur a attribués?

Comme l'art de l'homme peut rendre presque tout utile, puisqu'il change quelquefois en médicaments salutaires les poisons les plus funestes , on s'est servi des crapauds en médecine; on les y a employés de plusieurs manières (1), et contre plusieurs maux.

On trouve plusieurs observations d'après lesquelles il paraîtrait, au premier coup-d'œil, qu'un crapaud a pu se développer et vivre pendant un nombre prodigieux d'années dans le creux d'un arbre ou d'un bloc de pierre, sans aucune communication avec l'air extérieur : mais on ne l'a pensé ainsi, que parce qu'on n'avait pas bien examiné l'arbre ou la pierre, avant de trouver le crapaud dans leurs cavités (2). Cette opinion ne peut pas être admise, mais cependant on doit regarder comme très-sûr qu'un crapaud peut vivre très-long-temps, et même jusqu'à dix-huit mois sans prendre aucune nourriture, en quelque sorte sans respirer, et toujours renfermé dans des boîtes scellées exactement. Les expériences de M. Hérissant le mettent hors de doute (3), et ceci est une nouvelle confirmation de ce que nous avons dit

---

(1) « Mes nègres , que les chaleurs du soleil et du sable avaient « beaucoup incommodés, se frottèrent le front avec des crapauds vivants, « dont ils trouvèrent encore quelques-uns sous les broussailles : c'est « assez leur coutume lorsqu'ils sont travaillés de la migraine, et ils en « furent soulagés. » Histoire naturelle du Sénégal, par M. Adanson, page 163.

(2) Encyclopédie méthodique , art. des *Crapauds*, par M. Daubenton. Astruc, Paris, 1737, in-4°, pages 562 et suiv.

(3) Éloge de M. Hérissant, Histoire de l'Académie des Sciences , année 1773.

dans notre premier discours touchant la nature des quadrupèdes ovipares.

Voyons maintenant les caractères qui distinguent les crapauds différents du crapaud commun, tant en Europe que dans les pays étrangers; il n'est presque aucune latitude où la nature n'ait prodigué ces êtres hideux dont il semble qu'elle n'a diversifié les espèces que par de nouvelles difformités, comme si elle avait voulu qu'il ne manquât aucun trait de laideur à ce genre disgracié.

LE VERT[1].

Bufo variabilis, Merr.; *Bufo viridis*, Laur., Schneid.; *Bufo schreberianus*, Laur.; *Rana sitibunda*, Pall., Gmel.; *Bufo sitibundus*, Schneid.; le CRAPAUD VARIABLE, Cuv.

ON trouve, auprès de Vienne, dans les cavités des rochers ou dans les fentes obscures des murailles, un crapaud d'un blanc livide, dont le dessus du corps est marqueté de taches vertes légèrement ponctuées, entourées d'une ligne noire,

---

(1) Le Vert. M. Daubenton, Encyclopédie méthodique.
Bufo viridis, 8. Laurenti specimen medicum.
Rana sitibunda, M. Pallas, Supplément à son voyage.

et, le plus souvent, réunies plusieurs ensemble. Tout son corps est parsemé de verrues, excepté le devant de la gueule et les extrémités des pieds; elles sont livides sur le ventre, vertes sur les taches vertes, et rouges sur les intervalles qui séparent ces taches.

Il paraît que les liqueurs corrosives que répand ce crapaud, peuvent être plus nuisibles que celles du crapaud commun : sa respiration est accompagnée d'un gonflement de la gueule. Dans la colère, ses yeux étincèlent; et son corps, enduit d'une humeur visqueuse, répand une odeur fétide, semblable à celle de la morelle des boutiques (*Solanum nigrum*), mais beaucoup plus forte. Il tourne toujours en dedans ses deux pieds de devant. Comme il habite le même pays que le crapaud commun, on ne peut décider que d'après plusieurs observations, si les différences qu'il présente, quant à ses couleurs, à la disposition de ses verrues, etc., doivent établir, entre cet animal et le crapaud commun, une diversité d'espèce ou une simple variété plus ou moins constante. Suivant M. Pallas, le crapaud vert, qu'il nomme *Rana sitibunda*, se trouve en assez grand nombre aux environs de la mer Caspienne (1).

-----

(1) M. Pallas, à l'endroit déja cité.

LE RAYON-VERT[1].

Bufo variabilis, Merr.; *Bufo viridis*, Laur., Schneid.; *Bufo schreberianus*, Laur.; *Rana sitibunda*, Gmel.; *Bufo sitibundus*, Schneid.; le CRAPAUD VARIABLE, Cuv.

Nous plaçons à la suite du vert ce crapaud qui pourrait bien n'en être qu'une variété (2). Il est couleur de chair; son caractère distinctif est de présenter des lignes vertes, disposées en rayons; il a été trouvé en Saxe.

Nous invitons les naturalistes qui habitent l'Allemagne à rechercher si l'on ne doit pas rapporter au Rayon-vert, comme une variété plus ou moins distincte, le crapaud trouvé en Saxe, parmi des pierres, par M. Schreber, et que M. Pallas a fait connaître sous le nom de *Grenouille changeante* (2).

Ce crapaud est de la grandeur de la grenouille commune; sa tête est arrondie; sa bouche sans dents; sa langue épaisse et charnue; les paupières supérieures sont à peine sensibles, le dessus du corps est parsemé de verrues. Les pieds de devant ont quatre doigts; ceux de derrière en ont cinq, réunis par une membrane. M. Edler, de Lubeck, a découvert que ce crapaud change souvent de

---

(1) Le Rayon-Vert. M. Daubenton, Encyclopédie méthodique. *Bufo schreberianus*, 7. Laurenti specimen medicum.

(2) Spicilegia zoologica, fasciculus septimus, fol. 1.

couleur, ainsi que le caméléon et quelques autres lézards, ce qui établit un nouveau rapport entre les divers genres des quadrupèdes ovipares. Lorsque ce crapaud est en mouvement, sa couleur est blanche parsemée de taches d'un beau vert, et ses verrues paraissent jaunes. Lorsqu'il est en repos, la couleur verte des taches se change en un cendré plus ou moins foncé. Le fond blanc de sa couleur devient aussi cendré lorsqu'on le touche et qu'on l'inquiète. Si on l'expose aux rayons du soleil dont il fuit la lumière, la beauté de ses couleurs disparaît, et il ne présente plus qu'une teinte uniforme et cendrée. Un crapaud de la même espèce, trouvé engourdi par M. Schreber, présentait, entre les taches vertes, une couleur de chair semblable à celle du *Rayon-vert*.

LE BRUN[1].

Bufo fuscus, Laur., Daud.; *Rana ridibunda*, Pall.; *Bufo ridibundus*, Schneid., Merr.; *Rana bombina*, var. γ, Linn.; le Crapaud brun, Cuv.

Ce crapaud a la peau lisse, sans aucune verrue, et marquetée de grandes taches brunes qui se

---

[1] Le Brun. M. Daubenton, Encyclopédie méthodique.
Bufo fuscus, Laurenti specimen medicum.
Roësel, tab. 17 et 18.
Rana ridibunda, Supplément au voyage de M. Pallas.

touchent. Les plus larges et les plus foncées sont sur le dos, au milieu et le long duquel s'étend une petite bande plus claire. Les yeux sont remarquables en ce que la fente que laisse la paupière en se contractant, est située verticalement au lieu de l'être transversalement. Sous la plante des pieds de derrière qui sont palmés, on remarque un faux ongle qui a la dureté de la corne. La femelle est distinguée du mâle par les taches qu'elle a sous le ventre.

Ce crapaud se trouve plus fréquemment dans les marais qu'au milieu des terres. Lorsqu'il est en colère, il exhale une odeur fétide semblable à celle de l'ail ou de la poudre à canon qui brûle; et cette odeur est assez forte pour faire pleurer.

Dans l'accouplement, le mâle paraît prendre des soins particuliers pour faciliter la ponte des œufs de la femelle. Roësel soupçonne qu'il est venimeux; et Actius et Gesner assurent même qu'il peut donner la mort, soit par son souffle empoisonné lorsqu'on l'approche de trop près, soit lorsqu'on mange des herbes imprégnées de son venin. Sans doute l'assertion de Gesner et d'Actius peut être exagérée; mais il restera toujours aux crapauds, et surtout au crapaud brun, assez de qualités malfaisantes, pour justifier l'aversion qu'ils inspirent.

Il paraît que c'est le crapaud brun que M. Pallas a nommé *Rana ridibunda* (Grenouille rieuse), qui se trouve en grand nombre aux environs de la mer Caspienne, et dont le coassement, entendu de loin, imite un peu le bruit que l'on fait en riant.

~~~~~~

LE CALAMITE[1].

Bufo calamita, Laur., Latr., Daud., Merr.; *Rana Bufo*, var. β, Linn.; *Rana portentosa*, Blumemb.; *Rana fœtidissima*, Herm.; *Rana mephitica*, Shaw.

C'EST encore un crapaud d'Europe qui a beaucoup de ressemblance avec le crapaud brun, mais qui en diffère cependant assez pour constituer une espèce distincte. Il a le corps un peu étroit : ses couleurs sont très-diversifiées ; son dos, qui est olivâtre, présente trois raies longitudinales, dont celle du milieu est couleur de soufre ; et les deux des côtés ondulées et dentelées, sont d'un rouge clair mêlé d'un jaune plus foncé vers les parties inférieures. Les côtés du ventre, les quatre pates et le tour de la gueule, sont marquetés de plusieurs taches inégales et olivâtres.

Voilà la disposition générale des couleurs de la peau sur laquelle s'élèvent des pustules brunes

---

(1) Le Calamite. M. Daubenton, Encyclopédie méthodique.
Bufo calamita, 9, Laurenti specimen medicûm.
Roësel, tab. 24.
~~~~~~

sur le dos, rouges vers les côtés, d'un rouge pâle près des oreilles, et d'une couleur de chair éclatante vers les angles de la bouche où elles sont groupées.

L'extrémité des doigts est noirâtre, et garnie d'une peau dure comme de la corne, qui tient lieu d'ongle à l'animal. Au-dessous de la plante des pieds de devant se trouvent deux espèces d'os ou de faux ongles dont le *Calamite* peut se servir pour s'accrocher : les doigts des pieds de derrière sont séparés.

Le calamite se tient, pendant le jour, dans les fentes de la terre et dans les cavités des murailles. Au lieu d'être réduit à ne se mouvoir que par sauts, comme les autres quadrupèdes ovipares sans queue, il grimpe, quoique avec peine, et en s'arrêtant souvent; à l'aide de ses faux ongles et de ses doigts séparés, il monte quelquefois le long des murs jusqu'à la hauteur de quelques pieds pour gagner sa retraite.

On ne trouve pas ordinairement les calamites seuls dans leurs trous. Ils y sont rassemblés et ramassés au nombre de dix ou douze. C'est la nuit qu'ils sortent de leur asile et qu'ils vont chercher leur nourriture. Pour éloigner leurs ennemis, ils font suinter, au travers de leur peau, une liqueur dont l'odeur, semblable à celle de la poudre enflammée, est encore plus forte.

Au mois de juin, ceux qui ont atteint l'âge de trois ans et à-peu-près leur entier accroissement, se rassemblent pour s'accoupler sur le bord des marais remplis de joncs, où ils font entendre un coassement retentissant et singulier. On pourrait penser que les habitudes particulières de ces crapauds influent sur la nature de leurs humeurs et empêchent qu'ils ne soient venimeux; cependant Roësel a présumé le contraire, parce que, suivant lui, les cigognes qui sont fort avides de grenouilles n'attaquent point les calamites.

LE COULEUR DE FEU[1].

Bombinator igneus, Merr.; *Rana variegata* et *bombina*, Linn.; *Bufo igneus*, Laur.; *Rana campanisona*, Laur.; *Bufo bombinus*, Latr.

M. Laurenti a découvert ce crapaud sur les bords du Danube. C'est un des plus petits. Son dos d'une couleur olivâtre très-foncée est tacheté d'un noir sale : mais le ventre, la gueule, les pates et la plante des pieds, sont d'un blanc bleuâtre tacheté d'un beau vermillon, et c'est de là que lui vient son nom. Toute la surface de son corps est

---

(1) *Feuer Krote*, en allemand.

Le Couleur de Feu. M. Daubenton, Encyclopédie méthodique.

Bufo igneus, 13. Laurenti specimen medicum.

Roësel, tab. 22 et 23.

parsemée de petites verrues. Quand il est exposé au soleil, sa prunelle prend une figure parfaitement triangulaire dont le contour est doré. Cette espèce est très-nombreuse dans les marais du Danube; une variété de ce crapaud a le ventre noir tacheté et ponctué de blanc.

On trouve le couleur de feu à terre, pendant l'automne: lorsqu'on l'approche et qu'il est près de l'eau, il s'y élance avec légèreté, ainsi que les grenouilles: mais s'il ne voit aucun moyen d'échapper, il s'affaisse contre terre comme pour se cacher; dès qu'on le touche, sa tête se contracte et se jette en arrière; si on le tourmente, il exhale une odeur fétide, et répand par l'anus une sorte d'écume. Son coassement, qu'il fait entendre sans enfler sa gorge, est une sorte de grognement sourd et entrecoupé, qui quelquefois se prolonge et ressemble un peu, suivant M. Laurenti, à la voix d'une personne qui rit.

Les œufs hors du corps de la femelle sont disposés par pelotons, ainsi que ceux des grenouilles, au lieu d'être rangés par files, comme les œufs du crapaud commun. Et ce qu'il y a de remarquable dans les habitudes de ce petit animal qui semble faire, à certains égards, la nuance entre les crapauds et les grenouilles, c'est qu'au lieu de craindre la lumière il se plaît sur le bord de l'eau, à s'imbiber des rayons du soleil. Il ne paraît pas, d'après les expériences de M. Laurenti, que les humeurs du couleur de feu aient d'autre propriété nuisible que celle d'assoupir certains petits animaux, tels que les lézards gris qui sont très-sensibles à toute sorte de venin, ainsi que nous l'avons déja dit.

LE PUSTULEUX[1].

Bufo pustulosus, Merr., Laur.

On trouve, dans les Indes, ce crapaud remarquable par ses doigts garnis de tubercules semblables à des épines, et par les vésicules ou pustules qui le couvrent. Sa couleur est d'un roux cendré; elle est plus claire sur les côtés et sur le ventre où elle est tachetée de roux. Il a quatre doigts séparés aux pieds de devant et cinq doigts palmés aux pieds de derrière.

----

(1) Le Pustuleux. M. Daubenton, Encyclopédie méthodique.
Bufo pustulosus, 4. Laurenti specimen medicum.
Séba, tom. I, tab. 74, fig. 1.

LE GOITREUX[1].

Bufo ventricosus, Laur., Latr., Daud., Merr.; *Rana ventricosa*, Linn.

———————

Son corps arrondi est d'une couleur rousse. Son dos est sillonné par trois rides longitudinales. Son bas-ventre paraît enflé; et cet animal est surtout distingué par un gonflement considérable à la gorge. Les deux doigts extérieurs de ses pieds de devant sont réunis; il habite dans les Indes.

LE BOSSU[2].

Breviceps gibbosus, Merr.; *Rana gibbosa*, Linn.; *Rana breviceps*, Schneid.; *Bufo gibbosus*, Laur., Latr., Daud.

———————

La tête de ce crapaud est très-petite, obtuse et enfoncée dans la poitrine. Son corps ridé, mais

---

(1) Le Goîtreux. M. Daubenton, Encyclopédie méthodique.
Rana ventricosa, 7. Linn., Amphib. rept.
Mus. Adolph. Fred., 1, page 48.
Bufo ventricosus, 5. Laurenti specimen medicum.
(2) Le Bossu. M. Daubenton, Encyclopédie méthodique.
Rana gibbosa, 5. Linn., Amphib. rept.
Bufo gibbosus, 6. Laurenti specimen medicum.

sans verrues, est très-convexe. Sa couleur est nébuleuse : son dos présente une bande longitudinale, un peu pâle et dentelée ; tous ses doigts sont
séparés les uns des autres. Il en a quatre aux pieds
de devant et cinq aux pieds de derrière. On le trouve
dans les Indes orientales, ainsi qu'en Afrique. L'individu que nous avons décrit a été apporté du
Sénégal au Cabinet du Roi.

LE PIPA[1].

Pipa Tedo, Merr.; *Rana Pipa*, Linn.; *Rana dorsigera*, Schn.;
Pipa americana, Laur.; *Bufo dorsiger*, Latr., Daud.

De tous les crapauds de l'Amérique méridionale,
l'un des plus remarquables est le Pipa. Le mâle
et la femelle sont assez différents l'un de l'autre,
tant par la grandeur que par la conformation, pour
qu'on les regarde, au premier coup-d'œil, comme
deux espèces très-distinctes. Aussi, au lieu de dé-

---

(1) *Cururu*, dans l'Amérique méridionale.
Le Pipa. M. Daubenton, Encyclopédie méthodique.
Rana Pipa, 1. Linn., Amphib. rept.
Gronov., mus., 2, page 84, n° 64.
Séba, mus., tom. I, tab. 77, fig. 1, 4. *Bufo, seu Pipa americana.*
Bradl., nat., t. 22, f. 1. *Rana surinamensis.*
Vallisn., nat., 1, t. 41, fig. 6.
Planches enluminées, n° 21.

crire l'espèce en général, croyons-nous devoir parler séparément du mâle et de la femelle.

Le mâle a quatre doigts séparés aux pieds de devant et cinq doigts palmés aux pieds de derrière. Chaque doigt des pieds de devant est fendu à l'extrémité en quatre petites parties. On a peine à distinguer le corps d'avec la tête. L'ouverture de la gueule est très-grande : les yeux placés au-dessus de la tête sont très-petits et assez distants l'un de l'autre. La tête et le corps sont très-aplatis. La couleur générale en est olivâtre plus ou moins claire et semée de très-petites taches rousses ou rougeâtres.

La femelle diffère du mâle en ce qu'elle est beaucoup plus grande. Elle a également la tête et le corps aplatis. Mais la tête est triangulaire et plus large à la base que la partie antérieure du corps. Les yeux sont très-petits et très-distants l'un de l'autre, ainsi que dans le mâle. Elle a de même cinq doigts palmés aux pieds de derrière et quatre doigts divisés aux pieds de devant, mais chacun de ces quatre doigts est fendu à l'extrémité en quatre petites parties plus sensibles que dans le mâle. Son corps est communément hérissé partout de très-petites verrues. L'individu femelle, qui est conservé au Cabinet du Roi, a cinq pouces quatre lignes de longueur depuis le bout du museau jusqu'à l'anus.

Ce qui rend surtout remarquable ce grand crapaud de Surinam, c'est la manière dont les fœtus de cet animal croissent, se développent et éclosent (1). Les petits du pipa ne sont point conçus sous la peau du dos de leur mère, ainsi que l'a pensé mademoiselle de Mérian, à qui nous devons les premières observations sur cet animal (2): mais, lorsque les œufs ont été pondus par la femelle et fécondés par le mâle de la même manière que dans tous les crapauds, le mâle, au lieu de les disperser, les ramasse avec ses pates, les pousse sous son ventre, et les étend sur le dos de la femelle où ils se colent. La liqueur fécondante du mâle fait enfler la peau et tous les téguments du dos de la femelle qui forment alors autour des œufs, des sortes de cellules.

Les œufs cependant grossissent, et doivent éprouver, par la chaleur du corps de la mère, un développement plus rapide en proportion que dans les autres espèces de crapauds. Les petits éclosent, et sortent ensuite de leurs cellules, après avoir passé, en quelque sorte, par l'état de têtard ; car ils ont, dans les premiers temps de leur développement, une queue qu'ils n'ont plus quand ils sont prêts à quitter leurs cellules (3).

Lorsqu'ils ont abandonné le dos de leur mère, celle-ci, en se frottant contre des pierres ou des

---

(1) Voyez un Mémoire de M. Bonnet, inséré dans le Journal de Physique de 1779, vol. II, page 425.

(2) Mérian, Dissertatio de generatione et metamorphosibus insectorum Surinamensium, etc. Amsterd., 1719.

(3) OEuvres de M. l'abbé Spallanzani, vol. III, page 296.

végétaux, se dépouille des portions de cellules qui restent encore, et de sa propre peau qui tombe alors en partie pour se renouveler.

Mais la nature n'a jamais présenté de phénomènes isolés; l'expression d'*extraordinaire* ou de *singulière* n'est point absolue, mais seulement relative à nos connaissances; et elle ne désigne en général qu'un degré plus ou moins grand dans une propriété déja existante ailleurs : aussi la manière dont les petits du pipa se développent n'est point à la rigueur particulière à cette espèce. On en remarque une assez semblable, même parmi les quadrupèdes vivipares, puisque les petits du sarigue ou opossum ne prennent, pendant quelque temps, leur accroissement que dans une espèce de poche que la femelle a sous le ventre (1).

Au reste, il paraît que la chair de ce crapaud n'est pas malfaisante; et, suivant le rapport de mademoiselle de Mérian, les Nègres en mangent avec plaisir.

_____

(1) Voyez, dans l'Histoire nat. des Quadrup., l'article de l'*Opossum*.

LE CORNU[1].

Rana cornuta, Linn., Schneid., Merr.; *Bufo cornutus*, Laur., Latr., Daud.

C E crapaud que l'on trouve en Amérique, est l'un des plus hideux ; sa tête est presque aussi grande que la moitié de son corps; l'ouverture de sa gueule est énorme, sa langue épaisse et large ; ses paupières ont la forme d'un cône aigu, ce qui le fait paraître armé de cornes dans lesquelles ses yeux seraient placés. Lorsqu'il est adulte, son aspect est affreux ; il a le dos et les cuisses hérissés d'épines. Le fond de sa couleur est jaunâtre; des raies brunes sont placées en long sur le dos, et en travers sur les pates et sur les doigts. Une large bande blanchâtre s'étend depuis la tête jusqu'à l'anus. A l'origine de cette bande, on voit de chaque côté une petite tache ronde et noire. Ce vilain animal a quatre doigts séparés aux pieds de devant et cinq doigts réunis par une membrane aux pieds de derrière. Suivant Séba, la femelle diffère

---

[1] Le Cornu. M. Daubenton, Encyclopédie méthodique.
Rana cornuta, 11. Linn., Amphib. rept.
Bufo cornutus. Laurenti specimen medicum.
Séba, tom. I, tab. 72, fig. 1 et 2.

du mâle, en ce que ses doigts sont tous séparés les uns des autres. Le premier doigt des quatre pieds étant d'ailleurs écarté des autres dans la femelle, donne à ces pieds une ressemblance imparfaite avec une véritable main, réveille une idée de monstruosité et ajoute à l'horreur avec laquelle on doit voir cette hideuse femelle. Rien en effet ne révolte plus que de rencontrer au milieu de la difformité quelque trait des objets que l'on regarde comme les plus parfaits.

L'AGUA[1].

Bombinator maculatus, Merr.; *Bufo brasiliensis*, Laur.;
Rana brasiliensis, Gmel.

Ce grand crapaud que l'on appelle au Brésil *Aguaquaquan*, et dont le dessus du corps est couvert de petites éminences, est d'un gris cendré semé de taches roussâtres presque couleur de feu. Il a quatre doigts séparés aux pieds de devant, et cinq doigts palmés aux pieds de derrière. L'on conserve, au Cabinet du Roi, un individu de cette espèce, qui a sept pouces quatre lignes de longueur, depuis le bout du museau jusqu'à l'anus.

---

(1) L'Agua. M. Daubenton, Encyclopédie méthodique.
Bufo brasiliensis. Laurenti specimen medicum.
Bufo brasiliensis. Séba, tom. I, tab. 73, fig. 1 et 2.

LE MARBRÉ[1].

Calamita marmoratus, Merr.; *Hyla marmorata*, Latr., Daud.

CET animal ressemble un peu à l'agua. Il a, comme ce dernier, quatre doigts divisés aux pieds de devant, et cinq doigts palmés aux pieds de derrière; mais il paraît être communément beaucoup plus petit. D'ailleurs le dessus du corps est marbré de rouge et d'un jaune cendré; et le ventre est jaune, moucheté de noir.

LE CRIARD[2].

Bufo musicus, Latr., Daud., Merr.; *Bufo clamosus*, Schneid.;
Rana musica, Linn.?

LE Criard, que l'on trouve à Surinam, est un des plus gros crapauds. Sa peau est mouchetée de livide et de brun, et parsemée de verrues. Les

---

(1) Le Marbré. M. Daubenton, Encyclopédie méthodique.
Bufo marmoratus. Laurenti specimen medicum.
Seba, tom. I, tab. 7, fig. 4 et 5.
(2) Le Criard. M. Daubenton, Encyclopédie méthodique.
Rana musica, 2. Linn., Amphib. reptil.

épaules couvertes de points saillants, de même
que le ventre, sont relevées en bosse, et percées
d'une multitude de petits trous. Il est aisé de le
distinguer du marbré et du pipa que l'on trouve
aussi à Surinam, parce qu'il a cinq doigts à chaque pied ; les doigts des pieds de devant sont séparés, et ceux des pieds de derrière à demi palmés. Il habite les eaux douces où il ne cesse de
faire entendre son coassement désagréable. C'est
ce qui l'a fait appeler le *Musicien* par Linnée ;
mais le nom de *Criard*, que lui a donné M. Daubenton, convient bien mieux à un animal dont la
voix rauque et discordante ne peut que troubler
les concerts harmonieux ou le silence paisible de
la nature, et qui ne peut faire entendre qu'un
coassement aussi désagréable pour l'oreille, que
son aspect l'est pour les yeux.

REPTILES BIPÈDES.

Nous avons vu le seps et le chalcide se rapprocher de l'ordre des serpents, par l'allongement de leur corps, et la brièveté de leurs pates. Nous allons maintenant jeter les yeux sur un genre de reptiles, qui réunit encore de plus près les serpents et les lézards. Nous ne le comprenons pas parmi les quadrupèdes ovipares, puisque le caractère distinctif de ce genre est de n'avoir que deux pieds ; mais nous le plaçons entre ces quadrupèdes et les serpents. Les reptiles qui le composent diffèrent des premiers, en ce qu'ils n'ont que deux pates au lieu d'en avoir quatre, et ils sont distingués des seconds par ces deux pieds qui manquent à tous les serpents. Il serait d'ailleurs fort aisé de les confondre avec ces derniers, auxquels ils ressemblent par l'allongement du corps, les proportions de la tête et la forme des écailles.

L'on a douté, pendant long-temps, de l'existence de ces animaux ; et en effet tous ceux que l'on a voulu jusqu'à présent regarder comme des reptiles bipèdes, étaient des seps ou des chalcides qui avaient perdu, par quelque accident, leurs pates de devant ou celles de derrière ; la cicatrice était sensible, et ils présentaient d'ailleurs tous les caractères des seps ou des chalcides : ou bien c'étaient des serpents mâles que l'on avait tués dans la saison de leurs amours, lorsqu'au moment d'aller s'unir à leurs femelles, ils font sortir par leur anus leur double partie sexuelle, dont les deux portions s'écartent l'une de l'autre, et, étant garnies d'aspérités assez semblables à des écailles, peuvent être prises, au premier coup-d'œil, pour des pates imparfaites. On nous a souvent envoyé de ces serpents tués peu de temps avant leur accouplement, et qu'on regardait comme des serpents à deux pieds, tandis qu'ils ne différaient des autres qu'en ce que leurs parties sexuelles étaient gonflées et à découvert. C'est parmi ces serpents, surpris dans leurs amours, que nous croyons devoir comprendre celui que Linnée a placé dans le genre des *Anguis*, et qu'il a nommé *Anguis bipède* (1).

On doit encore rapporter les prétendus reptiles bipèdes, dont on a fait mention jusqu'à présent, à des larves plus ou moins développées de grenouilles, de raines, de crapauds, et même de salamandres, tous ces quadrupèdes ovipares ne présentant souvent que deux pates dans les premiers temps de leur accroissement. Tel est, par exemple, l'animal que Linnée a cru devoir placer non seulement dans un genre, mais même dans un

---

(1) Linn., Systema naturæ, tome I, fol. 190, edit. 13.

ordre particulier, et qu'il a appelé *Sirène lacer-tine* (1). Il avait été envoyé de Charleston, par M. le docteur Garden, à M. Ellis; il avait été pris à la Caroline, où on doit le trouver assez fré-quemment, puisque les habitants du pays lui ont donné un nom; ils l'appellent *Mud inguana*. On le trouve communément sur le bord des étangs, et dans des endroits marécageux, parmi les arbres tombés de vétusté, etc. Nous avons examiné avec soin la figure et la description que M. Ellis en a données dans les Transactions philosophiques (2); et nous n'avons pas douté un seul moment que cet animal, bien loin de constituer un ordre nou-veau, ne fût une larve; il a les caractères géné-raux d'un animal imparfait, et d'ailleurs il a les caractères particuliers que nous avons trouvés dans les salamandres à queue-plate. A la vérité, cette larve avait trente-un pouces de longueur; elle était par conséquent beaucoup plus grande qu'aucune larve connue; et c'est ce qui a empê-ché Linnée de la regarder comme un animal non encore développé; mais ne doit-on pas présumer que nous ne connaissons pas tous les quadru-pèdes ovipares de l'Amérique septentrionale, et qu'on n'a pas encore découvert l'espèce à laquelle appartient cette grande larve? Peut-être l'animal

---

(1) Voyez l'addition qui est à la fin du premier volume du Système de la nature, par Linnée, treizième édition.

(2) Lettre de Jean Ellis, Transactions philosophiques, année 1766, tome LVI.

dans lequel elle se métamorphose, vit-il dans l'eau de manière à n'être aperçu que très-difficilement. Cette larve, envoyée à M. Ellis, manquait de pieds de derrière; ceux de devant n'avaient que quatre doigts, ainsi que dans nos salamandres aquatiques; les ongles étaient très-petits; les os des mâchoires crénelés et sans dents; il y avait des espèces de bandes au-dessus et au-dessous de la queue, et de chaque côté du cou étaient trois protubérances frangées, assez semblables à celles qui partent également des deux côtés du cou, dans les salamandres à queue-plate.

Mais si jusqu'à présent les divers animaux que l'on a considérés comme de vrais reptiles bipèdes, doivent être rapportés à des espèces de quadrupèdes ovipares, ou de serpents, nous allons donner, dans l'article suivant, la description d'un animal qui n'a que deux pieds, que l'on doit regarder cependant comme entièrement développé, et qu'il ne faut compter par conséquent, ni parmi les serpents, ni parmi les quadrupèdes ovipares. Nous traiterons ensuite d'un autre bipède qui doit être compris dans le même genre, et que M. Pallas a fait connaître.

BIPÈDES

QUI MANQUENT DE PATES DE DERRIÈRE.

LE CANNELÉ.

Chirotes canaliculatus, Merrem. ; *Chamœsaura propus*, Schneid.; *Bipes canaliculatus*, Bonn.; *Chalcides propus*, Daud.; *Lacerta sulcata*, Suckow.; *Lacerta lumbricoïdes*, Shaw.; BIMANE CANNELÉ, Cuv.

Nous nommons ainsi un bipède qui n'a encore été décrit par aucun naturaliste, et dont aucun voyageur n'a fait mention. Il a été trouvé au Mexique par M. Vélasquès, savant Espagnol, qui l'a remis, pour nous l'envoyer, à M. Polony, habile médecin de Saint-Domingue; et c'est madame la vicomtesse de Fontanges, commandante de cette île, qui a bien voulu l'apporter elle-même en France, avec un soin que l'on ne se serait pas attendu à trouver dans la beauté, pour un reptile plus propre à l'effrayer qu'à lui plaire.

37.

Ce bipède est entièrement privé de pates de derrière. Avec quelque soin que nous l'ayons examiné, nous n'avons aperçu, dans tout son corps, aucune cicatrice, aucune marque qui pût faire soupçonner que l'animal eût éprouvé quelque accident, et perdu quelqu'un de ses membres. Il a beaucoup de rapports, par sa conformation générale, avec le lézard que nous avons nommé *Chalcide;* les écailles dont il est revêtu, sont également disposées en anneaux; mais il diffère du chalcide, non seulement en ce qu'il n'a que deux pates, mais encore en ce qu'il a la queue très-courte, au lieu que ce dernier lézard l'a très-longue en proportion du corps. Il est tout couvert d'écailles, presque carrées, et disposées en demi-anneaux sur le dos, ainsi que sur le ventre; ces demi-anneaux se correspondent de manière que les extrémités des demi-anneaux supérieurs aboutissent à la ligne qui sépare les demi-anneaux inférieurs. C'est par cette disposition qu'il diffère encore des chalcides, dont les écailles forment des anneaux entiers autour du corps. La ligne où se réunissent les demi-anneaux supérieurs et les demi-anneaux inférieurs, présente de chaque côté, et le long du corps, une espèce de sillon qui s'étend depuis la tête jusqu'à l'anus. La queue, au lieu d'être couverte de demi-anneaux, ainsi que le corps, est garnie d'anneaux entiers, composés de petites écailles de même forme et de même grandeur que celles des demi-anneaux. L'assemblage de ces écailles forme un grand nombre de stries longitudinales; la réunion des anneaux produit aussi un très-grand nombre de cannelures transversales; et c'est de là que nous avons tiré le nom de *Cannelé*, que nous donnons au bipède du Mexique. Nous avons compté cent cinquante demi-anneaux sur le ventre de cet animal, et trente-un anneaux sur sa queue, qui est grosse et arrondie à l'extrémité. La longueur totale de cet individu est de huit pouces six lignes; celle de la queue, d'un pouce; et son diamètre, dans sa plus grande grosseur, est de quatre lignes. La tête a trois lignes de longueur; elle est arrondie par devant, et on a peine à la distinguer du corps. Le dessus en est couvert d'une grande écaille; le museau est garni de trois écailles plus grandes que celles des anneaux, et dont les deux extérieures présentent chacune un très-petit trou, qui est l'ouverture des narines. La mâchoire inférieure est aussi bordée d'écailles un peu plus grandes que celles des anneaux; les dents sont très-petites; les yeux, à peine visibles et sans paupières; je n'ai pu remarquer aucune apparence de trous auditifs. Les pates, qui ont quatre lignes de longueur, sont recouvertes de petites écailles, semblables à celles du corps, et disposées en anneaux; il y a, à chaque pied, quatre doigts bien séparés, garnis d'ongles longs et crochus; et à

côté du doigt extérieur de chaque pied, on aperçoit comme le commencement d'un cinquième
doigt. Nous n'avons pu remarquer aucun indice
de pates de derrière, ainsi que nous l'avons dit;
aucun anneau du corps ni de la queue n'est interrompu, et rien n'indique que l'animal ait
éprouvé quelque accident, ou reçu la plus légère
blessure. L'ouverture de l'anus s'étend transversalement; et, sur son bord supérieur, nous avons
compté six tubercules percés à leur extrémité, et
entièrement semblables à ceux que nous avons
vus sur la face intérieure des cuisses de l'*Iguane*,
du *Lézard vert*, du *Gecko*, etc.

La queue du bipède cannelé étant aussi grosse
à son extrémité que la tête de cet animal, il a
beaucoup de rapport, par sa conformation générale, avec les serpents que Linnée a nommés
Amphisbènes, dont les écailles sont également
disposées en anneaux, les yeux très-peu visibles,
la tête et le bout de la queue presque de la
même grosseur, et qui manquent aussi de trous
auditifs. C'est parmi ce genre d'amphisbènes, qu'il
faudrait placer le cannelé, s'il n'avait point deux
pates; et c'est particulièrement avec ce genre qu'il
lie l'ordre des quadrupèdes ovipares. Comme cet
animal a été envoyé, au Cabinet du Roi, dans du
tafia, nous n'avons pu juger de sa couleur naturelle; mais nous avons présumé qu'elle est ordinairement verdâtre et plus claire sur le ventre que

sur le dos. Nous ignorons si on le trouve en très-grand nombre au Mexique, et quelles sont ses habitudes. Mais nous pensons d'après sa conformation, assez semblable à celle des seps et des chalcides, que son allure et sa manière de vivre doivent ressembler beaucoup à celles de ces derniers lézards.

SECONDE DIVISION.

BIPÈDES

QUI MANQUENT DE PATES DE DEVANT.

LE SHELTOPUSIK.

Pseudopus serpentinus, Merr.; *Lacerta Apus*, Gmel.; *Chamæsaura Apus*, Schneid.; *Sheltopusik didactylus*, Latr.; *Seps Sheltopusik*, Daud.

Nous donnons ici une notice d'un reptile à deux pates, dont M. Pallas a parlé le premier(1). Nous lui conservons le nom de *Sheltopusik* que lui donnent les habitants des contrées qu'il habite, quoiqu'ils appliquent aussi ce nom à une véritable espèce de serpent, parce qu'il ne peut y avoir aucune équivoque relativement à deux animaux d'ordres ou du moins de genres différents. On le trouve auprès du Volga, dans le désert sablonneux de Naryn, ainsi qu'aux environs de Tere-

______

(1) Novi commentarii Academiæ Scientiarum imperialis Petropolitanæ, tom. XIX, fol. 435, pro anno 1774.

qum, près du Kumam; il demeure de préférence dans les vallées ombragées et où l'herbe croît en abondance. Il se cache parmi les arbrisseaux, et fuit dès qu'on l'approche. Il fait la guerre aux petits lézards, et particulièrement aux lézards gris. Sa tête est grande, plus épaisse que le corps. Le museau est obtus. Les bords de la gueule sont revêtus d'écailles un peu plus grandes que celles qui les touchent; les mâchoires garnies de petites dents, et les narines bien ouvertes. Le sheltopusik a deux paupières mobiles et des ouvertures pour les oreilles, semblables à celles des lézards. Le dessus de la tête est couvert de grandes écailles; celles qui garnissent le corps et la queue, tant dessus que dessous, sont un peu festonnées et placées les unes au-dessus des autres, comme les tuiles sur les toits. De chaque côté du corps s'étend une espèce de ride ou de sillon longitudinal. A l'extrémité de chacun de ces sillons, et auprès de l'anus, on voit un très-petit pied couvert de quatre écailles, et dont le bout se partage en deux sortes de doigts un peu aigus. La queue est beaucoup plus longue que le corps. La longueur totale du sheltopusik est ordinairement de plus de trois pieds, et sa couleur, qui est assez uniforme sur tout le corps, est d'un jaune pâle. On trouvera dans la note suivante (1) les principales di-

---

	pi.	po.	lig.
(1) Longueur depuis le bout du museau jusqu'à l'anus....	1	6	o
Longueur de la queue.............................	2	4	o

mensions de ce bipède, que M. Pallas a disséqué
avec beaucoup de soin (1).

	pi.	po.	lig.
Longueur de la tête depuis le museau jusqu'aux trous auditifs.	o	1	$8\frac{1}{2}$
Circonférence de la tête à sa base........................	o	3	10
Circonférence du corps au-devant de l'anus.............	o	3	5
Circonférence de la queue à son origine.................	o	3	2
Longueur des pieds....................................	o	o	$1\frac{2}{3}$

(1) M. Pallas, à l'endroit déja cité.

MÉMOIRE

SUR

DEUX ESPÈCES DE QUADRUPÈDES OVIPARES

QUE L'ON N'A PAS ENCORE DÉCRITES[1].

1801.

Nous avons dit dans nos cours, et imprimé depuis très-long-temps dans nos ouvrages, que l'on pouvait espérer de trouver dans les animaux toutes les combinaisons de formes compatibles avec la nécessité où ils sont de se procurer un aliment analogue à leurs organes. La conformation de deux espèces de quadrupèdes ovipares dont nous allons parler est une nouvelle preuve de notre opinion à ce sujet.

Parmi les organes extérieurs des reptiles, ainsi que parmi ceux des mammifères, les pieds ou les

---

(1) L'analyse de ce mémoire a été donnée en l'an IX (1801) dans la Revue encyclopédique, 7ᵉ année, tome III, page 410 ; mais le mémoire lui-même n'a été publié en entier qu'en l'an XI (1803), dans le tome II des Annales du Muséum, page 351 et suivantes.

Dans la liste des ouvrages de M. le comte de Lacépède, qui a été placée en tête du premier volume de cet ouvrage, nous avons commis la faute de présenter comme des travaux différents ce mémoire et l'analyse qui en a été faite. DESM. 1827.

organes du mouvement sont ceux qui attirent le plus promptement l'attention de l'observateur. La nature qui n'a pas employé dans les mammifères, pour le nombre et la position générale de ces pieds, toutes les combinaisons qui pouvaient s'allier avec l'existence des individus, les a réalisées pour les reptiles.

En effet, nous voyons, à la vérité, parmi les mammifères, les quadrupèdes proprement dits présenter quatre pates, et les cétacées n'en avoir que deux. Mais tous les cétacées ont été privés de pieds de derrière, et aucun mammifère n'a encore été trouvé avec des pieds de derrière sans pates antérieures. Dans les reptiles au contraire, nous voyons les tortues, les lézards, les quadrupèdes ovipares qui n'ont pas de queue, et les salamandres, avoir tous quatre pates; le bipède que nous avons nommé le *Cannelé* a deux pates de devant sans pieds de derrière; et le bipède sheltopusik que Pallas a fait connaître, et qui a deux pates de derrière, est privé de pates de devant.

Ces trois combinaisons, premièrement de deux pates de devant et de deux pates de derrière; deuxièmement, de deux pates de devant sans pieds de derrière; et troisièmement, de deux pates de derrière sans pieds de devant, sont les seules avec lesquelles les animaux forcés de changer de place pour chercher leur nourriture, paraissent avoir pu parvenir constamment à se procurer les aliments nécessaires à leur existence. Avec une seule pate, et même avec une pate de devant et une pate de derrière, placées du même côté ou de deux côtés différents, les animaux ont dû succomber bientôt à la difficulté extrême de résister à un défaut perpétuel d'équilibre, de régularité d'action et de distribution symétrique de mouvements.

Après avoir considéré le nombre des pates, jetons un moment les yeux sur celui des doigts dans chaque pied.

Ce second examen peut être d'autant plus utile, que le nombre des doigts influe beaucoup sur la perfection de l'organe du toucher, et par conséquent sur l'étendue de l'instinct de l'animal.

Nous trouverons que parmi les mammifères, et lorsqu'on ne compte pas des rudiments imparfaits, les pieds de devant et de derrière présentent cinq doigts dans les quadrumanes, les pédimanes, etc. ; quatre doigts dans les hyènes, trois doigts dans le paresseux *Aï*, deux doigts dans les bisulques, et enfin un seul doigt dans les solipèdes.

On ne connaît pas encore une distribution semblable dans les quadrupèdes ovipares, quoique les reptiles offrent, ainsi que nous venons de le voir, une combinaison de plus que les mammifères, relativement au nombre et à la position générale des pates.

Un très-grand nombre de lézards ont cinq doigts

à chaque pied; les crocodiles en ont cinq aux pieds de devant et quatre à ceux de derrière; plusieurs salamandres, quatre aux pates antérieures et cinq aux postérieures; les salamandres *trois-doigts*, trois aux pieds de devant et quatre à ceux de derrière; le quadrupède ovipare, auquel nous avons appliqué le nom de *Chalcide*, et celui que nous avons appelé *Seps*, trois doigts à chaque pied; mais les naturalistes n'ont pas encore parlé d'un reptile qui eût à chacune de ses quatre pates, ou quatre doigts, ou deux doigts, ou un seul doigt.

La collection du Muséum renferme maintenant des lézards qui remplissent deux de ces trois lacunes.

L'un a quatre doigts à chaque pied, et l'autre n'a qu'un seul doigt à chacune de ses quatre pates. Nous avons nommé le premier *Tétradactyle*, et le second *Monodactyle*. Un quadrupède ovipare didactyle, c'est-à-dire qui aurait deux doigts à chaque pied, serait encore nécessaire pour achever de remplir le vide que l'on trouverait dans une série de ces quadrupèdes, arrangés suivant le nombre des doigts de leurs quatre pates. Nous devons croire que cette espèce encore inconnue existe, et qu'elle sera découverte, comme le tétradactyle et le monodactyle.

Avant de décrire ces deux espèces nouvelles pour les naturalistes, comptons combien de combinaisons différentes peuvent être produites par le nombre des doigts, décroissant depuis cinq jusques à un, et considéré d'abord comme le même et ensuite comme différent dans les pieds de devant et dans ceux de derrière.

Nous aurons la table suivante sur laquelle nous trouverons vingt-cinq combinaisons possibles. Nous ne connaissons encore que sept de ces combinaisons qui aient été réalisées. La première se montre dans le plus grand nombre de lézards; la seconde, dans le crocodile du Nil, dans le gavial, etc.; la sixième, dans la plupart des salamandres; la septième, dans le tétradactyle; la douzième, dans la salamandre trois-doigts; la treizième, dans notre chalcide, ainsi que dans notre seps; et la vingt-cinquième, dans le monodactyle.

TABLE des combinaisons des différents nombres de doigts des pieds de devant et des pieds de derrière des quadrupèdes ovipares.

	NOMBRE des doigts DES PIEDS		ESPÈCES.
	de devant.	de derrière.	
1	5	5	Un très-grand nombre de lézards.
2	5	4	Le crocodile du Nil, le gavial, etc.
3	5	3	
4	5	2	
5	5	1	
6	4	5	Plusieurs salamandres.
7	4	4	Le L. tétradactyle.
8	4	3	
9	4	2	
10	4	1	
11	3	5	
12	3	4	Salamandre trois-doigts.
13	3	3	Le chalcide, le seps, etc.
14	3	2	
15	3	1	
16	2	5	
17	2	4	
18	2	3	
19	2	2	
20	2	1	
21	1	5	
22	1	4	
23	1	3	
24	1	2	
25	1	1	Le L. monodactyle.

Ce monodactyle a beaucoup de rapports avec le seps et le chalcide. Ses quatre pates sont très-menues et si courtes, que leur longueur est à peine égale à la distance d'un œil à l'autre. Chacun de ces quatre pieds ne présente qu'un doigt, et ce doigt est couvert d'écailles très-petites, un peu semblables à celles qui revêtent le dos.

La tête, le corps et la queue sont d'ailleurs cylindriques et si allongés, qu'ils donnent au monodactyle, indépendamment de la brièveté de ses pates, une très-grande ressemblance avec une couleuvre. Le dessus de la tête présente douze lames de différentes figures et de grandeurs inégales. Les deux plus grandes de ces lames sont placées l'une devant l'autre, et les dix moins grandes sont distribuées autour de ces deux premières. Le museau est délié et mousse, la langue plate, courte, large, arrondie par le bout; et l'ouverture de l'oreille, située auprès de l'angle des lèvres. Le dessus et le dessous du corps et de la queue sont garnis d'écailles allongées, pointues et relevées par une arête. Ces écailles, qui anticipent latéralement l'une sur l'autre, forment des rangées transversales, placées en partie l'une au-dessus de l'autre, et qui paraissent comme festonnées.

Dans l'individu que nous avons décrit, la tête avait 16 millimètres de longueur, le corps 97, et la queue 375. La longueur totale de ce reptile était donc de 488 millimètres.

Le tétradactyle a les quatre pieds très-menus comme ceux du monodactyle, et si courts, que leur longueur n'égale pas celle de la tête, et qu'ils peuvent à peine atteindre à terre. Aussi le tétradactyle est-il un véritable reptile, de même que le monodactyle, le seps, le chalcide, le lézard serpent décrit dans Linnée au n° 75 de l'édition de Gmelin; et de même que tous les vrais serpents, il ne se meut que par le moyen des ondulations de son corps, et de sa queue qu'il peut plier en demi-cercle et étendre alternativement.

On compte quatre doigts à chaque pied; le premier et le quatrième sont l'un et l'autre extrêmement courts et difficiles à voir; le second est à-peu-près deux fois plus long que le premier, et le troisième deux fois plus long que le second.

L'ensemble de l'animal est, comme celui du monodactyle, allongé, cylindrique et semblable à celui d'une couleuvre. Le corps est six fois plus long que la tête, et la queue trois ou quatre fois plus longue que le corps et la tête pris ensemble.

Les formes et la distribution des petites lames qui recouvrent la tête ont beaucoup d'analogie avec celles des lames qui revêtent le dessus de la tête de presque toutes les couleuvres. Leur nombre est de onze ; elles sont inégales en surface. Voici quelle est leur disposition : on en voit d'abord une, ensuite une seconde, de chaque côté de laquelle parait une rangée de trois autres écailles; la neuvième, la dixième et la onzième forment un dernier rang placé transversalement, et dans lequel celle du milieu est la plus petite.

Les deux ouvertures des narines sont situées à l'extrémité du museau, qui est délié et arrondi ; la langue est plate, courte, large et un peu arrondie par le bout.

Un sillon est creusé de chaque côté de l'animal, depuis l'angle des mâchoires auprès duquel on aperçoit l'ouverture de l'oreille, jusques à la pate de derrière.

Le dessus du cou et celui du corps sont garnis de petites écailles presque carrées, relevées par une arête, et disposées de manière à représenter des demi-anneaux qui s'étendent d'un sillon à l'autre. On compte soixante-cinq de ces demi-anneaux, dont le premier est composé de vingt petites écailles.

Le dessous de la tête, du cou et du corps, est revêtu d'écailles un peu plus grandes que celles du dos, hexagones et unies.

La queue est comme renfermée dans une gaîne composée de cent quatre-vingt-un anneaux, dont chacun est formé d'écailles carrées et semblables à celles du dos.

L'individu que nous avons eu sous les yeux avait 291 millimètres de longueur totale.

Cet individu, ainsi que celui de l'espèce de monodactyle, que nous avons examiné, était conservé dans de l'alcool, et faisait partie de la nombreuse collection cédée à la République française par la république de Hollande.

Dans notre distribution méthodique des quadrupèdes ovipares, nous avons divisé le genre des lézards en huit sous-genres, et compris dans le sixième ceux de ces reptiles qui n'ont que trois doigts à chaque pied ; nous compterons dorénavant deux sous-genres de plus dans ce même genre ; nous inscrirons le tétradactyle dans l'un de ces deux sous-genres nouveaux, qui sera distingué par les quatre doigts de chaque pied; nous placerons le monodactyle dans l'autre, dont le caractère distinctif sera un doigt unique à chacun des pieds de l'animal : l'un de ces sous-genres précédera celui des lézards à trois doigts; et l'autre sera inscrit à la suite de ces reptiles tridactyles, sur le tableau général des quadrupèdes ovipares.

Le monodactyle et le tétradactyle appartiennent tous les deux au onzième sous-genre de lézards, établi dans la treizième édition de Linnée, que nous devons aux soins du professeur Gmelin; et, d'après les principes que M. Alex. Brongniart a suivis dans son ouvrage sur l'ordre naturel des reptiles, il faudra placer le tétradactyle et le monodactyle dans le genre auquel il a appliqué le nom de *Chalcide*.

Nous ne terminerons pas ce mémoire sans rendre compte du résultat des observations que nous avons faites sur deux espèces curieuses de lézards, le GECKO et le GECKOTTE. Depuis la réunion de la collection ci-devant stathoudérienne à celle de la République française, nous avons été à même d'examiner un très-grand nombre de geckottes et de geckos. Nous avons vu une série de geckos, que nous avons arrangés d'après l'altération plus ou moins grande de leurs formes extérieures, présenter toutes les nuances de diminution dans les tubercules globuleux dont cette espèce de lézard est ordinairement recouverte, jusqu'à la disparition totale ou du moins presque totale de ces tubercules arrondis. Nous ignorons si ces différences dans la grosseur de ces grains tuberculeux doit être rapportée au climat, à la nourriture, à l'âge ou au sexe. Mais quelque gecko que nous ayons eu sous les yeux, il ne nous a jamais présenté que des tubercules demi-sphériques, soit que ces tubercules fussent très-grands ou à peine visibles. Ce n'est que sur les geckottes que nous avons vu, indépendamment des petits grains plus ou moins durs, par le moyen desquels leur peau paraît légèrement chagrinée, des tubercules ordinairement assez grands, inégaux en volume, et toujours conformés comme de petites pyramides à trois faces. Ces tubercules pyramidaux hérissent le dessus de la tête et du corps. Ils revêtent aussi la totalité ou une partie de la queue, pendant que l'animal est encore jeune. Ce sont ces tubercules à facettes, dont la présence nous a paru l'indication la plus sûre pour faire distinguer un geckotte d'avec un gecko. Les geckos ont souvent de gros tubercules, mais ils n'en ont jamais aucun qui représente une petite pyramide; et tous les geckottes présentent un nombre plus ou moins grand de ces petites pyramides à trois faces sur leur tête et sur leur corps.

Ce caractère indicateur nous paraît devoir être préféré à celui que nous avons proposé dans l'*Histoire naturelle des Quadrupèdes ovipares*, et qui consiste dans la présence ou dans l'absence d'une rangée de tubercules creux, disposés régulièrement sur la face interne de chaque cuisse. Nous n'avions encore vu de ces tubercules creux, et destinés à filtrer et à répandre une liqueur plus ou moins abondante, que sur les cuisses du gecko; mais nous nous sommes assurés depuis, par la comparaison attentive d'un grand nombre d'individus, que plusieurs véritables geckos sont privés de ces tubercules, et, d'un autre côté, que plusieurs vrais geckottes en sont pourvus. Il en est de même dans l'espèce de lézard que Houttuyn a fait connaître, que l'on a nommé le *Rayé*, dont M. Alex. Brongniart a publié une figure très-exacte, et qu'il faut placer dans le même sous-genre que les geckottes et les geckos. Parmi les très-nombreux individus de cette espèce d'Houttuyn, que renferme la collection du Muséum, nous en avons vu plusieurs avec des tubercules creux sur les cuisses, et d'autres entièrement dénués de ces organes. Nous tâcherons de savoir si la présence ou l'absence de ces tubercules, qui peuvent être le signe d'une diversité assez remarquable dans l'organisation intérieure, dépend de l'âge, ou du sexe, ou de toute autre cause.

SUR UNE ESPÈCE

DE QUADRUPÈDE OVIPARE,

NON ENCORE DÉCRITE (1).

Notre confrère M. Cuvier a lu à la classe des Sciences physiques et mathématiques, dans la séance du 26 janvier, un mémoire dans lequel il a exposé avec beaucoup de clarté tout ce que les naturalistes avaient déja publié sur une petite famille de reptiles, très-digne de l'attention des physiciens, parce qu'elle est la seule parmi tous les animaux vertébrés qui mérite le nom de véritable amphibie, ayant seule reçu de vrais poumons et de véritables branchies, dont elle fait usage alternativement.

M. Cuvier a exposé, dans ce même mémoire, les résultats des découvertes anatomiques qu'il a faites en disséquant des individus de trois espèces que l'on a rapportées à cette famille, et que l'on connaît sous les noms d'*Axolotl mexicain*, de *Protée anguillard*, et de *Sirène lacertine*.

---

(1) Cette notice a été publiée dans le tome X des Annales du Muséum, 1807, pages 230 et suivantes.

Il a développé les différentes raisons d'après lesquelles on peut penser que ces reptiles sont des animaux entièrement développés, ou des larves destinées à une métamorphose, et déguisant encore l'espèce à laquelle elles appartiennent.

Le Museum d'histoire naturelle possède un quatrième reptile de cette famille pourvue de branchies et de poumons; et comme il n'est pas encore connu des naturalistes, j'ai cru devoir en donner la description. Ce reptile a quatre pates, et l'on compte à chaque pied quatre doigts dénués d'ongles, mais très-distincts.

Lorsque j'ai publié en 1803 la table des diverses combinaisons que le nombre des doigts peut présenter dans les pieds de devant et dans ceux de derrière des quadrupèdes ovipares (1), j'ai fait remarquer que la septième combinaison, celle où les quatre pates offraient chacune quatre doigts, n'avait été observée que dans le *Lézard tétradactyle*, que j'ai le premier fait connaître.

Le quadrupède ovipare que je décris aujourd'hui montre la même combinaison de doigts que ce lézard; mais il est d'ailleurs trop différent de ce reptile, pour pouvoir être rapporté à la même espèce.

millim.

Sa longueur totale est de. 150
Celle de la tête, depuis le bout du museau jusqu'aux
   branchies, de. 30

---

(1) Voyez dans le mémoire précédent.

millim.

Celle de la queue. 5o
Et celle de chacune des pates de devant et de derrière. . 15

La tête est très-aplatie, surtout dans sa surface inférieure; le museau est un peu arrondi.

La mâchoire supérieure avance un peu plus que l'inférieure.

Deux rangs de très-petites dents garnissent chaque mâchoire. La langue est très-courte, plate et arrrondie.

La peau qui revêt la surface inférieure de la tête se replie au-dessous du cou, de manière à y former une sorte de collier qui s'étend comme un opercule membraneux jusqu'au-dessus des branchies.

L'œil est très-visible au travers de l'épiderme qui le recouvre, mais qui ne le voile qu'à demi.

Les narines, un peu éloignées l'une de l'autre, sont situées vers l'extrémité du museau.

On voit de chaque côté du cou trois branchies extérieures, allongées, assez grandes, et garnies de franges touffues.

La queue est très-comprimée latéralement; et une membrane attachée verticalement à son bord supérieur, ainsi qu'à son bord inférieur, l'a fait paraître encore plus comprimée.

On ne voit pas d'écailles sur la peau; mais elle est visqueuse et ridée transversalement, comme celle de plusieurs salamandres et des serpents cœcilies.

Un sillon longitudinal règne au-dessus de la tête et du corps, depuis l'extrémité du museau jusqu'à l'origine de la queue.

Un sillon semblable s'étend au-dessous du corps, depuis les pates de devant jusqu'à celles de derrière.

La présence des branchies et la compression de la queue, qui ressemble à une lame verticale, et qu'on peut comparer à la nageoire caudale des poissons, c'est-à-dire à leur rame la plus active, ne permettent pas de douter que le quadrupède ovipare que je décris ne vive habituellement dans l'eau. Mais je ne sais pas encore de quel pays il a été apporté à Bordeaux, où il a été donné à M. Rodrigues, naturaliste très-zélé, qui l'a procuré au Museum d'Histoire naturelle.

L'individu que j'ai eu sous les yeux étant le premier que l'on ait vu en France, et le seul qu'on y connaisse, je n'ai pas pu le disséquer pour examiner ses organes intérieurs, et le degré d'ossification de son squelette.

J'ignore donc encore si ce reptile était entièrement développé, ou s'il devait subir une métamorphose ; mais, quoi qu'il en soit de ces deux suppositions, son espèce est encore inconnue des naturalistes.

S'il ne devait pas montrer de nouveau développement, on pourrait le comprendre dans le genre *Protée*, et le distinguer par le nom spécifique de *tétradactyle* ; et en supposant que l'axolotl doive être inscrit dans le même genre, le *Protée tétradactyle* serait placé entre cet axolotl, qui a quatre doigts aux pieds de devant et cinq aux pieds de derrière, et le *Protée anguillard*, qui n'en a que trois aux pates antérieures et deux aux postérieures.

Si ce reptile était au contraire une larve, il appartiendrait à une espèce de salamandre que l'on appellerait la *Salamandre tétradactyle*, que l'on n'a pas encore décrite, et qui devrait être inscrite entre les salamandres qui ont quatre doigts aux pieds de devant et cinq doigts aux pieds de derrière, et la salamandre tridactyle, qui n'en a que quatre aux pieds de derrière et trois aux pieds de devant (1).

---

(1) Le volume suivant comprendra un mémoire dans lequel plusieurs nouveaux quadrupèdes ovipares sont décrits avec de nouvelles espèces de serpents et de poissons. DESM. 1827.

FIN DU TOME III.

TABLE

DES ARTICLES CONTENUS DANS LE TROISIÈME VOLUME
DES ŒUVRES DE LACÉPÈDE.

FIN DE LA TABLE DES ARTICLES.

TABLE RAISONNÉE

DES MATIÈRES DU TROISIÈME VOLUME, RELATIVES AUX QUADRUPÈDES OVIPARES.

IIISTOIRE NATURELLE DES QUADRUPÈDES OVIPARES.

Coup d'œil général sur l'ensemble des êtres, p. 9. — Des rapports des quadrupèdes ovipares avec les mammifères et les oiseaux, p. 10. — Leur nombre est beaucoup moins considérable, *ibid.* — Leur étude a été jusqu'à ce jour fort négligée, p. 11. — Aussi est-il très-difficile de chercher à retracer l'histoire de ces êtres, p. 12. — Aperçu géographique sur l'existence des quadrupèdes ovipares en Afrique, p. 13. — Leurs rapports de taille et d'organisation, p. 14. — La place qu'ils occupent dans l'échelle animale, p. 15. — Les organes dont ils sont doués, p. 16. — Leurs sens, *ibid.* — De leur odorat, p. 17. — De leur toucher, p. 18. — En général tous leurs sens sont faibles, p. 19. — De là leur organisation est modifiée, *ibid.* — Leur sang est fort abondant, p. 20. — De leur charpente osseuse, p. 21. — Leurs viscères, *ibid.* — Dimensions du cœur, p. 22. — Leur sensibilité est presque nulle, p. 23. — La chaleur solaire est pour eux un besoin de même que l'humidité, p. 23 et 24. — Leur nature est mixte entre celle de certains êtres, p. 25. — Les séjours qu'ils préfèrent sont très-variés, p. 25 et 26. — Leur besoin de respirer, p. 26. — On retranche quelques-unes de leurs parties sans qu'ils en périssent, p. 27. — De la similitude de composition de leurs organes, p. 28. — Raisons pour lesquelles les grands quadrupèdes ovipares ne vivent que sous la zone torride, p. 30 et 31. — Ils s'engourdissent souvent pendant l'hiver, p. 32 et

FIN DE LA TABLE DES MATIÈRES.

www.ingramcontent.com/pod-product-compliance
Ingram Content Group UK Ltd.
Pitfield, Milton Keynes, MK11 3LW, UK
UKHW020717120726
13693UKWH00001B/33